# 计算机基础及Python程序设计导论
## 第2版

韩瀛 杨光煜 刘婧 刘畅 编著

U0252729

清华大学出版社
北京

# 内 容 简 介

本书兼顾大学计算机基础和面向对象程序设计，串联计算机发展概况、系统组成、信息表示、网络、大数据、人工智能等内容，选择 Python 作为程序设计语言，介绍 Python 语言基础、流程控制、组合数据类型和函数。

本书可作为高等学校非计算机专业本科生计算机基础课程的教材，也可作为计算机培训、计算机等级考试和 Python 编程爱好者的参考书。

图书在版编目 (CIP) 数据

计算机基础及 Python 程序设计导论 / 韩瀛等编著 .—2 版 .—北京：清华大学出版社，2024.1(2024.8 重印)
ISBN 978-7-302-65282-3

Ⅰ．①计⋯　Ⅱ．①韩⋯　Ⅲ．①电子计算机—基本知识②软件工具—程序设计　Ⅳ．① TP3 ② TP311.561

中国国家版本馆 CIP 数据核字 (2024) 第 011762 号

责任编辑：刘向威
封面设计：文　静
责任校对：郝美丽
责任印制：曹婉颖

出版发行：清华大学出版社
　　　　　网　　　址：https://www.tup.com.cn，https://www.wqxuetang.com
　　　　　地　　　址：北京清华大学学研大厦 A 座　　　　邮　　　编：100084
　　　　　社 总 机：010-83470000　　　　　　　　　　邮　　　购：010-62786544
　　　　　投稿与读者服务：010-62776969，c-service@tup.tsinghua.edu.cn
　　　　　质 量 反 馈：010-62772015，zhiliang@tup.tsinghua.edu.cn
印 装 者：三河市龙大印装有限公司
经　　销：全国新华书店
开　　本：185mm×260mm　　　　印　　张：23.75　　　　字　　数：481 千字
版　　次：2020 年 9 月第 1 版　　2024 年 2 月第 2 版　　印　　次：2024 年 8 月第 2 次印刷
印　　数：1501～3500
定　　价：69.00 元

产品编号：101916-01

# 前言

  计算机基础是高等学校学生必修的通识教育课程,对于引导学生深入了解计算机知识、洞悉计算机及信息技术发展、培养计算思维以及衔接后续与专业相关的信息技术类课程,具有非常重要的意义。多年以来,大学计算机基础以计算机基本概念、操作系统、办公软件等为主要内容,但随着计算机应用的广度和深度不断拓展,云计算、大数据、物联网、移动互联网、人工智能等新兴信息技术飞速发展,学生的知识结构、认知能力和基本的计算机应用能力也需要不断提升。在这样的背景下,传统的教学内容及相应的教材已经明显不能满足时代发展对学生在计算机知识、技能、素养、思维方法和解决问题能力方面的培养要求。在2010年第六届大学计算机课程报告论坛上,陈国良院士提出将"计算思维能力培养"作为计算机基础课程教学改革切入点的倡议,教育部高等学校计算机基础教学指导委员会也建议高校开设相关内容的教学。因此,高校计算机基础教育势必要顺应时代发展,进行相应的改革。

  本书编者所在学校自2018年起开始推进计算机课程教学的改革,结合学校不同专业的特点,经充分研究论证后,初步制定了三个层次的计算机课程教学体系,并于2019年开始正式实施。三层次教学体系中,第一层次注重学生计算机系统、网络技术基础、程序设计及计算思维、数据科学、数据分析等方面的知识学习和能力培养,面向全校非计算机专业的大学一年级学生开设。为了满足上述教学需求,我们组织编写了本书第1版,在三年多的教学使用过程中,受到了广大师生的认可,同时也收到了很多有建设性的反馈和建议。在此基础上并结合自身在教学实践中的总结,我们编写了本书第2版。

　　本书第 2 版除了传统的计算机软硬件组成及计算机网络等内容，还涵盖了计算思维、物联网、大数据技术与应用、云计算、人工智能、Python 程序设计等内容。其中，大数据技术与应用部分包括数据采集与治理、数据存储、大数据计算、数据分析和数据可视化等内容，主要针对学生数据科学及数据分析等方面的知识学习和能力培养。第 2 版新增的人工智能主要包括人工智能的发展、应用领域及对人工智能的思考等内容，希望学生对目前发展迅猛的人工智能有整体、全面的认知并能理性客观地看待人工智能所带来的机遇和挑战。计算思维能力的培养不能停留在抽象的概念上，对计算思维的培养在一定程度上可以通过学习程序设计、训练用计算机的思维来分析和解决问题得以实现。本书选取 Python 作为教学语言的原因，一是 Python 语言语法简洁，适合初学者入门；二是 Python 语言在人工智能、大数据分析和处理、机器学习、云计算、区块链等诸多领域的应用都非常广泛，构建了完整丰富的计算生态，学生掌握了 Python 语言的基础知识和程序设计思想，可以为今后在不同领域进一步深入学习奠定基础。在内容选取上涵盖了 Python 语言基础、流程控制、复合数据类型、函数以及常用的标准库等内容，以满足大一新生第一门程序设计语言课程的学习和培养初步程序设计思维。

　　本书编者均为天津财经大学管理科学与工程学院管理信息系统系教师。其中，杨光煜负责编写第 1～3 章，刘畅负责编写第 4 章，刘婧负责编写第 5、6 章，韩瀛负责编写第 7～10 章并对全书进行统稿。

　　感谢清华大学出版社的大力协助，使本书得以顺利出版。此外，在本书编写过程中，参考了国内外诸多学者和老师的著作及教材，在此表示衷心感谢。

　　由于编者水平有限且成书时间仓促，书中不足之处在所难免，敬请各位同行和读者批评指正。

编　者<br>2023 年 7 月

# 目录

# 第 1 章

# 概 述

**本章学习目标**

☆ 了解计算机的发展历史及发展趋势

☆ 了解计算机的分类及应用

☆ 理解计算思维及其应用

随着生产力水平的不断提高，像语言一样，计数和计算在人类社会迫切需要的前提下推动人类社会发展的同时，自身也得到了发展和完善。早在文明开发之前的原始社会就有结绳和垒石计数之说。公元 10 世纪，我国劳动人民在早期的运筹、珠算的基础上，发明了至今仍流传于世界的计算工具——算盘，并为之配备了"口诀"。算盘的发明推动了数字式计算机工具的发展。与电子计算机相比，算盘犹如硬件，而口诀就像计算机的程序与算法软件一样。

17 世纪出现计算尺之后，各种机械的、电的模拟计算机以及数字式计算机不断出现。法国的布莱士·帕斯卡（Blaise Pascal）发明了机械式十进制系统台式计算机；英国的查尔斯·巴贝奇（Charles Babbage）发明了差分机；美国的乔治·斯蒂比兹（George Stibitz）和霍华德·艾肯（Howard Aiken）发明了机电式自动计算机；德国的康拉德·楚泽（Konrad Zuse）也研制成了类似的机器。

电子计算机的诞生、发展和应用，是 20 世纪科学技术的卓越成就，是新的技术革命的基础。在信息时代，计算机的应用必将加速信息革命的进程。计算机不仅可以解脱人类的繁重体力劳动，也可替代人类的脑力劳动。随着科学技术的发展及计算机应用的更广泛的普及，它对国民经济的发展和社会的进步将起到越来越巨大的推动作用。

要想更有利地发挥计算机的效用，必须了解计算机的组织结构，把握计算机的工作原理。

学习完本章，学生在对计算机的发展历史、发展趋势有所了解的基础上，将进一步了解计算机的分类和应用，重点理解计算思维及其应用。

## 1.1　计算机发展概况

在当今社会，计算机可谓无所不在。那么，究竟什么是计算机呢？不同的专家可能会从不同的角度去定义计算机。例如，物理学家可能很注意计算机的电子特性，而社会学家可能更侧重于计算机的逻辑特性。为了研究计算机的工作原理，从比较综合的角度，可以将电子计算机定义为：能自动、高速、精确地进行大量数据处理的电子设备。

### 1.1.1　计算机发展简史

1. 第一台计算机

20 世纪 40 年代，科技战线的两大成果成了人们瞩目的对象。一是标志着"物理能量大释放"的原子弹；二是标志着"人类智慧大释放"的计算机。

1946 年，在美国宾夕法尼亚大学，美国物理学家 J.W.Mauchly 博士和 J.P.Eckert 博士研制出世界上第一台计算机——ENIAC（Electronic Numerical Integrator And Computer，电子数字积分计算机）。这台计算机使用了 17 840 支电子管，它的诞生为计算机和信息产业的发展奠定了基础。ENIAC 不具备存储功能，采用十进制，并要靠连接线路的方法编程，并不是一台具有存储程序功能的电子计算机。

世界上第一台具有存储程序功能的计算机是 EDVAC（Electronic Discrete Variable Automatic Computer，离散变量自动电子计算机），由曾担任 ENIAC 小组顾问的著名美籍匈牙利数学家冯·诺依曼（John von Neumann）博士领导设计。EDVAC 从 1946 年开始设计，于 1950 年研制成功。其采用了电子计算机中存储程序的概念，使用二进制并实现了程序存储，把包含数据和指令的程序以二进制代码的形式存放到计算机的存储器中，保证了计算机能够按照事先存入的程序自动进行运算。冯·诺依曼提出的存储程序和程序控制的理论及他首先确立的计算机硬件由输入部件、输出部件、运算器、存储器、控制器五个基本部件组成的基本结构和组成的思想，奠定了现代计算机的理论基础。计算机发展至今，前四代计算机统称为冯·诺依曼结构计算机，世人也称冯·诺依曼为"计算机之父"。

1971 年，世界上第一台微型计算机 MCS-4 基于在美国研制出的第一代微处理器 Intel 4004 组装而成。微处理器的出现与发展，一方面给自动控制注入了新的活力，使办公设备、家用电器迅速计算机化；另一方面，以微处理器为核心部件的个人计算机（Personal Computer，PC）得到了广泛的应用，成为人们生产和生活必不可少的现代化工具。

我国的计算机事业起步于 1956 年。1958 年，中国科学院计算技术研究所研制出了我国第一台电子数字计算机，命名为 DJS-1，通称 103。这台计算机当时在中关村计算所大楼内对军事科学、气象预报、石油勘探等方面的研究起到了相当大的作用。此后，我国在计算机发展与应用的各个阶段都有不少成果。尤其是汉字在计算机中的应用，为信息处理现代化开辟了广阔的道路。

2. 计算机的更新换代

第一台计算机诞生后，其更新换代很快。每 5 ～ 8 年计算机就更新换代一次，计算机的体积日益减小，运行速度不断加快，功能日趋增强，价格逐渐下降，可靠性不断提高，应用领域日益拓展。

从第一台电子计算机诞生起，计算机技术得到了迅速的发展，走过了从电子管、晶体管、中小规模集成电路到大规模、超大规模集成电路的发展道路。

从构成计算机的物理元件角度，把计算机划分为如下四代。

第一代为电子管计算机时代（1946—1958 年）：组成计算机的物理元件为电子管，用光屏管或汞延时电路作存储器，输入 / 输出主要采用穿孔纸带或卡片；计算机运行时使用机器语言或汇编语言；计算机的应用主要面向科学计算；代表产品有 UNIVAC-I、IBM 701、IBM 650 和 ENIAC（唯一不是按存储控制原理设计的）；这一代计算机的缺点是体积笨重、功耗大、运算速度低、存储容量小、可靠性差、维护困难、价格高。

第二代为晶体管计算机时代（1959—1964 年）：组成计算机的物理元件为晶体管，使用磁芯和磁鼓作存储器，引进了通道技术和中断系统；开始采用 FORTRAN、COBOL、ALGOL60、PL/1 等高级程序设计语言和批处理操作系统；计算机的应用不仅面向科学计算，还能进行数据处理和过程控制；代表产品有 IBM 公司的 IBM 7090 和 IBM 7094、Burroughs 公司的 B5500。此代计算机各方面的性能都有了很大的提高，软件和硬件日臻完善。

第三代为中小规模集成电路计算机时代（1965—1970 年）：组成计算机的物理元件为集成电路，每个芯片集成 1 ～ 1000 个元件；计算机运行时广泛采用高级语言，有了标准化的程序设计语言和人机会话式的 BASIC 语言，操作系统更加完善和普及，实时系统和计算机通信网络得以发展；计算机的结构趋于标准化；计算机的应用趋于通用化；它不仅可以进行科学计算、数据处理，还可以进行实时控制；代表产品有 IBM 公司的 IBM 360（中型计算机）和 IBM 370（大型计算机）、DEC 公司的 PDP-11（小型计算机）。此代的计算机体积小、功耗低、可靠性高。

第四代为大规模、超大规模集成电路计算机时代（1971 年至今）：组成计算机的物理元件为大规模（每个芯片集成 1000 ～ 100 000 个元件）、超大规模（每个芯片集成 100 000 ～ 1 000 000 个元件）集成电路，采用半导体存储器作内存储器，发展了并行技术和多机系统，出现了精简指令计算机 RISC；计算机运行时有了丰富的软硬件环境，软件系统实现了工程化、理论化和程序设计自动化。此代计算机体积更小巧，性能更高，尤其是计算机网络与多媒体技术的实现使得此代计算机成为必不可少的现代化计算工具，它能够对数字、文字、语音、图形、图像等多种信息进行接收及处理，能够对数据实施管理、传递和加工，对工业过程进行自动化控制，从而成为办公自动化和信息交流的工具。

3. 微型处理器

属于第四代计算机的微型计算机是以微处理器为核心的计算机。计算机的运算器和控制器合称为中央处理器（Central Processing Unit，CPU）。CPU 被大规模、超大规模集成电路技术微缩制作在一个芯片上，就成了微处理器（Microprocessor）。

微型处理器的发展史如下。

第一代微型处理器是 4 位微处理器。典型的产品有 Intel 4004、4040 和 8008。

第二代微型处理器是 8 位微处理器。典型的产品有 Intel 8080、Intel 8085、Motorola 公司的 M6800、Zilog 公司的 Z-80。

第三代微型处理器的代表产品是 Intel 8086、Intel 8088、Zilog 公司的 Z-8000、Motorola 公司的 M68000。它们都是准 16 位微型处理器，都采用 H-MOS 高密度集成半导体工艺技术，运算速度更快。这些公司在技术上互相竞争，很快又推出了全 16 位的微型处理器 Intel 80286、M68020 和 Z-80000。Intel 80286 微型处理器芯片的问世，使 286 微型计算机在 20 世纪 80 年代后期风靡全球。

第四代微型处理器是 32 位微处理器。典型的产品有 Intel 80386 和 Intel 80486，Motorola 公司的 M68030 和 M68040。

1993 年，Intel 公司推出了第五代微型处理器 Pentium（中文译名为奔腾）。同期推出的微型处理器还有 AMD 公司的 K5 和 Cyrix 公司的 M1 等。

1996 年，Intel 公司将其第六代微型处理器正式命名为 Pentium Pro。2001 年，Intel 公司发布了 Itanium（安腾）处理器。2002 年，Intel 公司又发布了 Itanium2 处理器。

2000 年 11 月，Intel 公司推出第七代微型处理器 Pentium 4（奔腾 4，或简称奔 4 或 P4）。Pentium 4 有着 400MHz 的前端总线，之后更提升到了 533MHz、800MHz。

2006 年 7 月，Intel 公司推出第八代 X86 架构处理器：Core2（酷睿 2）。Core2 有 7、8、9 三个系列。

2008 年 11 月，Intel 公司推出 64 位四核 CPU，命名为"Intel Core i7"系列。

2023 年 10 月，Intel 公司发布了 Intel 第 14 代 Core i9-14900K 处理器。

2024 年 1 月，Intel 公司发布了 Intel 第 14 代 Core i9-14900HX 移动处理器。

4. 超级计算机

超级计算机是计算机中功能最强、运算速度最快、存储容量最大的一类计算机，多用于国家高科技领域和尖端技术研究，是一个国家科研实力的体现。它对国家安全、经济和社会发展具有举足轻重的意义，是国家科技发展水平和综合国力的重要标志。

中国在超级计算机方面发展迅速，现已处于国际领先水平。

2013 年 6 月，"2013 国际超级计算大会"正式发布了第 41 期全球超级计算机 500 强排名。由国防科技大学研制的"天河二号"超级计算机系统，以峰值计算速度每秒 5.49 亿亿次、持续计算速度每秒 3.39 亿亿次双精度浮点运算的优异性能位居榜首。这是继 2010 年"天河一号"首次夺冠之后，中国超级计算机再次夺冠。

2014 年 6 月，在第 43 期全球超级计算机 500 强排行榜上，中国超级计算机系统"天河二号"以其 33.86Pflop/s（百万的四次方每秒，1000 万亿）的运算速度再次位居榜首，获得世界超算"三连冠"，其运算速度比位列第二名的美国"泰坦"快近一倍。

2016 年 6 月，第 47 期全球超级计算机 500 强 TOP 500 榜单中，中国"神威·太湖之光"荣登榜首。当时，"神威·太湖之光"号称全球第一快系统，系统完全采用中国设计和制造的处理器研制而成。此前，在过去六届 TOP 500 榜单上，"天河二号"一直名列榜首。从第 47 届开始，TOP 500 榜单上中国的"神威·太湖之光"和"天河二号"连续四次分列冠亚军。

2023 年 11 月，第 62 期全球超级计算机 500 强排行榜中，第一名是美国橡树岭国家实验室的 Frontier 超级计算机，中国的"神威·太湖之光"和"天河二号"分列第 11、14 名。500 强中，美国超算占据 161 个席位，中国占 104 个。

超级计算机的"下一顶皇冠"将是 E 级超算，即每秒可进行百亿亿次运算的超级计算器。在天津举行的第二届世界智能大会上，由国家超算天津中心同国防科技大学联合研制的百亿亿次超级计算机"天河三号"E 级原型机首次正式对外亮相，与美国的 Frontier 展开了百亿亿级别的竞争，有望为中国夺回世界超算冠军的宝座。

### 1.1.2 现代计算机的特点

#### 1. 现代数字计算机的特点

现代计算机的特点可从快速性、准确性、通用性、可靠性、逻辑性和记忆性几方面来体现。

（1）快速性。计算机的处理速度（或称运算速度）可简单地用每秒可执行多少百万条指令（MIPS）来衡量。现代计算机每秒可运行几百万条指令，数据处理的速度相当快，巨型计算机的运算速度可达数百乃至上亿 MIPS。计算机这么高的数据处理（运算）速度是其他任何处理（计算）工具无法比拟的，使得许多过去需要几年甚至几十年才能完成的复杂运算，现在只要几天、几小时，甚至更短的时间就可以完成。

（2）准确性。数据在计算机内都是用二进制数编码的，数据的精度主要由表示这个数的二进制码的位数决定，也即主要由该计算机的字长所决定。计算机的字长越长，计算精度就越高。现代计算机的字长一般都在 32 位以上，高档微型计算机的字长达到 64 位，大型计算机的字长达到 128 位。计算精度相当高，能满足复杂计算对计算精度的要求。当所处理的数据的精度要求特别高时，可在计算机内配置浮点运算部件——协处理器。

（3）记忆性。计算机的存储器类似于人的大脑，可以"记忆"（存储）大量的数据和计算机程序。计算机事先将程序和数据装载进内部存储器，然后自动根据程序的设定完成各种处理。随着内存储器容量的增大，程序运行空间得到拓展，计算机的性能也在不断提高。用户暂时不用的程序和数据，可以存放于计算机的外部存储器中。早期计算机内存储器的容量较小，存储器往往成为限制计算机应用的"瓶颈"。如今，一台普通的 i7 微型计算机，内存容量 4GB 以上，小型计算机以上机器的内存容量则更大。外部存储器的种类在不断增多，容量也在不断增大。例如，普通的微型计算机可配置容量高达 6TB 的硬盘。随着硬盘技术的不断发展，更大容量的硬盘还将不断推出。

（4）逻辑性。具有可靠的逻辑判断能力是计算机的一个重要特点，是计算机能实现信息处理自动化的重要原因。冯·诺依曼结构计算机的基本思想，就是将程序预先存储在计算机内，在程序执行过程中，计算机会根据上一步的执行结果，运用逻辑判断方法自动确定下一步该做什么，应该执行哪一条指令。逻辑判断能力使计算机不仅能对数值数据进行计算，也能对非数值数据进行处理，使得计算机能广泛地应用于非数值数据处理领域，如信息检索、图形识别及各种多媒体应用等。

（5）可靠性。由于采用了大规模和超大规模集成电路，元器件数目大为减少，印制电路板上的焊接点数和接插件的数目比中小规模集成电路计算机减少了很多，因而功耗减小，发热量降低，从而使整机的可靠性大大提高，使得计算机具有非常高的可靠性。

（6）通用性。现代计算机不仅可以用来进行科学计算，也可用于数据处理、工业实时控制、辅助设计和辅助制造、办公自动化等。计算机的通用性非常强。

2. 微型计算机的特点

微型计算机是目前使用最广泛、最普及的一类计算机。它除了具有现代数字计算机的一般特点外，还具有下面一些特点。

（1）体积小，重量轻。微型计算机的核心部件是微处理器。由超大规模集成电路制成的微处理器体积小、重量轻，组装成的一台台式微型计算机，包括主机、键盘、显示器、软盘驱动器和硬盘驱动器，总共不足 10kg。由于微型计算机往往为个人所使用，因此习惯上又称它为个人计算机（PC）。近年来，除传统的桌上型台式 PC 外，又发展了便携式 PC、笔记本式 PC，以及手掌式 PC。笔记本式 PC 的体积更小，重量也轻，只有文件夹大小，重量为 2～3kg，有的只有 1kg 左右；手掌式 PC 只有 0.5kg。这些计算机都采用 LCD 液晶显示器，由可抽换式镍氢电池供电。微型计算机的这个特性，增大了其使用的方便性。

（2）成本低，价格低。随着大规模集成电路技术工艺的进步，制作大规模集成电路的成本越来越低，微型计算机系统的制造成本也随之大幅度下降。

（3）使用方便，运行可靠。微型计算机的结构如同搭积木一般，可以根据不同的实际需要进行组合，从而可灵活方便地组成各种规模的微型计算机系统。由于采用大规模集成电路，很多功能电路都已集成在一个芯片上，因此元器件数目大为减少，印制电路板上的焊接点数和接插件的数目比中小规模集成电路计算机减少了 1 ～ 2 个数量级。MOS 大规模集成电路的功耗小，发热量低，从而使整机的可靠性大大提高。现在的国产品牌微型计算机，若个人专用，使用四五年直到淘汰，基本上不会出大的故障，都能可靠地运行。由于它体积小、重量轻，搬动容易，这就给使用者带来了很大的方便。特别是便携式 PC 和笔记本式 PC 以及手掌式 PC，可以在出差、旅行时随身携带，随时取用。

（4）对工作环境无特殊要求。微型计算机对工作环境没有特殊要求，可以放在办公室或家里使用，不像以前的大中小型计算机对安装机房的温度、湿度和空气洁净度有较高的要求，这大大有利于微型计算机应用的普及。但是，提供一个良好的工作环境，能使微型计算机更好地工作。微型计算机工作环境的基本要求是：室温为 15 ～ 35℃，房间相对湿度为 20% ～ 80%，室内经常保持清洁，电源电压稳定，附近避免磁场干扰。

### 1.1.3　计算机的发展趋势

进入 20 世纪 90 年代，世界计算机技术的发展更加突飞猛进，产品在不断升级换代。那么，计算机将往何处去呢？有的专家把未来计算机的发展方向总结为"巨"（巨型化）、"微"（微型化）、"网"（网络化）、"多"（多媒体技术）、"智"（智能化，即让计算机模拟人的认识和思维）；也有的专家倾向于把计算机技术的发展趋势归纳为"高"（高性能硬件平台、高性能操作系统的开发和缩小化）、"开"（开放式系统，旨在建立标准协议以确保不同制造商的不同计算机软硬件可以相互连接，运行公共软件，并保证良好的互操作性）、"多"、"智"、"网"。

本书分别从研制和应用的角度来总结计算机的发展趋势。

1. 从研制的角度看

从研制计算机的角度看，计算机将不断往大型、巨型和小型、微型以及高性能硬件平台方向发展，也将不断把新技术应用于计算机领域。

1）大型、巨型

从性能的角度，计算机将向高速的、大存储量的和强功能的巨型计算机发展。巨型计算机主要应用于天文、气象、地质、核反应、航天飞机、卫星轨道计算等尖端科学技术领域，研制巨型计算机的技术水平是衡量一个国家科学技术和工业发展水平的重要标志。因此，工业发达国家都十分重视巨型计算机的研制。目前，运算速度为每秒亿亿次的超级计算机已经投入运行。

2）小型、微型

在体积上，将利用微电子技术和超大规模集成电路技术，把计算机的体积进一步缩小。价格也要进一步降低。计算机的微小化已成为计算机发展的重要方向。各种便携式计算机、笔记本式计算机和手掌式计算机的大量面世和使用，是计算机微小化的一个标志。

3）高性能硬件平台

无论是大型计算机、小型计算机还是微型计算机，都将追求高性能的硬件平台。

4）多媒体技术

多媒体技术是当前计算机领域中最引人注目的高新技术之一。多媒体计算机就是利用计算机技术、通信技术和大众传播技术，综合处理声音、图像、文字、色彩多种媒体信息并实时输入 / 输出的计算机。多媒体技术使多种信息建立了有机的联系，集成为一个系统，并具有交互性。多媒体计算机能真正改善人机界面，使计算机朝着人类接受和处理信息的最自然的方式发展。以往，CPU 是为处理数值计算设计的。多媒体出现后，为了处理语音、图像通信以及压缩解压等方面的问题，需要附加 DSP 信号处理芯片；每增加一种功能，就需要加上相应的接口卡和专用 DSP 芯片。可以直接做音频处理、图像压缩、解压播放、快速显示等工作的 CPU 芯片 MMX（MultiMedia eXtentions）已经问世多年，诸如"虚拟现实内容创建和数据可视化等数据密集型任务"的完成已然成为事实。这必将把多媒体技术及其应用推向一个新的水平。

5）新技术的应用

（1）量子技术。量子计算机的概念始于 20 世纪 80 年代初期。它是利用电子的波动性来制造出集成度很高的芯片。2023 年 10 月 11 日，中国科学家成功构建 255 个光子的量子计算机"九章三号"，运算速度可达每秒 10 亿亿次。

（2）光学技术。在速度方面，电子的速度只能达到 300km/s，而光子的速度是 $3×10^5$km/s；在超并行性、抗干扰性和容错方面，光路间可以交叉，也可以与电子信号交叉，而不产生干扰。世界上第一台光脑已经由欧共体的 70 多名科学家和工程师合作研究成功，但最主要的困难在于没有与之匹配的存储器件。

（3）超导器件。虽然硅半导体在工艺上已经成熟，是最经济的器件，也是当前的主流，但是这并不排除超导器件在芯片开发领域的无限可能。

（4）生物技术。1994 年 11 月，美国的学术期刊《科学》（*Science*）最早公布 DNA 计算机的南加利福尼亚大学的纳德·阿德拉曼博士在试管中成功地完成了计算过程。DNA 计算机可以像人脑一样进行模糊计算，它有相当大的存储容量，但速度不是很快。

2. 从应用的角度看

从应用计算机的角度看，计算机将不断往高性能软件平台方向、智能化方向和开放系统方向发展，也将不断地智能化、网络化。

（1）高性能软件平台。体现在高性能操作系统的开发。

（2）开放系统。建立起某些协议以保证不同商家制造的不同计算机软硬件可以相互连接，运行公共应用软件，同时保证良好的互操作性。

（3）智能化。智能化指使计算机具有模拟人的感觉和思维过程的能力，即使计算机具有智能。这是目前正在研制的新一代计算机要实现的目标。智能化的研究包括模拟识别、物形分析、自然语言的生成和理解、博弈、定理自动证明、自动程序设计、专家系统、学习系统和智能机器人等。目前，已研制出多种具有人的部分智能的"机器人"，可以代替人在一些危险的工作岗位上工作。

（4）网络化。从单机走向联网，是计算机应用发展的必然结果。计算机网络化是指用现代通信技术和计算机技术把分布在不同地点的计算机互连起来，组成一个规模大、功能强的可以互相传输信息的网络结构。网络化的目的是使网络中的软硬件和数据等资源能被网络上的用户共享。今天，计算机网络可以通过卫星将远隔千山万水的计算机联入国际网络。当前发展很快的微机局域网正在现代企事业管理中发挥越来越重要的作用。计算机网络是信息社会的重要技术基础。

## 1.2　计算机分类及应用

### 1.2.1　计算机分类

可以从以下几个角度对计算机进行分类。

1. 按信息的处理形式划分

按照信息的处理形式，可将计算机分为模拟计算机和数字计算机。

（1）模拟计算机。模拟计算机是指计算机所接收、处理的信息形态为模拟量。模拟量是一种连续量，即随时间、空间不断变化的量。用于自动温度观测仪的计算机就是一种模拟式计算机，它所接收的信息是随时间不断变化的温度量。

（2）数字计算机。数字计算机是指计算机所接收、处理的信息形态为数字量。数字量是一种离散量。例如，当前广泛使用的个人计算机，输入计算机的是数字、符号等，它们在计算机内以脉冲编码表示的数字式信息形式存在。

若在数字计算机的输入端加上 A/D（模拟量转换为数字量）转换器作为输入设备，在计算机的输出端上加上 D/A（数字量转换为模拟量）转换器，数字式计算机就可以作为模拟式计算机使用。

本书以数字计算机为探究对象。

2. 按字长划分

字长是指计算机所能同时并行处理的二进制的位数。

按照计算机的字长，可将计算机分为 8 位机、16 位机、32 位机、64 位机和 128 位机等。

3. 按结构划分

按照结构不同，可将计算机分为单片机、单板机、多芯片机、多板机等。

单片机的所有功能电路都制作在一片芯片上，此类机器多用于进行控制；单板机的电路制作在一块印制电路板上。

4. 按用途划分

按照用途不同，将计算机分为通用机和专用机。

通用机是指配有通常使用的软硬件设施，可供多个领域使用，为多种用户提供服务的计算机。如早年计算中心里的计算机及近年来的个人计算机均是通用计算机。

专用机是指配有专项使用的软硬件设施，专门为进行某项特定的任务而配置的计算机。如控制火箭发射的计算机、控制工业自动化流程的计算机等。

5. 按规模划分

把计算机的运算速度或处理速度、存储信息的能力、能连接外部设备的总量、输入/输出的吞吐量作为计算机的规模指标，国际上把计算机分为巨型计算机、小巨型计算机、大型主机、小型计算机、个人计算机、工作站，国内将其分为巨型计算机、大型计算机、中型计算机、小型计算机和微型计算机。

由于计算机发展速度十分惊人，因此评定计算机的规模有很大程度上的相对性。这种相对性表现在不同时期所规定的大、小标准的不同。例如，早期的大型计算机也许只相当于今天的小型计算机，而目前的巨型计算机也许就是未来的小型计算机。

**1.2.2　计算机应用**

按计算机的应用特点，可将计算机应用范围归纳如下。

1. 科学计算

科学计算的特点是计算复杂、计算量大、精度要求高。

在科学技术和工程设计中，都离不开这样复杂的数学计算问题。如生命科学、天体物理、天体测量、大气科学、地球科学领域的研究和探索，飞机、汽车、船舶、桥梁等的设计都需要科学计算。

科学计算需要用速度快、精度高、存储容量大的计算机来快速、及时、准确地得到运算结果。以往的科学计算都是使用大型计算机甚至是巨型计算机来完成。而当代的微型计算机由于其性能的提高，在很大程度上也符合科学计算所要求的条件，在未来的科学计算中也会发挥更大的作用。

2. 数据处理

数据处理泛指非科技工程方面所有的计算、管理和任何形式数据资料的处理。即将有关数据加以分类、统计、分析等，以取得有价值的信息，其包括 OA（办公自动化）、MIS（管理信息系统）、ES（专家系统）等。例如，气象卫星、资源卫星不失时机地向地面发送探测资料；银行系统每日每时产生着大量的票据；自动订票系统在不停地接收着一张张订单；商场的销售系统有条不紊地进行进货、营销、库存的管理；邮电通信日夜不停地传递着各种信息；全球卫星定位系统有声有色地管理着城市交通；情报检索系统不停地处理着以往和当前的资料；图书管理系统忙碌地接待着川流不息的读者……这一切都要经历数据的接收、加工等处理。

数据处理的特点是：需要处理的原始数据量大，而算术运算要求相对简单，有大量的逻辑运算与判断，结果要求以表格、图形或文件形式存储、输出。例如，高考招生工作中考生的录取与统计工作，铁路、飞机客票预订系统，物资管理与调度系统，工资计算与统计，图书资料检索以及图像处理系统等。数据处理已经深入到经济、市场、金融、商业、财政、档案、公安、法律、行政管理、社会普查等各个方面。

计算机在数据处理方面的应用正在逐年上升，尤其是微型计算机，在数据处理方面的应用已经成为主流。由于数据处理的数据量大，应用数据处理的计算机要求存储容量大。

### 3. 过程控制

过程控制是一门涉及面相当广的学科。工业、农业、国防、科学技术乃至人们的日常生活的各个领域都应用着过程控制。计算机的产生使得过程控制进入了以计算机为主要控制设备的新阶段。用于过程控制的计算机通过传感器接收温度、压力、声、光、电、磁等通常以电流形式表示的模拟量，并通过 A/D 转换器转换成数字量，然后再由计算机进行分析、处理和计算，再经 D/A 转换器转换成模拟量作用到被控制对象上。

目前，已有针对不同控制对象的微控制器及相应的传感器接口、电气接口、人机会话接口、通信网络接口等，其控制速度、处理能力、使用范围等都十分先进并广泛用于家用电器、智能化仪表及办公自动化设备中。大型的工业过程自动化，如炼钢、化工、电力输送等控制已经普遍采用微型计算机，并借助局域网，不仅使生产过程自动化，也使生产管理自动化。这样就大大提高了生产自动化水平，提高了劳动生产率和产品质量，也降低了生产成本，缩短了生产周期。

由于过程控制要求实时控制，所以对计算机速度要求不高；但要求较高的可靠性，否则将可能生产出不合格的产品或造成重大的设备或人身事故。

### 4. 计算机辅助系统

计算机辅助系统包括计算机辅助设计、计算机辅助制造、计算机辅助测试、计算机辅助教学等。

计算机辅助设计（Computer Aided Design，CAD）是指利用计算机帮助设计人员进行设计工作。它的应用大致可以分为两大方面，一方面是产品设计，如飞机、汽车、船舶、机械、电子产品以及大规模集成电路等机械、电子类产品的设计；另一方面是工程设计，如土木、建筑、水利、矿山、铁路、石油、化工等各种类型的工程。计算机辅助设计系统除配有一般外部设备外，还应配备图形输入设备（如数字化仪）和图形输出设备（如绘图仪），以及图形语言、图形软件等。设计人员可借助这些专用软件和输入/输出设备把设计要求或方案输入计算机，通过相应的应用程序进行计算处理后把结果显示出来，从图库中找出基本图形进行绘图，设计人员可用光笔或鼠标进行修改，直到满意为止。

计算机辅助制造（Computer Aided Manufacturing，CAM）是指利用计算机进行生产设备的管理、控制与操作，从而提高产品质量，降低成本，缩短生产周期，大大改善制造人员的工作条件。

计算机辅助测试（Computer Aided Testing，CAT）是指利用计算机进行复杂而大量的测试工作。

计算机辅助教学（Computer Aided Instruction，CAI）是指利用计算机帮助学生进行学习的自学习系统，以及教师讲课的辅助教学软件、电子教案、课件等，可将教学内容和学习内容编制得生动有趣，提高学生的学习兴趣和学习效果，使学生能够轻松自如地学到所需要的知识。

5. 计算机通信

早期的计算机通信是计算机之间的直接通信，把两台或多台计算机直接连接起来，主要的联机活动是传送数据（发送/接收和传送文件）；后来使用调制解调器，通过电话线，配以适当的通信软件，在计算机之间进行通信，通信的内容除了传送数据外，还可进行实时会谈、联机研究和一些联机事务。

计算机网络技术的发展，促进了计算机通信应用业务的开展。计算机网络是半导体技术、计算机技术、数据通信技术以及网络技术的有机结合。其中，数据通信技术负责数据的传输；网络提供传输通道；半导体技术推动高集成度的微型计算机的发展；网络技术把不同地域的众多微型计算机连接成一体，使之成为不受时空制约的、高速的信息交流工具和信息共享工具。

目前，完善计算机网络系统和加强国际信息交流已成为世界各国经济发展、科技进步的战略措施之一，因而世界各国都特别重视计算机通信的应用。多媒体技术的发展，给计算机通信注入了新的内容，使计算机通信由单纯的文字数据通信扩展到音频、视频和活动图像的通信。因特网（Internet）的迅速普及，使得很多幻想成为现实。利用网络可以接收信息和发布信息；利用网络可以使办公自动化，管理自动化；利用网络可以展开远程教育，网上就医；利用网络可以开展自动存取款及跨行的 ATM（自动银行）业务；利用网络可以进行商业销售以及电子商务等。

6. 人工智能

人工智能（Artificial Intelligence，AI）于 20 世纪 50 年代提出，尚无统一定义。无论是"用计算机实现模仿人类的行为"的定义，还是"制造具有人类智能的计算机"的定义，都只能从一个侧面描述人工智能。而在事实上，人工智能已取得了很大进展。它不仅是计算机的一个重要的应用领域，而且已经成为广泛的交叉学科。人工智能所涉及的领域很多，如智能控制、智能检索、智能调度、人工智能语言等。随着计算机速度、容量及处理能力的提高，机器人、机器翻译、专家系统等已成为公认的人工智能成果。

（1）问题求解。人工智能的第一大成就是发展了能够求解难题的下棋程序。1993 年，美国研制出名为 MACSYMA 的软件，能够进行复杂的数学公式符号运算。

（2）逻辑推理与定理证明。1976 年，美国的阿佩尔等利用计算机解决了长达 124 年之久的难题——四色定理，这标志着人工智能的典型的逻辑推理与定理证明方面的运用。

（3）自然语言理解。人工智能在语言翻译与语言理解程序方面的成就是把一种语言翻译为另一种语言和用自然语言输入及回答用自然语言提出的问题等。

（4）自动程序设计。人工智能在自动程序设计方面的成就体现为可以用描述的形式（而不必写出过程）实现不同自动程度的程序设计。

（5）专家系统。专家系统是一个智能计算机程序系统，其内汇集着某个领域中专家的大量知识和经验，通过该系统可以模拟专家的决策过程，以解决那些需要专家做出决定的复杂问题。目前已有专家咨询系统、疾病诊断系统等。

（6）机器学习。学习是人类智能的主要标志及获取知识的基本手段，机器学习是使机器自动获取新的事实及新的推理算法。

（7）人工神经网络。传统的计算机不具备学习的能力，无法处理非数值的形象思维等问题，也无法求解那些信息不完整、具有不确定性及模糊性的问题。神经网络计算机为解决上述问题以人脑的神经元及其互连关系为基础寻求一种新的信息处理机制及工具。神经网络已在模式识别、图像处理、信息处理等方面获得了广泛应用，其最终目的是重建人脑的形象，取代传统的计算机。

（8）机器人学。机器人学是人工智能的重要分支，所涉及的课题很多，如机器人体系结构、智能、视觉、听觉，以及机器人语言、装配等。虽然在工业、农业、海洋等领域中运行着成千上万的机器人，但从结构上说都是按照预先设定的程序去完成某些重复作业的简单装置，远没有达到机器人学所设定的目标。

（9）模式识别。"模式"一词的本义是指完美无缺的供模仿的一些标本；模式识别是指识别出给定物体所模仿的标本。人工智能所研究的模式识别是指用计算机代替人类或帮助人类感知模式，这是一种对人类感知外界功能的模拟。亦即，怎样使计算机对于声音、文字、图像、温度、震动、气味、色彩等外界事物能够像人类一样有效地感知，如手写字符识别、指纹识别、语音识别等都取得了很大进展。如果计算机能够识别人类赖以生存的外部环境，必将具有相当深远的意义。

## 1.3　计算思维

思维是人类所具有的高级认识活动。按照信息论的观点，思维是对新输入信息与脑内储存的知识经验进行一系列复杂的心智操作过程。思维以感知为基础又超越感知的界限。它探索与发现事物的内部本质联系和规律性，是认识过程的高级阶段。思维具有概括性，主要表现在它对一类事物非本质属性的摒弃和对其共同本质特征的反应。

伴随着社会的发展与技术的进步，人类的思维方式也在发生着改变。

人类通过思考自身的计算方式，研究是否能由外部机器模拟，代替实现计算的过程，从而诞生了计算工具，并且在不断的科技进步和发展中发明了现代电子计算机。计算机的普及及性能的增强，反过来又对人类的学习、工作和生活产生了深远的影响，同时也大大加强了人类的思维能力和认识能力。计算思维就是相关学者在审视计算机科学所蕴含的思想和方法时被总结出来的。

### 1.3.1　计算思维的定义

计算思维的概念是由美国卡内基梅隆大学计算机科学系主任周以真教授于 2006 年在美国计算机权威期刊 *Communications of the ACM* 上给出的。

计算思维是指运用计算机科学的基础概念进行问题求解和系统设计，以及人类行为理解等涵盖计算机科学之广度的一系列思维活动。计算思维建立在计算过程的能力和限制之上，由人或机器执行。

周教授为了让人们更易于理解，又将它更进一步地定义为：通过约简、嵌入、转化和仿真等方法，把一个看来困难的问题重新阐释成一个人们知道问题怎样解决的方法；是一种递归思维，是一种并行处理，既能把代码译成数据，又能把数据译成代码；是一种多维分析推广的类型检查方法；是一种采用抽象和分解来控制庞杂的任务或进行巨大复杂系统设计的方法，是基于关注分离的方法（SOC 方法）；是一种选择合适的方式去陈述一个问题，或对一个问题的相关方面建模使其易于处理的思维方法；是按照预防、保护及通过冗余、容错、纠错的方式，并从最坏情况进行系统恢复的一种思维方法；是利用启发式推理寻求解答，亦即在不确定情况下的规划、学习和调度的思维方法；是利用海量数据来加快计算，在时间和空间之间，在处理能力和存储容量之间进行折中的思维方法。

### 1.3.2　计算思维的特点

周以真教授提出，计算思维的本质是抽象和自动化。所谓抽象就是要求能够对问题进行抽象表示和形式化表达，设计问题求解过程达到精确、可行，并通过软件方法和手段对求解过程予以"精确"实现，即抽象的最终结果是能够机械式地一步一步自动执行。

关于抽象和自动化，在算法理论和 NP 完全理论方面做出突出贡献的图灵奖获得者 Richard Karp 提出自己的观点：任何自然系统和社会系统都可视为一个动态演化系统，演化伴随着物质、能量和信息的交换，这种交换可映射（也就是抽象）为符号变换，使之能利用计算机进行离散的符号处理。当动态演化系统抽象为离散符号系统之后，就可采用形式化的规范描述，建立模型、设计算法、开发软件，揭示演化的规律，并实时控制系统的演化，使之自动执行，这就是计算思维中的自动化。

周以真教授在论文中指出了计算思维的六个特质。

（1）计算思维是概念化思维，不是程序化思维。计算机科学涵盖计算机编程，但远不止计算机编程。人们具有计算思维能力，即具备计算机科学家的思维，不但能为解决某个问题编写计算机程序，而且能够在抽象的多个层次上思考问题。

（2）计算思维是基础的技能，而不是机械的技能。基础的技能是每个人为了在现代社会中发挥应有的职能所必须掌握的。生搬硬套的机械技能意味着机械的重复。计算思维不是一种简单、机械的重复。

（3）计算思维是人的思维，不是计算机的思维。计算思维是人类求解问题的方法和途径，但绝非试图使人类像计算机那样去思考。

计算机枯燥且沉闷，计算机思维是刻板的、教条的、枯燥的、沉闷的。以语言和程序为例，必须严格按照语言的语法编写程序，错一个标点符号都会出问题。程序流程毫无灵活性可言。

人类聪颖且富有想象力，人类的计算思维是人类基于计算或为了计算的问题求解的方法论。人类为计算机设计各种软件，赋予计算机以"生命力"，发挥计算机的作用，用自己的智慧去解决那些在计算时代之前不敢尝试的问题，建造那些其功能仅受制于我们想象力的系统。

（4）计算思维是思想，不是人造品。计算思维不只是使人们生产的软硬件等人造物品得以呈现，更重要的是被人类用来求解问题、管理日常生活、与他人进行交流和沟通的手段。

（5）计算思维是数学和工程互补融合的思维，不是数学性的思维。人类试图制造的能代替人完成计算任务的自动计算工具都是在工程和数学结合下完成的。这种结合形成的思维才是计算思维。

计算思维是与形式化问题及其解决方案相关的一个思维过程，其解决问题的表达形式必须是可表述的、确定的、机械的（不因人而异的），必须能够有效地转换为信息处理。表达形式解析基础构建于数学之上，所以数学思维是计算思维的基础。此外，计算思维不仅仅是为了问题解决和问题解决的效率、速度、成本压缩等，它面向所有领域，对现实世界中巨大复杂系统来进行设计与评估，甚至解决行业、社会、国民经济等宏观世界中的问题，因而工程思维（如合理建模）的高效实施也是计算思维不可或缺的部分。

（6）计算思维面向所有人、所有领域。计算思维是面向所有人的思维，而不只是计算机科学家的思维。如同所有人都具备"读、写、算"（Reading，wRiting，and aRithmetic，3R）能力一样，计算思维是必须具备的思维能力。因此，计算思维不是仅计算机专业领域的人应具有的思维，而是所有专业领域的人都应具备的思维。

### 1.3.3　计算思维的应用案例

计算思维随着计算工具的发展而发展。如果说算盘是一种没有存储设备的计算机（人脑作为存储设备），提供了一种用计算方法来解决问题的思想和能力，那么，图灵机则是现代数字计算机的数学模型，是有存储设备和控制器的。

现代计算机的出现强化了计算思维的意义和作用，人们在学习和应用计算机过程中不断地培养着计算思维。正如学习数学的过程就是培养理论思维的过程，学习物理的过程就是培养实证思维的过程。学生学习程序设计，其中的算法思维就是计算思维。

由于各个专业都需要利用计算机来解决问题，因此，对于广大非计算机专业的没有受过较严格计算机科学教育的人们而言，计算思维成为他们必须要掌握的知识，也就是如何用计算机来解决问题。学生在培养解析能力时不仅需要掌握阅读、写作和算术，还要学会计算思维。而对于计算机科学专业的人来说，几十年来，计算机科学很少强调计算思维，因为计算思维是约定俗成的，已经根植在计算机科学的血脉里。用计算机解决问题就是计算思维的范畴，称为算法。计算机专业的人并不需要去刻意区分这两个名词。当用到较大的概念时会不免俗套地用"计算思维"，而谈到具体的实现方法时，一般会用"算法"。

算法不是用来背诵的，而是需要理解的。要把算法理解透彻，成为习惯思维，或许这就是所谓的计算思维。对算法的深刻理解到计算思维的养成，可以帮助人们在日常生活、行政管理、时间规划、经营理财等各类问题的解决上得到莫大的助益。尽管算法最终要通过具体的程序设计语言来编程（如 Python、C、C++、Java 等）解决问题，但算法是独立于程序设计语言而存在的。

培养和推进计算思维包含两个方面：一方面是深入掌握计算机解决问题的思路，总结规律，更好、更自觉地应用信息技术；另一方面是把计算机处理问题的方法用于各个领域，推动在各个领域中运用计算思维，使各学科更好地与信息技术相结合。

计算思维不是孤立的，它是科学思维的一部分，其他如形象思维、抽象思维、系统思维、设计思维、创造性思维、批判性思维等都很重要，不要脱离其他科学思维而孤立地提计算思维。在学习和应用计算机的过程中，在培养计算思维的同时，也培养了其他的科学思维（如逻辑思维、实证思维）。

计算思维就像平时说的数学思维、抽象思维一样，只是一种用来解决问题的方法和途径，并不是让人像计算机那样思考。

下面通过几个经典的例子来进一步体会计算思维（或可说算法）。

1. 哥德巴赫猜想问题

为了解决一个复杂的问题，人的潜力往往不可能一下子就触及问题的细节方面。在分析了问题的要求之后，人们总是首先设计出一个抽象算法。这一算法往往要借用有关学科中的概念与对象，而不去考虑问题的细节方面——诸如在计算机中怎样访问内存、怎样存储数据等，只是在抽象数据上实施一系列抽象操作。这些数据和操作反映了问题的本质属性，而将所有的细节都抽象化了。因此，这样的算法描述非常容易得到有关学科中相关理论的证明。下一步，将算法求精，使之更加细化、清晰。这时，算法中就包括更多的细节。这些细节已不再是问题所在学科中的细节，而是怎样求解的细节。例如，考虑那些与求解该问题有关的数值方法方面的细节。如此下去，这一求精的过程可能还得连续进行几个较低的级别，直到使用某种数据结构能轻而易举地用某一种计算机语言编制程序为止。如果能掌握大量的程序设计基本单元，就可能使求精过程大为缩短，程序设计能力也就提高了。

下面，通过一个实例说明怎样在复杂问题的程序设计中进行抽象和逐步求精的操作。

问题描述：用计算机验证哥德巴赫猜想（一个大偶数总可以分解成为两个素数之和）。

这一猜想目前还未被完全证明，但可以用计算机来验证它。即，对一个大偶数，找到两个素数，若它们的和等于这个大偶数，那么，对于这个大偶数来讲猜想就得到了验证。

这种验证可以进行若干次，但并不能使猜想得到验证。反过来，若对一个大偶数找不到对应的两个素数，则可反证不成立。

可以沿着以下 3 个步骤不断地进行算法细化。

（1）设计抽象算法。根据哥德巴赫猜想本身的概念，对一个大偶数 $i$，总可写成 $i=m+n$。

（2）进行算法求精。细化上面的算法，考虑如何确定素数 $m$。

（3）考虑如何验证 $m$ 和 $n$ 是素数。

步骤（1）中的 $i=m+n$ 是一个待定方程，可能存在许多组解，也可能没有解。

如果找到一对特定的 $m$ 和 $n$，它们既是素数，其和又等于 $i$，那么，对 $i$ 来讲，哥德巴赫猜想就得到了验证。

这种思维方法是抽象的，不涉及具体的 $m$、$n$ 和 $i$，而是以数学原则为基础的，容易得到验证。

哥德巴赫猜想验证初步流程图如图 1.1 所示。

步骤（2）是一个算法细化的过程。对一个大偶数而言，其所在范围内将有有限多个素数。例如，$a=30$，其下的素数有 2、3、5、7、11、13、17、23、29，共 9 个，可以对一个大偶数范围内的所有素数逐一枚举出来。另外，只有偶数 4 可以唯一地写成 4=2+2 的形式，超过 4 的任何一个偶数都不能分解成 2 和另外一个素数，只能分解成两个奇数。从而可以得到一个确定 $m$ 的算法：$m$ 只能取 $i$ 内的所有奇数

如果确定了素数 $m$，则由 $i=m+n$ 就可唯一地得到 $n$。剩下的工作就是验证 $n$ 是不是素数。如果 $n$ 不是素数，就要重新确定 $m$。

哥德巴赫猜想验证细化流程图见图 1.2。

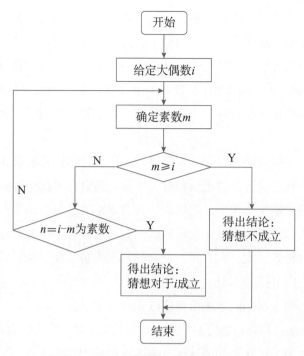

图 1.1　哥德巴赫猜想验证初步流程图

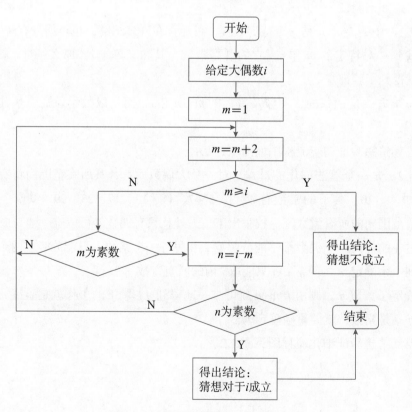

图 1.2　哥德巴赫猜想验证细化流程图

步骤（3）具体到如何验证 $m$ 和 $n$ 是素数的问题。这是两个相同的过程。如果对验证素数的程序设计单元非常熟悉，就不必再进一步求精。否则，再对验证素数进行求精。

根据素数的性质，对一个整数 $k$，若它不能被 $k$ 的平方根内的所有数整除，则必为素数。

可设计如图 1.3 所示的判定素数的流程图。

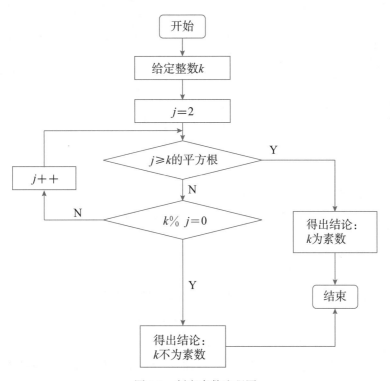

图 1.3　判定素数流程图

经过以上操作步骤，可以写出程序（假定大偶数为 6～1000）。Python 语言程序如下。

```python
# 验证某数是否素数的函数
import math
import sys
def isprime(k):
    for j in range(2,int(math.sqrt(k))+1):
        if(n%j==0):
            return 0
    return 1


# 哥德巴赫猜想
for i in range(6,1001,2):
    m=1
    while(1):
        m+=2
```

```
if (m>=i):
    print('哥德巴赫猜想不成立！\n')
    sys.exit()
else:
    if (isprime(m)==0):
        continue
    if(isprime(i-m)==0):
        continue
print("对于偶数%d,哥德巴赫猜想成立。可以写成%d与%d之和。\n"%(i,m,i-m))
break
```

程序的运行结果如下。

对于偶数 6，哥德巴赫猜想成立。可以写成 3 与 3 之和。
对于偶数 8，哥德巴赫猜想成立。可以写成 3 与 5 之和。
对于偶数 10，哥德巴赫猜想成立。可以写成 3 与 7 之和。
对于偶数 12，哥德巴赫猜想成立。可以写成 5 与 7 之和。
：（限于篇幅，此处省略了偶数 14 ~ 990）
对于偶数 992，哥德巴赫猜想成立。可以写成 73 与 919 之和。
对于偶数 994，哥德巴赫猜想成立。可以写成 3 与 991 之和。
对于偶数 996，哥德巴赫猜想成立。可以写成 5 与 991 之和。
对于偶数 998，哥德巴赫猜想成立。可以写成 7 与 991 之和。
对于偶数 1000，哥德巴赫猜想成立。可以写成 3 与 997 之和。

通过上面这个例子，可以感受到计算思维的存在。正如谭浩强教授在《研究计算思维，坚持面向应用》的文章中指出：思维属于哲学范畴。计算思维是一种科学思维方法，显然，所有人都应学习和培养。但是学习的内容和要求是相对的，对不同的人群应该有不同的要求。计算思维不是悬空的、不可捉摸的抽象概念，是体现在各个环节中的。

简单来说，计算思维就是用计算机科学解决问题的思维。它是每个人都应该具备的基本技能，而不仅仅属于计算机科学家。对于学计算机科学的人来说，培养计算思维是至关重要的。

另外，还必须清楚，递归思维是计算思维的重要组成部分，正如用递归的方法来解决问题是计算机科学中比较重要的解决问题的方法。递归思维最基本的理念可以总结为：一个问题的解决方案由其小问题的解决方案构成。下面通过一个例子来感受递归思维。

2.汉诺塔问题

汉诺塔问题源于印度的一个古老传说。在印度北部的圣庙里，大梵天创造世界的时候做了三根金刚石柱子，在一根柱子上从下往上按照大小顺序摆着 64 片黄金圆盘，这就是所谓的汉诺塔。大梵天命令婆罗门把圆盘按大小顺序重新摆放在另一根柱子上。并且规定，在小圆盘上不能放大圆盘，在三根柱子之间一次只能移动一个圆盘。僧侣们预言，当所有的黄金圆盘都从大梵天放好的那根柱子上移到另外一根上时，世界就将在一声霹雳中毁灭，汉诺塔、庙宇和众生也都将同归于尽。

那么，64 片黄金圆盘到底如何移动？需要移动多少次？世界又将在多长时间后毁灭呢？这样一个似乎非常烧脑的问题，其实，运用计算思维，借助程序，运行几行代码就可以解决。

为了解决该问题，可先将问题描述为：将 $n$ 个圆盘从 A 柱上借助 B 柱移动到 C 柱上，求解移动盘子的次数和步骤。

将 $n$ 个圆盘从 A 柱移到 C 柱可以分解为以下 3 个步骤。

（1）将 A 柱上 $n-1$ 个圆盘借助 C 柱先移到 B 柱上。

（2）把 A 柱上剩下的一个圆盘移到 C 柱上。

（3）将 $n-1$ 个圆盘从 B 柱借助于 A 柱移到 C 柱上。

步骤（3）和（1）的移动次数相同；步骤（2）只需要 1 次。

假设用 $f(n)$ 表示 $n$ 个圆盘需移动的次数，则有：

$$f(n)=2\times f(n-1)+1$$

$f(1)=1=2^1-1$，只有一个圆盘时，移动的次数为 1 次，即直接从 A 柱移到 C 柱。

$f(2)=2\times f(1)+1=3=2^2-1$，只有 2 个圆盘时，移动的次数为 3 次，即将第 1 个圆盘从 A 柱移到 B 柱，然后将第 2 个圆盘从 A 柱移到 C 柱，再将 B 柱上的圆盘移到 C 柱。

$f(3)=2\times f(2)+1=7=2^3-1$，只有 3 个圆盘时移动的次数为 7 次：先将最上面 2 个圆盘从 A 柱移动到 B 柱的次数为 $f(2)$ 即 3 次，将第 3 个圆盘从 A 柱移动到 C 柱的次数为 1 次，再将 B 柱上的 2 个圆盘移动到 C 柱的次数为 $f(2)$ 即 3 次；

$$\vdots$$

$$f(k+1)=2\times f(k)+1=2^{k+1}-1$$

$$\vdots$$

$$f(n)=2\times f(n-1)+1=2^n-1$$

当 $n=64$ 时，$f(64)=18\,446\,744\,073\,709\,551\,615$。

按移动一次花费 1s 计算，平年 365 天有 31 536 000s，闰年 366 天有 31 622 400s，平均每年 31 556 952s，则需要约 5845 亿年才能完成移动，而地球存在至今不过 45 亿年，太阳系的预期寿命也不过几百亿年。5800 多亿年后，太阳系、银河系，以及地球上的一切生命，连同梵塔、庙宇等，可能都已经灰飞烟灭。

这样一个现实中几乎无法实现的问题，可以借用计算机的超高速运算能力，在计算机中模拟实现，展示出具体的移动步骤和过程。

由前面的分析，可以得到解决汉诺塔问题的递归式：

$$f(n)=\begin{cases}1, & n=1\\2f(n-1)+1, & n>1\end{cases}$$

根据递归式，可以用递归方法，通过编制、调用函数解决汉诺塔问题。Python 代码如下。

```
i=1
def move(n,move_from,move_to):
    global i
    print('第%d步: 将%d号金片从%s移动到%s'%(i,n,move_from,move_to))
    i+=1


def hanoi(n,A,B,C):
    if n==1:
        move(1,A,C)
    else:
        hanoi(n-1,A,C,B)
        move(n,A,C)
        hanoi(n-1,B,A,C)

hanoi(64,'A','B','C')                              # 移动 64 个圆盘
```

move（n,move_from,move_to）函数的功能是将第 $n$ 个圆盘从 move_from 柱移动到 move_to 柱; hanoi（n,A,B,C）函数的功能是将 $n$ 个圆盘从 A 柱借助 B 柱移动到 C 柱; hanoi（64,'A','B','C'）是通过调用 hanoi() 函数模拟移动 64 个圆盘的过程步骤。

运行程序，马上就可以模拟出移动 64 个圆盘的所有步骤。

限于篇幅，运行程序时，将 hanoi（64,'A','B','C'）修改为 hanoi（4,'A','B','C'），只模拟移动 4 个圆盘的步骤。共需 15 步，具体步骤如下。

第 1 步: 将 1 号圆盘从 A 移动到 B
第 2 步: 将 2 号圆盘从 A 移动到 C
第 3 步: 将 1 号圆盘从 B 移动到 C
第 4 步: 将 3 号圆盘从 A 移动到 B
第 5 步: 将 1 号圆盘从 C 移动到 A
第 6 步: 将 2 号圆盘从 C 移动到 B
第 7 步: 将 1 号圆盘从 A 移动到 B
第 8 步: 将 4 号圆盘从 A 移动到 C
第 9 步: 将 1 号圆盘从 B 移动到 C
第 10 步: 将 2 号圆盘从 B 移动到 A
第 11 步: 将 1 号圆盘从 C 移动到 A
第 12 步: 将 3 号圆盘从 B 移动到 C
第 13 步: 将 1 号圆盘从 A 移动到 B
第 14 步: 将 2 号圆盘从 A 移动到 C
第 15 步: 将 1 号圆盘从 B 移动到 C

由此可见，借助现代计算机超强的计算能力，有效地利用计算思维，就能解决之前人类望而却步的很多大规模计算问题。

# 小结

本章主要介绍了计算机的发展历史、现代计算机的特点、计算机的发展趋势、计算机的分类和应用以及计算机思维。

希望学生在了解计算机的发展历史、趋势以及应用的基础上，通过对计算思维的定义、特点及应用的学习，为培养和推进计算思维打下良好的基础。

# 习题

一、选择题

1. 美国宾夕法尼亚大学 1946 年研制成功的一台大型通用数字电子计算机，名称是（　　　）。

    A. Pentium　　　　B. IBM PC　　　　C. ENIAC　　　　D. Apple

2. 第四代计算机采用大规模和超大规模（　　　）作为主要电子元件。

    A. 电子管　　　　B. 晶体管　　　　C. 集成电路　　　　D. 微处理器

3. 计算机中最重要的核心部件是（　　　）。

    A. DRAM　　　　B. CPU　　　　C. CRT　　　　D. ROM

4. 计算机思维的本质是对求解问题的抽象和实现问题处理的（　　　）。

    A. 高速度　　　　B. 高精度　　　　C. 自动化　　　　D. 可视化

5. 将有关数据加以分类、统计、分析，以取得有价值的信息，称为（　　　）。

    A. 数据处理　　　　B. 辅助设计　　　　C. 实时控制　　　　D. 数值计算

6. 计算机技术在半个多世纪中虽有很大的进步，但至今其运行仍遵循科学家（　　　）提出的基本原理。

    A. 爱因斯坦　　　　B. 爱迪生　　　　C. 牛顿　　　　D. 冯·诺依曼

7. 冯·诺依曼机工作的最重要特点是（　　　）。

    A. 存储程序的概念　　　　　　　　B. 堆栈操作

    C. 选择存储器地址　　　　　　　　D. 按寄存器方式工作

二、填空题

1. 数字式电子计算机的主要特性可从记忆性、可靠性、（　　　）、（　　　）、（　　　）和（　　　）等方面来体现。

2. 世界上第一台数字式电子计算机诞生于（　　　）年。

3. 计算机系统是由（　　　）、（　　　）两部分组成的。

4. 微处理器由（　　　）、（　　　）和（　　　）组成。

5. 计算思维的本质是（　　　）和（　　　）。

6. 运用计算机科学的基础概念和知识进行问题求解、系统设计，以及人类行为理解等一系列思维活动为（　　　　　）。

7. 第一代电子计算机逻辑部件主要由（　　　　　）组装而成；第二代电子计算机逻辑部件主要由（　　　　　）组装而成；第三代电子计算机逻辑部件主要由（　　　　　）组装而成；第四代电子计算机逻辑部件主要由（　　　　　）组装而成。

8. 从应用计算机的角度看，当前计算机的发展朝着（　　　　　）、（　　　　　）、（　　　　　）和（　　　　　）等方向发展。

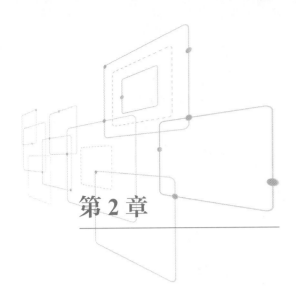

# 第 2 章　计算机系统组成

**本章学习目标**

☆ 了解计算机软件系统的分类及工作方式
☆ 了解计算机的硬件系统的技术指标
☆ 掌握计算机硬件系统的五大组成部分及工作过程
☆ 掌握计算机系统的解题过程

计算机系统是计算机硬件系统和软件系统的有机结合。只有配备了软件系统，计算机的硬件系统才能发挥效用。

本章要求学生在了解现代计算机的体系结构、软件系统的分类、工作方式的基础上，掌握计算机硬件系统的五大组成部分以及计算机系统的工作过程。

## 2.1　计算机硬件系统

本节将系统介绍现代计算机的结构。

现代计算机都是建立在冯·诺依曼提出的存储程序和程序控制的理论基础上的，采用了电子计算机中存储程序的概念，并保持着冯·诺依曼体系计算机的基本特征，即：

● 计算机系统由运算器、存储器、控制器、输入设备和输出设备五大基本部件组成。

● 计算机内部采用二进制来表示指令和数据。

● 把编制好的程序和数据输入计算机的主存储器中，然后启动计算机工作。计算机在不需要操作人员干预的情况下，自动取出指令、分析指令并控制执行指令规定的任务。

在此，对一些术语做出解释。

（1）数据。数据指计算机所能处理的数字式信息。

（2）操作。计算机所进行的各种处理动作。计算机所能进行的操作包括信息的传送、存储和加工。传送通常由输入设备、输出设备完成；存储由存储器完成；而运算类（包括算术类和逻辑类）加工通常由运算器来完成。各种操作都是在控制器的控制下完成的。

（3）操作数。操作数指被操作的对象。

（4）指令。通知计算机进行各种操作的手段。

（5）程序。按顺序编排好的、用指令表示出的计算机解题步骤。

（6）总线。用于传输信息的导线组。

（7）计算机硬件。组成计算机的机械的、电子的和光学的物理器件。

### 2.1.1　计算机的五大组成部分

1. 运算器

运算器（Arithmetical and Logical Unit，ALU）又被称为算术逻辑单元，负责进行各种算术和逻辑运算。

2. 控制器

控制器（Control，CTL）负责控制、监督、协调全机各功能部件的工作，分析并控制指令的执行。

3. 存储器

存储器（Memory，MEM）是计算机的记忆装置，负责存储程序和数据。程序运行期间，需要与相关的数据共同存放于内部存储器（Internal Memory，IM；又称主存储器（Main Memory，MM））中；暂时不用的程序和数据，可存放在计算机的外部存储器（External Memory，EM；也叫辅助存储器（Auxiliary Memory，AM））中。

存储器中最基本的记忆元件能够存储一位二进制代码，它是存储器中最小的存储单位，称为一个存储元或存储位，简称位（bit，b）；8 位存储元组成的单位叫作一个字节（Byte，B）；若干个记忆元件组合成一个存储单元，存储单元编号被称为地址，中央处理器通过定位地址来存取该单元中存放的指令或数据；大量存储单元又集合成存储体；存储体（介质）与其周围的控制电路共同组成了存储器。

从计算机的运行速度和造价考虑，计算机的内存储器容量总是有限的，为了扩大计算机的存储容量，在计算机的外部又设置了辅助存储器。常见计算机辅助存储设备包括硬盘、软盘、光盘以及闪存等，用于存放暂时不用的程序和数据。控制器不能直接访问辅助存储器，需要先将信息调入主存储器。

由于计算机的主存储器不能同时满足速度快、容量大和成本低的要求，所以在计算机中必须构建速度由慢到快、容量由大到小的多级层次存储器，以最优的控制调度算法和合理的成本，构成具有性能可接受的多层存储系统。存储系统由高速缓冲存储器、主存储器、辅助存储器三级存储器构成。多层存储系统与 CPU 的关系如图 2.1 所示。

内存储器一般包括寄存器、高速缓冲存储器（Cache）和主存储器。寄存器在 CPU 芯片的内部，其访问速度最快但容量最小，通常 CPU 只有几个到几十个寄存器；高速缓冲存储器一般也制作在 CPU 芯片内；主存储器由插在主板内存插槽中的若干内存条组成。内存的质量好坏与容量大小会影响计算机的运行速度。

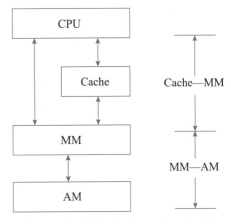

图 2.1　多层存储系统与 CPU 的关系图

存储系统中，高速缓冲存储器、主存储器和外存储器三者有机结合，在一定的辅助硬件和软件的支持下，构成一个完整的存储体系。存储系统由上至下存取速度逐步降低、存储空间逐步增大，充分体现出容量和速度的关系。高速缓冲存储器用来改善主存储器与中央处理器的速度匹配问题，硬件即可解决；辅助存储器用于扩大存储空间，用虚拟存储技术思想以硬件与软件相结合的办法填补主存与外存之间在容量上的不足。

在概念上，高速缓存技术和虚拟存储技术效果类似。它们的差别主要是具体实现的细节不同。当计算机系统中没有高速缓冲存储器时，CPU 直接访问主存储器（向主存储器存取信息）；有高速缓冲存储器时，CPU 要使用的指令和数据大部分通过高速缓冲存储器获取。另外，CPU 不能直接访问外存储器，当需要用到外存储器上的程序和数据时，先将它们从外存储器调入主存储器，再从主存储器调入高速缓冲存储器后为 CPU 所利用。虚拟存储技术又被称为虚拟存储器，是指为了提高主存储器的容量，将存储系统中的一部分辅存与主存组合起来视为一个整体，把两者的地址空间进行统一编址（称为"逻辑地址"或"虚拟地址"），由用户统一支配。当用户真正需要访问主存储器时，在操作系统管理下，采用软硬件将逻辑地址转换成实际主存地址，调取出所需信息。

高速缓存技术将高速缓存和主存储器组成一级存储。虚拟存储技术将主存储器和外存储器构成二级存储。三种性能水平不同的存储器糅合在一起，建立起一个统一的存储体系。其总的效果是：存储速度接近高速缓存水平，存储容量大，能够满足用户对存储器速度和容量的要求。目前，高速缓存和虚拟存储技术已经被普遍采用。

4. 输入设备

输入设备（Input Device, ID）将用户所能识别的符号代码转换为计算机所能识别的 0、1 代码输入计算机。参与运算或处理的数据、完成运算或处理的程序以及运算过程中所有指挥计算机运行的命令都是通过输入设备输入计算机的。输入设备包括鼠标、键盘、纸带输入机、扫描仪、触笔、MIC、电传打字机、触摸屏、摄像机等。

5. 输出设备

输出设备（Output Device，OD）将计算机所能识别的 0、1 代码转换为用户所能识别的符号代码输出给用户。输出的信息可以是数字、字符、图形、图像、声音等。输出设备包括显示器、打印机、X-Y 绘图仪、耳机、音响等。

输入 / 输出设备统称为 I/O 设备或外部设备，简称外设。软磁盘驱动器、硬磁盘驱动器、光盘驱动器及其存储介质既是输入设备，又是输出设备。

存储器、控制器以及运算器合起来被称为主机（Host）。外设通过接口与主机相连。

接口是指 Host 与 I/O 之间的连接通道及有关的控制电路；也可泛指任何两个系统间的交接部分或连接通道。又称适配器。由于其常被设计成卡状以方便和主机连接时的插拔，又常被称为接口卡，如显卡（监视器 / 显示器接口卡）、硬盘卡（硬盘接口卡）等。

### 2.1.2　计算机的硬件结构

1. 冯·诺依曼计算机结构

典型的冯·诺依曼计算机结构的特点是以运算器为中心，其基本组成框图如图 2.2 所示。

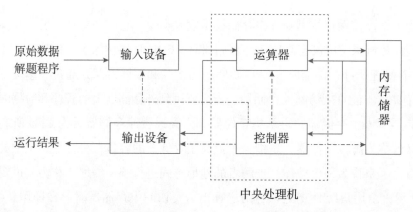

图 2.2　典型的冯·诺依曼计算机结构基本组成框图

大致工作过程：在控制器控制下，输入设备把原始数据和程序经运算器送入内存储器中存放；控制器把指令逐条取出进行分析，然后指挥相应部件完成相应动作；运算器处理后的结果又送回到内存储器，最后由内存储器经运算器从输出设备输出。

图 2.2 中的实线为数据线，这里的数据包括被处理的数据和指令；虚线为控制线，表示中央处理机对各部件的控制信号。

2. 现代计算机结构

现代计算机结构转向以存储器为中心，其基本组成框图如图 2.3 所示。

其大致工作过程为：在控制器控制下，输入设备把原始数据和程序直接送入内存储器中存放；控制器把指令逐条取出进行分析，然后指挥相应部件完成相应动作；运算器处理后的结果再送回到内存储器，最后由内存储器直接通过输出设备输出。

图中的粗线为数据线，这里的数据包括被处理的数据和指令及指令地址；细线为控制线，表示中央处理机对各部件的控制信号；虚线为回送信号线，表示各部件回送给控制器的信号。

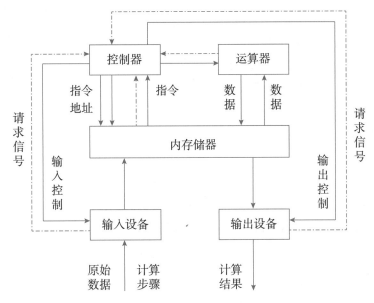

图 2.3　以存储器为中心的计算机结构基本组成框图

无论是冯·诺依曼结构的计算机还是现代结构的计算机都由五大部件组成，缺一不可。

计算机的基本工作过程就是在控制器的控制下，自动地从内存储器中不断地取出指令、分析指令再执行指令的过程。

现在又把计算机看成两或三大部分，如图 2.4 所示。

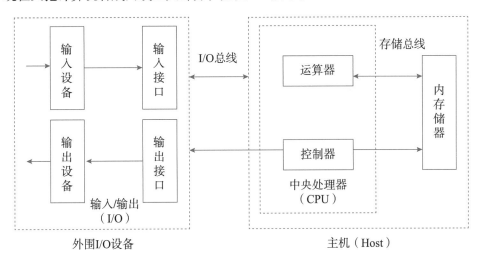

图 2.4　现代计算机两（三）部分结构图

用户通过输入设备输入程序和数据，通过输出设备接收运行结果，用户与计算机的联系如图 2.5 所示。

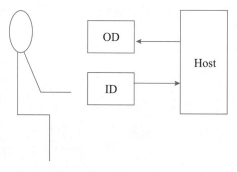

图 2.5 用户与计算机的联系

## 2.2 计算机软件系统

软件是指通知计算机进行各种操作的指令的集合（即程序）和程序运行时所需要的数据，以及与这些程序和数据有关的文字说明和图表资料。其中，文字说明和图表资料又称为文档；使整个计算机硬件系统工作的程序集合就是软件系统。

### 2.2.1 软件的分类

软件系统按其功能可分为系统软件和应用软件，如图 2.6 所示。现代的计算机硬件系统要运转工作，必须配以必要的系统软件；同时，计算机要真正发挥效能，也必须通过应用软件。

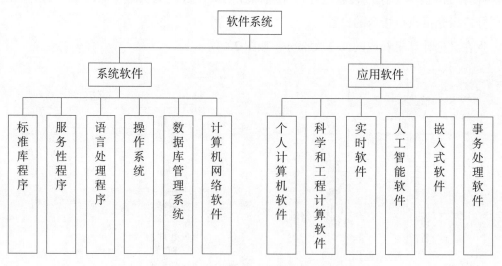

图 2.6 现代计算机系统中软件的分类

1. 系统软件

系统软件（又称系统程序）的主要功能是负责对计算机的软硬件系统进行调度、监视、管理及服务等。早期的计算机系统没有系统程序，用户使用计算机的时候，只能用计算机指令编制二进制代码程序。因此，计算机用户必须接受专门训练，否则无法使用计算机。随着计算机内部结构越来越复杂，运算速度也越来越快，整个机器的管理也就越来越复杂。为了不让用户在控制台上的手工机械速度影响机器的效率，专家们研制出了系统程序，用户只需要使用简单的命令就可在计算机的硬件系统上运行程序。系统程序使系统的各个资源得到合理的调度和高效的运用。它可以监视系统的运行状态，一旦出现故障，能自动保存现场信息，使之不至于遭到破坏，并且能够立即诊断出故障位置；还可以帮助用户调试程序，查找程序中的错误等。

下面对六类系统软件从功能和用途上进行简要介绍。

1）操作系统

操作系统是系统软件中最核心的部分，是管理计算机硬件与软件资源的计算机程序，负责指挥计算机硬软件系统协调一致的工作。其任务有两方面：一方面是管理好计算机的软硬件全部资源，使它们充分发挥作用；另一方面是为计算机和用户之间提供接口，为用户提供一个便捷的计算机使用环境，使用户不必掌握计算机的底层操作，而是通过操作系统提供的功能去使用计算机。操作系统的具体功能包括处理器管理、内存管理、设备管理、文件管理以及进程管理。

目前，典型的操作系统包括通用系统和移动系统。

通用操作系统包括 Windows、UNIX、Linux、macOS。Windows 系列和 macOS 系列操作系统是基于图形界面的单用户、多任务的操作系统，只能在各自的硬件平台上应用；UNIX 是一种多用户、多任务的通用分时操作系统，为用户提供了一个交互、灵活的操作界面，支持用户之间共享数据，并提供众多的集成工具以提高用户的工作效率，同时能够移植到不同的硬件平台；Linux 是一套免费使用和自由传播的类似 UNIX 的操作系统，由全世界各地的成千上万的程序员设计和实现，用户不用支付任何费用就可以获得它和它的源代码，并且可以根据自己的需要对它进行修改。它能够在计算机上实现全部的 UNIX 特性，具有多任务、多用户的能力，支持带有多个窗口管理器的 X-Window 图形用户界面，而且还包括文本编辑器、高级语言编译器等应用软件。

2）语言处理程序

计算机所能接受的语言与计算机硬件所能识别和执行的语言并不一致。计算机所能接受的语言很多，如机器语言（用 0、1 代码按机器的语法规则组成的语言）、汇编语言（将机器语言符号化的语言）、高级程序设计语言（能表达解题算法的面向应用程序的接近人类语言的计算机语言，如 BASIC、FORTRAN、Pascal、C、VB、VC、FoxPro、Delph 语言以及 Java、Python、C# 等）。而计算机硬件所能识别和执行的只有机器语言。

语言处理程序的主要功能是把用户编制程序用的源程序翻译成计算机硬件所能识别和

处理的目标代码，以便使计算机最终能完成用户以各种程序设计语言所描述的任务。

不同语言的源程序对应不同的语言处理程序。

常见的语言处理程序按其翻译方法的不同可以分为解释程序与编译程序两大类。前者对源程序的翻译采用边解释边执行的方式，并不生成目标程序，称为解释执行；后者必须先将源程序翻译成目标程序，才开始执行，称为编译执行。

解释方式是由解释程序（或解释器）对源程序逐条解释，一边解释，一边执行，解释结束，程序的运行结束；编译方式是由编译程序（或编译器）对源程序文件进行语法检查，并将之翻译（编译）为机器语言表示的二进制程序（即目标程序），编译通过再运行。

解释方式和编译方式的主要区别在于：

（1）编译方式是一次性地完成翻译，一旦成功生成可执行程序，就不再需要源代码和编译器即可执行程序；解释方式在每次运行程序时都需要源代码和解释器。

（2）解释方式执行需要源代码，所以程序纠错和维护十分方便；另外，只要有解释器负责解释，源代码就可以在任何操作系统上执行，可移植性好。

编译所产生的可执行程序执行速度比解释方式执行更快。

3）标准库程序

标准库程序是指存放在常用的按标准格式编写的程序仓库里的程序。

为了方便用户编制程序，通常需将一些常用的程序事先编制好，供用户调用。标准程序库就存放了这些按标准格式编写的程序，并存储在计算机中。用户需要时，就选择合适的程序段嵌入自己的程序中。这样既减少了用户的工作量，又提高了程序的质量和程序的工作效率。

例如，计算下面方程式的根：

$$\log y + \sqrt{y} - 6 = 0$$

可以从标准程序库中选出求对数子程序、开平方子程序和函数求根子程序，将它们装配起来，就可得到求解此方程的程序。

4）服务性程序

服务性程序又可称为实用程序。它与辅助计算机运行的各种服务性的程序相对应。

服务性程序的主要功能包括用户程序的装入、连接、编辑、查错和纠错，诊断硬件故障，二进制与十进制的数制转换，磁带、磁盘的复制，磁带文件整理等。

（1）装入程序。使用计算机时，将程序从机器的外部经由各种外部设备如卡片读入器、磁盘等装入内存以便 CPU 运行。装入程序自身必须首先装入内存。它的装入可通过一个引导装入程序，操作员控制面板上的手动开关，将引导装入程序打入内存。引导装入程序只由几条指令组成，通常用机器语言编写，故又叫作绝对二进制装入程序。一旦装入程序进入内存之后，便可启动运行，从而将已编译为机器语言的目标程序装入内存。现代计算机中把引导装入程序放在控制台系统的 ROM 中，只要拨动控制台面板上的加载引导开关即可。

（2）连接程序。连接程序负责将若干个目标程序模块连接成单一总程序。在实际应用中，一个源程序常被分成若干个相对独立的程序模块，分别编译成相应的目标模块。这些独立的目标模块必须连接成一个程序才能投入运行。连接程序有时也和装入程序的功能组合在一起，称作连接装入程序。这种连接装入程序还可以将某些复合任务所需要的源程序和子程序连接为单一实体送给编译程序。

（3）编辑程序。编辑程序是为用户编制源程序提供的一种编辑手段，可以使用户方便地改错、删除或补充源程序。通常，用户从键盘输入源程序，计算机将它显示在显示器的荧光屏上。借助于编辑程序，用户可以方便地通过键盘输入正确的字符，完成数据或信息的修改。

（4）查错和纠错程序。用户运行程序时发生错误或者根本没有输出时，该程序帮助用户检查并排除由这些错误引起的故障。

（5）数制转换程序。可使用户直接用十进制数进行输入，计算机自动转换成机内二进制数，以方便使用者。在某些高性能、高速度的计算机中已为这种转换程序设置机器指令，由硬件来实现。

（6）诊断程序。也是服务性程序的一种，用来诊断硬件的故障。当机器在运行中出现故障时，诊断程序被启动运行。它从执行指令的角度或从电路结构的角度查出机器的故障部位。诊断程序可用机器指令编写，在现代计算机中用汇编程序编写；而在采用微程序技术的机器中，用微指令编写诊断微程序，诊断的效果将更好。

5）数据库管理系统

数据库管理系统（Database Management System，DBMS）是一种操纵和管理数据库的大型软件，用于建立、使用和维护数据库，负责对数据库进行统一的管理和控制，以保证数据库的安全性和完整性。用户通过 DBMS 访问数据库中的数据，数据库管理员也通过 DBMS 对数据库进行维护。常用的数据库管理系统软件包括 Oracle、Sybase、Informix、Microsoft SQL Server、Microsoft Office Access、DB2、MySQL 等。

（1）Oracle 数据库管理系统。Oracle 数据库系统是美国 Oracle 公司开发的以分布式数据库为核心的一组软件产品，是目前最流行的 C/S 或 B/S 体系结构的数据库之一。Oracle 数据库是目前世界上使用最为广泛的数据库管理系统。

（2）Sybase 数据库管理系统。Sybase 是由美国 SYBASE 公司研制的一种关系数据库系统，运行于 UNIX 或 Windows NT 平台，是一种典型的 C/S 环境下的大型数据库系统。

（3）Informix 数据库管理系统。Informix 数据库管理系统是使用多线程、多进程、动态伸缩性和高度并发的体系结构系统。该结构系统在用户数和业务量增大时仍可保持较高的系统性能。它也支持多用户和分布式数据处理，允许客户机和服务器、服务器和服务器间进行透明的分布数据操作。

（4）Microsoft SQL Server 数据库管理系统。Microsoft SQL Server 是微软公司推出的关系型数据库管理系统。它具有使用方便、可伸缩性好、相关软件集成程度高等优点，是一个全面的数据库平台，利用集成的商业智能工具提供企业级的数据管理。

（5）Microsoft Office Access 数据库管理系统。Microsoft Office Access 是由微软发布的关系数据库管理系统，是 Microsoft Office 的系统程序之一。

（6）DB2 数据库管理系统。DB2 是美国 IBM 公司开发的一套关系型数据库管理系统。它主要的运行环境为 UNIX、Linux、IBM i（OS/400）、z/OS，以及 Windows 的各种服务器版本。DB2 主要应用于大型数据库系统，具有较好的可伸缩性，既支持大型计算机又支持单用户环境，应用于所有常见的服务器操作系统平台。DB2 提供了高层次的数据利用性、完整性、安全性、可恢复性，以及小规模到大规模应用程序的执行能力，具有与平台无关的基本功能和 SQL 命令。

（7）MySQL 数据库管理系统。MySQL 是由瑞典 MySQL AB 公司开发的关系型数据库管理系统，属于 Oracle 公司旗下产品。在 Web 应用方面，MySQL 是当前最好的关系数据库管理系统应用软件。

6）计算机网络软件

计算机网络软件是为计算机网络配置的系统软件。

所谓计算机网络是指以互相能够共享资源（包括硬件、软件和数据）的方式连接起来、各自具备独立功能的计算机的集合。计算机网络软件负责对网络资源的组织和管理，实现网络资源相互之间的通信。

计算机网络软件包括网络操作系统和数据通信系统。前者用于协调网络中各台机器的操作及实现网络资源的管理；后者用于网络内的通信，实现网络操作。

（1）网络操作系统。网络操作系统是网络软件的核心部分。它负责与网络中各台机器的操作系统相连，协调各用户与相应操作系统的交互作用，以获得所要求的功能。用于执行数据通信系统基本处理任务的程序驻留在计算机内，通过网络操作系统与主计算机操作系统的数据管理设备相连，提供实际的远程处理设备接口，使网络用户可以拥有与本地用户完全相等的能力。通信双方交换信息时必须遵守一些共同的规则和步骤，称为传输控制规程或数据通信规程，也称为通信协议（Protocol）。现代计算机网络通信协议都采用层次结构。它集合了包括网络、物理链路、操作系统及用户进程（Process，即用户程序的一次执行过程）交换信息所规定的一些规则和约定。它是网络操作系统的关键部分。

（2）数据通信系统。数据通信系统负责执行数据通信中的基本处理任务（也可称为应用程序）。

2. 应用软件

应用软件（又称应用程序）是计算机用户在各自的业务系统中开发和使用的各种程序。应用程序通常都是针对某个具体问题而编制的，种类繁多，名目不一。例如，天气预报中的数据处理、建筑业中的工程设计、商业的信息处理、企业的成本核算、工厂的仓库管理、图书的管理、炼钢厂的过程控制、卫星发射的监控、教学中的辅助教学等，都是可以借助计算机应用软件来提高效率和效果的。随着计算机的广泛应用，应用软件的种类和数量越来越多。

按照应用软件的用途划分，可将应用软件分为办公软件、多媒体软件、娱乐与学习软件、Internet 服务软件、数据库管理软件等。

按照应用软件的行业或应用领域划分，可将应用软件分为个人计算机软件、科学和工程计算软件、实时软件（监视、分析和控制现实世界）、人工智能软件（图像和语言自动识别等）、嵌入式软件（航空航天、指挥控制、武器系统）、事务处理软件（数据库管理系统等）。

（1）个人计算机软件。个人计算机软件是指主要应用于个人计算机上的软件。例如，办公软件，包括 WPS、Office 的文字处理（Word）、报表处理软件（Excel）、文稿演示软件（PowerPoint）以及 PDF 编辑软件等；多媒体技术软件，包括图形图像处理软件（如 Photoshop）、动画处理软件（如 Animate）、视频处理软件（如会声会影）、音频处理软件（如 Audition）等；网页制作软件（如 Dreamweaver）；其他应用软件。

（2）科学和工程计算软件。科学和工程计算软件是以数值算法为基础，对数值量进行处理的软件。其主要用于需要进行科学和工程计算的领域，如天气预报、弹道计算、石油勘探、地震数据处理、计算机系统仿真和计算机辅助设计等。

（3）实时软件。实时软件是一类依赖处理器系统的物理特性，如计算速度和精度、I/O 信息处理与中断响应方式、数据传输效率等，对现实世界发生的事件进行监视、分析和控制且能以足够快的速度对输入信息进行处理并在规定的时间内做出反应的软件。如大型的工业过程自动化软件、导航软件等。

（4）人工智能软件。人工智能软件是一类采用诸如基于规则的演绎推理技术和算法而非传统的计算或分析方法支持计算机系统产生人类某些智能的软件。目前，在专家系统、模式识别、自然语言处理、人工神经网络、程序验证、自动程序设计、机器人等领域开发了许多人工智能应用软件，用于疾病诊断、产品检测、图像和语言自动识别、语言翻译等。

（5）嵌入式软件。嵌入式软件是嵌入式计算机系统所采用的软件。嵌入式计算机系统是将计算机技术嵌入在某一系统之中，使之成为该系统的重要组成部分来控制系统的运行，以实现一个特定的物理过程。大型的嵌入式计算机系统软件可用于航空航天系统、指挥控制系统和武器系统等；小型的嵌入式计算机系统软件可用于工业的智能化产品之中，嵌入式软件驻留在只读存储器内，为该产品提供各种控制功能和仪表的数字或图形显示等功能，例如，汽车的刹车控制，空调、洗衣机的自动控制等。

（6）事务处理软件。事务处理软件是用于处理事务信息特别是商务信息的计算机软件。事务处理是软件最大的应用领域，它已由初期零散、小规模的软件系统，如工资管理系统、人事档案管理系统等，发展成为管理信息系统（MIS），如世界范围内的飞机订票系统、旅馆管理系统、作战指挥系统等。数据库管理系统是事务处理软件的重要组成部分，提供了用户管理数据库的一套命令，包括数据库的建立、修改、检索、统计及排序等功能。

### 2.2.2　软件的工作模式

目前，软件的工作模式主要是命令驱动和菜单驱动两种。

命令驱动模式是指在字符界面下，由用户按预定的格式输入命令，完成相应的任务；菜单驱动模式是指在图形用户界面下，以菜单的形式列出软件的功能，用户只需选中菜单项即可执行某一功能。

1. 命令驱动

命令即告知计算机执行任务的指令，能让计算机进行特定的动作。

命令通常是英文单词，如 print、save、begin 等；也有些命令使用英文缩写，如 ls 表示列表，cls 表示清除屏幕；还有一些命令使用特别约定的符号，如 ! 表示退出等。

例如，Microsoft DOS 命令"dir/w"可以显示磁盘上的文件信息，如图 2.7 所示。其中，"dir"命令告知计算机显示磁盘驱动器 C 上的目录信息；"/w"为命令参数，表示以紧凑方式显示（一行显示 5 个文件）文件和文件夹。

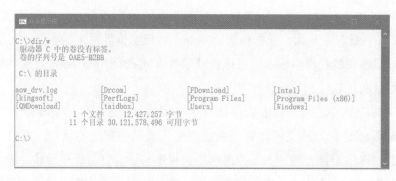

图 2.7　命令驱动模式实例

命令一般由命令名和可选的参数组成。

输入命令要遵守命令的语法格式，语法格式包括命令名和可选的参数序列。如果拼错了命令，将得到提示出错的消息，此时必须找出错误予以纠正，并重新运行，才能获得正确的结果。

没有一组命令可通用于任何计算机和任何软件。所以，使用命令驱动模式，必须记住命令的语法格式及其意义。虽然可以借助软件的联机帮助命令 Help 来查找，但使用起来还是不够方便。尤其是软件没有提供联机帮助的情况下，还需要参阅软件的相关使用手册。

2. 菜单驱动

菜单驱动是目前常用的软件工作模式。使用菜单时，不需要记住命令的格式，只要在菜单列表中选择所需要的菜单项即可。另外，因为列表中所有可选的菜单项都是有效的，不可能产生语法错误。如 Windows 操作系统、Microsoft Office、WPS 等都提供菜单驱动操作方式。

菜单显示了一组命令选项。每行菜单称为菜单项或菜单选项。用户可以通过选中菜单项来激发程序的运行。图 2.8 为 WPS 的文本编辑软件中"文件"菜单下的"视图"菜单项。

当一个软件具有很多功能时，通常有两种方法来组织和管理这些菜单项，即子菜单和对话框。

子菜单是当在主菜单中选择一项后计算机显示的一组附加命令（子菜单项）。有时，一个子菜单还包含另一个子菜单来提供更多的命令选项（子菜单单项），如图 2.8 所示。

对话框显示与命令有关的选项。用户通过在对话框中选择选项，设置命令如何执行。图 2.9 为 WPS 文本编辑软件的"页面设置"对话框，在该对话框上进行选择后，单击"确定"按钮即可完成页面的设置。

图 2.8　菜单驱动模式实例　　　　　图 2.9　对话框实例

## 2.3 计算机系统及解题过程

### 2.3.1 计算机系统

所谓系统是指同类事物按一定关系组成的整体。计算机系统就是计算机的硬件系统和软件系统的有机结合，如图 2.10 所示。

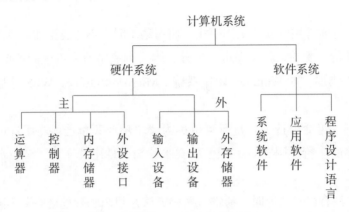

图 2.10 计算机系统的软硬件结合

计算机的硬件系统是计算机工作的必备条件，而软件系统是发挥计算机效能的必要工具。没有软件系统的计算机被称为裸机，裸机只有配备了必要的软件系统才可以工作，因为硬件系统是根据指令进行工作的。

1. 硬件

硬件是计算机所使用的电子线路和物理装置。正如前面所描述的计算机的运算器、控制器、存储器、输入设备、输出设备五大组成部分，计算机硬件是指组成计算机的机械的、电子的、光学的元件或装置。它们是我们的感官和触觉所能感触得到的实体。

有关计算机的硬件系统构成在前面大部分已经有所描述。此不赘述。

需要指明的是：

● 图 2.10 中的外存储器（辅助存储器）既属于输入设备，又属于输出设备（这里之所以单列出来，是为了与内存储器相对应）。

● 外设接口是主机和外部设备之间的接口，原则上既不属于主机，也不属于外设（而图 2.10 中之所以把外设接口划归主机，是感官使然，因为在设计、配置机器时，大部分接口被置于主机箱内）。

计算机系统的各个部件之间是通过总线相连接的，如图 2.11 所示。

总线是计算机的重要组成部分，它是计算机系统之间或者计算机系统内部多个模块之间的一组公共传输通道，数据、地址和控制信息都经由总线传送。总线在计算机中通常表现为一组并行信号线，数量由几十根到几百根，这些信号线根据其功能可以归为如下几类。

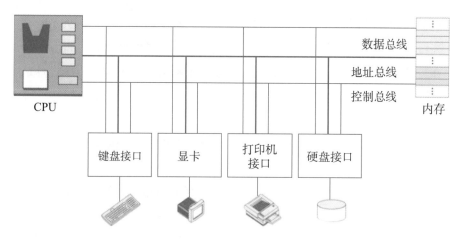

图 2.11 计算机硬件连接示意图

地址总线，用来传送地址信息。地址总线信息单向传送，通常由总线主控设备（通常为 CPU）传向总线被控设备（例如内存和各种接口）。地址总线的根数决定了总线可以直接寻址的范围或者计算机可以配置的最大内存容量。$n$ 根地址总线可以访问的地址空间是 $2^n$。

数据总线，用于传送数据信息。数据总线信息在主控设备和被控设备之间双向传送。数据总线的根数决定了通过该总线一次可以传送的信息量。例如，数据总线为 8 位，则一次可以传送 1 字节；若数据总线为 32 位，则一次可以传送 4 字节。

控制总线，用于在主控设备和被控设备之间传送控制信号，包括中断、DMA、时钟、复位、双向握手信号等。

其他控制信号线，包括电源线、扩展备用线等。

接口是 CPU 与外部设备的连接电路，是 CPU 与外部设备进行信息交换的中转站，负责信息交换、速度协调以及辅助和缓冲等。现在计算机外部设备种类繁多，大多数是光电、机电传动设备，在与 CPU 进行数据交换时，存在速度和操作时序不匹配、数据类型和通信格式不一致等问题。因此，外部设备无法直接挂接在系统总线上，CPU 也无法直接和外部设备通信。各种外部设备通过接口电路连接到计算机系统，CPU 是通过接口控制电路间接实现对外部设备控制的。显卡、声卡、网卡等都是常见的电路接口。

2. 软件

软件是相对硬件来说的。软件通常存储在介质（如硬盘、软盘、光盘、磁带及早期的穿孔卡等）上，人们可以看到的是存储软件的介质（即硬件），而软件是介质上无形的信息，而非介质本身。

严格来讲，图 2.10 软件系统中的程序设计语言属于应用软件，是程序开发者用于编程的应用软件。无论是系统软件还是应用软件，都是用计算机语言编写出来的，或者说是用程序设计语言编写的。

计算机的程序设计语言随着计算机的更新换代也在不断地发展，从机器语言、汇编语言发展到高级语言，从过程性语言又向人工智能语言（即说明性语言）过渡。计算机语言的发展，在方便用户的同时，也使计算机的性能在不断提高。下面对程序设计语言的发展进行一下回顾。

1）机器语言

机器语言是一种唯一能被计算机的硬件识别和执行的二进制语言，用二进制代码表示的机器指令来表示。

机器语言的每一条指令都如同开启机器内部电路的钥匙，例如执行加法指令可以启动加法器及相关电路，实现加法运算；执行停机指令可以调动开关电路，停止机器运行等。计算机的设计者提前把所有这些动作和相关指令设计好，并以"指令系统"说明书的形式把一台计算机的全部功能和语法提供给使用者。使用者根据指令说明书来描述所求解问题的过程和步骤，又称编写程序，所得到的程序即为机器语言程序。

机器语言是最贴近机器硬件的语言。目前，采用微程序控制器原理进行控制的系统进行控制仍使用机器语言。

机器语言的优点：由于计算机的机器指令与计算机上的硬件密切相关，用计算机语言编写的程序可以充分发挥硬件功能，程序结构紧凑，运行效率高。

机器语言的不足之处：所编写的程序不够直观，阅读、理解起来比较困难，所以，编写、修改、维护都是问题；同时机器语言是一种依赖于计算机"机器本身"的语言，不同类型的计算机其指令系统和指令格式都不一样，缺乏兼容性，因而针对某一型号的计算机编制的机器语言程序不可以在另一型号的机器上运行。

机器语言的种种不方便，导致其仅在计算机发明初期使用。

不久，专家们开始致力于另一种可方便用户编程和维护的语言的开发。

2）汇编语言

汇编语言是一种将机器语言符号化的语言，它用形象、直观、便于记忆的字母、符号来代替二进制编码的机器指令。

汇编语言基本上与机器语言是一一对应的，但在表示方法上发生了根本的改变。它用一种助记符来代替表示操作性质的操作码，而用符号来表示用于指明操作数位置信息的地址码。这些助记符通常使用能描述指令功能的英文单词的缩写，以便于书写和记忆。例如，ADD 表示加法，MOVE 表示传送等。汇编语言不能直接调动计算机的硬件，需要借助汇编编译程序将汇编语言程序翻译成机器语言程序才能调动计算机的硬件。用汇编语言编写的程序需要通过翻译将其转换成机器语言程序后才能被机器的硬件识别和执行。完成这种翻译功能的语言处理程序叫作汇编程序。

因此，汇编语言程序是远离计算机硬件的软件。

汇编语言的优点：直观、易懂、易用，而且容易记忆。由于其与机器语言一一对应，所编写的程序也如机器语言程序一样，质量高，执行速度快，占用内存空间少，因此常用于编写系统软件、实时控制程序、经常使用在标准子程序库和直接用于控制计算机的外设或端口数据输入/输出程序等。

汇编语言的不足：不同 CPU 的计算机，针对同一问题所编写的汇编程序往往是互不通用的，兼容性极差。使用起来还是不够方便。

使用汇编语言编写程序，虽然比机器语言方便得多，但还是没有摆脱机器指令的束缚，汇编语言在某种程度上还是与人类自然语言不够接近的低级语言。这无利于人们的抽象思维和学术交流。机器语言和汇编语言都可以说是"面向机器"的语言。人们需要有更接近人类的逻辑思维、读写方便并且有很强描述解题方法的程序设计语言。于是，经过专家的不断努力，各种"面向应用问题"的程序设计语言应运而生。这就是高级程序设计语言。

3) 高级语言

高级语言是一种能表达解题算法的面向应用问题的语言。

高级语言编写的程序由一系列的语句（或函数）组成。每一条语句常常可以对应十几条、几十条甚至上百条机器指令。用高级语言编写的程序要通过编译程序（编译器）或解释程序（解释器）将其以编译方式或解释方式翻译成机器语言程序才可被计算机执行。编译器和解释器与汇编语言同属于语言处理程序。

高级语言程序需要借助编译系统或解释程序翻译后才能与硬件建立联系。因此，高级语言程序是更加远离计算机硬件的最接近人类自然语言的软件。

高级语言的种类很多。从最早的 BASIC 到现在，已有几百种语言，而且还在不断涌现，常见的有 BASIC、FORTRAN、ALGOL、COBOL、C、Pascal、Prolog、Python 和 Java等。新的高级语言不断涌现，已有的语言自身也在不断发展。如 Visual Basic、Delphi和 Visual C 等就是 BASIC、Pascal 和 C 在面向对象方面得到发展后形成的、可视化编程语言。

在此值得一提的是 Java。它是 Sun MicroSystem 公司于 1995 年 5 月推出的面向对象的解释执行的编程语言。它脱胎于 C++（C 经过面向对象发展而来），在继承了现有的编程语言优秀成果的基础上做了大量的简化、修改和补充，具有简单、面向对象、安全、与平台无关、多线程等优良特性。随着 Internet 的迅速普及，World Wide Web（万维网）迅速普及，Java 在编制小的应用程序（Applet）中越来越受到欢迎和瞩目。

目前流行的网络脚本语言是 Python。Python 是一个高层次的结合了解释性、编译性、互动性和面向对象的脚本语言。它是由 Guido van Rossum 在 20 世纪 80 年代末和 90 年代初在荷兰国家数学和计算机科学研究所设计出来的。Python 本身也是由诸多其他语言发展而来的，包括 ABC、Modula-3、C、C++、ALGOL-68、SmallTalk、UNIX shell 和其他的脚本语言等。

高级语言的优点：语言简洁、直观，便于用户阅读、理解、修改及维护，同时也提高了编程效率。非计算机专业人员也可以通过高级语言编制程序，大大地促进了计算机的广泛应用。

3. 计算机系统

一个计算机系统是计算机硬件系统和软件系统的有机结合体。硬件是计算机系统的必备条件，只有配备了基本的硬件，才具备配置软件的条件；然而，软件的配置给计算机带来了生命的活力。因此，可以比喻为"硬件是基础，软件是灵魂"。

需要强调的是，计算机的硬件系统与软件系统之间的分界线是随着计算机的发展而动态地变化的，部分以前由软件来完成的功能现在由硬件来实现，效率更高。

**2.3.2 计算机解题过程**

从普通用户的角度看，应用计算机解决问题就是通过输入设备输入要解决的问题，然后从输出设备得到结果，至于计算机内部是如何工作的，用户可以把它看作一个暗箱，不必去究其工作的细节，如图 2.12 所示。

而要研究计算机的工作原理，就是要了解和掌握暗箱内的工作过程。

在用计算机处理问题之前，必须从问题规范出发，运用计算思维设计出一个解决问题的算法，再使用具体的程序设计语言进行编程。编制好的程序通过计算机运行，最后问题得以解决。

计算机的解题过程可以描述为：用户用程序设计语言编写程序，连同数据一起送入计算机（源程序）；然后由系统程序将其翻译成机器语言程序（目标程序）；再在计算机硬件上运行后输出结果。计算机的解题过程如图 2.13 所示。

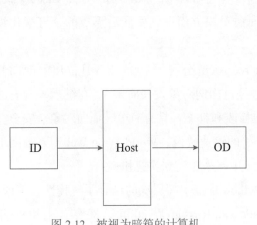

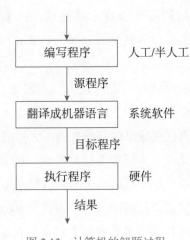

图 2.12　被视为暗箱的计算机　　　　　图 2.13　计算机的解题过程

## 2.4 计算机系统的技术指标

早期评价一个计算机系统的性能的主要技术指标是字长、容量和运算速度。现在要考虑的主要技术指标还包括主频、存取周期以及总线带宽和内存寻址空间等。

1. 主频

主频是指计算机的时钟频率，即计算机的 CPU 在单位时间内发出的脉冲数。主频在很大程度上决定计算机的运算运行速度。主频越高，CPU 的工作节拍越快。主频的单位是赫兹（Hz），如 486DX166 的主频为 66MHz，Pentium100 的主频为 100MHz，Pentium Ⅱ 233 的主频为 233MHz，Pentium Ⅲ 的主频有 450MHz、500MHz、1.13GHz，Pentium 4 主频有 1.2GHz、1.4GHz、1.5GHz 和 1.7GHz，i7 的主频为 3.2GHz，而最新的 i9 基本主频达到了 4.0GHz，最大主频为 4.5GHz。

2. 字长

字长指计算机的运算部件所能同时并行处理的二进制的位数。它与计算机的功能和用途有很大的关系。

首先，字长决定了计算机的运算精度。字长越长，计算机的运算精度就越高。因此，高性能的计算机字长较长，而性能较差的计算机字长相对要短一些。

其次，字长决定了指令的直接寻址的能力。字长越长，在指令中直接给出地址的机会越大，其直接寻址的能力也就越强。

字长用二进制的位（bit）来衡量。一般机器的字长都是字节（1B=8b）的 1、2、4、8 倍。微型计算机的字长为 8 位、16 位、32 位和 64 位，如 286 机为 16 位机，386 机与 486 机是 32 位机，奔腾 3 代（Pentium Ⅲ）和奔腾 4 代（Pentium 4）的字长是 64 位。现在的高档微机字长有望达到 128 位。

3. 容量

容量一般是指计算机内存系统的容量，即计算机的内存系统所能容纳的二进制信息的总量。

容量有三种衡量方法：用位（bit）数衡量（极少用）；用字节（Byte）数衡量（最常用的方法）；用字（Word）数衡量（首先要知道字长，总容量 = 字数 × 字长，此方法也很少用）。

容量的单位还有 KB、MB、GB 和 TB。它们之间的关系如下。

1B=8b

1KB=1024B=$2^{10}$B

1MB=1024KB=$2^{20}$B=1 048 576B

1GB=1024MB=$2^{30}$B=1 073 741 824B

1TB=1024GB=$2^{40}$B=1 099 511 627 776B

处理器为 Pentium Ⅲ、Pentium 4 的微机内存容量都在 128MB 以上，目前以 i7 和 i9 为处理器的微型计算机内存容量已达 4GB 和 8GB 乃至 16GB。

内存容量是用户在购买计算机时关注的一个很重要的指标。同一型号的计算机内存容量可以有所不同。内存的容量越大，其处理速度也就越快，能运行的系统程序和应用程序的范围也就越广，但其相对成本也就越高。

4. 存取周期

连续两次访问存储器所需要的最短时间间隔为存取周期。微型计算机的内存储器目前存取周期在几十纳秒到 100ns，存取速度很快。

5. 运算速度

速度是指计算机的运算速度。运算速度是评价计算机的一项综合性的指标。衡量计算机的运算速度通常有以下三种方法。

（1）普通法。用计算机每秒所能执行的指令条数来衡量，单位为 MIPS（Million of Instructions Per Second）。由于各种不同的指令其执行时间也不一样，所以，用此法来衡量运算速度不够准确。

（2）吉普森法。又称综合指令时间法，其运算公式为 $T=\sum_{i=1}^{n} f_i \times t_i$。假设指令系统中共有 $i$ 条指令，其中，$f_i$ 为第 $i$ 条指令的执行频度（单位时间内的所能被执行到的次数），$t_i$ 为第 $i$ 条指令的执行时间。此法衡量计算机运算速度科学、精确，但各条指令的执行频度的获得需要用到各种统计手段，可谓得之不易。

（3）基准程序法。基本思路是编制一段能全面综合考虑各种因素的程序，让其在不同的计算机系统上运行，以进行运算速度的比较。此法虽不尽精确，但对于在不同的计算机系统间进行比较，还是很有益的。此法关键在于基准程序的编制。

影响计算机运行速度的因素很多，主要是 CPU 的主频和存储器的存取周期。从计算机的整体设计来说，速度和容量在一般的情况下是相互匹配的。通常说来，高速计算机应该是大容量的；而大容量的计算机要有高速度的支撑，否则就不可能发挥出计算机的整体效能。按照常规，CPU 的时钟频率与速度是成正比的，CPU 的时钟频率越高，它的运行速度也就越快。所以，目前人们习惯于简单地用 CPU 的主频来衡量速度。

6. 总线带宽

总线带宽表示总线每秒可以传输的数据信息总量，常用单位是 MB/s，即兆字节 / 秒。总线带宽与总线存取时间、总线数据线位数有关。若总线存取时间为 $T$，总线数据线位数为 $n$，则总线带宽 $=n/T$，单位为 b/s，即位 / 秒。

对于 64 位、800MHz 的前端总线，数据传输率就等于 64b×800MHz ÷ 8(B)=6.4GB/s；32 位、33MHz PCI 总线数据传输率是 133MB/s。

### 7. 内存寻址空间

内存寻址空间，表示计算机中最大可配置的内存容量，通常与系统总线中地址总线的根数有关。若地址总线根数为 $n$，则内存寻址空间大小为 $2^n$。

衡量计算机系统性能的技术指标很多。除了上述七项主要指标外，还要考虑机器的兼容性、系统的可靠性以及性能 / 价格比、机器的软硬件配置、I/O 吞吐量等。

（1）兼容性。也可理解为与其他系统的各方面的通用性。它包括数据和文件的兼容、程序（语言）兼容、系统兼容、设备兼容等。兼容有利于机器的推广和用户工作量的减少。

（2）系统可靠性。用平均无故障时间（Mean Time Between Failures，MTBF）来衡量。$\text{MTBF} = \sum_{i=1}^{n} t_i/n$，其中，MTBF 为平均无故障时间，$t_i$ 为第 $i$ 次无故障时间，$n$ 为故障总次数。很显然，MTBF 越大，系统越可靠。

（3）性能 / 价格比。性能指系统的综合性能，包括软件和硬件的各种性能；价格要考虑整个系统的价格。一般情况下，性能越高，价格也越高。所以，二者的比率要适当才能被用户所接受。

（4）软硬件配置。系统所能配备的软硬件的种类和数量。

（5）I/O 吞吐量。是指系统的输入 / 输出能力。

除上述所谈及的指标外，还应考虑计算机系统的汉字处理能力、数据管理系统及网络功能等。总之，评价一个计算机系统是一项综合性的工作，比较复杂，需要进行细致的处理，切不可片面得出结论。

## 小结

计算机系统是计算机硬件系统和软件系统的有机结合。只有配备了软件系统，计算机的硬件系统才能发挥效用。

本章主要介绍计算机硬件系统的五大组成部分、现代计算机的体系结构、软件系统的分类、计算机的工作方式以及计算机系统的工作过程。

希望学生在了解现代计算机硬件系统体系结构、软件系统分类及工作方式的基础上，掌握计算机系统硬件与软件的关系、硬件系统的五大组成部分、工作过程以及计算机系统的解题过程。

## 习题

一、选择题

1. 目前的 CPU 包括（　　　）。

    A. 控制器、运算器　　　　　　　　B. 控制器、逻辑运算器

    C. 控制器、算术运算器　　　　　　D. 运算器、算术运算器

2. 下列软件不属于系统软件的是（　　　）。

    A. 编译程序　　　B. 诊断程序　　　　　C. 大型数据库　　　D. 财务管理软件

3. 下面不属于操作系统的是（　　　）。

    A. Windows　　　B. Linux　　　　　C. Android　　　　　D. Flash

4. 整个计算机系统是受（　　　）控制的。

    A. 中央处理器　　B. 接口　　　　　C. 存储器　　　　　D. 总线

5. 计算机安装的最大主存容量取决于（　　　）。

    A. 字长　　　　　　　　　　　　B. 数据总线位数

    C. 控制总线位数　　　　　　　　D. 地址总线位数

6. 下列不是控制器的功能的是（　　　）。

    A. 程序控制　　　B. 操作控制　　　　C. 时间控制　　　　D. 信息存储

7. 下列不是磁表面存储器的是（　　　）。

    A. 硬盘　　　　　B. 光盘　　　　　C. 软盘　　　　　　D. 磁带

8. CPU 读 / 写速度最快的器件是（　　　）。

    A. 寄存器　　　　B. 内存　　　　　C. Cache　　　　　D. 磁盘

9. 不属于输出设备的是（　　　）。

    A. 光笔　　　　　B. 显示器　　　　C. 打印机　　　　　D. 音箱

10. 不属于计算机主机部分的是（　　　）。

    A. 运算器　　　　B. 控制器　　　　C. 鼠标　　　　　　D. 内存

11. 下列说法错误的是（　　　）。

    A. 主存存放正在运行的程序和数据

    B. Cache 的使用目的是提高主存的访问速度

    C. CPU 可以直接访问硬盘中的数据

    D. 运算器主要完成算术和逻辑运算

12. 计算机主要性能指标通常不包括（　　　）。

    A. 主频　　　　　B. 字长　　　　　C. 功耗　　　　　　D. 存取周期

13. 冯·诺依曼计算机包括（　　　）、控制器、存储器、输入设备和输出设备五大组成部分。

    A. 显示器　　　　B. 运算器　　　　C. 键盘　　　　　　D. 存取周期

二、填空题

1. 冯·诺依曼机器结构由（　　　　　）、（　　　　　）、（　　　　　）、（　　　　　）和（　　　　）五大部分组成。

2. 中央处理器由（　　　　　）和（　　　　　）两部分以及一些寄存器组成。

3. 计算机中的字长是指（　　　　　　）。

4. 运算器又被称为（　　　　　　），负责进行各种（　　　　　　）。

5. 存储器在计算机中的主要功能是（　　　　　）和（　　　　　　）。

6. 控制器负责（　　　　　）并（　　　　　）指令的执行，协调全机进行工作。

7. 接口是指（　　　　　）。

8. 存取周期是指（　　　　　）。

9. 计算机的兼容性是指（　　　　　　）。

10. 早期评价计算机硬件特性的主要性能指标有（　　　　）、（　　　　　）、（　　　　　），现在要考虑的主要技术指标也包括（　　　　　）和（　　　　　）以及总线带宽和内存寻址空间。

11. 可由硬件直接识别和执行的语言是（　　　　　　）。

12. 系统软件（又称系统程序）的主要功能是（　　　　　　）。

13. 计算机系统就是计算机的（　　　　　）和（　　　　　）系统的有机结合。

14. 存储器的最基本组成单位是存储元，它只能存储（　　　　　），一般以（　　　　　）为单位。8 位存储元组成的单位叫作一个（　　　　　　）。

15. 1KB=（　　　　　）B；1MB=（　　　　　）KB。

16. 每个存储单元在整个存储器中的位置都有一个编号，这个编号称为该存储单元的（　　　　　）。

17. 设置 Cache 的目的是（　　　　　），设置虚拟存储器的主要目的是（　　　　　）。

18. （　　　　　）是外部设备和 CPU 之间的信息中转站。

19. （　　　　　）是计算机中多个模块之间的一组公共信息传输通道，根据作用不同又可分为（　　　　　）、（　　　　　）、（　　　　　）。

20. 数据总线的位数决定了（　　　　），地址总线的位数决定了（　　　　）。

21. （　　　　　）表示总线每秒可以传输的数据信息总量。

22. 按照计算机的控制层次，计算机的软件可分为（　　　　　）和（　　　　　）。

23. 计算机软件是计算机运行所需要的各种（　　　　　）和（　　　　　）的总称。

24. 软件主要有两种工作模式，分别称为（　　　　　）和（　　　　　）。

三、解答题

1. 简述由五部分组成的计算机的工作过程。

2. 简述冯·诺依曼机器结构的设计思想。

3. 简述计算机的解题过程。

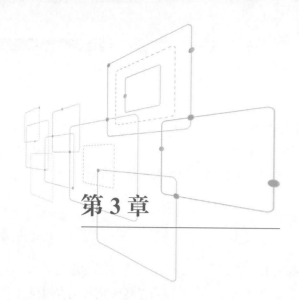

# 第3章

# 计算机中数据的表示与运算

**本章学习目标**

☆ 了解计算机内数值数据和非数值数据的组织格式和编码规则

☆ 掌握数值数据中指导计算机进行算数运算的理论基础——进位记数制、小数点的处理以及符号的表示

☆ 熟练掌握进位记数制、补码及浮点数

计算机所要加工处理的对象是数据信息，而指挥计算机操作的信息是控制信息。所以，可以把计算机的内部信息分为控制信息和数据信息两大类。其中，控制信息包括指令和控制字；数据信息包括数值数据和非数值数据，非数值数据包括逻辑数据、字符数据（字母、符号、汉字）以及多媒体数据（图形、图像、声音）等。

在计算机内部，信息的表示依赖于机器硬件电路的状态。数据采用什么表示形式，直接影响计算机的性能和结构。应该在保证数据性质不变和工艺许可的条件下，尽量选用简单的数据表示形式，以提高机器的效率和通用性。

本章将使学生在了解计算机内数值数据和非数值数据的组织格式和编码规则的基础上，对计算机内数据信息的表示进行全方位的把握。其中，数值数据中指导计算机进行算术运算的理论基础——进制、补码、浮点数将作为学习的重点。

## 3.1　数值数据

数值数据是指具有确定的数值，能表示其大小，在数轴上能够找到对应点的数据。

在现实生活中习惯采用十进制来表示数据，而计算机却用二进制表示信息。计算机采用二进制而不是采用人们习惯的十进制的原因如下。

（1）二进制表示数据便于物理实现。在物理器件中，具有两个稳定状态的物理器件是很多的（如具有开关两个状态的灯、具有导通和截止两个状态的二极管、具有闭合和断开两个状态的开关等），恰好可以利用器件的两个状态对应表示二进制的 0 和 1 两个数字符号；而十进制具有从 0 到 9 的 10 个数字符号，要找到具有 10 个稳定状态的物理器件几乎是不可能的。这也是计算机采用二进制表示的最重要的理由。

（2）二进制表示数据运算简单。用二进制表示数据，在做加法和乘法运算时，只需要记住 0 和 0、0 和 1、1 和 1 共 3 对数（$2\times(2+1)/2=3$）的和与积就可以了，而十进制运算却要考虑 $10\times(10+1)/2$ 共 55 对数的和与积。计算机采用二进制表示数据，其运算器件的电路实现起来十分简单。

（3）二进制表示数据工作可靠。如果要采用十进制表示信息，那么，由于具有 10 个稳定状态的物理器件是不存在的，因此只能用器件的物理量来代表十进制的数字符号（如用电流量、电压的高低，假如用流过导线的电流量表示信息，$0\sim0.1A$ 代表"0"、$0.1\sim0.2A$ 代表"1"、$0.2\sim0.3A$ 代表"2"……），而二进制完全可以用物理器件的"质"来表示（比如用二极管的导通和截止或灯的亮与灭分别代表二进制的"0"和"1"）。如果电路电压不够稳定，通过导线的电流量变化零点几安培是完全有可能的，而二极管的导通与截止、灯的亮与灭的状态的跳变却不可能由电路电压的不稳定造成。也就是说，用"质"来区分数字符号的二进制要比用"量"来区分数字符号的十进制工作起来稳定得多。

（4）二进制表示数据便于逻辑判断。在逻辑判断中，只有"是"和"非"两种状况，似是而非的状况是不存在的。正好可以用二进制的 0 和 1 分别代表逻辑判断的是与非。

当然，二进制表示数据也有它的不足，即它表示的数容量小。同样是 $n$ 位数，二进制最多可表示 $2^n$ 个数，而十进制可以表示 $10^n$ 个数。如 3 位二进制数，可以表示从二进制的 000 到二进制的 111 一共 8 个数；而 3 位十进制数却可以表示从十进制的 000 到十进制的 999 共 1000 个数。

尽管二进制表示数据也有它的缺点，但基于它所带来的方便与简洁，计算机采用了二进制作为信息表示的基础。

十进制和二进制表示数据都是采用进位记数制。因此，要研究计算机内数值数据的表示，首先要研究进位记数的理论。不仅如此，还要考虑小数点和符号在计算机内如何处理。

所以，表示一个数值数据要有三个要素：进制、小数点和符号。

### 3.1.1　进位记数制及进制间的相互转换

本节从十进制入手，介绍各种进位制结构的特性，以及它们之间的相互转换。

1. 进位记数制

为了协调人与计算机所用进制之间的差别，必须研究数字系统中各种进位制结构的特性，以及它们之间的相互转换，从中找出规律性的东西。下面从人们习惯的十进制开始，系统研究进位记数制。

1）十进制及十进制数

十进制采用逢十进一的进位规则表示数字。具体规则如下。

（1）十进制用 0，1，…，9 十个数字符号分别表示 0，1，…，9 十个数。

（2）当要表示的数值大于 9 时，用数字符号排列起来表示，表示规则如下。

● 数字符号本身具有确定的值。

● 不同位置的值由数字符号本身的值乘以一定的系数表示。

● 系数为以 10 为底的指数。

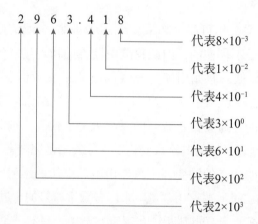

（3）一个数的实际值为各位上的实际值总和。例如：

1 966 298.735

$=1×10^6+9×10^5+6×10^4+6×10^3+2×10^2+9×10^1+8×10^0+7×10^{-1}+3×10^{-2}+5×10^{-3}$

2）$R$ 进制及 $R$ 进制数

通过对十进制的总结，可以得出任意（$R$）进位数按逢 $R$ 进一的规则表示数字的规则如下。

（1）$R$ 进制用 0，1，…，$R$ 共 $R$ 个数字符号分别表示 0，1，…，$R-1$ 共 $R$ 个数。这里的 $R$ 为数制系统所采用的数字符号的个数，被称为基数。

（2）当要表示的数值大于 $R-1$ 时，用数字符号排列起来表示，表示规则如下。

● 数字符号本身具有确定的值。

● 不同位置的值由数字符号本身的值乘以一定的系数表示。

● 系数为以 $R$ 为底的指数。

假设数字符号序列为

$x_{n-1}x_{n-2}\cdots x_i\cdots x_1x_0.x_{-1}x_{-2}\cdots x_{-m}$

通常在数字符号序列后面加上标注以示声明，如上面的 $R$ 进制数表示为 $(x_{n-1}x_{n-2}\cdots x_i\cdots x_1x_0.x_{-1}x_{-2}\cdots x_{-m})_R$。$x_i$ 为 0 和 $R-1$ 之间的整数；$x_i$ 的下标为数字符号的位序号，它所代表的值为 $x_i \times R^i$。系数 $R^i$（$R^{位序号}$）被称为 $x_i$ 所在位置的权。

（3）一个数的实际值为各位上的实际值总和。例如：

$$x = x_{n-1}x_{n-2}\cdots x_i\cdots x_1x_0.x_{-1}x_{-2}\cdots x_{-m}$$

$$V(x) = x_{n-1}\times R^{n-1} + x_{n-2}\times R^{n-2} + \cdots x_i\times R^i + \cdots x_1\times R^1 + x_0\times R^0 + x_{-1}\times R^{-1} + x_{-2}\times R^{-2} + \cdots x_{-m}\times R^{-m}$$

即：

$$V(x) = \sum_{i=0}^{n-1} x_i\times R^i + \sum_{i=-1}^{-m} x_i\times R^i$$

$V(x)$ 表示 $x$ 的值，$m$、$n$ 为正整数。

3）二进制及二进制数的运算

二进制采用逢二进一的进位规则表示数字，采用 0 和 1 两个数字符号。二进制的运算规则如下。

（1）加法规则：逢 2 进 1。

0+0=0　0+1=1　1+0=1　1+1=10

【例 3-1】求 1010.110+1101.010。

解：　　1010.110
　　　　+ 1101.010
　　　　-----------
　　　　11000.000

结果：1010.110+1101.010=11000.000

（2）减法规则：借 1 当 2。

0-0=0　1-0=1　1-1=0　10-1=1

【例 3-2】求 11000.000-1101.010。

解：　　11000.000
　　　　- 1101.010
　　　　-----------
　　　　　1010.110

结果：11000.000-1101.010=1010.110

（3）乘法规则。

0×0=0　0×1=0　1×0=0　1×1=1

由规则可以看出，二进制乘法要远比十进制乘法简单。

【例 3-3】求 1010.11×1101.01。

解：　　　1010.11

　　　　　× 1101.01

　　　------------------

　　　　　　101011

　　　　　000000

　　　　　101011

　　　　000000

　　　　101011

　　　101011

　　　--------------

　　　100011100111

结果：1010.11×1101.01=10001110.0111

在乘法运算的过程中，由于乘数的每一位只有 0 和 1 两种可能，那么，部分积也只有 0 和乘数本身两个值（不考虑小数点的位置），要远比十进制乘法简单得多。根据这一特点，可以把二进制的乘法归结为移位和加法运算，即通过测试乘数的相应位是 0 还是 1 来决定要加的部分积是 0 还是被乘数。

（4）除法规则。

【例 3-4】求 10001110.0111 ÷ 1010.11。

解：　　　　　　　1101.01

　　101011 ) 1000111001.11

　　　　　　　101011

　　　　　--------------------

　　　　　　0111000

　　　　　　101011

　　　　　--------------------

　　　　　　00110101

　　　　　　　101011

　　　　　--------------------

　　　　　　00101011

　　　　　　101011

　　　　　--------------------

　　　　　　　　　0

结果：10001110.0111 ÷ 1010.11=1101.01

除法是乘法的逆运算，可以归结为与乘法相反方向的移位和减法运算。因此，在计算机中，使用具有移位功能的加法 / 减法运算，就可以完成四则运算。

这里所举的例子恰好是可以整除的，最后的余数是 0000.00。如果是不可以整除的，那么在商达到了足够的精度后，最下面的部分就是余数。

4）八进制与十六进制

除了二进制与十进制外，八进制与十六进制由于其与二进制的特殊关系（$8=2^3$，$16=2^4$）也常被使用。一般在机器外部，为了书写方便，也为了减少书写错误，常采用八进制与十六进制。八进制的基数为 8，采用逢八进一的原则表示数据，权值为 $8^{位序号}$，数字符号为 0、1、2、3、4、5、6、7；十六进制的基数为 16，采用逢十六进一的原则表示数据，权值为 $16^{位序号}$，数字符号为 0、1、2、3、4、5、6、7、8、9、A、B、C、D、E、F。十六进制后面常加后缀 H 以用于表示数字符号的 A、B、C、D、E、F 与字母的区别，如 13AH、E25 等。

二、八、十、十六进制之间的关系如表 3.1 所示。

表 3.1　四种进位记数制

| 二 进 制 数 | 八 进 制 数 | 十 进 制 数 | 十六进制数 |
| --- | --- | --- | --- |
| 0000 | 0 | 0 | 0 |
| 0001 | 1 | 1 | 1 |
| 0010 | 2 | 2 | 2 |
| 0011 | 3 | 3 | 3 |
| 0100 | 4 | 4 | 4 |
| 0101 | 5 | 5 | 5 |
| 0110 | 6 | 6 | 6 |
| 0111 | 7 | 7 | 7 |
| 1000 | 10 | 8 | 8 |
| 1001 | 11 | 9 | 9 |
| 1010 | 12 | 10 | A |
| 1011 | 13 | 11 | B |
| 1100 | 14 | 12 | C |
| 1101 | 15 | 13 | D |
| 1110 | 16 | 14 | E |
| 1111 | 17 | 15 | F |
| 101101 | 55 | 45 | 2D |
| 01101011 | 153 | 107 | 6B |
| 110011010 | 632 | 410 | 19A |

2. 进制间的相互转换

1）十进制转换为 $R$ 进制

将十进制数转换为 $R$ 进制数时，可以将数分为整数和小数两部分分别转换，然后组合起来即可实现整个转换。

假设某十进制的数已转换为 $R$ 进制的数，数字符号序列为

$$x_{n-1}x_{n-2}\cdots x_1x_0.x_{-1}x_{-2}\cdots x_{-m}$$

（1）整数部分。

要把十进制的整数转换为 $R$ 进制的整数时，只需将十进制的整数连续地除以 $R$，其逐次所得到的余数即为从低位到高位的 $R$ 进制的数字符号序列。

【例 3-5】将 $(58)_{10}$ 转换为二进制的数。

```
          商
     2 │58    余数
       │29    0      低位
       │14    1
       │ 7    0
       │ 3    1
       │ 1    1
         0    1      高位
```

由此可得 $(58)_{10}=(111010)_2$

【例 3-6】将 $(58)_{10}$ 转换为八进制的数。

```
          商
     8 │58    余数
       │ 7    2      低位
         0    7      高位
```

由此可得 $(58)_{10}=（72)_8$

【例 3-7】将 $(58)_{10}$ 转换为十六进制的数。

```
          商
    16│58    余数
      │ 3    10——十六进制的 A    低位
        0    3——十六进制的 3     高位
```

由此可得 $(58)_{10}=(3A)_{16}$

（2）小数部分。

要把十进制的小数转换为 $R$ 进制的小数时，只需将十进制的小数连续地乘以 $R$，其逐次所得到的整数即为从 $x_{-1}$ 到 $x_{-m}$ 的 $R$ 进制小数的数字符号序列。

【例 3-8】将 $(0.5625)_{10}$ 转换为二进制的数。

```
        余数
    0.5625   整数
```

```
    ×       2
-----------
    0.125   1    高位
    ×       2
-----------
    0.25    0
    ×       2
-----------
    0.5     0
    ×       2
-----------
    0.0     1    低位
```

由此可得 $(0.5625)_{10}=(0.1001)_2$

【例 3-9】将 $(0.5625)_{10}$ 转换为八进制的数。

```
    余数
    0.5625  整数
  ×     8
-----------
    0.5     4    高位
  ×     8
-----------
    0.0     4    低位
```

由此可得 $(0.5625)_{10}=(0.44)_8$

【例 3-10】将 $(0.5625)_{10}$ 转换为十六进制的数。

```
    余数
    0.5625  整数
  ×    16
-----------
    0.0000  9    高位
```

由此可得 $(0.5625)_{10}=(0.9)_{16}$

【例 3-11】将 $(0.6)_{10}$ 转换为二进制的数。

```
    余数
    0.6  整数
```

```
    ×  2
    -------
      0.2    1    高位
    ×  2
    -------
      0.4    0
    ×  2
    -------
      0.8    0
    ×  2
    -------
      0.6    1
    ×  2
    -------
      0.2    1
    ×  2
    -------
      0.4    0
    ×  2
    -------
      0.8    0
    ×  2
    -------
      0.6    1    低位
      ⋮      ⋮
```

由此可得 $(0.6)_{10}=(0.10011001\cdots)_2$

小数部分在转换过程中出现了循环，永远也不可能出现 0。那么，就要根据需要的精度（或说计算机可能表示的精度）进行截止舍入。

假如要保留小数点后 $n$ 位，那么至少要求出 $n-1$ 位整数，然后进行舍入。

（3）二进制的舍入。

二进制的舍入有两种方法。下面对比进行介绍。

● 0 舍 1 入法：被舍去的部分最高位如果为 1，就将其加到保留部分的最低位，否则直接舍去。

● 恒 1 法：被舍去的部分如果含有真正的有效数位（即 1），就使保留的部分的最低位为 1（不管其原来是 0 还是 1）。

【例 3-12】将 0.101100101 保留到小数点后 5 位。

解：

按 0 舍 1 入法保留后的结果为 0.10110。

而按恒 1 法舍入后的结果为 0.10111。

【例 3-13】将 0.101111101 保留到小数点后 5 位。

解：

按 0 舍 1 入法保留后的结果为 0.11000。

而按恒 1 法舍入后的结果为 0.10111。

由上可知，$(0.6)_{10}$ 转换为二进制后，若小数点后保留 5 位，则无论是采用 0 舍 1 入法还是恒 1 法，其结果都为 $(0.10011)_2$。

上面分别介绍了从十进制到 R 进制的整数和小数部分的转换。在实际进行转换时，把一个数的整数部分和小数部分分别转换，再连接起来即可。

如从上面的例题中可以得出

$(58.5625)_{10}=(111010.1001)_2$

$(58.5625)_{10}=(72.44)_8$

$(58.5625)_{10}=(3A.9)_{16}$

2）R 进制转换为十进制

按照求值公式

$$x = x_{n-1}x_{n-2}\cdots x_1 x_0 . x_{-1} x_{-2} \cdots x_{-m}$$

$$V(x) = \sum_{i=0}^{n-1} x_i \times R^i + \sum_{i=-1}^{-m} x_i \times R^i$$

基数为 R 的数，只要将各位数字与它所在位置的权 $R^i$（R 位序号）相乘，其积相加（按逢十进一的原则），和数即为相应的十进制数。

【例 3-14】将 $(21A.8)_{16}$、$(3A.9)_{16}$ 转换为十进制的数。

解：

$V((21A.8)_{16})=2\times16^2+1\times16^1+10\times16^0+8\times16^{-1}$

$\qquad =2\times256+1\times16+10\times1+8/16=538.5$

$V((3A.9)_{16})=3\times16^1+10\times16^0+9\times16^{-1}$

$\qquad =3\times16+10\times1+9/16=58.5625$

由此可得 $(21A.8)_{16}=(538.5)_{10}$，$(3A.9)_{16}=(58.5625)_{10}$

【例 3-15】将 $(72.44)_8$ 转换为十进制的数。

解：

$$V((72.44)_8)=7\times8+2\times8^0+4\times8^{-1}+4\times8^{-2}$$
$$=7\times8+2\times1+4/8+4/64=58.5625$$

由此可得 $(72.44)_8=(58.5625)_{10}$

【例 3-16】将 $(111010.1001)_2$ 转换为十进制的数。

解：

$$V((111010.1001)_2)$$
$$=1\times2^5+1\times2^4+1\times2^3+0\times2^2+1\times2^1+0\times2^0+1\times2^{-1}+0\times2^{-2}+0\times2^{-3}+1\times2^{-4}$$
$$=32+16+8+2+0.5+0.625=58.625$$

由此可得 $(111010.1001)_2=(58.5625)_{10}$

3）二、八、十六进制间的相互转换

二进制、八进制与十六进制之间的转换由于它们之间存在着权的内在联系而得到简化。由于 $2^4=16$、$2^3=8$，因此，每一位十六进制数相当于四位二进制数，而每一位八进制数相当于三位二进制数。

（1）二进制转换为八进制或十六进制。

可将二进制的 3 位或 4 位一组转换为一位八进制或十六进制数。在转换中，位组的划分是以小数点为中心向左右两边延伸的，不足者补齐 0。整数部分在高位补 0，小数部分在低位补 0。

【例 3-17】将 $(111010.1001)_2$ 转换为八进制的数。

解：

位组划分： <u>111</u> <u>010</u> . <u>100</u> <u>100</u>

八进制数： 7　　2　　4　　4

由此可得 $(111010.1001)_2=(72.44)_8$

【例 3-18】将 $(111010.1001)_2$ 转换为十六进制的数。

解：

位组划分： <u>0011</u> <u>1010</u> . <u>1001</u>

十六进制数：3　　A　　9

由此可得 $(111010.1001)_2=(3A.9)_{16}$

（2）八进制或十六进制转换为二进制。

每一位八进制或十六进制数转换为 3 位或 4 位的一组二进制数。

【例 3-19】将 $(D3A.94)_{16}$ 转换为二进制的数。

解：

十六进制数：　　D　　3　　A　.　9　　4

相应二进制数：1101 0011 1010 1001 0100

由此可得 (D3A.94)$_{16}$=(110100111010.100101)$_2$

【例 3-20】将 (376.52)$_8$ 转换为二进制的数。

解：

八进制数：　　　3　7　6 . 5　2

相应二进制数：011　111　110　101　010

由此可得 (376.52)$_8$=(11111110.10101)$_2$

掌握了二、八、十六进制之间的内在联系，它们之间的数制转换就不必用十进制作为桥梁了，既方便又不容易出错。

### 3.1.2　定点数与浮点数

在前面的内容中，介绍了进位记数制。在把握了计算机内的二进制表示及二进制与其他进位记数制之间的相互转换之后，再来看一下小数点在计算机内是如何处理的。

数既可以是整数，也可以是小数。但是，计算机并不识别小数点。这就引出了小数点在机器内如何处理的问题。

计算机处理小数点的方式有两种：定点表示法和浮点表示法。定点表示法中，所有数的小数点都固定到有效数位间的同一位置；浮点表示法中，一个数的小数点可以在有效数位间任意移动。

小数点的位置固定不变的数叫定点数；小数点可以在有效数位间任意移动的数为浮点数。

采用定点表示法的计算机被称为定点机；采用浮点表示法的计算机被称为浮点机。

假设一个二进制数 X，可以表示为

$$X=M \times 2^E$$

其中，E 是一个二进制整数，称为 X 的阶；2 为阶的基数；M 称为数 X 的尾数。尾数表示 X 的全部有效数字，而阶 E 指明该数的小数点的位置，阶和尾数都是带符号的数。在机器内部表示时，需要表示尾数和阶，至于基数和小数点，是无须用任何设备表示的。关于正负号表示，将在后面介绍。

定点表示法中所有数的 E 值都相同。浮点表示法中一个数的 E 值可以有多个；E 值不同，其尾数中小数点的位置就不同。

例如：

0.10、10.101 和 1011.011 这三个数，在八位字长的时候，如果小数点固定在第 4 位和第 5 位之间，那么它们分别为 0000.1000、0010.1010 及 1011.0110。

而浮点表示中，一个数就可以因小数点在有效数位间任意移动而有多种表示。例如：

0.1011011=0.001011011×2$^2$=101.1011×2$^{-3}$

100.10000=0.1001×2$^3$=1001×2$^{-1}$

下面分别介绍定点数和浮点数。

1. 定点数

1）定点整数和定点小数

计算机内，通常采取两种极端的形式表示定点数。要么所有数的小数点都固定在最高位，称为定点的纯小数机；要么所有数的小数点都固定在最低位，称为纯整数机。

在定点的纯小数机中，若不考虑符号位，那么数的表示可归纳为 $0.x_{-1}x_{-2}\cdots x_{-m}$，其中，$x_i$ 为各位数字符号，$m$ 为数值部分所占位数；0 和小数点不占表示位，只是为了识别方便，在表示的时候才书写出来，而在机器中，小数点的位置是默认的，无须表示。

定点的纯整数机中，数的表示可归纳为 $x_{n-1}x_{n-2}\cdots x_i\cdots x_1x_0$，其中，$x_i$ 为各位数字符号，$n$ 为数值部分所占位数。

2）定点数的表示范围

（1）$n$ 位定点小数的表示范围。

最大数：$0.11\cdots11$

最小数：$0.00\cdots01$

十进制数表示范围：$2^{-n}\leqslant|x|\leqslant1-2^{-n}$

（2）$n$ 位定点整数的表示范围。

最大数：$11\cdots11$

最小数：0

十进制数表示范围：$0\leqslant|x|\leqslant2^n-1$

如果运算的数小于最小数或大于最大数，则产生溢出。这里所说的溢出是指数据大小超出了机器所能表示的数的范围。

当数据大于机器所能表示的最大数时，就产生了上溢；而数据小于机器所能表示的最小数时，就产生了下溢。

一般下溢可当成 0 处理，不会产生太大的误差。如果参加运算的数、中间结果或最后结果产生上溢，就会出现错误的结果。因此，计算机要以溢出为标志迫使机器停止运行或转入出错处理程序。在早期，程序员使用定点机进行运算要十分小心，常常通过选用比例因子来避免溢出的发生。

3）比例因子及其选取原则

在纯小数或纯整数机中，若要表示的数不在纯小数或纯整数的范围之内，就要将其乘上一定的系数进行缩小或扩大为纯小数或纯整数以适应机器的表示，在输出的时候再做反方向调整即可。这个被乘的系数，称为比例因子。

从理论上讲，比例因子的选择是任意的，因为尾数中小数点的位置可以是任意的。

比例因子不能过大。如果比例因子选择太大，将会影响运算精度。如 $N=0.11$，机器字长为 4 位，则：

当比例因子为 $2^{-1}$ 时，相乘后的结果为 0.011；

当比例因子为 $2^{-2}$ 时，相乘后的结果为 0.001；

当比例因子为 $2^{-3}$ 时，相乘后的结果为 0.000。

比例因子也不能选择过小。比例因子太小有可能使数据超出机器范围。如 0.0110+0.1101=1.0011。纯小数相加，产生了整数部分。那么，如何选取比例因子呢?

在选取比例因子的时候，必须要保证初始数据、预期的中间结果和运算的最后结果都在定点数的表示范围之内。

4）定点数的优缺点

定点数的最大优点是其表示简单，电路实现起来相对容易，速度也比较快。但由于其表示范围有限，所以，很容易产生溢出。

2. 浮点数

1）浮点数的两部分

在机器内部，浮点数由阶和尾数两部分构成。尾数部分必须为纯小数，而阶的部分必须为纯整数。

例如：$-0.101100 \times 2^{-1011}$。

在表示浮点数的时候，除了要表示尾数和阶的数值部分，还要表示它们的符号。所以，要完整地表示一个浮点数，须包括阶的符号（阶符）、阶的数值（阶码）、尾数的符号（尾符）、尾数的数值（尾码）四部分。它们的顺序与位置在不同的机器中也许会有所不同，但必须完整表示这四部分。

2）浮点数的表示范围

假设浮点数的尾数部分数值位为 $n$ 位，阶的部分数值位为1位，那么，它的表示范围如下。

最大数：$0.11\cdots11 \times 2^{+11\cdots11}$

最小数：$0.00\cdots01 \times 2^{-11\cdots11}$

十进制数表示范围：$2^{-(2^l-1)} \times 2^{-n} \leqslant |x| \leqslant (1-2^{-n}) \times 2^{+(2^l-1)}$

可以看出，浮点数的表示范围要远远超过定点数的表示范围。浮点数的最大数和最小数是定点小数的最大数和最小数的 $2^{+(2^l-1)}$ 倍。

3）浮点数的优缺点

从上面的形式可以看出，要表示一个浮点数，其电路要比定点数的复杂，因而速度也会有所下降；但它的表示范围和数的精度要远远高于定点数。

4）浮点数的规格化

一个数所能保留的有效数位越多，其精度也就越高。

假如有下面三个浮点数：

A=0.001011×2$^{00}$

B=0.1011×2$^{-10}$

C=0.00001011×2$^{+10}$

这实际是同一个数的三个不同表示形式。

现在依据机器的要求，尾数的数值部分只能取 4 位，那么，在考虑舍入的情况下，三个数变为

A=0.0010×2$^{00}$

B=0.1011×2$^{-10}$

C=0.0000×2$^{+10}$

A 只保留了两个有效数位，B 保留了全部的有效数位，而 C 却丢失了全部的有效数位。

如何尽可能地利用有限的空间保留尽可能多的有效数位呢？总结一下，可以发现：尾数部分的有效数位最高位的 1 越接近小数点，它的精度就越高。于是，要想办法使浮点数的尾数部分的最高位为 1 来赢取最高的精度。这就涉及浮点数的规格化的问题。

所谓浮点数的规格化是指：在保证浮点数数值不变的前提下，适当调整它的阶，以使它的尾数部分最高位为 1。

规格化浮点数尾数部分的数值特征为 0.1X⋯XX，即 $\frac{1}{2} \leqslant |m| < 1$。

3. 定点数与浮点数的比较

一台计算机究竟采用定点表示还是浮点表示，要根据计算机的使用条件来确定。定点表示与浮点表示的比较见表 3.2。

表 3.2　定点表示与浮点表示的比较

| 比 较 项 | 定 点 表 示 | 浮 点 表 示 |
| --- | --- | --- |
| 表示范围 | 较小 | 比定点范围大 |
| 精度 | 决定于数的位数 | 规格化时比定点高 |
| 运算规则 | 简单 | 运算步骤多 |
| 运算速度 | 快 | 慢 |
| 控制电路 | 简单、易于维护 | 复杂，难于维护 |
| 成本 | 低 | 高 |
| 程序编制 | 选比例因子，不方便 | 方便 |
| 溢出处理 | 由数值部分决定 | 由阶大小判断 |

从上面的介绍可以看出，定点数无论在数的表示范围、数的精度还是溢出处理方面，都不及浮点数。但浮点数的线路复杂，速度低。因此，在不要求精度和数的范围的情况下，采用定点数表示方法往往更快捷、经济。

一台机器可以采用定点表示，也可以采用浮点表示，但同时只能采用一种方式。相应地，机器被称为定点机或浮点机。

### 3.1.3　数的符号表示——原码、补码、反码及阶的移码

前面讨论了数的进制和小数点的处理。要真正表示一个数，还要考虑它的符号。数的符号是如何被处理的呢？下面来讨论计算机内处理带符号数的二进制编码表示系统——码制。

#### 1. 机器数与真值

二进制的数也有正负之分，如 A=+1011，B=−0.1110，A 是一个正数，而 B 是一个负数。然而，机器并不能表示"+""−"。为了在计算机中表示数的正、负，引入了符号位，即用一位二进制数表示符号。这被称为符号位的数字化。

为了方便区分计算机内的数据和实际值，引入机器数和真值的概念。

真值：数的符号以通常的习惯用"+""−"表示。

机器数：数的符号数字化后用"0""1"表示。

数的符号数字化后，是否参加运算？符号参加运算后数值部分又如何处理呢？计算机内有原码、补码、反码三种机器数形式，还有专门用于阶的移码形式。下面分别介绍。

#### 2. 原码表示法

数的符号数字化后用"0"和"1"来表示，用户最自然的是想到用"0"和"1"在原来的"+""−"位置上简单取代。这也正是原码表示法的基本思想。

在原码表示法中，用机器数的最高位表示符号，0 代表正，1 代表负；机器数的其余各位表示数的有效数值，为带符号数的二进制绝对值。所以，原码又称符号－绝对值表示法。

##### 1）原码表示法示例

【例 3-21】纯整数及纯小数的原码表示法。

[+1010110]原=01010110

[−1010110]原=11010110

[+0.1010110]原=0.1010110

[−0.1010110]原=1.1010110

注意：小数点不占表示位，只是为了识别方便，在表示的时候才书写出来；而在机器中，小数点的位置是默认的，无须表示。

【例 3-22】求在 16 位字长的机器中，+1010110、−1010110 和 +0.1010110、−0.1010110 的原码。

解：

[+000000001010110]原=0000000001010110

[−000000001010110]$_原$=1000000001010110

[+0.101011000000000]$_原$=0.101011000000000

[−0.101011000000000]$_原$=1.101011000000000

数值部分不足 $n-1$ 位的时候，要在整数数值位前面和小数数值位后面补足 0。

2）关于零的原码

对于 0 来讲，正负 0 的原码是不同的。

[+00…00]$_原$=000…00

[−00…00]$_原$=100…00

3）已知原码求真值

在已知二进制数的原码的情况下，要求得它的真值也非常简单。

符号位为 1 的原码去掉符号位便可得出真值的绝对值，符号位填上"−"就可得到真值。而符号位为 0 的原码，其本身就是真值的绝对值，只需把 0 改为"+"号或直接在前面加"+"（对于纯小数）即可。

【例 3-23】已知原码求真值。

原码 10101100 的真值为 −0101100。

原码 1.101011000000000 的真值为 0.101011000000000。

原码 00101100 的真值为 +0101100。

原码 0.101011000000000 的真值为 +0.101011000000000。

也可以通过简单地把原码的符号位的"1"改为"−"、把"0"改为"+"而求得真值。

4）原码的运算

从上面的介绍可以看出，原码表示法只是简单地把"+""−"号数字化成了"0"和"1"。其他的与真值是相同的。

所以，原码的运算与真值的运算规则是相同的。即把符号和数值部分分开处理。

这对于乘除法来讲是十分适合的，因为两个数相乘除时，符号和绝对值就是分别处理的。而对于加减法来讲，似乎就比较麻烦。两个数进行加减的时候，要先比较它们的绝对值，然后决定做加法还是减法。也就是说，两个数相加，实际做的有可能不是加法而是减法，反之也一样。

那么，可不可以把加减法变得简单起来呢？比如只做加法而不必做减法。下面引进的补码表示法就大大简化了加减法。

3. 补码表示法

1）补的概念及模的含义

为了引进"补"的概念，先来看看日常使用的时钟。

时钟若以小时为单位，则钟盘上有 12 个刻度。时针每转动一周，其记时范围为

1～12 点。若把 12 点称作 0 点，则记时范围为 0～11，共 12 个小时。

假设现在时针指向 3。那么，要想让时针指向 9，有两种方法。

（1）让时针顺时针转 6 个刻度。可表示为

$$3+6=9$$

（2）让时针逆时针转 6 个刻度。表示为

$$3-6=9（在共有 12 个数的前提下）$$

再来看时针指向 8 的情形。如果把时针顺时针转动 7 个刻度，则它指向 3；逆时针转 5 个刻度也会指向 3。可表示为 8+7 ≡ 8-5（在共有 12 个数的前提下）。

为什么加一个数和减一个数会是等价的呢？是因为表盘只有 12 个刻度，是有限的。为了系统研究加与减等价的问题，再来看一个实例。

假设某二进制记数器共有 4 位，那么它能记录 0000～1111 即十进制的 0～15 共 16 个数。它能记录的数是有限的。如果它现在的内容是 1011，那么，把它变为 0000 也有两种方法：

$$
\begin{array}{cc}
1011 & 1011 \\
-\ 1011 & +\ 0101 \\
\hline
0000 & 10000
\end{array}
$$

第二个式子中最高位的 1 会因只有 4 位而自动丢失。

于是可以得出：1011-1011=0000，1011+0101=0000（在只有 4 位二进制共可表示 $2^4$ 即 16 个数的前提下）。可以表示为 1011-1011 ≡ 1011+0101（在只有 16 个数的前提下）。

仔细观察上面的例子可以得出结论：在记数系统容量有限的前提下，加一个数和减一个数可以等价；并且它们的绝对值之和就等于这个记数系统的容量。如对于表盘来讲，-6 ≡ +6，-5 ≡ +7，6 与 6 之和及 7 与 5 之和都为表盘刻度的总数 12；对于 4 位二进制记数器，1011 和 0101 之和为记数器的容量 16。

可以以此类推，假设记数系统的容量为 100，可有下面的式子存在：

$$97+7 ≡ 97-93，25+67=25-33$$

前面的三个系统中，12、16 和 100 是记数系统的容量。在计算机科学中称为"模"。

所谓模就是指一个计量系统的量程或它所能表示的最多数。

在有了模的概念之后，上面的等价式子可以表示为

$$+7 ≡ -5(\bmod\ 12)$$

$$-1011 ≡ +0101(\bmod\ 2^4)$$

$$+7 ≡ -93(\bmod\ 100)$$

这里的 +7 与 -5、-1011 与 +0101 以及 +7 与 -93 互称为在模 12、$2^4$ 和 100 下的补数。

电子计算机系统是一种有限字长的数字系统。因此，它所有的运算都是有模运算。在运算过程中超过模的部分都会自然丢失。

补码的设计就是利用了有模运算的这种自然丢失的特点，把减法变成了加法。从而使计算机中的运算变得简单明了起来。

2）正数的补码和负数的补码

在有模运算中，加上一个正数（加法）或加上一个负数（减法）可以用加上一个负数或加上一个正数来等价。如果加一个负数在运算过程中用加一个正数来等价，就把减法变成了加法；反过来，如果一个正数用一个负数来等价，就把加法变成了减法。后者是我们所不希望的。所以，为了简化加减运算，在运算过程中，把正数保持不变，负数用它的正补数来代替。这就引出了补码的概念。

考虑到互为补数的两个数的绝对值之和为记数系统的模，对于用二进制表示信息的计算机系统来讲，如果不考虑符号位，则 $n$ 位二进制数可表示的数从 $00\cdots00$ 到 $11\cdots11$ 共 $2^n$ 个数，其模即为 $2^n$。

【例 3-24】纯整数与纯小数的补码表示法。

[+1010110]$_{补}$=01010110

[-1010110]$_{补}$=10101010

[+0.1110010]$_{补}$=0.1110010

[-0.1110010]$_{补}$=1.0001110

3）求补码的方法

正数的补码只要把真值的符号位变为 0，数值位不变（$n$ 位字长，数值位应为 $n$-1 位。超过 $n$-1 位时要适当舍入，不足 $n$-1 位时，要在整数的高位或小数的低位补足 0）即可求得。所以下面将要介绍的补码求法主要是针对负数而言。假设真值的数值位为 $n$-1 位。

方法一：从真值低位向高位检查，遇到 0 的时候照写下来，直到遇到第一个 1，也照写下来；第一个 1 前面的各位按位取反（0 变成 1，1 变成 0），符号位填 1。

【例 3-25】已知：$X$=-1101100，求 $X$ 在 8 位机中的补码。

解：补码求法示意为

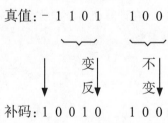

真值：- 1 1 0 1　　1 0 0

补码：1 0 0 1 0　　1 0 0

[-1101100]$_{补}$=10010100

方法二：对其数值位各位按位取反，末位加 1，符号位填 1。

【例 3-26】已知 $X$=-0.1010100，求 $X$ 在 8 位机中的补码。

解：

真值： - 0.1 0 1 0 1 0 0

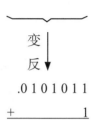

变

反

.0 1 0 1 0 1 1

+                1

符号填 1 . 0 1 0 1 1 0 0

[-0.1010100]<sub>补</sub>=1.0101100

用同样的方法可以求得：[-1101100]<sub>补</sub>=10010100

计算机中常采用此种方法求补码。

4）关于零的补码

对于 0 来讲，正负 0 的补码是相同的。

[+00…00]<sub>补</sub>=000…00

[-00…00]<sub>补</sub>=000…00

5）已知补码求真值

先判断补码的最高位，若为 0，则表明该补码为正数的补码，只要将最高位用正号表示，即得到其真值。若为 1，则表示该补码为负数的补码，只需将其数值部分再求一次补，将最高位用负号表示，便得到其真值。

【例 3-27】已知：[X]<sub>补</sub>=10110110，[Y]<sub>补</sub>=0.0101011，求 X，Y。

解：[X]<sub>补</sub>最高位为 1，所以 X 为负数。数值部分按求补的方法变换后为 1001010，因此，X=-1001010。

[Y]<sub>补</sub>最高位为 0，所以 Y 为正数，数值部分不变。Y=+0.0101011。

6）变形补码

为了在补码的运算过程中方便地判断溢出，需要引进变形补码的概念。

变形补码即在补码的符号位前面再加一位符号位。正数的补码前加 0，负数的补码前加 1。

【例 3-28】已知补码求变形补码。

[x]<sub>补</sub> =  01011

[x]<sub>变补</sub>= 001011

[x]<sub>补</sub> =  11011

[x]<sub>变补</sub>= 111011

$[x]_{补}$ = 1.1011

$[x]_{变补}$ =11.1011

7）补码的加减法运算

补码的设计就是利用了有模运算的超过模的部分自动丢失的特点，把减法变成了加法，从而使计算机中的运算变得简单明了。

目前，计算机内的整数的存储、加减法运算以及乘除法运算涉及的移位运算大多采用补码来实现。补码运算将符号位和数值位一起进行处理。此处仅就补码加减法进行介绍。

（1）补码加减法运算。

在做加减法运算的时候，只需要把符号位以及数值位一起来按照普通的二进制数据位进行相加运算，通常都可得到正确的运算结果。运算中不需要考虑两数的正、负号和大小，运算中最高位有进位无条件丢弃即可。

【例 3-29】字长为 4 的补码加法运算。

```
   6,-5         2, 3          3,-4          2, 5
  +110         +010          +011          +010
  -101         +011          -100          +101


  0110         0010          0011          0010
  1011         0011          1100          0101
  ————         ————          ————          ————
  0001         0101          1111          0111
```

综上，在利用补码做加法运算的时候，只需把两个数先求补码，再把补码相加就可得到和的补码；做减法的时候，只需把被减数求补码，减数取负之后再求补码，相加后即可得差的补码。

补码加法：$[X+Y]_{补}=[X]_{补}+[Y]_{补}$

补码减法：$[X-Y]_{补}=[X]_{补}+[-Y]_{补}$

无论是加法还是减法，都是用加法来实现的。补码的设计，为计算机的加减法带来了极大的方便。

（2）溢出及判断。

按照上面的规则对两个补码数进行加减运算和算术移位并不是所有情况下结果都正确。当发生溢出时结果并不正确。在前面曾讲到，当机器数长度为 $n$ 位时，补码能够表示的数据范围是 $-2^{n-1} \leqslant x < 2^{n-1}$，超出这个范围的数在 $n$ 位长度中是无法用补码表示的。当进行算术加减或移位运算时，若运算结果超出字长所能表示的数据范围，则该运算发生了溢出，结果错误。计算机内部有相关硬件一直在进行溢出检测，一旦发现溢出则立即进行异常处理。

可以按照下面所述方法判断是否发生溢出。在加法运算中，若两个正数相加得一个负数，或者两个负数相加得到一个正数，则发生了溢出。一正一负两数相加永远不会溢出。在算术左移中，若一个负数移位后变为一个正数，或者一个正数移位后变为一个负数，则发生了溢出。

计算机内部判断是否有溢出通常采用变形补码（双符号位）法。即将待运算数据的符号位用两位表示，正数用 00，负数用 11。当运算结果的两个符号位相同时则没有溢出，运算结果双符号位为 00 表示运算结果为正数；运算结果双符号位为 11 表示运算结果为负数。当运算结果的两个符号位不同时则发生了溢出。若运算结果双符号位为 01，则说明运算结果为正数，但超出了所能表示的最大正数，此时称为上溢；若运算结果双符号位为 10，则说明运算结果为负数，但小于所能表示的最小负数，此时称为下溢。

【例 3-30】设机器字长为 8 位，且 $X$=89，$Y$=54，用双符号位补码运算求 $X+Y$ 并判断是否发生溢出。

解：

$[X]_补$=00 1011001，$[Y]_补$=00 0110110

$[X+Y]_补$=01 0001111

运算结果双符号位为 01。可以断定，发生上溢，结果错误。运算结果（+143）为正，超出了 8 位字长补码所能表示的最大整数 +127($2^{8-1}$-1)，所以发生溢出。

【例 3-31】设机器字长为 8 位，且 $X$=-80，$Y$=54，用双符号位补码运算求 $X$ 算术左移一位的结果并判断是否有溢出。

解：

$[X]_补$=11 0110000，$X$ 算术左移一位后的结果为 10 1100000

运算结果双符号位为 10。可以断定，发生下溢，结果错误。运算结果（-160）为负数，超出了 8 位字长补码所能表示的最小负数 -128($-2^{8-1}$)，所以发生溢出。

4. 反码表示法

反码是数值存储的一种，多应用于系统环境设置，如 Linux 平台的目录和文件的默认权限的设置 umask，就是使用反码原理。

反码运算也是将符号位和数值位一起进行处理。但因其不如补码更能有效表现数字在计算机中的形式，多数计算机一般都不采用反码进行数值数据的运算处理。

真值为正时，反码与原码、补码是一样的；真值为负时，反码就是原码符号位除外，其他位按位取反。

1）反码表示法示例

【例 3-32】求 16 位字长的机器中，+1010110、-1010110 和 +0.1010110、-0.1010110 的反码。

解：

[+000000001010110]$_\text{反}$=0000000001010110

[−000000001010110]$_\text{反}$=1111111110101001

[+0.101011000000000]$_\text{反}$=0.101011000000000

[−0.101011000000000]$_\text{反}$=1.010100111111111

数值部分不足 $n-1$ 位的时候，要在整数数值位前面和小数数值位后面补足 0。

2）关于零的反码

对于 0 来讲，正负 0 的反码是不同的。

[+00…00]$_\text{反}$=000…00

[−00…00]$_\text{反}$=111…11

3）已知反码求真值

在已知数的反码的情况下，要求得它的真值也非常简单。

符号位为 1 的反码将数值位各位按位取反即可得出真值的绝对值，符号位填上 "−"
就可得到真值。而符号位为 0 的反码，其本身就是真值的绝对值，只需把 0 改为 "+" 号
或直接在前面加 "+"（对于纯小数）即可。

【例 3-33】已知反码求真值（整数）。

反码 10101100 的真值为 −1010011。

反码 00101100 的真值为 +0101100。

【例 3-34】已知反码求真值（小数）。

反码 1.101011000000000 的真值为 −0.010100111111111。

反码 0.101011000000000 的真值为 +0.101011000000000。

4）反码的运算

反码在运算的时候，符号和数值部分一起参加运算。关于反码运算方法，此处不予
详述。

5. 原码、补码、反码三种机器数的比较

1）正数与负数的不同码制

三种码制最高位均为符号位。

真值为正时，三种码制相同。符号位为 0，数值部分与真值同。

真值为负时，符号位均为 1。原码的数值部分与真值同，反码为原码的各位按位取
反，补码为反码的末位加 1。

2）数的范围

0 的表示原、反码各有两种，补码只有一种。

原、反码表示的正、负数范围相对于 0 对称。

对于整数：$-2^{n-1} < X < +2^{n-1}$

对于小数：$-1 < X < +1$

补码表示的负数范围较正数范围大，多表示一个最小负数 $100\cdots00$，值为 $-2^{n-1}$ 或 $-1$，无可被表示的最大正数与之对应。

对于整数：$-2^{n-1} \leqslant X < +2^{n-1}$

对于小数：$-1 \leqslant X < +1$

3）运算规则

补码、反码的符号位与数值位一起参加运算，原码符号位与数值位分开处理。

4）右移规则不同

原码：符号位固定在最高位，右移后空出的位填 0。

补码、反码：符号位固定在最高位，右移后空出的位填符号位。

例：将 01101010 分别按原码、补码、反码规则移位。

按原码移位后结果为 00110101。

按补码或反码移位后为 00110101。

另例：将 11011010 分别按原码、补码、反码规则移位。

　按原码移位后结果为 10101101。

　按补码或反码移位后为 11101101。

6. 阶的移码表示

在浮点数中，阶可正可负，在进行加减运算时必须先进行对阶操作（两个操作数的阶相同，尾数才能相加减），对阶要先比较两个阶的大小，然后把两个数的阶调整成较大的（尾数部分要相应变动，方可保证数的大小不变），操作比较复杂。为了克服这一缺点，使阶比较时不必比较位，提出了移码表示法。所以移码只针对浮点数的阶而言，故只有整数才可用移码表示。

$n$ 字长定点整数移码的数学定义如下。

$[e]_{移} = 2^{n-1} + e$

例：

$[+0001011]_{移} = 2^7 + 0001011 = 10001011$

$[-0001011]_{移} = 2^7 - 0001011 = 01110101$

7. 综合例题

计算机要表示一个数值数据，需要考虑三方面的因素：数制的处理，小数点的处理，符号的处理。计算机内的数值数据是用二进制来表示的；小数点的处理方法有定点表示法和浮点表示法；符号的处理有原码表示法、补码表示法、反码表示法以及阶的移码表示法。表 3.3 是常用数据的各种码制对照表。

表 3.3　8 字长计算机常用数据各种码制对照表

| 真　值 | 原码表示 | 反码表示 | 补码表示 | 移码表示 |
|---|---|---|---|---|
| 127 | 01111111 | 01111111 | 01111111 | 11111111 |
| 126 | 01111110 | 01111110 | 01111110 | 11111110 |
| 1 | 00000001 | 00000001 | 00000001 | 10000001 |
| +0 | 00000000 | 00000000 | 00000000 | 10000000 |
| −0 | 10000000 | 11111111 | 00000000 | 10000000 |
| −1 | 10000001 | 11111110 | 11111111 | 01111111 |
| −127 | 11111111 | 10000000 | 10000001 | 00000001 |
| −128 | 无法表示 | 无法表示 | 10000000 | 00000000 |

下面通过两个具体的实例来体会计算机中数值数据的表示。

【例 3-35】已知 $X=+13/128$，试用二进制表示成定点数和浮点数（尾数数值部分取 7 位，阶码部分取 3 位，阶符、尾符各占 1 位），并写出它们在定点机和浮点机中的机器数形式。

解：

$X=+1101/2^7=+0.0001101$

定点：$X=+0.0001101$

规格化浮点：$X=+0.1101000\times2^{-011}$

定点机中：

$[X]_原=[X]_补=[X]_反=00001101$

浮点机中：

$[X]_原=1011\ 01101000$

$[X]_补=1101\ 01101000$

$[X]_反=1100\ 01101000$

$[X]_移=0101$

【例 3-36】已知 $X=-17/64$，试用二进制表示成定点数和浮点数，要求同上例。

解：

$X=-10001/2^6=-0.010001$

定点：$X=-0.0100010$

规格化浮点：$X=-0.1000100\times2^{-001}$

定点机中：

$[X]_原=10100010$

$[X]_补=11011110$

$[X]_反=11011101$

浮点机中：

$[X]_原=1001\ 11000100$

$[X]_补=1111\ 10111100$

$[X]_反=1110\ 10111011$

$[X]_移=0111$

**注意**：因小数点可以在有效数位间任意位置，一个数的浮点表示可以有很多种。这里只表示出规格化后的形式。

另外，在计算机中，浮点数的阶、尾两部分不一定都用同一种码制表示。这里如此列出，只是为了方便。

## 3.2　非数值数据

计算机不仅能够对数值数据进行处理，还能够对逻辑数据、字符数据（字母、符号、汉字）以及多媒体数据（图形、图像、声音）等非数值数据信息进行处理。非数值数据是指不能进行算术运算的数据。

### 3.2.1　逻辑数据的表示与逻辑运算

1. 逻辑数据的表示

逻辑数据是用二进制代码串表示的参加逻辑运算的数据，主要应用于逻辑判断。

逻辑数据由若干位无符号二进制代码串组成，位与位之间没有权的内在联系，只进行本位操作。每一位只有逻辑值"真"或"假"。一般情况下，0 对应逻辑假，1 对应逻辑真，如 10110001010。从表现形式上看，逻辑数据与数值数据区别不大，要由指令来识别是否为逻辑数据。

2. 逻辑运算

逻辑运算包括逻辑与、逻辑或、逻辑非、逻辑异或、逻辑同或、逻辑移位等。

1）逻辑与运算

逻辑与运算又被称为逻辑乘。其运算规则为

$0 \wedge 0=0,\ 0 \wedge 1=0,\ 1 \wedge 0=0,\ 1 \wedge 1=1$

逻辑与运算可以简单描述为：当且仅当两个操作数都为逻辑真时，逻辑与运算的结果才为真；其他情况时，运算结果均为假。

2）逻辑或运算

逻辑或运算又被称为逻辑加。其运算规则为

$0 \vee 0=0,\ 0 \vee 1=1,\ 1 \vee 0=1,\ 1 \vee 1=1$

逻辑或运算可以简单描述为：当且仅当两个操作数都为逻辑假时，逻辑或运算的结果才为假；其他情况时，运算结果均为真。

3）逻辑非运算

逻辑非运算又被称为逻辑取反。其运算规则为

$$\bar{1} = 0, \quad \bar{0} = 1$$

逻辑非运算可以简单描述为：非假即真，非真即假。

4）逻辑异或运算

逻辑异或运算的规则为

$0 \oplus 0=0, \ 0 \oplus 1=1, \ 1 \oplus 0=1, \ 1 \oplus 1=0$

逻辑异或运算可以简单描述为：两个操作数相同时，逻辑异或运算结果为假；不同时，逻辑异或运算结果为真。

5）逻辑同或运算

逻辑同或运算的规则为

$0 \odot 0=1, \ 0 \odot 1=0, \ 1 \odot 0=0, \ 1 \odot 1=1$

逻辑同或运算与逻辑异或运算结果正好相反：两个操作数相同时，逻辑同或运算结果为真；不同时，逻辑同或运算结果为假。

6）逻辑移位运算

逻辑移位分为逻辑左移和逻辑右移。逻辑左移时，所有位向左移动移位，最高位丢弃，最低位补 0；逻辑右移时，所有位向右移动移位，最低位丢弃，最高位补 0。

【例 3-37】计算 11010001 和 01010000 两个数据的逻辑与、逻辑或、逻辑异或、逻辑同或的结果。

解：根据逻辑运算规则，4 种逻辑运算结果如下。

```
  11010001        11010001        11010001        11010001
∧ 01010000      ∨ 01010000      ⊕ 01010000      ⊙ 01010000
  01010000        11010001        10000001        01111110
```

【例 3-38】计算 11010001 的逻辑非、逻辑左移一位、逻辑右移两位的结果。

解：11010001 逻辑非的结果为 00101110。

11010001 逻辑左移一位的结果为 10100010。

11010001 逻辑右移两位的结果为 00110100。

用计算机处理数据时，若需要把数据中的某些位变为 0 而其他位保持不变，可以用与运算来实现；若需要把数据中的某些位变为 1 而其他位保持不变，可以用或运算来实现；若需要把数据中的某些位取反而其他位保持不变，可以用异或运算来实现。

### 3.2.2　十进制数字编码

计算机内毫无例外地都使用二进制数进行运算，但通常采用八进制和十六进制的形式读写。

计算机技术专业人员理解这些数的含义是没问题的，但非专业人员就不那么容易了。由于日常生活中，人们最熟悉的数制是十进制，因此专门规定了一种二进制的十进制码，简称 BCD 码（Binary-Coded Decimal），它是一种以二进制表示十进制数的编码。

BCD 编码是用 4 位二进制码的组合代表十进制数的 0、1、2、3、4、5、6、7、8、9 十个数符。4 位二进制数码有 16 种组合，原则上可任选其中的 10 种作为代码，分别代表 10 个数字符号。因 $2^4=16$，而十进制数只有 10 个不同的数码，故 16 种组合中选取 10 组，可有多种 BCD 码方案。

根据 4 位代码中每一位是否有确定的位权来划分，分为有权码和无权码两类。

在有权码中使用最普遍的是 8421 码，即 4 个二进制位的位权从高到低分别为 8、4、2、1。有权码还有 2421 码、5211 码及 4311 码。无权码中常用的是余 3 码和格雷码。余 3 码是在 8421 码的基础上，把每个代码加 0011 而构成。格雷码的编码规则是相邻的两个代码之间只有一位不同。常用的二－十进制编码见表 3.4。

表 3.4  常用的二－十进制编码表

| 十进制数 | 8421 码 | 2421 码 | 5211 码 | 4311 码 | 余 3 码 | 格 雷 码 |
|---|---|---|---|---|---|---|
| 0 | 0000 | 0000 | 0000 | 0000 | 0011 | 0000 |
| 1 | 0001 | 0001 | 0001 | 0001 | 0100 | 0001 |
| 2 | 0010 | 0010 | 0011 | 0011 | 0101 | 0011 |
| 3 | 0011 | 0011 | 0101 | 0100 | 0110 | 0010 |
| 4 | 0100 | 0100 | 0111 | 1000 | 0111 | 0110 |
| 5 | 0101 | 1011 | 1000 | 0111 | 1000 | 0111 |
| 6 | 0110 | 1100 | 1010 | 1011 | 1001 | 0101 |
| 7 | 0111 | 1101 | 1100 | 1100 | 1010 | 0100 |
| 8 | 1000 | 1110 | 1110 | 1110 | 1011 | 1100 |
| 9 | 1001 | 1111 | 1111 | 1111 | 1100 | 1101 |

【例 3-39】求十进制数 1945.628 的编码。

解：

$(1945.628)_{10}$

$=(0001100101000101.011000101000)_{8421码}$

$=(0100110001111000.100101011011)_{余3码}$

$=(0001110101100111.010100111100)_{格雷码}$

### 3.2.3  字符数据编码

字符数据是指用二进制代码序列表示的字母、数字、符号等的序列。字符数据主要用于主机与外设间进行信息交换。

字符数据也是一种编码。编码最早源于电报的明码。例如，"北京"为 0554 0079，4 位十进制数表示一个汉字。在计算机中，关于字符数据的编码包括表示最基本字符的 ASCII 字符编码、汉字及其他文字编码等。

1. ASCII 字符编码

我们在使用计算机进行输入 / 输出操作及各种动作的时候，基本上要用到 95 种可打印字符（能用键盘输入并可显示的字符，包括大小写英文字母 A ～ Z；数字符号 0 ～ 9；标点符号；特殊字符）和 32 种控制字符（不可打印的 Ctrl、Shift、Alt 等）。需将它们进行数字化处理之后才能输入计算机。数字化处理后的数据即为字符数据。

目前，国际上广泛使用的字符是美国信息标准码，简称 ASCII 码。每个 ASCII 字符用 7 个二进制位编码，共可表示 $2^7$=128 个字符。ASCII 码字符表如表 3.5 所示。

表 3.5 ASCII 码字符表

| $b_3b_2b_1b_0$ | $b_6b_5b_4$ | | | | | | | |
|---|---|---|---|---|---|---|---|---|
| | 000 | 001 | 010 | 011 | 100 | 101 | 110 | 111 |
| 0000 | NUL | DLE | SP | 0 | @ | P | 、 | p |
| 0001 | SOH | DC1 | ! | 1 | A | Q | a | q |
| 0010 | STX | DC2 | " | 2 | B | R | b | r |
| 0011 | ETX | DC3 | # | 3 | C | S | c | s |
| 0100 | EOT | DC4 | $ | 4 | D | T | d | t |
| 0101 | ENQ | NAK | % | 5 | E | U | e | u |
| 0110 | ACK | SYM | & | 6 | F | V | f | v |
| 0111 | BEL | ETB | ' | 7 | G | W | g | w |
| 1000 | BS | CAN | ( | 8 | H | X | h | x |
| 1001 | HT | EM | ) | 9 | I | Y | i | y |
| 1010 | LF | SUB | * | : | J | Z | j | z |
| 1011 | VT | ESU | + | ; | K | [ | k | { |
| 1100 | FF | FS | , | < | L | \ | l | \| |
| 1101 | CR | GS | - | = | M | ] | m | } |
| 1110 | SO | RS | . | > | N | ↑ | n | Esc |
| 1111 | SI | US | / | ? | O | ↓ | o | Del |

为了构成一个字节，ASCII 码允许加一位奇偶校验位，一般加在一个字节的最高位，用作奇偶校验。通过对奇偶校验位设置"1"或"0"状态，保持 8 字节中的"1"的总个数总是奇数（称为奇校验）或偶数（称为偶校验），用以检测字符在传送（写入或读出）过程中是否出错。

表 3.5 中的 ENQ（查询）、ACK（肯定回答）、NAK（否定回答）等，是专门用于串行通信的控制字符。

在 ASCII 码字符表中查找一个字符所对应的 ASCII 码的方法是：向上找 $b_6b_5b_4$ 向左找 $b_3b_2b_1b_0$。例如，字母 J 的 ASCII 码中的 $b_6b_5b_4$ 为 100B（5H），$b_3b_2b_1b_0$ 为 1010B（AH）。因此，J 的 ASCII 码为 1001010B（5AH）。

ASCII 码也是一种 0-1 码，把它们当作二进制数看待，称为字符的 ASCII 码值。用它们代表字符的大小，可以对字符进行大小比较。

1981 年，我国参照 ASCII 码颁布了国家标准《信息交换用汉字编码字符集——基本集》，与 ASCII 码基本相同。

2. 汉字编码

由于信息在计算机中都是以二进制形式存在的，因此若想让计算机能够存储和处理汉字，必须对汉字进行编码，为每个汉字分配一个唯一的二进制代码。汉字信息处理必须考虑汉字的输入、存储以及显示。汉字编码包括将汉字输入计算机的汉字输入码、将汉字存储在计算机内的汉字机内码以及将汉字在输出设备上显示出来的汉字字形码。

计算机进行汉字处理的过程如图 3.1 所示。

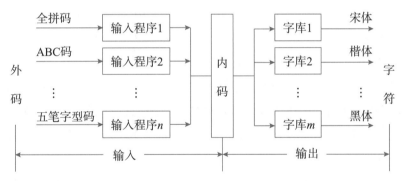

图 3.1　计算机进行汉字处理的过程

用户按照一定的输入方法（拼音、偏旁部首、数字等）输入汉字信息，相应的输入程序将输入码转换成计算机机内码存储在计算机内；需要输出的时候，相应的程序再通过调用相应字库里的字模信息将机内码转换成字形码，并以汉字的形式显示出来。

内码与字符是一一对应的；外码（输入码）与内码具有多对一的关系；字库（输出码）与内码也是多对一的关系。

1）汉字输入码

将汉字输入计算机，有模式识别输入和汉字编码输入两种途径。

（1）通过模式识别输入。模式识别是指对表征事物或现象的各种形式的（数值的、文字的和逻辑关系的）信息进行处理和分析，以对事物或现象进行描述、辨认、分类和解释的过程，是信息科学和人工智能的重要组成部分。模式识别法输入即指计算机通过"视觉""听觉"及"触觉"装置（如扫描仪、麦克风、手写板、触摸屏等）提取相应的输入信息，再经过模式识别软件的处理、辨识与解释，形成相应的汉字并转换成内码的过程。

（2）通过汉字编码输入。用户借助输入设备（通常为键盘）根据一定的编码方法通过相应的输入方法将汉字输入计算机。利用标准英文键盘输入汉字，目前已提出的方法约有2000 种，可分为以下几类。

● 汉字拼音输入码，如全拼码、双拼码等。

● 汉字字形编码，如五笔字型码、首尾码、101 码等。

● 汉字音形编码。

● 汉字数字编码，如区位码、电报码等。

每种汉字输入程序的基本功能都是将输入码转换成机内码。

2）汉字机内码

机内码是指计算机系统内部处理和存储字符时使用的代码。

由于英文处理比较简单，因此其机内码就是 ASCII 码。ASCII 码用 8 位二进制数表示一个字符，其中第 1 位是奇偶校验位。

汉字被许多国家和地区所使用，所以目前存在多种汉字机内码标准。常用的汉字编码标准有 GB 2312—1980、GBK、GB 18030—2000 以及 BIG5 码。这些码简称国标码，经过适当的转换（以区别于基本字符编码 ASCII 码），称为汉字在计算机内存储的机内码。

（1）GB 2312—1980 码。也称为国标交换码、国标码和 GB 码，是中华人民共和国国家汉字信息交换用途码，全称《信息交换用汉字编码字符集——基本集》，由国家标准总局于 1981 年发布，通行于中国大陆和新加坡地区。GB 2312 共收录 6763 个汉字及 682 个图形字符。代码表分为 94 个区，每个区 94 个位，汉字区位码即为该汉字所在的区号和位号。国标码一个汉字内码占用 2 字节。当用某一种输入码输入一个汉字到计算机之后，汉字管理模块立刻将它转换成 2 字节长的 GB 2312—1980 国标码，同时将国标码的每个字节的最高位置为"1"，作为汉字的标识符。这样，汉字内码既兼容英文 ASCII 码，又不会与 ASCII 码产生二义性。同时，汉字内码还与国标码具有很简单的一一对应关系。例如，"啊"的国标码是 0011 0000 0001 0010（3012H），生成的汉字内部码为 1011 0000 1001 0010（BOAIH）。

（2）GBK 码。GB 2312—1980 收录的汉字远远少于现今人们日常生活中用到的汉字，至于一些出版印刷行业用到的生僻字更无从表示、存储、输入、输出。1995 年，全国信息化技术委员会配合 Unicode（又称万国码，国际组织制定的可容纳世界上所有文字和符号的多字节编码方案）的实施颁布了汉字内码扩展码——GBK 码。GBK 码向下与 GB 2312 完全兼容，采用双字节表示共收入 21 886 个汉字和图形符号。微软公司自 Windows 95 简体中文版开始支持 GBK 码，但目前的多数软件不能很好地支持 GBK 编码。

（3）GB 18030—2000 码。GB 18030—2000 码是最新的汉字编码字符集国家标准，向下兼容 GBK 和 GB 2312—1980 标准。GB 18030 编码根据 Unicode 标准对 GBK 进行了扩充，在双字节基础上对生僻字采用 4 字节进行编码，共收录了 27 533 个汉字，还收录了日文、朝鲜语和中国藏族、蒙古族等少数民族的文字。

（4）BIG5 码。BIG5 码是通行于中国台湾、香港地区的繁体汉字编码方案，也称为大五码。它是双字节编码方案，共收录了 13 461 个汉字和符号。

总之，不管是用哪一种输入码输入的汉字，以什么编码标准方案进行的转换，在计算机内部存储时，都使用机内码。这也是为什么用一种汉字输入法输入的文档也可以用另一种汉字输入法对其进行修改的原因所在。

3）汉字字形码

字库也称为字形码或字模码，与机内码也是多对一的关系，一个机内码对应多个字模码，用于输出不同的字形，可以将机内码转换成各种不同的字形。或者说，不同的字体有不同的字库。简单地说，输出时机内码作为字库的地址，选定了字体后，每一个机内码驱动一个字将其输出。全部汉字字形的集合叫作汉字字形库（简称汉字库）。汉字的字库有点阵字库和矢量字库两类。

（1）点阵字库。点阵字库就是将每个汉字（包括一些特殊符号）看成是一个矩形框内的一些横竖排列的点的集合，有笔画的位置用黑点表示，无笔画的位置用白点表示，分别对应二进制的 1 和 0，将这些点阵信息记录下来，就成了字库。一般汉字系统中汉字字形的点阵规格有 16×16、24×24、48×48 几种。点阵越大，每个汉字的笔画越清晰，打印质量也就越高。点阵字库显示或打印速度快，但占用存储空间大，且不能缩放。假设每个汉字由 16×16 点阵组成，那么，需要占 32 字节；24×24 点阵需要占 72 字节（每个汉字字模占用的字节数 = 点阵行数 × 点阵列数 /8）。点阵字库常用于针式打印机和屏幕显示。

（2）矢量字库。保存的是汉字的笔画轮廓信息，包括组成汉字的每一个笔画的起点坐标、终点、半径、弧度等。在显示和打印这类字库的字形时，要经过一系列的数学运算才能输出结果。矢量字库的汉字显示速度慢，但占用存储空间小，汉字可任意缩放。缩放后的笔画轮廓仍能保持圆滑、流畅。矢量字库多用于激光打印机和绘图仪。

3. 万国码

由于各个国家都有自己的语言，因此基本上很多国家都根据自己的特色重新制定了一套符合自己语言的编码标准，但是互相之间却不支持其他国家的代码。为了解决这种问题，ISO 废除了所有的地区编码，提出了一种适用于全球的编码系统：万国码（Unicode）。

万国码也称为统一码或单一码，是一种在计算机上被广泛使用的多字节字符编码。它为每种语言中的每个字符设定了统一且惟一的二进制编码，以满足跨语言、跨平台进行文本转换、处理的要求。自 1994 年正式公布以来，随着计算机性能的增强，万国码逐步得到普及。现在的许多操作系统都支持万国码。

早期的万国码有 UCS-2 和 UCS-4 两种编码标准。UCS-2 使用 16 位（2 字节）的编码空间对各种常用符号进行编码，理论上最多可以表示 $2^{16}$（即 65 536）个字符；UCS-4 是一个更大的尚未填充完全的 31 位字符集，加上恒为 0 的首位，共需占据 32 位，即 4 字节。理论上最多能表示 $2^{31}$ 个字符，完全可以涵盖一切语言所用的符号。

UCS-2 和 UCS-4 规定了每种符号所在的代码点，即规定了怎样用多个字节表示各种文字符号，代码点在计算机内的表示、存储和传输格式，由 UTF（UCS Transformation Format）规范规定。常见的 UTF 规范包括 UTF-8、UTF-16 及 UTF-32 三种实现方式。有兴趣的读者可查阅相关文献。

### 3.2.4 多媒体数据

多媒体数据包括文字、声音、图形、图像及视频数据。文字可以理解为字符，在前面已经叙述过了，此处不赘述。

1. 声音编码

1）音调、音强和音色

声音是通过声波改变空气的疏密度，引起鼓膜振动而作用于人的听觉的。从听觉的角度，音调、音强和音色称为声音的三要素。

音调取决于声波的频率。声波的频率越高，则声音的音调越高；声波的频率越低，则声音的音调越低。人的听觉范围为 20Hz ～ 20kHz。

音强又称响度，取决于声波的振幅。声波的振幅越高，则声音越强；声波的振幅越低，则声音越弱。

音色取决于声波的形状。混入音波基音中的泛音不同，得到不同的音色。

图 3.2 形象地说明了两种不同声音的三要素的不同。

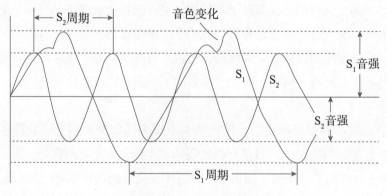

S1 与 S2 频率、音色、音强均不同

图 3.2　两种不同声音的三要素

显然，声音媒体的质量主要取决于它的频宽。

2）波形采样量化

任何用符号表示的数字都是不连续的。如图 3.3 所示，波形的数字化过程是将连续的波形用离散的（不连续的）点近似代替的过程。在原波形上取点，称为采样。用一定的标尺确定各采样点的值（样本），称为量化（见图 3.3 中的粗竖线）。量化之后，很容易将它们转换为二进制（0，1）码（见图 3.3 中的表）。

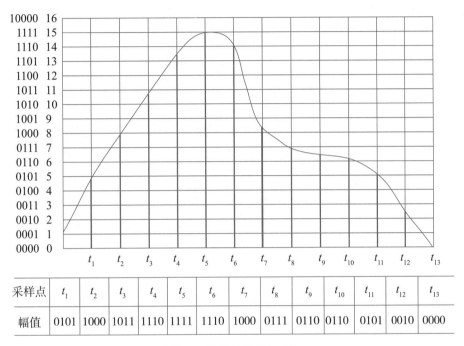

| 采样点 | $t_1$ | $t_2$ | $t_3$ | $t_4$ | $t_5$ | $t_6$ | $t_7$ | $t_8$ | $t_9$ | $t_{10}$ | $t_{11}$ | $t_{12}$ | $t_{13}$ |
|---|---|---|---|---|---|---|---|---|---|---|---|---|---|
| 幅值 | 0101 | 1000 | 1011 | 1110 | 1111 | 1110 | 1000 | 0111 | 0110 | 0110 | 0101 | 0010 | 0000 |

图 3.3　波形的采样与量化

3）采样量化的技术参数

一个数字声音的质量，取决于下列技术参数。

（1）采样频率。

采样频率即一秒内的采样次数，它反映了采样点之间的间隔大小。间隔越小，丢失的信息越少，数字声音越细腻逼真，要求的存储量也就越大。由于计算机的工作速度和存储容量有限，而且人耳的听觉上限为 20kHz，所以采样频率不能也不需要太高。根据奈奎斯特采样定律，只要采样频率高于信号中的最高频率的两倍，就可以从采样中恢复原始的波形。因此，40kHz 以上的采样频率足以使人满意。目前，多媒体计算机的标准采样频率有3 个：44.1kHz，22.05kHz 和 11.025kHz。CD 唱片采用的是 44.1kHz。

（2）测量精度。

测量精度是样本在纵向方向的精度，是样本的量化等级，它通过对波形纵向方向的等分而实现。由于数字化最终要用二进制数表示，所以常用二进制数的位数表示样本的量化等级。若每个样本用 8 位二进制数表示，则共有 $2^8=256$ 个量级。若每个样本用 16 位二进制数表示，则共有 $2^{16}$=65 536 个量级。量级越多，采样越接近原始波形；数字声音质量越高，要求的存储量也越大。目前，多媒体计算机的标准采样量级有 8 位和 16 位两种。

（3）声道数。

声音记录只产生一个波形，称为单声道。声音记录产生两个波形，称为立体声双声道。立体声比单声道声音丰满、空间感强，但需两倍的存储空间。

2. 图形与图像编码

图形（Graphic）和图像（Image）是画面在计算机内部的两种表示形式。

图像表示法是将原始图画离散成 $m \times n$ 个像素组成的矩阵。每一个像素根据需要用一定的颜色和灰度表示。对于 GRB 空间的彩色图像，每个像素用 3 个二进制数分别表示该点的红（R）、绿（G）、蓝（B）3 个彩色分量，形成 3 个不同的位平面。此外，每一种颜色又可以分为不同的灰度，当采用 256 个灰度等级时，各位平面的像素位数都为 8 位。这样，对于 RGB 颜色空间，且具有 256 个灰度级别时，要用 24 位二进制数表示（称颜色深度为 24）。24 位共可以表示 $2^{24}$ 种颜色。图像表示常用于照片以及汉字字形的点阵描述。

图形表示是根据图画中包含的图形要素——几何要素（点、线、面、体）、材质要素、光照环境和视角等进行描述表示。图形表示常用于工程图纸、地图以及汉字字形的轮廓描述。

# 小结

本章从进制转换、小数点处理、符号表示几方面系统介绍了计算机内数值数据的表示方法。有关非数值数据的组织格式和编码规则，也做了介绍。在学习中，学生要重点把握进制、补码以及浮点数。

# 习题

一、选择题

1. 下列数中，最小的数是（　　　）。

A.$(101001)_2$　　　　　　　　　　B.$(52)_8$

C.$(2B)_{16}$　　　　　　　　　　D. 45

2. 下列数中，最大的数是（　　　）。

A.$(101001)_2$　　　　　　　　　　B.$(52)_8$

C.$(2B)_{16}$　　　　　　　　　　D. 45

3. 只针对浮点数的阶的部分而言的码制是（　　　）。

A. 原码　　　　　　　　　　B. 补码

C. 反码　　　　　　　　　　D. 移码

4. 字长 16 位，用定点补码小数表示时，一个字能表示的范围是（　　　）。

　A. $-1 \sim (1-2^{-15})$　　　　　　　B. $0 \sim (1-2^{-15})$

　C. $-1 \sim +1$　　　　　　　　　　D. $-(1-2^{-15}) \sim (1-2^{-15})$

5. 若 $[X]_{补}=10000000$，则十进制真值为（　　　）。

　A. $-0$　　　　B. $-127$　　　　C. $-128$　　　　D. $-1$

6. 定点整数 16 位，含 1 位符号位，原码表示，则最大正数为（　　　）。

　A. $2^{16}$　　　　B. $2^{15}$　　　　C. $2^{15}-1$　　　　D. $2^{16}-1$

7. 当 $-1<x<0$ 时，$[x]_{原}=$（　　　）。

　A. $x$　　　　B. $1-x$　　　　C. $4+x$　　　　D. $(2-2^n)-1 \times 1$

8. 8 位反码表示数的最小值为（　　　），最大值为（　　　）。

　A. $-127$　　　　B. $+255$　　　　C. $+127$　　　　D. $-255$

9. $n+1$ 位二进制正整数的取值范围是（　　　）。

　A. $0 \sim 2^n-1$　　B. $1 \sim 2^n-1$　　C. $0 \sim 2^{n+1}-1$　　D. $1-2^{n+1}-1$

10. 浮点数的表示范围和精度取决于（　　　）。

　A. 阶的位数和尾数的位数

　B. 阶的位数和尾数采用的编码

　C. 阶采用的编码和尾数采用的编码

　D. 阶采用的编码和尾数的位数

11. 在浮点数编码表示中，（　　　）在机器数中不出现，是隐含的。

　A. 尾数　　　　B. 符号　　　　C. 基数　　　　D. 阶码

12. 正 0 和负 0 的机器数相同的是（　　　）。

　A. 原码　　　　B. 真值　　　　C. 反码　　　　D. 补码

13. 不区分正数和负数的机器数是（　　　）。

　A. 原码　　　　B. 移码　　　　C. 反码　　　　D. 补码

14. 最适合做乘法运算的码制是（　　　）。

　A. 原码　　　　B. 移码　　　　C. 反码　　　　D. 补码

15. 做加减法运算最方便的码制是（　　　）。

　A. 原码　　　　B. 移码　　　　C. 反码　　　　D. 补码

16. 下面真值最大的补码数是（　　　）。

　A. $(10000000)_2$　　　　　　　B. $(11111111)_2$

　C. $(01000001)_2$　　　　　　　D. $(01111111)_2$

17. 下面最小的数字是（　　　）。

　A. $(123)_{10}$　　B. $(136)_8$　　C. $(10000001)_2$　　D. $(8F)_{16}$

18. 整数在计算机中通常采用（　　　）格式存储和运算。

　　A. 原码　　　　　B. 反码　　　　　　C. 补码　　　　　　D. 移码

19. 下面不合法的数字是（　　　）。

　　A.（ 11111111 ）$_2$　　　　　　　　　B.（ 139 ）$_8$

　　C.（ 2980 ）$_{10}$　　　　　　　　　　D.（ 1AF ）$_{16}$

20. -128 的 8 位补码机器数是（　　　）。

　　A.（ 10000000 ）$_2$　　　　　　　　B.（ 11111111 ）$_2$

　　C.（ 01111111 ）$_2$　　　　　　　　D. 无法表示

21. 8 位字长补码表示的整数 $N$ 的数据范围是（　　　）。

　　A. –128 ～ 127　　　　　　　　　B. –127 ～ 127

　　C. –127 ～ 128　　　　　　　　　D. –128 ～ 128

22. 8 位字长原码表示的整数 $N$ 的数据范围是（　　　）。

　　A. –128 ～ 127　　　　　　　　　B. –127 ～ 127

　　C. –127 ～ 128　　　　　　　　　D. –128 ～ 128

23. 8 位字长补码运算中，下面哪个运算会发生溢出？（　　　）

　　A. 96+32　　　B. 96-32　　　　　C. –96-32　　　D. –96+32

24. 用 8421 码表示十进制的 16，应该是（　　　）。

　　A. 10000　　　B. 00010110　　　C. 11　　　　D. 10110

25. ASCII 码是对（　　　）进行编码的一种方案

　　A. 字符、数字、符号　　　　　　B. 汉字

　　C. 多媒体　　　　　　　　　　　D. 声音

26. 汉字在计算机中存储所采用的编码是（　　　）。

　　A. 国标码　　　B. 输入码　　　　C. 字形码　　　D. 机内码

27. 下列（　　　）编码是常用的英文字符编码。

　　A. ASCII　　　B. Unicode　　　C. GB2312　　　D. GBK

二、填空题

1. 二进制中的基数为（　　　　），十进制中的基数为（　　　　），八进制中的基数为（　　　　），十六进制中的基数为（　　　　）。

2.（ 27.25 ）$_{10}$ 转换成十六进制数为（　　　　）。

3.（ 0.65625 ）$_{10}$ 转换成二进制数为（　　　　）。

4. 在原码、反码、补码三种编码中，（　　　　）数的表示范围最大。

5. 在原码、反码、补码三种编码中，符号位为 0，表示数是（　　　　）。符号位为 1，表示数是（　　　　）。

6. 0 的原码为（　　　　　）；0 的补码为（　　　　　）；0 的反码为（　　　　　）。

7. 在（　　　　　）表示的机器数中，零的表示形式是唯一的。

8. 8 字长的机器中，–1011011 的补码为（　　　　　），原码为（　　　　　），反码为（　　　　　）。

9. 8 字长的机器中，+1001010 的补码为（　　　　　），原码为（　　　　　），反码为（　　　　　）。

10. 浮点数的表示范围由（　　　　　）部分决定。浮点数的表示精度由（　　　　　）部分决定。

11. 在浮点数的表示中，（　　　　　）部分在机器数中是不出现的。

12. 计算机定点整数格式字长为 8 位（包含 1 位符号位），若 $x$ 用补码表示，则 $[x]_补$ 的最大正数是（　　　　　），最小负数是（　　　　　）。（用十进制真值表示）

13. 真值为 –100101 的数在字长为 8 的机器中，其补码形式为（　　　　　）。

14. 浮点数一般由（　　　　　）和（　　　　　）两部分组成。

15. 在计算机中，数据信息包括（　　　　　）和（　　　　　）。

16. 模是指（　　　　　）。

17. 表示一个数据的基本要素是（　　　　　）、（　　　　　）、（　　　　　）。

18. 在计算机内部信息分为两大类，即（　　　　　）和（　　　　　）。

19. 设字长为 8 位，则 –1 的原码表示为（　　　　　），反码表示为（　　　　　），补码表示为（　　　　　），移码表示为（　　　　　）。

20. 设字长为 $n$ 位，则原码表示范围为（　　　　　），补码的表示范围为（　　　　　）。

21. $(200)_{10}$=（　　　　　）$_2$=（　　　　　）$_8$=（　　　　　）$_{16}$。

22. $(326.2)_8$=（　　　　　）$_2$=（　　　　　）$_{16}$。

23. $(528.0625)_{10}$=（　　　　　）$_{16}$。

24. 一个 $R$ 进制数转换为十进制数常用的办法是（　　　　　），一个十进制数转换为 $R$ 进制数时，整数部分常用的方法是（　　　　　），小数部分常用的方法是（　　　　　）。

25. 国际上常用的英文字符编码是（　　　　　）。它采用 7 位编码，可以对（　　　　　）种符号进行编码。

26. 若字母 A 的 ASCII 编码是 65，则 B 的 ASCII 编码是（　　　　　）。

三、解答题

1. 设字长为 8 位，分别用原码、反码、补码和移码表示 –127 和 127。

2. 将 63 表示为二进制、八进制、十六进制数。

3. 将 $(3CD.6A)_{16}$ 转换为二进制和八进制数。

4. $X$=25，$Y$=33，用补码运算求解 $X+Y$ 和 $X–Y$。

5. 设字长为 8 位，$X$=10100101，$Y$=11000011，求 $X \wedge Y$，$X \vee Y$，$X \oplus Y$ 的结果。

6. 将二进制数 −0.0101101 用规格化浮点数格式表示。格式要求：阶 4 位，含 1 位符号位；尾数 8 位，含 1 位符号位。阶和尾数均用补码表示。

7. 将二进制数 +1101.101 用规格化浮点数格式表示。格式要求：阶 4 位，含 1 位符号位；尾数 8 位，含 1 位符号位。阶和尾数均用补码表示。

8. 什么是机器数？

9. 数值数据的三要素是什么？

10. 在计算机系统中，数据包括哪两种？简要解释。

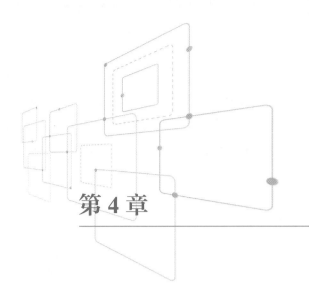

# 第 4 章　计算机网络

**本章学习目标**

☆ 了解计算机网络的基础知识

☆ 了解计算机网络边缘部分和核心部分

☆ 掌握分组交换网络中的时延、分组丢失和吞吐量

☆ 掌握计算机网络体系结构和模型

☆ 了解局域网的体系结构

☆ 掌握网际协议IPv4

计算机网络是通信技术与计算技术紧密结合的一门学科。在当今社会，计算机网络已经深入到了人们的日常生活和生产的方方面面，对社会管理、企业经营、个人生活等产生了巨大的影响。本章主要介绍计算机网络的概念、计算机网络的体系结构、Internet 的基础知识等。

## 4.1　概述

信息化社会的重要特征就是数字化、网络化和信息化，它是一个以网络为核心的信息时代。要实现信息化就必须有完善的网络，网络已经成为信息社会的命脉和发展知识经济的重要基础。

计算机网络是指将地理位置不同的具有独立功能的多台计算机及其外部设备，通过通信线路连接起来，在网络操作系统、网络管理软件及网络通信协议的管理和协调下，实现资源共享和信息传递的计算机系统。

网络的目的是实现资源的共享和信息的传递，资源共享的目标是让网络中的任何人都可以访问所有的程序、设备和数据，并且这些资源与用户所处的物理位置无关。任何一家企业，无论规模大小，都需要进行数据的信息化。大多数企业都有顾客记录、产品信息、库存数据、财务信息等其他各种的在线信息，企业员工都可以通过计算机网络即时访问有关的信息和文档，提高了工作效率。

互联网是由数量庞大的各种计算机网络互联起来的，是一个世界范围的计算机网络，是一个互联了遍及世界数以亿计的计算机设备的网络。

### 4.1.1　计算机网络的类别

计算机网络种类繁多、性能各异，根据不同的分类原则，可以得到各种不同类型的计算机网络。常用的分类方式主要有按照计算机网络的作用范围分类、按照计算机网络的拓扑结构分类、按照计算机网络的传输介质分类、按照计算机网络的使用者分类、按照计算机网络的资源共享方式分类。

1. 按计算机网络的作用范围进行分类

（1）个域网（Personal Area Network，PAN）是在个人工作区域内把使用的电子设备用无线技术或其他短程通信技术连接起来的网络，其作用范围在 10m 左右。例如，家庭娱乐设备之间的无线连接、计算机与其外设之间的无线连接等。

（2）局域网（Local Area Network，LAN）是一种私有网络，一般在一座建筑物内或建筑物附近，如家庭、办公室或工厂等。局域网覆盖范围较小（如 1km 左右），一般采用微型计算机或工作站通过高速通信线路相连，其传输速率通常在 10Mb/s 以上。

局域网的特点就是连接范围窄、用户数少、配置容易、连接速率高。IEEE 802 标准委员会定义了多种主要的局域网，包括以太网（Ethernet）、令牌环网（Token Ring）、光纤分布式接口网络（FDDI）、异步传输模式网（ATM）和无线局域网（WLAN）。

（3）城域网（Metropolitan Area Network，MAN）的作用范围可以覆盖一个城市，其作用距离可达几十千米，最有名的城域网就是城市中的有线电视网。城域网可以为一个或几个单位所拥有，也可以是一种公用设施，用来将多个局域网进行互联。例如，在一个大型城市或都市地区，城域网可以连接政府机构的局域网、医院的局域网、公司企业的局域网等。

（4）广域网（Wide Area Network，WAN）的范围很大，能跨越很大的地理区域，通常为几十到几千千米，可以是一个国家或地区。广域网是互联网的核心，其任务是通过长距离（如跨越不同的国家或地区）传输主机所发送的数据。连接广域网各结点交换机的链路一般都是高速链路，具有较大的通信容量。蜂窝移动电话网络是采用无线技术的广域网，目前 5G 已经投入商用，并在不断发展中。

2. 按计算机网络的拓扑结构分类

网络拓扑（Topology）是指网络连接的形状，或者是网络在物理上的连通性。如果不考虑网络的地理位置，而把连接在网络上的设备看作一个结点，把连接计算机之间的通信线路看作一条链路，这样就可以抽象出网络的拓扑结构。

网络拓扑结构是指把网络中的计算机和其他设备隐去具体的物理特性，抽象成"点"，将网络中的通信线路抽象成"线"，由这些点和线组成的几何图形。计算机网络的拓扑结构是网络中通信线路和各结点之间的几何排列，是解释一个网络物理布局的形式图，主要用来反映各个模块之间的结构关系。

计算机网络按照网络的拓扑结构可分为总线型、环状、星状、树状和网状。

1）总线型网络

总线型网络采用一个信道作为传输媒体，所有站点都通过相应的硬件接口直接连到这一公共传输媒体上，该公共传输媒体即称为总线，如图 4.1 所示。任何一个站点发送的信号都沿着传输媒体传播，而且能被所有其他站点所接收。因为所有站点共享一条公用的传输信道，所以一次只能由一个设备传输信号。

总线型网络的优点是结构简单，布线容易，可靠性高，易于扩充，结点的故障不会殃及系统，是局域网常用的拓扑结构。著名的总线型网络是共享介质式以太网。

总线型网络的缺点是出现故障后诊断困难，出错结点的排查比较困难，因此结点不宜过多；传送数据的速度较慢，总线利用率不高，因为所有结点共享一条总线，在某一时刻，只能由其中一个结点发送信息，其他结点只能接收，不能发送。

2）环状网络

环状网络指各结点通过环路接口连在一条首尾相连的闭合环形通信线路中，环路上任何结点均可以请求发送信息，如图 4.2 所示。请求一旦被批准，便可以向环路发送信息。环状网络中的数据可以单向传输，也可以双向传输。

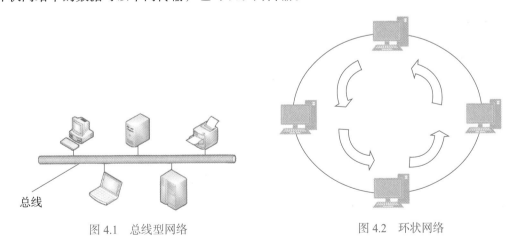

总线

图 4.1　总线型网络　　　　　　　图 4.2　环状网络

由于环线公用，因此一个结点发出的信息必须穿越环中所有的环路接口，信息流中的目的地址与环上某结点地址相符时，信息被该结点的环路接口所接收，之后信息继续流向下一个环路接口，直到流回到发送该信息的环路接口结点为止。

环状网络的优点是结构简单、控制简便、结构对称性好、传输速率高。

环状网络的缺点是任意结点出现故障都会造成网络瘫痪，结点故障检测困难，结点的增加和删除过程复杂，结点过多时影响传输效率。

3）星状网络

星状网络是由中心结点和连接到中心结点的各个站点组成，如图 4.3 所示。中心结点执行集中式通信控制策略，因此中心结点相当复杂，而各个站点的通信处理负担都很小。

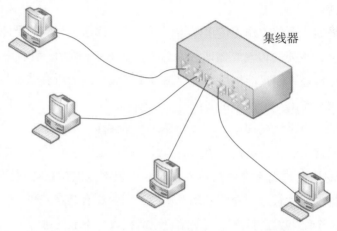

图 4.3　星状网络

星状网络的优点是结构简单，便于维护和管理，因为当网络中某个结点或者某条线缆出现问题时，不会影响其他结点的正常通信，维护比较容易。

星状网络的缺点是通信线路专用，电缆成本高；中心结点是全网络的可靠瓶颈，中心结点出现故障会导致网络的瘫痪。

4）树状网络

树状网络可以认为是由多级星状结构组成，只不过这种多级星状结构自上而下如同一棵倒置的树，顶端的枝叶少些，中间的多些，而最下面的枝叶最多，如图 4.4 所示。它采用分级的集中控制方式，其传输介质可有多条分支，但不形成闭合回路，每条通信线路都必须支持双向传输。在树状网络中，结点按层次进行连接，信息交换主要在上、下结点之间进行，相邻及同层结点之间一般不进行数据交换或数据交换量少。

树状网络的优点是成本低、结构简单、维护方便、扩充结点方便灵活。这种结构可以延伸出很多分支，这些新结点和新分支都能容易地加入网内，并且如果某一分支的结点或线路发生故障，很容易将故障分支与整个系统隔离开。

树状网络的缺点是资源共享能力差，可靠性低，对根结点的依赖性大，一旦根结点出现故障，将导致全网不能工作，电缆成本高。

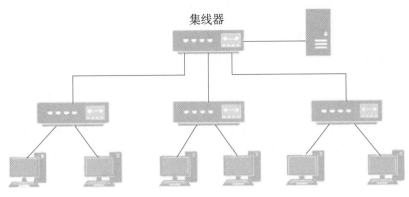

图 4.4  树状网络

5）网状网络

网状网络是容错能力最强的网络拓扑结构，在这种网络中，网络上的每台计算机至少与其他两台计算机直接相连，甚至可能是全连接的，如图 4.5 所示。

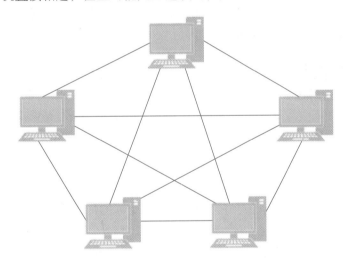

图 4.5  网状网络

在网状网络中，如果一台计算机或一段线缆发生故障，网络的其他部分仍可以运行，数据可以通过其他计算机或线路到达目的计算机。

网状网络的优点是具有较高的可靠性，局部故障不会影响整个网络的工作；因为有多条路径，所以可以选择最佳路径，减少时延，改善流量分配，提高网络性能，但路径选择比较复杂。

网状网络的缺点是结构复杂、不易管理和维护、线路成本高。通常网状网络只用于大型网络系统和公共通信骨干网，目前广域网结构基本都是采用网状网络。

3. 按计算机网络的传输介质分类

网络的传输介质是通信网络中发送方和接收方之间的媒介，是网络中传输信息的载体，不同的传输介质，其特性也各不相同，它们不同的特性对网络中数据通信质量和通信速率有很大影响。常用的传输介质分为有线传输介质和无线传输介质两大类，因此按照计算机网络的传输介质不同，计算机网络可以分为有线网络和无线网络。

1）有线网络

有线传输介质是指在两个通信设备之间实现的物理连接部分，它能将信号从一方传输到另一方，有线传输介质主要有双绞线、同轴电缆和光纤。双绞线和同轴电缆传输电信号，光纤传输光信号。而采用双绞线、同轴电缆、光纤等物理媒介连接的计算机网络称为有线网络。

双绞线由两条互相绝缘的铜线组成，其典型直径为 1mm。双绞线既能用于传输模拟信号，也能用于传输数字信号，其带宽取决于铜线的直径和传输距离。但是在许多情况下，几千米范围内的传输速率可以达到每秒几兆位。由于双绞线性能较好且价格低，因此得到了广泛应用。双绞线可以分为无屏蔽双绞线（UTP）和屏蔽双绞线（STP）两种，适合于短距离通信。其中，屏蔽双绞线性能优于无屏蔽双绞线，如图 4.6 所示。双绞线共有 6 类，其传输速率为 4 ～ 1000Mb/s。

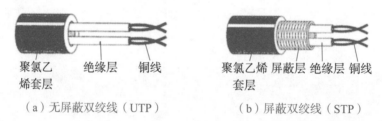

聚氯乙烯套层　绝缘层　铜线　　　　聚氯乙烯套层　屏蔽层　绝缘层　铜线

（a）无屏蔽双绞线（UTP）　　　　（b）屏蔽双绞线（STP）

图 4.6　两种双绞线

同轴电缆比双绞线的屏蔽性更好，因此能够以更高的传输速率将信号传输得更远。它以硬铜线为芯线（导体），外包一层绝缘材料（绝缘层），这层绝缘材料外用密织的网状导体环绕构成屏蔽，最外层又覆盖一层保护性材料（护套），如图 4.7 所示。同轴电缆的这种结构使它具有更高的带宽和极好的噪声抑制特性。1km 的同轴电缆可以达到 1 ～ 2Gb/s 的数据传输速率。同轴电缆的应用包括有线电视传播、长途电话传输、计算机系统之间的短距离连接以及局域网等。

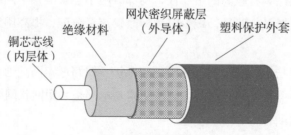

铜芯芯线（内层体）　绝缘材料　网状密织屏蔽层（外导体）　塑料保护外套

图 4.7　同轴电缆

　　光纤又称为光缆或光导纤维，由光导纤维纤芯（纤芯）、玻璃网层（包层）和能吸收光线的外壳（护套）组成，如图 4.8 所示。

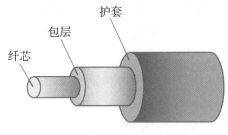

图 4.8　光纤

　　应用光学原理，由光发送机产生光束，将电信号变为光信号，再把光信号导入光纤，在另一端由光接收机接收光纤上传来的光信号，并把它变为电信号，经解码后再处理。

　　信号在光纤中的传输，利用的是光的全反射原理，如图 4.9 所示。当光线从高折射率的介质射向低折射率的介质时，其折射角将大于入射角。因此，如果入射角足够大，就会出现全反射，光信号也就沿着光纤一直传输下去。

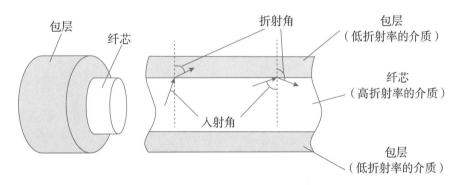

图 4.9　光线在光纤中的折射

　　与其他传输介质相比，光纤的电磁绝缘性能好、信号衰弱小、频带宽、传输速率快、传输距离大，主要用于要求传输距离较长、布线条件特殊的主干网连接，可以实现每秒万兆位的数据传送，尺寸小、质量轻，数据可传送几百千米，但价格很高。

　　2）无线网络

　　无线传输介质指我们周围的自由空间。利用无线电波在自由空间的传播可以实现多种无线通信。无线传输介质有无线电波、红外线、微波，我们将采用无线传输介质作为传输媒介的计算机网络称为无线网络。

　　根据网络覆盖范围的不同，可以将无线网络划分为无线广域网（Wireless Wide Area Network，WWAN）、无线局域网（Wireless Local Area Network，WLAN）、无线城域网（Wireless Metropolitan Area Network，WMAN）和无线个域网（Wireless Personal Area Network，WPAN）。

无线广域网是基于移动通信基础设施，由网络运营商如中国移动、中国联通、中国电信等经营，负责一个城市所有区域甚至一个国家所有区域的通信服务。

无线局域网是一个负责在短距离范围之内无线通信接入功能的网络，它的网络连接能力非常强大。就目前而言，无线局域网络是以 IEEE 802.11 技术标准为基础，这也就是所谓的 WiFi 网络。

无线城域网是可以让接入用户访问到固定场所的无线网络，其将一个城市或者地区的多个固定场所连接起来。

无线个域网是用户个人将所拥有的便携式设备通过通信设备进行短距离无线连接的无线网络。

4. 按计算机网络的使用者进行分类

按计算机网络的使用者进行分类，将计算机网络分为公用网和专用网。

（1）公用网（Public Network）是指电信公司（国有或私有）出资建造的大型网络。"公用"的意思是，所有愿意按电信公司的规定缴纳费用的用户都可以使用这种网络。因此，公用网也可称为公众网。

（2）专用网（Private Network）是某个部门为满足本单位的特殊业务工作的需要而建造的网络。这种网络不向本单位以外的用户提供服务。例如，军队、铁路、银行、电力等系统均有本系统的专用网。

5. 按计算机网络资源共享方式进行分类

按计算机网络资源共享方式进行分类，计算机网络分为客户机 / 服务器网和对等网。

1）客户机 / 服务器网

在客户机 / 服务器（Client/Server，C/S）网络中，使用一台计算机来协调和提供服务给网络中的其他结点。服务器提供被访问的资源，如网页、数据库、应用软件和硬件等。服务器结点协调和提供某种服务，客户机结点获取这些服务。客户机 / 服务器模式如图 4.10 所示。

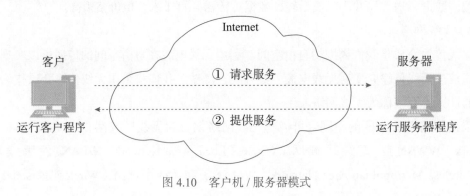

图 4.10　客户机 / 服务器模式

在客户机 / 服务器模式中，客户（Client）和服务器（Server）都是指通信中所涉及的两个应用进程。客户机 / 服务器模式描述的是进程之间服务和被服务的关系。即客户是服务的请求方，服务器是服务的提供方。

2）对等网

对等网（Peer to Peer，P2P）采用分散管理的方式，网络中的每台计算机既作为客户机又作为服务器来工作，每个用户管理自己机器上的资源。如图 4.11 所示，一台计算机能够获取另一台计算机上的文件，同时也能为其他计算机提供文件。

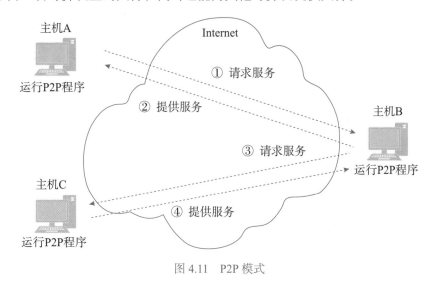

图 4.11　P2P 模式

传统的 C/S 模式能够实现一定程度的资源共享，但客户和服务器所处的地位是不对等的。服务器通常为功能强大的计算机，作为资源的提供者响应来自多个客户的请求，这种模式在可扩展性、自治性、稳定性等方面存在诸多不足。

在 P2P 模式中，两台主机通信时所处的地位是对等的，可以同时起着客户机和服务器的作用，并向对方提供服务。在 P2P 系统中，把任务分布到整个网络的大量相似结点上，可以避免中心结点或超级结点的存在。将资源的所有权和控制权分散，使得这些结点成为服务的提供者，既充分利用了各结点的计算、存储和带宽资源，又减少了网络关键结点的拥塞状况，可大大提高网络资源的利用率。同时，由于没有中心结点的集中控制，可以避免发生故障，增强了系统的伸缩性，从而提高了系统的容错性和坚定性。因此 P2P 网络具有自组织、自管理，以及稳定性好和负载均衡等优点。

### 4.1.2　互联网的组成部件

互联网是一种特殊的计算机网络，是由分布在全球各地的数以亿计的计算机设备互连而成的计算机网络，如图 4.12 所示。过去这些计算机设备通常是指传统的台式计算机、Linux 工作站以及用于存储和传输信息的服务器。随着科技的进步和技术的发展，越来越多的非传统终端设备接入互联网，如智能手机、环境传感设备、智能家用电器等。所有这些接入互联网的设备都可以称为主机或者端系统。

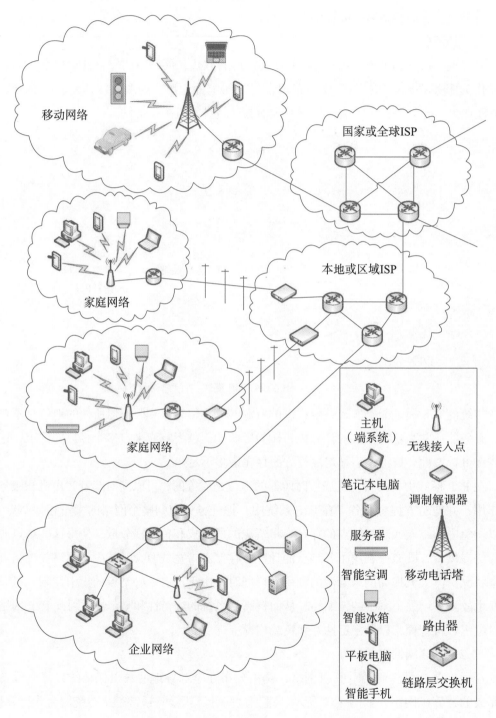

图 4.12 互联网的部分组成部件

计算机网络要完成数据处理和数据通信两大基本功能，在结构上就必须分成两个部分：负责数据处理的主计算机与终端；负责通信处理的通信控制处理机（Communication Control Processor，CCP）与通信线路。

从计算机网络组成的角度看，典型的计算机网络从逻辑功能上可以分为资源子网（网络边缘部分）和通信子网（网络核心部分）两部分，如图4.13所示。通信子网相当于通信服务提供者。资源子网负责全网的数据处理业务，向网络用户提供各种网络资源和网络服务。

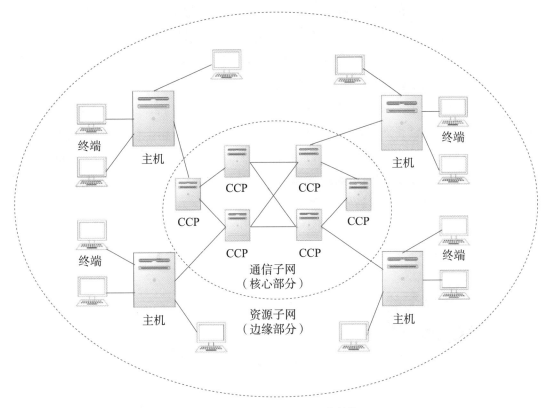

图 4.13　计算机网络的基本结构

资源子网由计算机系统、终端、终端控制器、联网外设、各种软件资源和信息资源组成。通信子网由通信介质、通信设备组成，完成网络数据传输、转发等通信处理任务。即通信子网为资源子网提供信息传输服务。

如果没有通信子网，整个网络就无法工作；如果没有资源子网，通信子网也将失去存在的意义。只有两者结合才能构成统一的资源共享的层次式网络。这样，用户不仅共享通信子网的通信资源，而且共享资源子网中的软件和硬件资源。

互联网中的端系统是由通信链路和分组交换机所组成的网络连接在一起的。通信链路的类型有多种，它们由不同类型的物理介质构成，这些物理介质包括同轴电缆、双绞线、光纤和无线电频谱等。不同的链路，其传输数据的速率也是不同的，用来衡量链路传输速率的测量单位是比特每秒（bps，bit/s，或 b/s）。计算机发送出的信号都是数字形式的。比特（bit）是计算机中的数据量的单位，1 比特就是二进制数字中的一个 1 或 0。因此链路的传输速率就是每秒所能通过链路的比特的数目。当数据率较高时，可以使用 kb/s（k=$10^3$＝千）、Mb/s（M=$10^6$＝兆）、Gb/s（G=$10^9$＝吉）或 Tb/s（T=$10^{12}$＝太）。现在人们在谈到速率时，通常省略了速率单位中应有的 b/s，而使用不太准确的说法，如 "10G 的速率"，实际表示的是 10Gb/s 的速率。

当一个端系统要将数据传输到另一个端系统时，发送端端系统会将数据分段，并为每一个数据段添加首部，首部中包含所传输数据的一些控制信息。这些添加了首部的数据，在计算机网络中被称为分组或数据包（Packets）。分组在网络中传输，最终到达目的端端系统，并在目的端端系统处被重新组装成原始数据。

在计算机网络中有一种重要的中间设备叫作分组交换机（Packet Switch），分组交换机在某一个输入通信链路处接收到达的分组，并在其中某一个输出通信链路处转发这个分组。分组交换机的形式有很多种，如今互联网中最常用的是路由器（Router）和链路层交换机（Link-Layer Switch），如图 4.14 所示。这两种分组交换机虽然名称不同，但是作用是类似的，都是将收到的分组转发至最终的目的端。

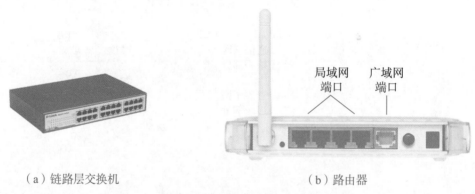

（a）链路层交换机　　　　　　　　　　　　　（b）路由器

图 4.14　计算机网络中的分组交换设备

为了能使计算机网络更好地完成信息交换的任务，人们将计算机网络进行了分层，不同的层次完成不同的功能，将不同的层次组合起来即完成了最终的数据交换任务，链路层交换机和路由器工作的层次不同。链路层交换机工作在数据链路层，即用于接入网络。路由器工作在网络层，即用于在网络核心部分进行路径选择。在互联网中，分组从源端端系统到目的端端系统所经历的一系列通信链路和分组交换机被称为通过该网络的路径（Path）或路由（Route）。

端系统通过互联网服务提供商（Internet Service Provider，ISP）接入互联网，每一个 ISP 本身就是一个分组交换网络和通信链路网络。ISP 向公众提供各种接入服务，帮助用户接入互联网；也可向公众提供导航服务，即帮助用户在互联网中找到所需要的信息；还可以向公众提供信息服务，即建立数据服务系统，收集、加工、存储信息，定期维护更新，并通过网络向用户提供信息内容服务。

端系统、分组交换机和其他的一些互联网的部件，通过运行互联网协议来控制网络中信息的发送和接收。传输控制协议（Transmission Control Protocol，TCP）和网际协议（Internet Protocol，IP）是互联网中两个最重要的协议。IP 协议规定了在路由器和端系统中发送和接收的分组的格式。互联网中最重要最基本的协议被称为 TCP/IP，是指一个由 FTP、SMTP、TCP、UDP、IP 等协议构成的协议簇，只是因为在 TCP/IP 中 TCP 和 IP 最具有代表性，所以被称为 TCP/IP。TCP/IP 对互联网中各部分进行通信的标准和方法进行了规定，学习计算机网络就是学习计算机网络中的各种协议。协议对互联网来说非常重要，只有对每一个协议的功能达成了共识，人们才能生产和创造出可以互操作的产品和系统，使不同的设备都能够连接成网，达成不同设备之间资源共享和数据交换的目的，这也是协议标准发挥作用的地方。

互联网标准是由互联网工程任务组（Internet Engineering Task Force，IETF）研发。IETF 的标准文档被称为请求评论（RFCs），RFCs 最初是为了解决互联网先驱者们所面临的网络和协议设计问题而提出的普通评论请求。RFCs 的技术性较强，且内容比较详细。RFCs 定义了诸多协议，如 TCP、IP、HTTP（用于 Web 客户和 Web 服务器之间的数据传输）和 SMTP（用于将电子邮件发往邮件服务器）等。如今已经有超过 7000 个 RFCs。其他组织和机构也制定了有关网络组件的标准，特别是网络链路的标准。例如，IEEE 802 LAN/MAN 标准委员会就制定了以太网和无线 WiFi 的标准。

### 4.1.3 互联网提供的服务

互联网是为应用程序提供服务的一种基础设施。除了电子邮件、网上冲浪等传统的应用程序外，互联网还可以为智能手机和平板电脑中的应用程序提供服务，如即时通信、实时道路交通信息图、云端音乐流、电影和电视流、在线社交网络、视频会议、多人在线游戏和基于位置的推荐系统等。因为这些应用程序解决的都是多个终端系统之间的数据交换问题，因此这些应用程序都被称为分布式应用程序。互联网的应用程序都运行在端系统中，而非网络核心中的分组交换机中。虽然分组交换机的作用是帮助端系统之间进行数据交换，但是它们与作为数据源和数据接收器的应用程序是没有任何关系的。

互联网是为应用程序提供服务的基础设施。当我们想要设计一款应用程序时，因为应用程序是运行在端系统中的，所以必须写出程序源代码并且在端系统中运行，例如，用 Java、C 或 Python 等高级语言进行编写。如果这是一款分布式互联网应用程序，那么程序可能会在不同的端系统中运行，并且程序之间要互相发送和接收数据。互联网则是实现程序之间数据交换的基础。端系统中的某个应用程序是如何指挥互联网将数据传输给另一个端系统中的应用程序的呢？

连接在互联网上的端系统提供了一种称为套接字的接口，该接口规定了运行在一个端系统中的某个应用程序，请求互联网基础设施，向运行在另一个端系统中的某个应用程序发送数据的方式。套接字接口是一组规则的集合，发送端应用程序必须遵循这些规则，这样互联网才能将数据发送到目的端应用程序。例如，张三想要通过邮局向李四寄一封信。张三不能简单地把信（数据）扔出窗外就结束了。想要使用邮政服务，张三必须按照邮局的规定先将信装进信封，并在信封的规定位置写上李四的姓名、地址、电话和邮政编码；接着密封信封，在信封规定位置贴上邮票；最后将信封放进官方的邮政信箱。简单来说，张三想要使用邮政服务给李四寄信，就必须使用邮局的"邮政服务接口"，遵守邮局所制定的一组规则。互联网也拥有应用程序发送数据所必须遵守的一组规则，即套接字接口。只有遵守套接字接口的规则，发送端应用程序才能将数据发送到接收端应用程序。

邮局为顾客提供了不止一种服务，如特快专递、挂号信和普通服务等。同样地，互联网也为应用程序提供了多种服务，因此当开发者在开发应用程序时，就需要为应用程序选择一种互联网服务。而计算机网络体系结构的应用层则描述了互联网都有哪些服务。

### 4.1.4　通信协议

在计算机网络中有一个重要的概念——协议。什么是协议？协议有什么作用？

人类在进行交流时也遵循着一种类似于协议的规则。例如在课堂中，老师正在讲解关于网络协议的知识，但是张三却非常迷茫，听不懂老师在讲什么。这时老师停下来问"同学们有什么问题吗？"即老师广播发送了一条报文，班内所有正在听课的同学都能接收到该报文。这时张三举手，即向老师发出一条响应报文。这时老师向张三示意"请讲"，即向张三又发送一条响应报文，表示可以提问了。这时张三提出问题，即向老师发送一条报文。当老师听到问题，即接收到报文。之后，老师开始解答，即向张三发送应答报文。这就是报文的发送和接收，以及当这些报文在发送和接收时所应采取的一系列约定俗成的动作。

在计算机网络中，交换信息和采取动作的实体是由硬件和软件所构成的设备，如计算机、智能手机、平板电脑、路由器或其他网络设备。互联网中所有涉及两个或多个实体之间的通信过程都受网络协议的管理。

计算机网络要做到有条不紊地交换数据，就必须遵守一些事先约定好的规则，这些规则规定了所交换的数据格式以及有关同步（即时序，表示通信事件发生的顺序）的问题。这些为进行网络中数据交换而建立的规则、标准或约定被称为网络协议（Network Protocol），网络协议可以简称为协议。协议主要由三个要素组成：第一，语法，规定数据和控制信息的格式；第二，语义，规定通信双方发出何种控制信息，完成何种动作，以及做出何种响应；第三，同步，规定通信事件发生的顺序并详细说明。

协议通常有两种不同的表述形式：一种是使用便于人们阅读和理解的文字描述，另一种是使用让计算机能够理解的程序代码。这两种形式的协议都必须能够对网络上的信息交换过程做出精确的解释。

计算机中的网络接口卡（简称网卡），是一种实现计算机互联的硬件设备。网卡是协议的硬件实现形式，控制两个网卡之间"线路"上的比特流；端系统中的拥塞控制协议，控制分组在源端和目的端之间传输的速率；路由器中的路由选择协议，决定了分组从源端到目的端的路径。

超文本传输协议（HTTP）是浏览器和服务器之间进行数据传输时，必须遵循的协议。当人们在浏览器中输入网址，并按 Enter 键时，HTTP 就开始工作。其中，在浏览器的地址栏中输入的网址也被称为统一资源定位符（URL），是对可以从互联网上得到的资源的位置和访问方法的一种简洁表示，是互联网上标准资源的地址。HTTP 的工作流程可以简单描述为（如图 4.15 所示）：第一，用户计算机会向 Web 服务器发送一条连接请求报文，并等待回复；第二，Web 服务器收到用户的连接请求信息，并回复一条连接响应报文；第三，当用户计算机得知可以请求 Web 文档时，用户计算机会在 GET 报文中发送想要获取的 Web 页面的名称；第四，Web 服务器收到 GET 报文后，向用户计算机返回所请求的 Web 页面（文件）。

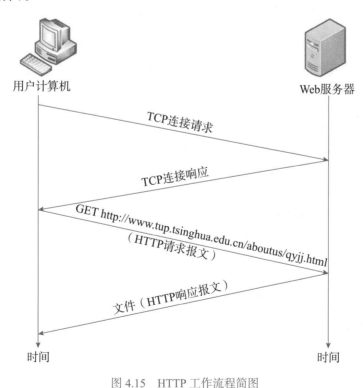

图 4.15　HTTP 工作流程简图

## 4.2　网络边缘部分

本节首先介绍计算机网络组成部分中人们最熟悉的部分，即网络边缘部分，包括计算机、智能手机和其他在日常生活中经常使用的智能设备。之后会从网络边缘转移到网络核心部分，探讨计算机网络中的交换和路由。

连接在互联网中的计算机和其他设备被称为端系统。之所以被称为端系统，是因为它们位于互联网的边缘部分，如图 4.16 所示。互联网中的端系统包括台式计算机（如桌面

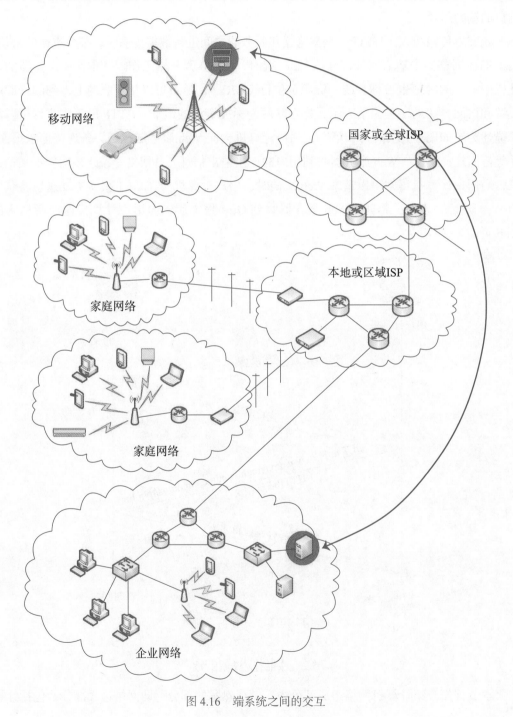

图 4.16　端系统之间的交互

PC、Mac 和基于 Linux 的工作站）、服务器（如 Web 服务器和电子邮件服务器）和移动设备（如笔记本电脑、智能手机和平板电脑）。随着技术的发展，越来越多非传统的其他类型的设备也被作为终端连接到了互联网上，如智能家电、传感器等。

端系统也被称为主机（Host），因为它们要运行应用程序，如 Web 浏览器程序、Web 服务器程序、电子邮件客户端程序或电子邮件服务器程序等。主机可分为两类：客户机和服务器。

客户机是互联网服务的请求端，通常指台式计算机、移动终端、智能手机等。通过互联网，人们可以将客户机中的请求和数据发送至服务器，交由服务器进行处理。

服务器是互联网服务的提供方，通常指性能更强大的计算机，常用于存储和发布 Web 页面、流视频、转发电子邮件等。服务器接收并存储客户机发送过来的数据或请求，并且对请求进行响应，发送数据给客户机。如今，用于接收检索结果、电子邮件、Web 页面和视频的大部分服务器都部署在大型的数据中心。例如，阿里巴巴在全球 25 个地域部署了上百个数据中心，其中包括 5 座超级数据中心，分别位于河北省张北县、广东省河源市、浙江省杭州市、江苏省南通市和内蒙古自治区乌兰察布市。其中，广东河源数据中心可容纳超过 30 万台服务器，为华南地区上百万企业客户提供云计算、人工智能、物联网等服务。

### 4.2.1　接入网

接入网是指将端系统连接至其边缘路由器的物理链路，边缘路由器是端系统到任何其他远端端系统的路径上的第一个路由器。简单来说，就是从用户终端（如手机、计算机、平板、网络电视等）到运营商城域网之间的所有通信设备组成的网络。接入网的传输距离一般为几百米到几千米，因此经常被形象地称为互联网的"最后一千米"。手机、计算机等终端设备，通过接入网这"最后一千米"的服务，即可接入互联网。图 4.17 表示的是不同形式的接入网，圆圈处即为边缘路由器。根据使用场景的不同，常见的接入方式可分为家庭接入方式、企业（和家庭）接入方式和广域无线接入方式。

1. 家庭接入方式

家庭接入方式主要包括数字用户线（Digital Subscriber Line，DSL）、同轴电缆接入技术、光纤接入、拨号接入和卫星接入。

1）数字用户线

数字用户线（DSL）是对普通电话线进行改造，使其能够承载数字信号传输的宽带业务，家庭用户通常是从电话公司处获得 DSL 互联网接入服务。当客户使用 DSL 接入互联网时，电话公司也就成为互联网服务提供商（ISP）。如图 4.18 所示，用户家中的 DSL 调制解调器使用电话线（双绞线）与数字用户线路接入复用器（Digital Subscriber Line Access Multiplexer，DSLAM）交换数据，其中，DSLAM 位于本地端局（Local Central

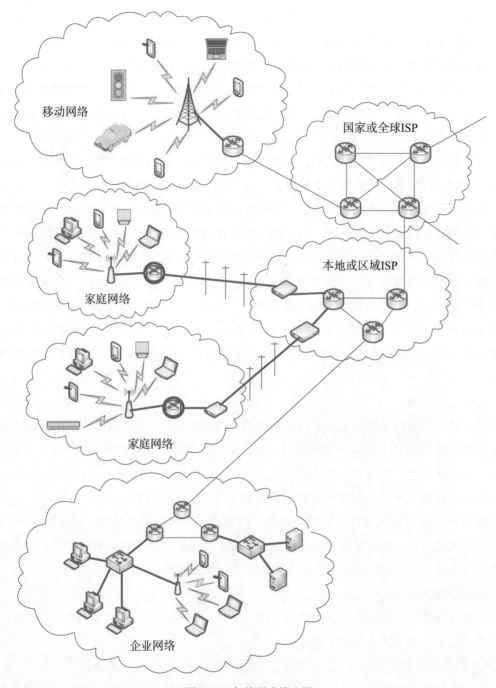

图 4.17　各种形式接入网

Office）。端局指在电话网中拥有信令点的电话局（信令点是提供公共信道信令的结点，即产生信令消息的源点，同时也是信令消息目的地点，即信令的最终接收并执行结点）；DSL 调制解调器是实现模拟信号和数字信号之间转换的设备；DSLAM 是各种 DSL 系统的端局设备，其功能是接纳所有的 DSL 线路，汇聚流量。

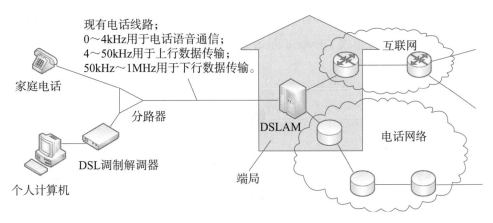

图 4.18　DSL 互联网接入

普通家庭电话线可以同时传输数字信号和传统的电话语音信号，这些信号具有不同的频率：高速下行链路，位于 50kHz ～ 1MHz 的频段；中速上行链路，位于 4 ～ 50kHz 的频段；普通双向电话链路，位于 0 ～ 4kHz 的频段。

由于不同的信号有不同的频率，根据频率将电话线频带进行划分，就可以使单条 DSL 线路看起来好像有多条可以同时传输数据的独立线路，电话信号和互联网数字信号就可以在同一时刻共享一条信道进行信号的传输（称为频分多路复用技术）。在用户端，使用分路器将到达的数字信号和电话信号进行分离，并将数字信号转发至 DSL 调制解调器，使电话语音通信和互联网通信可以同时进行。在本地端局，DSLAM 将数字信号和电话信号进行分离，并且把数字信号转发至互联网。无数普通家庭用户都会连接至端局的 DSLAM 设备，DSLAM 起到了汇聚流量的作用。

DSL 标准定义了多种传输速率，包括 12Mb/s 下行速率和 1.8Mb/s 上行速率（ITU 1999），以及 55Mb/s 下行速率和 15Mb/s 上行速率（ITU 2006）。由于下行速率和上行速率不同，即非对称的，因此该接入方式被称为非对称数字用户线（ADSL）。

在现实中，实际可达的下行传输速率和上行传输速率是远小于上文中所提到的理论值的。最高传输速率会受到多种因素的影响，例如，家庭至本地端局之间的距离、双绞线的规格、受电磁干扰的程度等。在工程上，已经将 DSL 设计为家庭和本地端局之间的短距离传输方案。如果家庭和本地端局之间的距离超过了 16km，那么家庭就必须使用其他形式的互联网接入方案。

2）同轴电缆接入技术

DSL 是利用电话网基础设施进行互联网接入，而同轴电缆接入是利用有线电视网基础设施进行互联网接入。家庭用户可以从提供有线电视业务的机构处获得互联网接入服务，如图 4.19 所示，将电缆头端和光纤节点之间用光纤连接，其中，光信号在光纤节点处被转换为电信号，在光纤节点以下部分仍采用有线电视系统的同轴电缆连接至家庭，每一个光纤节点通常支持 500 ～ 5000 户家庭。由于接入系统同时使用了光纤和同轴电缆，因此被称为光纤混合同轴电缆（Hybrid Fiber Coax，HFC）技术。

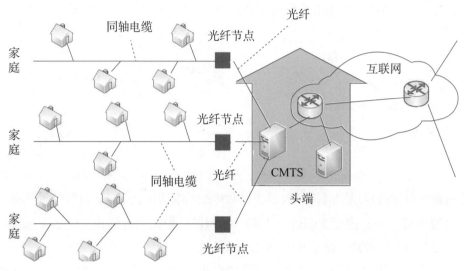

图 4.19　光纤混合同轴电缆（HFC）接入网

使用 HFC 技术的互联网接入需要特殊的调制解调器，即电缆调制解调器（Cable Modem）。与 DSL 调制解调器一样，电缆调制解调器也是一种外部设备，通过以太网接口连接至家庭的个人计算机（PC）。以太网是应用最广泛的局域网通信方式，也是一种互联网协议，以太网中网络连接端口就是以太网接口，如最常见的 RJ-45 接口（俗称"水晶头"），如图 4.20 所示。

图 4.20　RJ-45接口（水晶头）

在电缆头端，电缆调制解调器终端系统（CMTS）提供的功能类似于 DSL 网络中的设备 DSLAM，将来自于下游各个家庭电缆调制解调器发送来的模拟信号转换为数字信号。电缆调制解调器将 HFC 网络分为两个信道：上行信道和下行信道。通常为下行信道分配比上行信道更高的传输速率。有线电缆数据服务接口规范（Data Over Cable Service Interface Specifications，DOCSIS）是一个国际标准，允许在现有的有线电视系统上高速传输数据，许多有线电视运营商使用电缆调制解调器为客户提供互联网接入服务。在 DOCSIS 2.0 标准中定义了传输速率达 42.8Mb/s 的下行信道和 30.7Mb/s 的上行信道，但在实际使用中，传输速率不可能达到理论的最大值。

3）光纤接入

光纤接入是指端局（Central Office，CO）与用户之间完全以光纤作为传输媒体。在中国，常用的接入方案是光纤到户（Fiber To The Home，FTTH），即将光网络单元（Optical Network Unit，ONU）安装在家庭或企业用户处，为用户提供各种宽带通信业务。光纤

106

接入可以分为有源光网络（Active Optical Network，AON）接入和无源光网络（Passive Optical Network，PON）接入。有源光网络，是指信号在传输过程中，从端局设备到用户分配单元之间采用各种有源光纤传输设备进行传输的网络。有源光纤传输设备包括光源（激光器）、光接收机、光收发模块、光放大器等。无源光网络，是指在光线路终端（Optical Line Terminal，OLT）和光网络单元（ONU）之间是光分配网络（Optical Distribution Network，ODN），没有任何有源电子设备，只有光纤、光分路器等无源器件。无源光网络系统扩充比有源光网络系统更方便，且投资成本更低。

图 4.21 是使用无源光网络（PON）分布式架构的光纤到户（FTTH）结构。每个家庭都有一个光网络终端（ONT），ONT 通过专用光纤连接到与其相邻的分路器上。分路器将多个家庭合并到一根共享光纤上，该光纤连接到电信公司的光线路终端（OLT）。OLT 通过路由器连接到互联网，并提供光信号和电信号之间转换的功能。在家庭中，用户将路由器和光网络终端（ONT）相连，并通过该路由器访问互联网。在无源光网络（PON）架构中，从光线路终端（OLT）发送到分路器的所有分组，都会在分路器中复制，然后再进行传输。FTTH 提供的互联网接入服务，速率极高，可达 Gb/s 的级别。在实际中，互联网服务提供商（ISP）会根据价格制定不同的传输速率，以满足用户的个性化需求，例如，运营商在宣传中提到的百兆光纤、千兆光纤等。

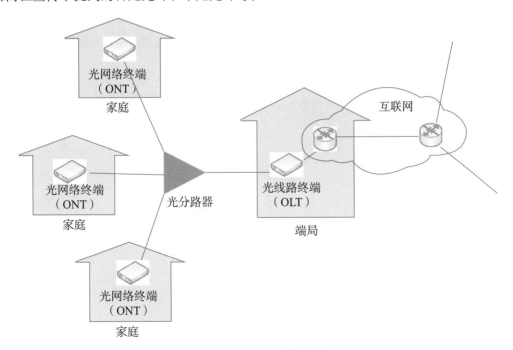

图 4.21 FTTH 互联网接入

据中国互联网络信息中心发布的《第 51 次中国互联网络发展状况统计报告》显示，截至 2022 年 12 月，我国互联网宽带接入端口数量达 10.71 亿个，其中，光纤接入

（FTTH/O）端口达到 10.25 亿个，占比达 95.7%。中国移动、中国电信和中国联通三家基础电信企业的固定互联网宽带接入用户总数达 5.9 亿户。其中，100Mb/s 及以上接入速率的固定互联网宽带接入用户达 5.54 亿户，占总用户数的 93.9%；1000Mb/s 及以上接入速率的固定互联网宽带接入用户达 9175 万户，占总用户数的 15.6%。

4）拨号接入和卫星接入

除了数字用户线（DSL）、同轴电缆和光纤接入外，还有另外两种家庭互联网接入技术，即卫星链路接入和拨号接入。在 DSL、同轴电缆和光纤不可达的地区（如山区等），可通过卫星链路以超过 1Mb/s 的速率连接到互联网。中国卫通集团股份有限公司是中国航天科技集团有限公司的子公司，是我国唯一拥有通信卫星资源且自主可控的卫星通信运营企业。拨号接入与 DSL 的模式类似，家庭调制解调器通过传统电话线连接到 ISP 中的调制解调器。与 DSL 和其他宽带接入方式相比，拨号接入的传输速率极慢，只能达到 56kb/s。

2. 企业（和家庭）接入方式

企业（和家庭）接入方式主要有以太网和 WiFi。

在企业、校园以及越来越多的家庭环境中，普遍使用局域网（LAN）将端系统与边缘路由器相连。尽管存在多种类型的局域网技术，但以太网是迄今为止企业、校园和家庭等各种机构的网络中普遍使用的接入技术。如图 4.22 所示，以太网用户通过双绞线连接至以太网交换机。以太网交换机或由交换机互连而成的网络会依次连接至规模更大的互联网中。通过以太网接入技术，普通用户的接入速度可达 100Mb/s 或 1Gb/s，而服务器则拥有 1Gb/s 甚至高于 10Gb/s 的接入速度。

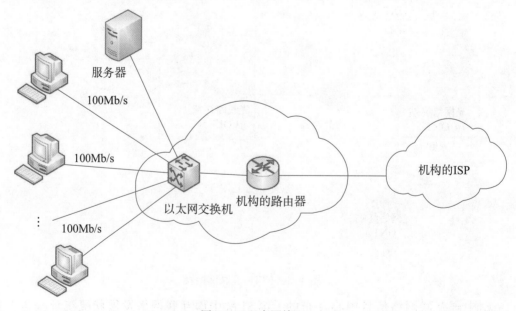

图 4.22　以太网接入

在现实生活中，人们更多采用无线方式将笔记本电脑、智能手机、平板电脑和其他物联网设备接入互联网。在无线局域网中，无线用户与企业网络（采用以太网技术组成的有线局域网）的接入点之间进行数据交换（发送和接收数据），而接入点则连接至有线互联网，从而实现用户和互联网的接入。无线局域网用户与接入点的距离不能过远，一般在几十米的范围内。无线局域网接入技术是基于 IEEE 802.11 技术标准，即人们日常所说的 WiFi。如今，无线局域网接入已经无处不在，如学校、写字楼、咖啡馆、机场等，甚至在民航客机中也可通过 WiFi 接入互联网。

尽管以太网和 WiFi 接入网最初只是部署在企业环境中（企业、学校），但现在已经成为家庭网络中常见的网络组件。许多家庭将住宅宽带接入（光纤混合同轴电缆、DSL、光纤接入）与这些廉价的无线局域网技术相结合，创建更强大的家庭网络。图 4.23 是一个典型的家庭网络。该网络拥有一个无线接入点，该无线接入点与家庭中的无线 PC 和其他无线设备通信；网络拥有一个电缆调制解调器，提供互联网的宽带接入服务；网络还拥有一个路由器，主要负责将无线接入点与电缆调制解调器互连，使连接在无线接入点的无线设备可以接入互联网。通过该网络，家庭成员就可以在家庭的任何位置通过宽带接入互联网。

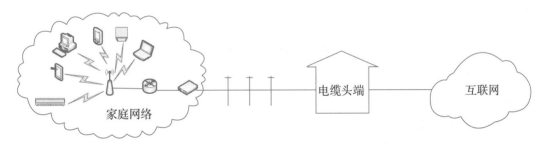

图 4.23　家庭网络

3. 广域无线接入技术

广域无线接入技术主要有 4G、5G 等。

如今，越来越多的移动设备（如智能手机、智能手表等）支持用户在移动中发送信息、在社交网络中发送照片、观看电影和播放音乐等。这些设备使用的无线基础设施与蜂窝网络（即移动网络）是相同的，通过蜂窝网络提供商运营的基站发送和接收分组。蜂窝网络与 WiFi 不同，蜂窝网络的覆盖范围更大，用户只需在基站几十千米（而非 WiFi 的几十米）范围内就可以使用移动设备接入互联网。

如今，各大移动通信运营商对第四代移动通信技术（4G）和第五代移动通信技术（5G）进行了巨大投资，在智能通信设备中使用 4G 通信技术能让用户接入互联网的速度达到 100Mb/s，使用 5G 通信技术能让用户接入互联网的速度达到 1Gb/s，而 5G 的峰值速度可达 10 ～ 20Gb/s。

#### 4.2.2　物理介质

在使用接入技术接入互联网时，不同的接入技术所使用的物理介质也不同，如光纤混合同轴电缆技术同时使用了光纤和同轴电缆两种物理介质，DSL 和以太网使用了双绞线，而移动接入网络则使用的是无线电频谱。下面简要介绍互联网中常用的传输介质。

物理介质的主要作用就是传输比特流，在互联网通信中，比特流会从源端端系统中出发，经历一系列的链路，最终到达目的端端系统。在比特流的传输过程中，源端端系统首先会发送该比特，经过传输，网络中的第一个路由器会接收到该比特；第一个路由器再将该比特发出，之后第二个路由器接收到该比特；经网络中多个路由器的不断转发，比特最终到达目的端。简单来说，比特从源端到达到目的端的过程中，会经历一系列的发射器 - 接收器对，每一个发射器 - 接收器对都会将比特转换为电磁波或光脉冲，然后发送至物理介质上。物理介质的形状和类型多种多样，对比特传输路径中的每一个发射器 - 接收器对而言，物理介质的类型也不必相同。常见的物理介质包括双绞线、同轴电缆、光纤、地面无线电频谱和卫星无线电频谱。

物理介质可以分为两类：导引型介质和非导引型介质。在导引型介质中，信号沿着某一固体传输介质同向传输，如光纤、同轴电缆和双绞线。在非导引型介质中，信号在大气和外层空间中传播，如无线局域网和数字卫星信道。

### 4.3　网络核心部分

网络的核心部分，即连接互联网终端系统的分组交换机和链路。图 4.24 中，粗线部分描绘的即为网络的核心部分。

#### 4.3.1　分组交换

在网络应用中，端系统只有通过网络才能在彼此之间交换报文（Messages）。端系统之间所传递的报文类型多种多样：报文中可以包含具有控制功能的信息，如协议中需要交换的控制信息等；报文中也可以包含数据，如用户所发送的电子邮件、JPEG 格式的图片、MP3 格式的音频文件等。为了将报文从端系统的源端送往目的端，源端端系统会将较长的报文分解成更小的数据块，这些较小的数据块被称为分组（Packets）。每一个分组都会穿越源端和目的端之间的链路和分组交换机（交换机主要有两种类型，分别是路由器和链路层交换机），最终到达目的端。分组在链路上传输时，其传输速率是该链路的最大传输速率。因此，当源端或分组交换机要发送一个大小为 $L$ b 的分组时，若该链路的最大传输速率为 $R$ b/s，那么传输该分组所需要的时间就是 $L/R$ s。

大多数的分组交换机在链路的输入端采用存储转发的传输模式，存储转发传输是指分组交换机将从输入端口接收到的分组缓存起来，先检查分组是否正确，并过滤掉错误分组。确定分组正确后，取出目的地址，通过查找转发表找到输出端口地址，然后将该分组发送出去。

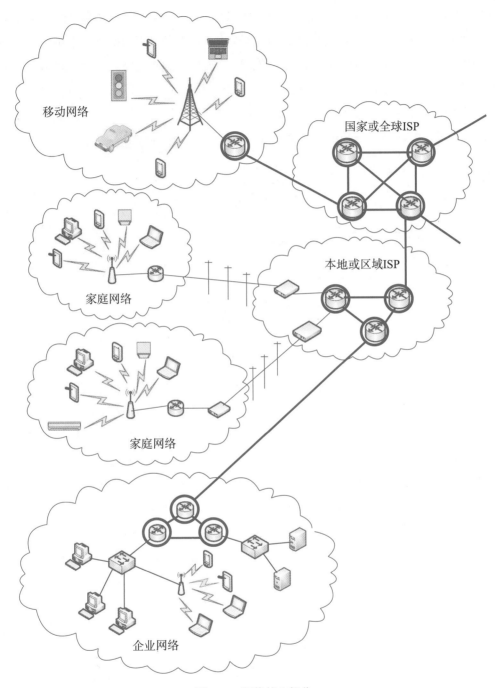

图 4.24  网络核心部分

如图 4.25 所示，在由两个端系统组成的简单网络中，两个端系统之间通过一个路由器连接。路由器中有多条关联链路，而路由器的作用正是将接收到的分组转发至正确的输出链路上。在如图 4.25 所示的网络中，该路由器的任务就是将分组从输入链路传输至另一个唯一的输出链路。假如源端端系统要将三个分组（分别用 1、2、3 进行编号）发送至目的端，其中每一个分组的大小都是 $L$ b。在如图 4.25 所示的时刻，源端系统已经发送了分组 1 的其中一部分，并且分组 1 的前端已经到达了路由器。因为路由器采用的是存储转发的传输机制，所以在该时刻路由器无法传输它已经接收到的比特。相反，路由器必须缓存（即"存储转发"中的"存储"）已经接收到的分组的部分比特。只有当路由器完全接收了分组中的全部比特，才能开始将分组发送（即"存储转发"中的"转发"）至输出链路。即在转发之前，路由器必须对整个分组进行接收、存储和处理。

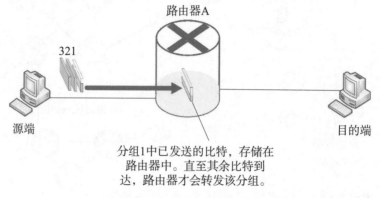

图 4.25　分组交换中的存储转发机制

　　每一个分组交换机都连接在多条链路上，对于每一条链路，分组交换机都有一个输出缓冲区，用于存储路由器将要发送至该链路上的分组。输出缓冲区在分组交换中起着至关重要的作用。若要将一个刚到达的分组发送至链路上，如果此刻链路正忙于发送其他分组，那么刚到达的分组就必须在输出缓冲区中等待。因此在分组的传输过程中，除了存储转发的时延外，还有在输出缓冲区的排队时延。无论是存储转发时延还是排队时延，它们都是不确定的，会受到当前网络拥塞程度的影响。缓冲区的空间是有限的，会出现缓冲区被占满的情况，即其他分组也在缓冲区内等待传输，且已经将缓冲区占满。在这种情况下，就会发生丢包的情况，即刚到达的分组或者正在缓冲区中排队的部分分组会被丢弃掉。

　　图 4.26 是一个简单的分组交换网络，其中，分组用小方块表示，且假设该网络中所传输的分组大小一致。主机 A 和主机 B 分别向主机 E 发送分组，其中，主机 A 和主机 B 首先通过 100Mb/s 的以太网链路向第一个路由器发送分组，之后该路由器将这些分组转发至 15Mb/s 的链路上。如果在某段时间内，分组到达路由器的速率超过了 15Mb/s，路由器中就会发生拥塞，即分组到达路由器的速度超过了路由器处理分组的速度，导致分组在路由器内排队，无法及时将分组发送至链路上，最终使得路由器输出缓冲区内的分组越来越多，直至将缓冲区占满。例如，在食堂窗口打饭时，由于短时间内涌入过多的学生，会导致打饭窗口出现排队的情况。

　　当路由器从其中一条通信链路接收到分组后，会将该分组转发至连接在路由器上的另一条通信链路。连接在路由器上的链路有很多，路由器该如何决定将分组转发至哪条链路

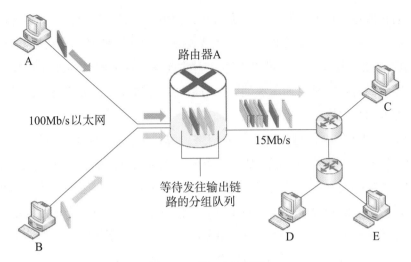

图 4.26 分组交换网络

呢？不同类型的计算机网络，分组转发的形式也不相同，本节主要讨论互联网中的分组转发方式。在互联网中，每个端系统都拥有一个逻辑地址，即 IP 地址。IP 地址是互联网中的一个重要控制信息，当源端想要向目的端发送分组时，源端需要将 IP 地址放入分组头部，供互联网中的中间设备识别。IP 地址相当于互联网中的主机标识符，具有分层结构。当分组到达网络中的路由器时，路由器会首先检查分组中的目的 IP 地址，将该分组转发至适合的相邻路由器中。每一个路由器都拥有一个转发表，该表将目的 IP 地址（或部分目的 IP 地址）映射至该路由器的某个出站链路上。当分组到达路由器时，路由器会检查分组的目的 IP 地址，并且检索路由器的转发表。检索的过程简单来说就是检查转发表中是否有与目的 IP 地址匹配的表项，即查找合适的出站链路。最后路由器将分组转发至查找到的出站链路上。每一个路由器并不知道从源端到目的端的完整路径，但是却知道想要到达目的端要经过的下一个路由器是什么，通过不同路由器的不断转发，最终将分组逐步转发至目的端。

路由器通过检索转发表，确定合适的出站链路。转发表是正确寻址的关键，这就引出了另一个问题：转发表如何获得？互联网中有许多特殊的路由协议，如路由信息协议（RIP）、开放最短路径优先（OSPF）协议、边界网关协议（BGP）等，路由器的转发表正是通过路由协议自动设置的。路由协议可以确定从每个路由器到目的端的最短路径，并且使用最短路径来配置路由器中的转发表。互联网是一种动态变化的网络，路由协议也可以根据网络的变化动态调整转发表。

### 4.3.2 电路交换

在电路交换网络中，沿着端系统之间的通信路径上，在通信会话期间会为端系统的通信预留一些资源，如缓存、链路传输速率等。而分组交换网络则不需要为通信预留任何资源，会话中的分组以按需分配的原则动态使用通信资源，因此可能会出现排队情况，即依次等待访问通信链路。例如，A 和 B 两家餐厅，其中，A 餐厅需要提前预订才能就餐，而 B 餐厅则不需要预订，也不接受预订。当顾客要在 A 餐厅用餐时，必须提前打电话订座。原则上，当顾客到达餐厅时，就可以立即就座并点餐。对于不需要预订的 B 餐厅，顾客不必担心会因为没有提前预订而无法就餐。但是当到达餐厅时，如果餐厅已满，那么顾客就需要等其他人用餐完毕后才能就座点餐。

传统的电话网络就是典型的电路交换网络。假如张三要通过电话网络向李四发送消息，如语音或传真，需要几步才能完成呢？首先，在张三发送消息之前，需要在张三的设备和李四的设备之间建立起一条连接。这条连接是一个真正意义上的连接，即在沿着张三设备和李四设备之间的路径上，所有的交换机都会为该连接维持一个连接的状态。在通信领域，这种连接被称为电路。当网络建立电路时，会为连接期间的数据传输预留一个固定的传输速率，因此发送者可以以稳定的速率向接收者发送数据。

图 4.27 表示的是一个电路交换网络。在该网络中，4 台电路交换机通过 4 条链路互连，其中每一条链路都有 4 个电路，因此每条链路可以同时支持 4 个连接。图中的主机（个人计算机和工作站）都是直接连接至其中一台交换机上，当两台主机之间要进行通信时，网络会在两台主机之间建立专用的端到端的连接。因此为了能使主机 A 和主机 B 顺利通信，网络需要为两条链路（a 链路和 b 链路）都预留一个电路。在图 4.27 中，端到端的连接用到了 a 链路中的第四个电路和 b 链路中的第二个电路。每一条链路都有 4 个电路，因此对于端到端的连接，在通信期间可以获得这条链路总传输能力的 1/4。例如，如果相邻交换机之间的链路传输速率是 1Mb/s，那么每一个端到端的连接可以获得 250kb/s 的专用传输速率。

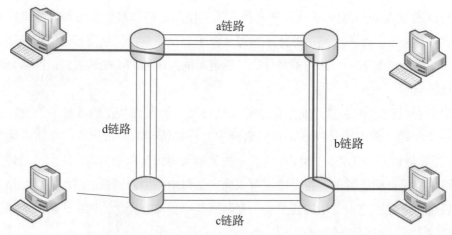

图 4.27　由 4 台交换机和 4 条链路组成的电路交换网络

当一台主机想要通过分组交换网络（如互联网）向另一台主机发送分组时，会发生什么情况呢？与电路交换类似，分组也是需要通过一系列的通信链路的。但与电路交换不同的是，分组发送到网络中时是没有预留任何链路资源的。如果由于其他分组需要同时占用该链路，而导致这些链路中的其中一条发生了拥塞，那么这个分组就必须在传输链路的发送端队列中等待。虽然互联网会尽最大努力及时传递分组，但是它不会做任何关于传输质量的保证，即分组在传输过程中是有可能出现失序、延迟、丢失和出错的情况的。

1. 电路交换网络中的多路复用

一条链路中的电路是通过频分多路复用（Frequency-Division Multiplexing，FDM）和时分多路复用（Time-Division Multiplexing，TDM）实现的。

在频分多路复用（FDM）中，共享的是频谱资源，链路的频谱由建立在这条链路上的所有连接所共享。链路会为每一条连接，在其持续期间分配一个专用的频带。在电话网络中，这个频带宽度通常是4kHz。语音信号的频率范围为300～3400Hz，即语音信号的带宽是3100Hz。为了防止信号间的干扰，增加了一些保护频带，因此电话网络中的频带宽度通常是4kHz，而这个频带的宽度就被称为带宽（Bandwidth）。如图4.28所示，在频分多路复用中，把链路的可用频带分割为若干条较窄的子频带，每一个电路可获得链路带宽中的一部分，即用一个子频带来传输数据。FM收音机电台通常使用频分多路复用（FDM）技术来共享88～108MHz的频谱资源，每一个电台都被分配一个特定的频带。

图4.28 频分多路复用

对于时分多路复用（TDM）链路而言，时间被划分为具有固定时间间隔的帧，每一个帧又都被划分为固定数量的时隙，如图4.29所示。对于时分多路复用，每个电路会在极短的时间间隔内（即在一个时隙内）周期性地获得该链路的所有带宽。当网络要跨越链路建立连接时，网络就会在每一帧中为该连接分配一个时隙。这些时隙是由该连接所专用，这个时隙就是用于传输该连接中的数据。

如图4.30所示，在时分多路复用中，将通信时间划分成一定的长度，各路信号轮流传送一次的时间称为一帧。每一帧由若干个时隙组成，时分多路复用中的各路信号在一帧中所占据的时间称为一个时隙。对于时分多路复用，电路的传输速率等于一个时隙中的比特数目乘以该帧的速率。例如，如果某一链路每秒传输8000个TDM帧，TDM帧中每一个时隙由8b组成，那么每一个电路的传输速率就是64kb/s（8000×8=64 000b/s，即64kb/s）。

为什么在计算机网络中使用最多的是分组交换，而没有使用电路交换呢？因为专用的电路在静默期是空闲的，电路交换的效率非常低。为了更好地理解静默期空闲，想象一下打电话时的情形。当通话双方中的其中一方停止讲话时，此时双方之间的链路上并没有数据传输，可以认为此时该链路是空闲的。但是这个空闲的网络资源并不能被其他有需要的

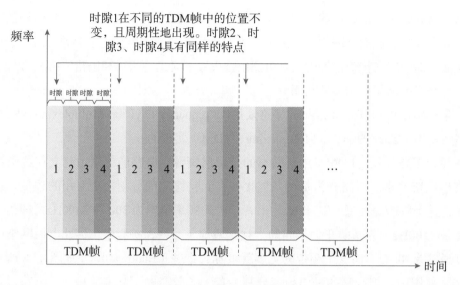

图 4.29　时分多路复用

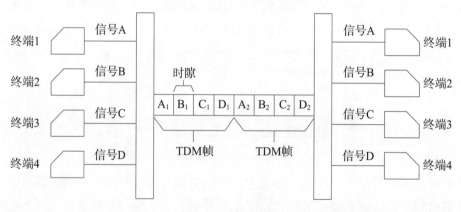

图 4.30　帧和时隙

连接使用。用一个更形象的例子来解释，医院的放射科医生可以通过网络对病人拍摄的 CT 图像进行远程诊断，假设该网络是一个电路交换网络。该医生通过建立一条连接，请求一幅 CT 图像，当 CT 图像接收完毕之后即可对该 CT 图像进行判读，完成诊断之后再请求另一幅 CT 图像。在电路交换中，会为数据交换预分配专用的网络资源，当医生接收完一幅 CT 图像，在进行判读期间，该连接上并没有数据传输。如果该连接没有被断开，那么分配给该连接的网络资源依然保持，其他连接无法使用该资源（即无法在该连接空闲期间用于传输其他 CT 图像），此时空闲的网络资源就会被浪费。此外，建立端到端的电路并预留端到端的带宽是非常复杂的，需要非常复杂的信令软件来协调端到端路径上的交换机的操作。

2.分组交换与电路交换的对比

某些专家认为，由于在分组交换中，端到端的时延是不确定和不可预测的（主要由于

116

排队时延是不确定和不可预测的），因此分组交换在实时服务方面表现不佳。例如，电话服务和视频会议服务。另一些专家认为分组交换在共享带宽方面比电路交换表现得更好；分组交换比电路交换更简单、有效，并且实现的成本更低。

### 3. 分组交换的有效性

首先通过一个简单的例子来了解分组交换的有效性。假如多个用户共享 1Mb/s 带宽的链路，且用户的活动是周期性变换的，即有时是以 100kb/s 的恒定速率产生数据（称为处于活动状态），有时则不产生任何数据（称为处于非活动状态）。如果用户只有 10% 的时间处于活动状态，而 90% 的时间则处于非活动状态，例如，用户通过浏览器浏览网页新闻，当用户单击网页中的新闻链接时，直至新闻显示在浏览器上，此时是有数据产生的（即处于活动状态）；当内容已完全显示在浏览器上且用户开始阅读新闻时，此时则无数据产生（处于非活动状态）。在浏览网页期间，阅读网页的时间是远超过等待网页内容显示在浏览器上的时间的。

而在电路交换中，必须在整个使用期间都为用户预留 100kb/s 的网络资源。例如，对于使用时分多路复用技术的电路交换网络中，如果 1s 时间长度的帧被分为 10 个时隙，每个时隙为 100ms，那么每个用户在每个帧中都会被分配一个时隙。在该 1Mb/s 带宽的链路上，电路交换只能同时支持 10 个用户同时使用（1Mb/s/100kb/s=10）。

前文已经提到，用户只有 10% 的时间处于活动状态，因此在分组交换中，特定用户处于活动状态的概率为 0.1（即 10%）。如果有 35 个用户，那么有 11 个或更多用户同时处于活动状态的概率仅为 0.04%，即同时有 10 个或更少的用户同时处于活动状态的概率高达 99.96%，也就是数据的总到达速率（即链路的输出速率）小于或等于 1Mb/s 的概率高达 99.96%。当有 10 个或更少的用户处于活动状态时，用户的分组流会几乎没有延迟地通过链路，而电路交换预留带宽资源的目的也是如此。但是，当有超过 10 个用户处于活动状态时，分组的总到达速率会超过链路的输出容量，此时输出队列就会开始变长。直到总输入速率降至 1Mb/s 以下时，输出队列才会开始减少。而在该例子中，同时有超过 10 个用户处于活动状态的概率极低，只有 0.04%。因此，在保证提供与电路交换具有相同性能的情况下，分组交换能同时支持的用户数量是电路交换的 3 倍以上。

来看另一个例子。现有 10 个用户，其中只有 1 个用户处于活动状态，而其他用户均处于非活动状态，即无分组生成。该活动用户瞬时产生了大量数据，例如，突然生成了 1000 个分组，其中每个分组 1000b。在使用时分多路复用技术的电路交换情况下，每个帧中有 10 个时隙，每个时隙由 1000b 组成。帧中的时隙已经分配给特定用户，因此该活动用户只能使用每帧中固定的某个时隙来传输数据，而每帧中的其余 9 个时隙则处于空闲状态。产生大量突发数据的活动用户需要花费 10s（（1000×1000b）/100kb/s=10s）的时间来传输全部的 1000 个分组。在分组交换中，并没有为用户预留资源，当没有其他用户需要发送分组时，该活动用户可以独占该链路，能够以 1Mb/s 的速率连续全速发送分组。在这种情况下，该活动用户的全部分组可以在 1s 内传输完毕。

从以上例子中可以看出，分组交换的性能要优于电路交换。电路交换在预分配资源时，并不会考虑当时的实际需求，因此预分配的资源可能会出现浪费的情况。而分组交换是按需分配资源，链路传输容量由有分组传输需求的用户共享。

### 4.3.3　网络的网络

前文中讲到，端系统（个人计算机、智能手机、Web 服务器、邮件服务器等）通过互联网接入服务提供商连接至互联网。互联网接入服务提供商采用多种多样的接入技术为用户提供有线和无线接入服务，如 DSL、同轴电缆、FTTH、WiFi 和蜂窝网络等。互联网接入服务提供商不一定是电信公司或有线电视公司，甚至可以是一所大学（为学生、教职员工提供互联网接入服务），或是一家公司（为公司员工提供互联网接入服务）。互联网是由分布在全球各地的数以亿计的终端系统互联而成，而将终端用户和互联网的内容提供商连接至互联网接入服务提供商，只是解决这个庞大问题中的其中一小部分而已。要完成终端系统之间的互联，首先要解决的就是互联网接入服务提供商之间的互连问题，即互联网接入服务提供商之间必须是相互连接的。实现互联网接入服务提供商之间的互连，是通过创建网络的网络来实现的，理解"网络的网络"是理解互联网的关键。

多年来，构成互联网的网络已经演变成了一种非常复杂的结构。我们通过逐步构建一系列的网络结构，来理解当今互联网的网络结构。

只有将互联网接入服务提供商之间互连，所有终端系统之间才可以互相发送分组。要实现这个目的，最简单的方法就是让每个互联网接入服务提供商都与其他的互联网接入服务提供商相互连接，如图 4.31 所示。这种做法虽然简单，但是这种网格化设计方法的实现成本过高，因为它要求每一个互联网接入服务提供商都有一条单独的通信链路。全球有无数的接入网，每一个接入网都需要一个单独的通信链路与其他的互联网接入服务提供商相连，这样的实现成本是巨大和无法估量的。

怎样以一种合理的方式实现接入的互连呢？即给定无数个互联网接入服务提供商，如何将它们互连到一起？

第一种网络结构，称为网络结构 1，将所有互联网接入服务提供商与单一国际交换 ISP 相连，如图 4.32 所示。国际交换 ISP 是一个由路由器和通信链路所组成的覆盖全球的网络，而且每一个互联网接入服务提供商的附近都至少有一个路由器。建立像国际交换 ISP 这样庞大的网络是非常昂贵的，企业的目的是营利，为了获得更高的收益，国际交换 ISP 会向每一个互联网接入服务提供商收取费用。因为互联网接入服务提供商会向国际交换 ISP 支付费用，因此互联网接入服务提供商被称为客户，而国际交换 ISP 被称为提供商。这样，利用国际交换 ISP，实现了不同接入网之间的互联。

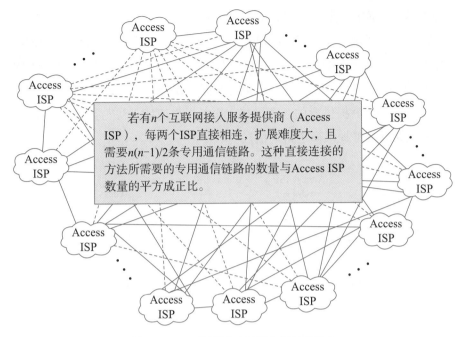

图 4.31　ISP 的互连（网格化设计方法）

（图中文字）
若有 $n$ 个互联网接入服务提供商（Access ISP），每两个 ISP 直接相连，扩展难度大，且需要 $n(n-1)/2$ 条专用通信链路。这种直接连接的方法所需要的专用通信链路的数量与 Access ISP 数量的平方成正比。

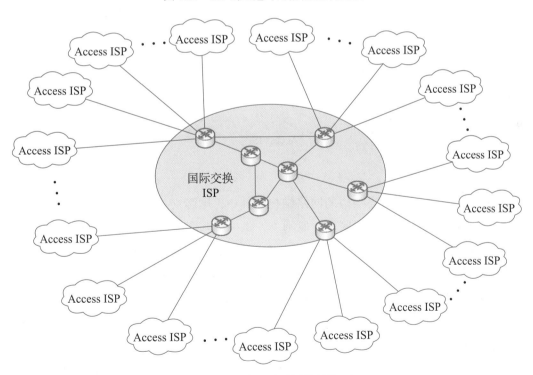

图 4.32　ISP 的互连（网络结构 1）

　　企业建立和维持国际交换 ISP 的目的是营利，这是一个纯粹的商业行为，其他一些企业也想创建自己的国际交换 ISP，并且与原始的国际交换 ISP 进行竞争。这就导致出现了第二种网络结构，即网络结构 2。该结构由无数的互联网接入服务提供商和多个国际交换 ISP 构成，如图 4.33 所示。相较于网络结构 1，互联网接入服务提供商更喜欢网络结构 2，因为在网络结构 2 中有更多的国际交换 ISP 提供商在相互竞争，用户可以根据定价和服务在多个国际交换 ISP 提供商中自由选择。但是国际交换 ISP 之间必须是互连的，否则接入到其中一个国际交换 ISP 提供商的互联网接入服务提供商就无法与接入其他国际交换 ISP 提供商的互联网接入服务提供商进行通信。

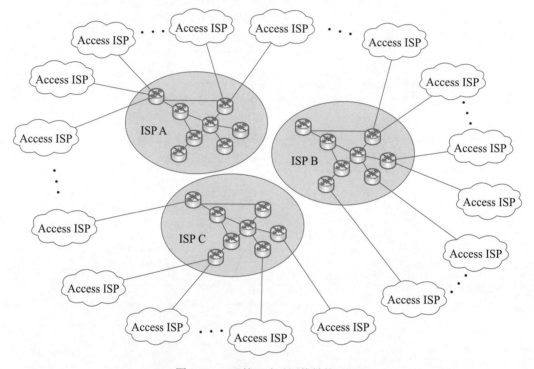

图 4.33 ISP 的互连（网络结构 2）

网络结构 2 是一种两层结构的网络结构，其中，国际交换 ISP 提供商位于顶层，而互联网接入服务提供商则位于底层。原则上，每一个互联网接入服务提供商附近都应该有一个国际交换 ISP，并且互联网接入服务提供商可以以一种经济有效的方式接入国际交换 ISP。但在现实中，虽然一些国际交换 ISP 确实可以覆盖全球，并与许多互联网接入服务提供商直接相连，但是这些国际交换 ISP 并非存在于世界上的每一个城市中。在某些地区，可能会存在一些区域 ISP，该地区中的互联网接入服务提供商可以接入这些区域 ISP。所有的区域 ISP 都要与第一层 ISP（Tier-1 ISPs，T1）相连，第一层 ISP 则类似于国际交换 ISP，但并非存在于世界上每一个城市中。这些第一层 ISP 是真正的电信巨头，掌握着全球网络通信的话语权。在中国，中国电信、中国联通都是 T1 级别的 ISP；只在本国活动的 ISP 就是区域 ISP（T2）。假如区域 ISP 想要跨国通信，就需要向第一层的 ISP 缴纳接入费和流量费。

全球不仅有多个相互竞争的第一层 ISP，而且一个地区也存在许多相互竞争的区域 ISP。在这种层次结构中，每一个互联网接入服务提供商向它所连接的区域 ISP 缴纳费用，每一个区域 ISP 向它所连接的第一层 ISP 缴纳费用（如果互联网接入服务提供商直接连接第一层 ISP，那么就直接向第一层 ISP 缴纳费用）。因此在层次结构的网络中，每一级都存在着"客户 - 提供商"的关系。而第一层 ISP 不需要向任何人缴纳费用，因为它们位于层次结构的最顶层。在该网络结构中，还会存在一些更复杂的情况，在某些地区，可能会存在一个较大的区域 ISP（可能跨越整个国家），其他较小的区域 ISP 与之相连，而这个较大的区域 ISP 则直接连接至第一层 ISP。例如在我国，每一个城市都有互联网接入服务提供商，它们连接至省级 ISP，而省级 ISP 又连接至国家级 ISP，国家级 ISP 又连接至第一层 ISP，从而实现了全球通信。这种多层网络结构则被称为网络结构 3，如图 4.34 所示。

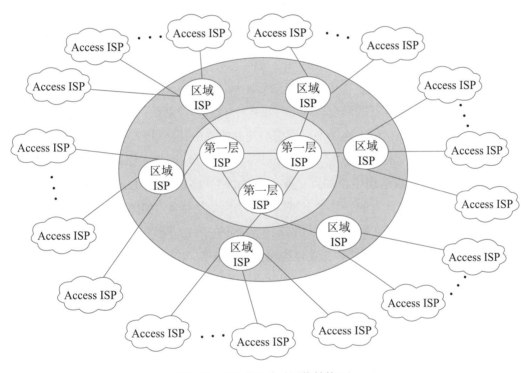

图 4.34　ISP 的互连（网络结构 3）

为了构建更加接近于现实互联网的网络结构，必须在多层网络结构 3 中增加汇集点（Points of Presence，PoPs）、多归属（Multi-homing）、对等（Peering）和互联网交换中心（Internet eXchange Points，IXPs）的概念。

汇集点存在于层次型网络结构除底层（互联网接入服务提供商）之外的所有层次中。汇集点是提供商网络中的一个或多个路由器（位于同一位置）组成的路由器集合，客户 ISP 可以通过汇集点接入提供商 ISP。接入提供商汇集点的客户网络，可以从第三方电信提供商处租用高速链路，然后将客户网络中的其中一个路由器通过高速链路直接连接至汇集点中的一个路由器。

任何一个 ISP（第一层 ISP 除外）都可以选择通过多归属的方式连接至两个或多个提供商 ISP。例如，一个互联网接入服务提供商可能同时连接至两个区域 ISP，或者该互联网接入服务提供商可以连接至两个区域 ISP 和一个第一层 ISP，这就是多归属。类似地，区域 ISP 也可以以多归属的方式连接至多个第一层 ISP。当某个 ISP 是多归属的，那么当其中一个提供商出现故障时，该 ISP 依然可以持续向互联网发送和接收分组。

客户 ISP 通过向提供商 ISP 缴纳费用，以获得全球互联网的访问能力。通常，提供商 ISP 是按交换数据的流量向客户 ISP 收取费用的。为了降低通信成本，位于同一层级的一对相邻的 ISP 可以通过对等的方式直接连接，即将相邻的 ISP 直接连接在一起，使他们之间传输的数据不用通过上一层 ISP（提供商 ISP）直接交换，减少了客户 ISP 和提供商 ISP 之间交换的数据流量，从而减少客户 ISP 向提供商 ISP 缴纳的流量费用。当两个 ISP 是对等的，那么它们之间的通信就是免费的，两个 ISP 都不需要向另一个 ISP 支付费用。同样地，第一层 ISP 之间也可以相互对等，相互之间无须支付费用。那么该如何实现多个 ISP 之间的相互对等呢？

第三方公司可以创建互联网交换中心（IXP），IXP 本身就是一个高速的网络，是一个重要的互联网基础设施，用于连通不同网络而建立的集中交换平台。通过互联网交换中心可以将多个 ISP 连通，实现它们之间的相互对等。在由互联网接入服务提供商、区域 ISP、第一层 ISP 组成的网络结构中，加入汇集点（PoPs）、多归属（Multi-homing）和互联网交换中心的概念，那么此时的网络生态结构被称为网络结构 4，如图 4.35 所示。

图 4.36 描述了如今的互联网，即网络结构 5。简单来说，网络结构 5 是在网络结构 4 的基础上又增加了内容提供商网络，企业也构建自己的网络，将它们的服务、内容更加靠近端用户，向用户提供更好的服务，减少企业的运营支出。一些内容提供商会在全球各地设置数据中心，数据中心都通过企业的私有 TCP/IP 网络相互连接。这些网络覆盖全球，但是却与公共互联网是相互分离的，企业的专用网络只用于企业内部服务器之间的数据传输。

如图 4.36 所示，企业的专用网络绕过上层的网络和低层的网络构成了对等网络，或者通过 IXP 与底层网络相连，这样就可以避免向上层 ISP 缴纳流量费用，降低运营成本。由于某些互联网接入服务提供商只能通过第一层网络传输数据，因此企业网络也要连接至第一层 ISP，并向这些 ISP 支付流量费用。通过创建自己的网络，内容提供商不仅减少了向上层 ISP 缴纳的费用，而且可以更好地控制交付给端用户的服务的质量。

如今的网络，即网络的网络，是非常复杂的，是由多个第一层 ISP 和无数的低层 ISP 构成。ISP 的覆盖范围很广，有些覆盖了多个国家和大洲，有些则局限在某个区域。低层的 ISP 连接至高层 ISP，高层 ISP 之间则是相互连接的。普通用户和内容提供商是低层 ISP 的客户，而低层 ISP 则是高层 ISP 的客户。

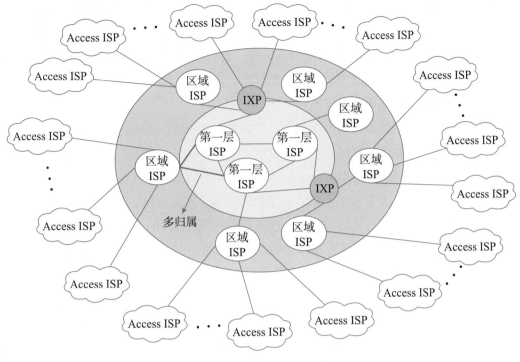

图 4.35 ISP 的互连（网络结构 4）

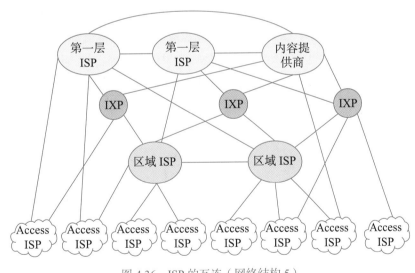

图 4.36 ISP 的互连（网络结构 5）

## 4.4 分组交换网络中的延迟、损耗和吞吐量

互联网可以被视为运行在端系统中的分布式应用程序提供服务的基础结构。在理想情况下，人们总是希望互联网服务能够在任意两个端系统之间，以无损的方式传输尽可能多的数据，即在传输过程中不会出现数据丢失的情况。但这只是理想情况，在现实中是不可

能实现的。事实上，计算机网络必须限制端系统之间的吞吐量（每秒可传输的数据量），在端系统之间除了时延，实际上也会出现分组丢失（丢包），这是难免的。时延和丢包是由于现实中的物理规律导致的，与限制吞吐量一样，都是不愿在计算机网络中出现的情况。本节开始学习计算机网络中的时延、丢包和吞吐量等问题。

### 4.4.1　分组交换网络中的时延概述

计算机网络中的分组，在源端主机中产生和发出，历经一系列的路由器，最终达到目的端主机，从而结束整个传输过程。当分组沿着某个路径从一个结点（主机或路由器）到达后续结点（主机或路由器）的过程中，分组在路径上的每个结点处都会遭受多种时延的影响。在这些时延中，最重要的是结点处的处理时延、排队时延、传输时延和传播时延，这些时延加在一起即为结点处的总时延。许多互联网应用程序的性能都受到网络时延的严重影响，如网络游戏、在线视频、即时导航、IP 语音等。为了更加深入地理解分组交换和计算机网络，必须了解这些时延的性质和重要性。

图 4.37 显示了结点中各时延产生的位置。该图表示了源端到目的端之间，端到端链路中的其中一部分。分组从上游结点经过路由器 A，传输至路由器 B。我们的目的是特征化路由器 A 处的结点时延。在路由器 A 处，有一条通向路由器 B 的出站链路，链路之前是一个排队队列（也称为缓冲区）。当分组从上游结点到达路由器 A 时，路由器 A 检查分组的报头，为分组选择合适的出站链路，然后将分组发往该链路。在本例中，分组的出站链路是通向路由器 B 的链路。当该链路上此刻没有其他正在传输的分组，且队列中没有其他分组在排队时，分组才能在该链路上传输；如果链路当前已被占用，或者链路上已经有其他分组正在排队，那么新到达的分组就会加入到队列中，依次等候发送。

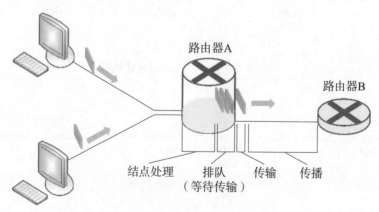

图 4.37　路由器 A 中的结点时延

1. 处理时延

在路由器中，检查分组的报头并决定将分组发往何处，需要花费一定的时间，而这个时间正是处理时延的一部分。处理时延还包括其他因素，例如，分组传输至路由器 A 的过程中有可能会出现差错，因此路由器需要对收到的分组进行差错检测，这个时间也属于处理时延的一部分。处理时延在高速路由器中通常是微秒级甚至更少的时间量级。当分组在路由器处理完成之后，路由器会将分组发往通向路由器 B 的链路的队列中进行排队。

2. 排队时延

分组在链路队列中排队等待传输，这个时间就是排队时延。分组排队时延的大小取决于之前到达的分组的数量，这些之前到达的分组正在队列中排队等待传输。如果队列为空，并且当前没有其他分组正在传输，那么该分组的排队时延就为零。如果此刻网络流量很大，有许多其他分组正在队列中等待传输，那么该分组的排队时延就会很长。在现实中，排队时延从微秒级到毫秒级不等。

3. 传输时延

在分组交换网络中，分组通常是按照先进先出的方式进行传输的，那么只有将之前到达的分组全部传输完成之后，才能传输新到达的分组。假设分组的长度是 $L$ b，从路由器 A 到路由器 B 的链路传输速率为 $R$ b/s。例如，10Mb/s 的以太网链路，其传输速率就为 10Mb/s；而 100Mb/s 的以太网链路，其传输速率就为 100Mb/s。那么传输时延就是 $L/R$，这是将分组的所有比特从设备注入链路中（即传输）所花费的时间。在现实中，传输时延通常为微秒级到毫秒级。

4. 传播时延

一旦比特被注入链路，就需要从源端传播到目的端，即路由器 B 处。从源端传播至目的端路由器 B 处所花费的时间，就是传播时延。比特在链路中的传播速度是恒定的，仅受链路的物理介质性质的影响，例如，比特在光纤和双绞线中的传播速度就是不同的。其中，比特在物理介质中的传播速度范围为 $2×10^8 \sim 3×10^8$m/s，等于或小于光在这些介质中的传播速度。

传播时延等于两个路由器之间的距离除以传播速度，即传播时延为 $d/s$，其中，$d$ 为路由器 A 到路由器 B 的距离，$s$ 为比特在该链路中的传播速度。一旦分组中的最后一个比特传播至结点 B，分组中的该比特和之前已经到达的其他比特都会存储在路由器 B 的缓存中，整个过程会随着路由器 B 执行转发工作而持续下去。在广域网中，传播时延是在毫秒级的量级。

5. 传播时延和传输时延的对比

传输时延是指结点将数据注入链路中所花费的总时间，它与分组的长度和链路的传输速率有关，与源端和目的端之间的距离无关。传播时延是指将比特从一个结点传播到下一个结点所花费的时间，它与两个结点之间的距离相关，但是与分组的长度和链路的传输速率无关。下面通过生活中常见的案例来解释传播时延和传输时延的区别，如图 4.38 所示。

图 4.38　汽车排队通过收费站

由10辆车组成的车队

收费站A

100 km

收费站B

两个收费站 A 和 B 相距 100km，那么可以将收费站 A 和 B 当作路由器，而 A 和 B 之间的公路可以认为是链路。假定汽车以 100km/h 的速度在该公路上行驶，当一辆汽车离开收费站时，就立刻加速至 100km/h 的速度，并维持该速度匀速在两个收费站之间行驶（即传播）。假定此时有一支由 10 辆汽车组成的车队在行驶，且这 10 辆汽车以固定的顺序相互跟随。此时可以将该车队当作一个分组，而车队中的每辆汽车则是 1b。同时假定收费站服务每辆车的时间为 12s（即传输），并且由于某些原因该车队是这条公路上唯一的一批汽车。最后假定无论该车队的第一辆汽车何时到达收费站，它就会在入口处等待，直到其他 9 辆汽车到达并整队依次前行（即整个车队在它能够被"转发"之前，必须存储在收费站处）。

收费站完成整个车队的服务工作，即将整个车队推向公路所花费的时间是 10×12s=120s。该时间可以类比于一台路由器中的传输时延。

一辆汽车从收费站 A 出口行驶至收费站 B 所需要的时间是 100km/(100km/h)=1h。这个时间可以类比于传播时延。

因此，从该车队存储在收费站 A 前，到该车队存储在下一个收费站 B 前的时间是传输时延和传播时延的总和，在该例中为 62min。

6. 结点总时延

令 $d_{proc}$ 表示处理时延，$d_{queue}$ 表示排队时延，$d_{trans}$ 表示传输时延，$d_{prop}$ 表示传播时延，那么结点总时延为

$$d_{total}=d_{proc}+d_{queue}+d_{trans}+d_{prop} \tag{4-1}$$

在不同的情况下，不同的时延所起的作用可能变化很大。例如，当源端和目的端距离很近时，传播时延可以忽略不计（可能只有几微秒），例如，连接同一所大学内的两台主机之间的链路；但是当源端和目的端距离很远时，传播时延又是总时延中不可忽略的一部分，例如，被地球同步卫星连接的两台主机，传播时延可能是几百毫秒，那么传播时延就在总时延中占主导地位。

传输时延同样如此，例如，在传输速率为 10Mb/s 或更高的局域网中，传输时延可以忽略不计，但是当大型互联网数据包通过低速拨号调制解调器链路发送时，传输时延又不可忽视。处理时延受互联网设备（如路由器）最大吞吐量的影响，最大吞吐量是互联网设备转发数据包的最大速率。

### 4.4.2　排队时延和分组丢失（丢包）

1. 排队时延

在源端和目的端之间的总时延中，最复杂的是排队时延。排队时延与其他三种结点时延不同，不同的分组排队时延也是不同的。例如，现在有 10 个分组同时到达一个空队列，那么第一个到达的分组就没有排队时延，最后一个到达的分组就可能有很大的排队时延（因为需要等待其他 9 个分组传送完成后，才轮到该分组的传送）。因此在特征化排队时延时，人们通常使用统计量来度量排队时延，如平均排队时延、排队时延的方差和排队时延超过某个指定值的概率等。

排队时延的大小取决于数据流到达队列时的速率、链路的传输速率以及所到达的数据流的性质（数据流是周期性到达，还是以突发的形式到达）。令 $a$ 表示分组到达队列的平均速率，即 $a$ 的单位为分组 / 秒。令 $R$ 表示传输速率，即 $R$ 是比特被传送出队列的速率，$R$ 的单位为 b/s。为了简单起见，假设所有分组的大小都是 $L$ b，那么比特到达队列的平均速率是 La b/s。假设结点中队列非常大，即可以容纳无数个比特。那么 La/R 被称为流量强度，流量强度在估算排队时延的影响程度时，起着非常重要的作用。如果 La/R>1，即 La>R，表示比特到达队列的平均速率超过了比特从队列中传送出的速率。在这种情况下，队列长度会不断增加，排队时延将趋近于无穷大。因此，流量工程中的一条黄金法则就是：设计系统时，要保证流量强度不大于 1。

在 La/R ≤ 1 的情况下，到达的数据流量的性质会影响排队时延，即流量是周期性到达，还是以突发的形式到达。如果分组以周期性的形式到达，即每 $L/R$ s 到达一个分组，那么每个分组将会到达一个空队列，此时将不会有排队时延。如果分组以突发的形式到达，那么可能会出现显著的平均排队时延。例如，假设每隔（$L/R$）$N$ s 同时有 $N$ 个分组到达，那么到达的第一个分组不存在排队时延，到达的第二个分组的排队时延为 $L/R$ s，以此类推，到达的第 $n$ 个分组的排队时延为 $L/R$（$n$-1）s。

通常情况下，队列的到达过程是随机的，即分组到达不遵循任何模式，分组之间的时间间隔是随机的。在现实中，流量强度 La/R 通常不足以表征排队时延的统计数据，但是它还是有助于直观地理解排队时延的影响程度。如果流量强度趋近于零，说明几乎没有分组到达且分组之间的时间间隔很大，即分组到达时队列为空，因此平均排队时延将接近于零。当流量强度趋近于 1 时，如果分组到达队列的速度超过了数据的传输能力，将会形成一个等待的时间间隔，那么在这段时间内将形成一个队列（分组到达速度的变化会影响队列的长度）；当分组到达的速度小于传输能力时，队列的长度将会减少。然而，当流量强度接近 1 时，平均队列长度将会变得越来越大。

从图 4.39 可看出，当流量强度接近 1 时，平均排队时延迅速增加。流量强度的少量增加将会导致排队时延的急速增加。

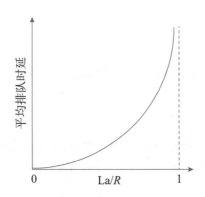

图 4.39 平均排队时延与流量强度之间的关系

### 2. 分组丢失（丢包）

在关于排队时延的讨论中，假设队列能够容纳无数个分组。实际上，队列的容量是有限的，队列的容量很大程度上取决于结点设备（如路由器）的设计和成本。因为队列容量是有限的，因此当流量强度接近于 1 时，排队时延不会真正趋向于无穷大。相反，若分组到达时发现队列已满，那么结点设备（如路由器）就会丢弃该分组，即分组将会丢失。

从端系统角度，分组丢失（丢包）意味着分组虽然已经被传入到计算机网络的核心部分，但是并没有被传送到目的地。计算机网络中丢包率会随着流量强度的增加而增加，因此一个结点的性能不仅要根据时延来衡量，而且还要通过丢包率来衡量。丢失的分组要基于端到端的原则在源端处重传，以确保所有数据最终可以到达目的端。

### 4.4.3 端到端的时延

上文中所描述的都是结点时延，即在一个单独的结点设备中的时延，如路由器中的时延。分组在从源端传输至目的端的过程中，要经过多个结点，而从源端到目的端的时延即为端到端时延。假定源主机和目的主机之间有 $N-1$ 个路由器，且该网络是无拥塞的，即忽略排队时延的影响。每台路由器中的处理时延设为 $d_{proc}$，每台路由器和主机的输出速率为 $R$ b/s，每条链路的传播时延设为 $d_{prop}$，那么将每个结点时延累加即可得到端到端时延：

$$d_{\text{end to end}}=N\times(d_{proc}+d_{trans}+d_{prop}) \tag{4-2}$$

其中，$d_{trans}=L/R$，$L$ 为分组长度。

除了处理时延、传输时延和传播时延外，在端系统中还有其他比较重要的时延。例如，当端系统向共享媒体（如 WiFi 或调制解调器）中传输分组时，由于传输协议的规定，会故意延迟数据传输，作为它与其他端系统共享媒体协议的一部分。另一种重要的时延是媒体分组化时延，该时延广泛存在于基于 IP 的语音传输中（VoIP），如网络电话。在 VoIP 中，发送方必须先用编码技术数字化语音，将其填充至分组，然后将分组传输至互联网。这种填充至分组的时间即为分组化时延，该时延非常重要，并且可能会影响用户感知到的 VoIP 通话的质量。

### 4.4.4　计算机网络中的吞吐量

为了说明吞吐量，可以考虑这样一个例子，利用计算机网络将一份大型文件从主机 A 传输至主机 B。例如，在 P2P（Peer to Peer）文件共享系统中，将一份大型视频文件从一点传输至另一点（P2P 网络环境中彼此相连的计算机拥有对等的地位，不需要专用的集中服务器作为依赖）。那么任意时刻的瞬时吞吐量就是主机 B 接收文件的速率（单位为 b/s）。许多应用程序，包括许多 P2P 文件共享系统，都会在文件下载期间在用户界面上显示瞬时吞吐量。如果这份文件的大小为 $F$ b，主机 B 接收这份文件所花费的时间为 $T$ s，那么文件传送的平均吞吐量为 $F/T$ b/s。不同类型的应用程序，对时延和吞吐量的需求也不相同。某些实时传输应用程序，如互联网电话，为了保证通信质量，会要求有较低的时延和高于某个阈值的瞬时吞吐量（某些互联网电话应用程序，会要求高于 24kb/s 的吞吐量；而实时视频应用程序，会要求高于 256kb/s 的吞吐量）。对于其他应用程序，如关于文件传输的应用程序，对时延的要求并不高，但是却要求尽可能高的吞吐量。

吞吐量与数据所流经的链路的传输速率有关。通常情况下，源端和目的端之间传输数据，吞吐量不仅取决于数据传输路径上链路的传输速率，还取决于当时路径上是否还有其他数据流过。

在图 4.40 中有一个服务器和一个客户端，两者通过一个路由器和两条通信链路相连。令 $R_s$ 表示服务器和路由器之间链路的传输速率，$R_c$ 表示路由器和客户端之间链路的传输速率。假定在整个网络中，只有服务器向客户端发送数据，并没有其他额外数据。为了估计服务器和客户端之间的吞吐量，可以将其中传输的数据想象成流体（如水），将通信链路想象成管道。显然，服务器无法以高于 $R_s$ b/s 的速率传输数据（传输速率不能高于链路传输速率），路由器也无法以高于 $R_c$ b/s 的速率转发数据。

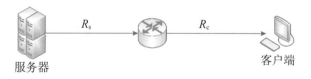

图 4.40　由两条链路组成网络的吞吐量

如果 $R_s<R_c$，由服务器发送的数据将顺利流过路由器，并以速率 $R_s$ b/s 到达客户端，此时的吞吐量就为 $R_s$ b/s。如果 $R_s>R_c$，路由器将无法及时转发接收到的数据，数据只能以 $R_c$ b/s 的速率离开路由器，那么此时端到端的吞吐量为 $R_c$ b/s。如果数据持续以速率 $R_s$ b/s 到达路由器，且持续以 $R_c$ b/s 的速率离开路由器，那么在路由器中积压排队等待传输至客户端的比特将会不断增加，这是一种非常不利的情况。

对于简单的两条链路的网络，网络的吞吐量就为 $\min\{R_c,R_s\}$，即两者的最小值，也就是为瓶颈链路的传输速率。确定吞吐量之后，那么将一份大型文件从服务器传输到客户端所需要的时间就可以近似表示为 $F/\min\{R_c,R_s\}$。例如，当前要下载一个视频文件（大小 $F=32\times10^6$ b），服务器的传输速率 $R_s=2$Mb/s，接入链路的传输速率 $R_c=1$Mb/s，那么传输该文件所需的时间为 32s。此时关于吞吐量的计算都是近似值，因为并没有考虑存储转发、处理时延和相关协议的问题。

图 4.41 表示的是在服务器和客户端之间拥有 $N$ 条链路的网络，这 $N$ 条链路的传输速率分别为 $R_1$，$R_2$，$\cdots$，$R_N$。与上述拥有两条链路的简单网络的分析方法一样，从服务器向客户端传输文件时的吞吐量也为 $\min\{R_1,R_2,\cdots,R_N\}$，即吞吐量取决于服务器和客户端之间路径上的瓶颈链路的传输速率。

图 4.41　$N$ 条链路组成网络的吞吐量

图 4.42 表示的是服务器和客户端通过计算机网络连接起来。服务器通过接入链路连接至网络，其中，接入链路的传输速率为 $R_s$；客户端也通过接入链路连接至网络，其中接入链路的传输速率为 $R_c$。假设网络核心部分的所有链路的传输速率都极高，即远超过 $R_s$ 和 $R_c$，不会成为传输瓶颈。事实上，如今互联网的核心部分都配备了高速链路，几乎不会有拥塞的状况出现。假设在整个网络中，只有服务器在向客户端传输数据，并没有其他的数据。在该例子中，网络核心部分就像是一个很宽的管道，数据从源端流向目的端时，在管道中不会发生拥塞，其传输速率取决于两端的链路（服务器的接入链路和客户端的接入链路），所以传输速率就为 $R_s$ 和 $R_c$ 中的最小值，即吞吐量为 $\min\{R_s,R_c\}$。从中可以看出，互联网中对吞吐量的限制因素通常就是接入网。

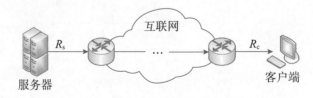

图 4.42　客户端从服务器处下载文件的吞吐量

图 4.43 中，5 台服务器和 5 台客户端同时接入计算机网络的核心部分。在该例子中有 5 个正在同时进行的下载任务，涉及 5 个客户端 - 服务器对。假设这 5 个下载任务是当前网络中唯一的数据流量，网络中没有其他的数据流量出现。如图 4.43 所示，网络核心部分有一条公共链路 L1，所有下载任务的流量都会流经公共链路 L1，该链路的传输速率为 $R$。假设所有服务器的接入链路速率相同，均为 $R_s$；所有客户端的接入链路速率也相同，均为 $R_c$；网络核心部分的所有链路（传输速率为 $R$ 的公共链路 L1 除外）的传输速率都远

高于 $R_s$、$R_c$ 和 $R$。

如果公共链路 L1 的传输速率 $R$ 很大，如 $R$ 的数量级远高于 $R_s$ 和 $R_c$ 时，那么每条下载通道的吞吐量就为 $\min\{R_s,R_c\}$。

如果公共链路的传输速率 $R$ 与 $R_s$ 和 $R_c$ 接近，或者处于同一量级时，此时的吞吐量是多少呢？假如 $R_s$=3Mb/s，$R_c$=2Mb/s，$R$=5Mb/s，该公共链路为 5 个下载任务平均分配传输速率，即每条链路的传输速率为 $R$/5=1Mb/s。此时每一个下载任务的传输瓶颈就不再是接入网了，而是位于网络核心中的共享链路，该共享链路只能为每一个下载提供 1Mb/s 的吞吐量，因此每一个下载通道的端到端吞吐量就下降到 1Mb/s。

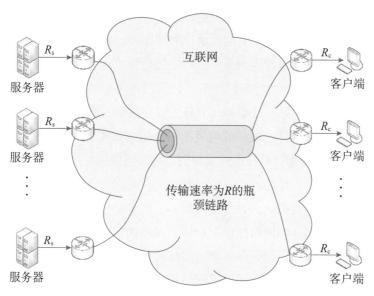

图 4.43　多个用户从多个服务器下载文件的吞吐量

从以上讨论中可以得出结论，吞吐量不仅取决于流经路径上的链路传输速率，还取决于其他干扰流量。当网络中没有其他的干扰流量时，吞吐量可以简单近似为沿源端至目的端路径上的最小链路传输速率。图 4.43 说明吞吐量不仅取决于路径上的链路的传输速率，还取决于干扰流量。如果许多其他数据流都会流经该链路，即使该链路具有很高的传输速率，但它依然可能成为数据传输时的瓶颈链路。

## 4.5　协议层次和服务模型

互联网是一个非常复杂的系统，它由很多复杂的部分组成，包括大量的应用程序和协议、各种各样的端系统、分组交换机和各种链路级传输介质。在现实中，想要使端系统之间密切配合完成通信是很困难的，很难采用单一的模块来实现所有的功能。因此需要将它分解成多个子任务，每个子任务独立完成各自的功能，这就是结构化的设计方法。结构化的设计方法体现在计算机网络中，就是层次型体系结构。

### 4.5.1 分层体系结构

利用层次型的体系结构，可以将复杂的系统模块化，在实现各层所提供的服务时更加灵活。只要该层向上层所提供的服务是一样的，并且该层所使用的下一层的服务也是一样的，那么当该层的实现方式发生变化时，系统的其余部分仍然可以保持不变。对于不断更新的大型复杂系统，使用层次型体系结构的另一个优势就是可以在不影响系统中其他模块功能的情况下改变服务的实现方式。

在设计网络协议结构时，网络设计者以分层的方式组织协议和实现协议的软硬件资源。每一个协议都属于计算机网络体系结构中不同的层次，不同的层次实现的功能也不同。在计算机网络的层次型结构中，要关注的是该层向上层提供了什么服务，这就是所谓的层次型的服务模型，即某层向上一层提供了哪些服务。例如，第 $n$ 层提供的服务包括把消息从一个网络的边缘可靠地传递到另一个网络的边缘。这个功能的实现可能要使用到第 $n-1$ 层所提供的服务，即网络边缘到网络边缘之间的不可靠的信息传递服务。并且要实现信息的可靠传输，还需要在第 $n$ 层增加对消息进行检测的功能和重传丢失消息的功能。

协议的功能可以通过软件、硬件或两者相结合的方式实现。应用层协议（如 HTTP 和 SMTP）通常都是在端系统中以软件形式实现的，传输层协议也是以软件形式实现。物理层和数据链路层主要负责特定链路间的通信问题，通常是在与链路相关的网络接口卡（也称为网络适配器或网卡）中实现的，如图 4.44 所示。网卡是一种允许网络连接的计算机硬件设备。网卡的名称有很多，如网络接口控制器、网络接口卡、以太网卡、局域网卡、网络适配器或网络适配器卡等。尽管名称各异，但都是指能使计算机和服务器等网络设备相互连接的电路板。在网络层中，综合使用了硬件和软件相结合的形式实现相关功能。计算机网络体系结构中某一层的协议是分布在构成该网络的端系统、分组交换机和其他组件中的。

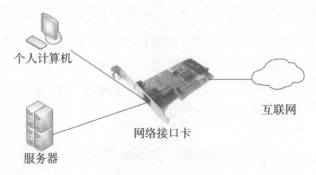

图 4.44　网络接口卡

分层的思想提供了一种结构化的方式来进行系统组件的讨论，且模块化的系统结构也使系统组件的更新更加便利。如果把各层的功能综合起来，各层的所有协议就被称为协议栈。协议栈是指网络中各层协议的综合，形象地反映了网络中的一个文件传输的过程。协议栈中的一个协议通常是只为一个目的而设计的，这样可以使得设计更容易。因为每个协议模块通常都要和上下两个其他协议模块通信，它们通常可以想象成是协议栈中的层，即每一层只同比它高一层和低一层的协议通信。最低级的协议总是描述与硬件的物理交互，每个高级的层次增加更多的特性，用户应用程序只是处理最上层的协议。

在计算机网络中，常见的协议栈主要有 OSI 协议栈和 TCP/IP 协议栈。

### 4.5.2  OSI 参考模型

开放系统互连参考模型（Open System Interconnection model）简称 OSI 模型，是国际标准化组织（ISO）于 20 世纪 70 年代提出的一个用于计算机或通信系统间互联的标准体系，提供一个使各种不同的计算机和网络，在世界范围内实现互连的框架。OSI 模型是一个七层的、抽象的模型，不仅包括一系列抽象的术语和概念，也包括具体的协议。OSI 模型中的每一层都有特定的功能，七层协同工作，将数据从一个设备传输到另一个设备。

OSI 模型中每一层都有相对应的物理设备，如路由器，交换机等。OSI 七层模型是一种框架性的设计方法，建立七层模型的主要目的是解决异种网络互联时所遇到的兼容性问题，其主要的功能就是帮助不同类型的主机实现数据传输。它的最大优点是将服务、接口和协议这三个概念明确地区分开来，通过七个层次化的结构模型使不同的系统不同的网络之间实现可靠的通信。OSI 七层模型如图 4.45 所示。

#### 1. 物理层

在 OSI 参考模型中，物理层（Physical Layer）是参考模型的最底层。

物理层的数据传输单元是比特。物理层的主要功能是利用传输介质为通信的网络结点之间建立、管理和释放物理连接，将一个个比特从一个结点移动到下一个结点。规定在物理层传送 0、1 数据的电平参数（波形、频率、电平）。规定所用的设备的机械特性、电气特性、功能特性和规程特性。物理层尽可能地屏蔽掉具体传输介质和物理设备的差异，使数据链路层不必关心网络的具体传输介质，为数据链路层提供数据传输服务。

#### 2. 数据链路层

数据链路层（Data Link Layer）是 OSI 模型的第二层，负责建立和管理结点间的链路，控制网络层与物理层之间的通信。链路（Link）是一条无源的点到点的物理线路段，中间没有任何其他的交换结点，一条链路只是一条通路的一个组成部分。数据链路（Data Link）除了物理线路外，还必须有通信协议来控制这些数据的传输。因此，若把实现这些协议的硬件和软件加到链路上，就构成了数据链路。现在最常用的方法是使用适配器（即网卡）来实现这些协议的硬件和软件。一般的适配器包括数据链路层和物理层这两层的功能。链路和数据链路的区别如图 4.46 所示。

数据链路层完成了数据在不可靠的物理线路上的可靠传递。在计算机网络中，由于各种干扰的存在，物理链路是不可靠的。为了保证数据的可靠传输，数据链路层通过校验、确认以及反馈重发等手段将原始的物理连接改造成无差错的数据链路。

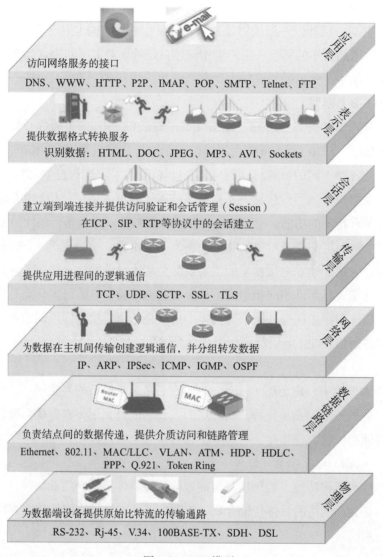

图 4.45  OSI 模型

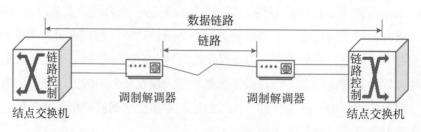

图 4.46  链路与数据链路

　　数据链路层传输是以帧（Frame）为单位的数据包，每一帧不仅包括原始数据，还包括发送方和接收方的物理地址以及纠错和控制信息。其中的物理地址确定了数据帧将发送到何处，而纠错和控制信息则确保数据帧无差错的传递。数据链路层接收来自物理层的比特流形式的数据，并封装成帧，传送到上一层；同样，也将来自上层的数据帧，拆装为比特流形式的数据转发到物理层。

3. 网络层

网络层（Network Layer）是 OSI 模型的第三层，是最复杂的一层，也是通信子网的最高层，在物理层和数据链路层的基础上向资源子网提供服务。网络层在数据链路层服务的基础上，实现网络的互联，进而实现数据分组在各网络之间的传输。

网络层传输的数据单元是分组或包（Packet），主要任务是将网络地址翻译成对应的物理地址，并通过路由选择算法为分组通过通信子网选择最适当的路径。网络层会综合考虑发送优先权、网络拥塞程度、服务质量以及可选路由的花费来决定从一个网络中的源主机到另一个网络中的目的主机之间的最佳路径。网络层建立的网络连接是为传输层提供服务。

一般地，数据链路层是解决同一网络内结点之间的通信，而网络层主要解决不同网络间的主机的通信问题，例如，广域网之间的通信。数据链路层和网络层的任务比较如图 4.47 所示。数据链路层中使用的是物理地址（如 MAC 地址），仅解决网络内部的寻址问题。网络层使用的是 IP 地址，解决位于不同网络的主机之间通信时的寻址问题。

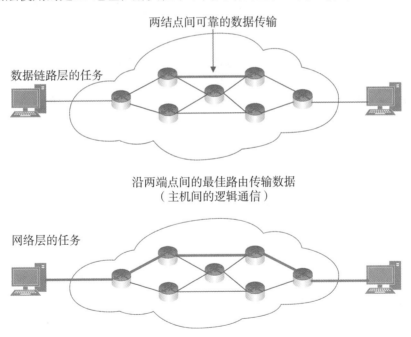

图 4.47　数据链路层和网络层的任务比较

当源主机和目的主机之间存在多条路径时，网络层可以根据路由算法，为数据分组选择最佳路径，并将信息从最合适的路径由源端传送到目的端。数据链路层控制的是网络内部相邻结点间的数据传输，网络层控制的是位于不同网络的源主机和目的主机之间的数据传输。

4. 传输层

传输层（Transport Layer）既是负责数据通信的最高层，又是面向网络通信和面向信息处理之间的中间层，是资源子网和通信子网的桥梁，主要是为两台计算机的通信提供可靠的应用进程到应用进程之间的数据传输服务。

传输层通过传输层地址（端口）为高层提供传输数据的通信端口，使系统之间高层资源的共享不必考虑数据通信方面的问题。传输层向用户提供应用进程到应用进程之间的服务，能够处理分组错误、分组顺序和其他一些关键的传输问题，同时具有复用和分用功能。传输层向高层屏蔽了下层数据通信的细节，是计算机网络体系结构中最关键的一层。

传输层与网络层的区别：在协议栈中，传输层位于网络层之上；传输层协议为不同主机上运行的进程提供逻辑通信，而网络层协议为不同主机提供逻辑通信，如图 4.48 所示。

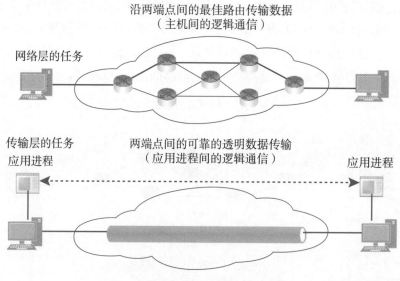

图 4.48 网络层和传输层的任务比较

5. 会话层

会话层（Session Layer）是 OSI 模型的第五层，为不同主机上的用户进程之间建立和管理会话。会话层接收来自传输层的数据，负责建立、管理和终止表示层实体之间的通信会话，支持它们之间的数据交换。该层的通信由不同设备中的应用程序之间的服务请求和响应组成。

会话层及其以上层次的数据传送单元，一般统称为报文。

6. 表示层

表示层（Presentation Layer）处理的是用户信息的表示问题。端用户（应用进程）之间传送的数据包含语义和语法两个方面。语义是数据的内容及其含义，它由应用层负责处理；语法是与数据表示形式有关的方面，例如，数据的格式、编码和压缩等。

表示层主要对来自应用层的命令和数据进行解释，以确保一个系统的应用层所发送的信息可以被另一个系统的应用层读取。如有必要，表示层可以提供一种标准表示形式，用于将计算机内部的多种数据格式转换成通信中采用的标准表示形式。数据压缩和加密也是表示层可提供的转换功能之一。

7. 应用层

应用层（Application Layer）是 OSI 参考模型的最高层，也是最靠近用户的一层，是计算机用户以及各种应用程序和网络之间的接口，功能是直接向用户提供服务并完成用户希望在网络上完成的各种工作。

应用层在其他六层工作的基础上，负责完成网络中应用程序与网络操作系统之间的联系，建立与结束使用者之间的联系，并完成网络用户提出的各种网络服务及应用所需的监督、管理和服务等各种协议。此外，应用层还负责协调各个应用程序间的工作。

OSI 参考模型中，层与层之间的关系是上下连接的关系，下层对上层提供服务，每层都利用下一层所提供的服务实现该层功能，并向上层提供服务。上层不必去具体考虑下层为提供完成所需的服务而采取的细节（方法、手段、途径），可以实现透明传输。下层要保证向上层传输信息的质量。包括错误检查、流量和速度控制，实现成本等。

### 4.5.3　TCP/IP 参考模型

TCP/IP（Transmission Control Protocol/Internet Protocol，传输控制协议 / 网际协议）是如今互联网中最基本的和使用最为广泛的通信协议。互联网起源于 ARPANET，ARPANET 是由美国国防部开发的一个研究网络，通过租用电话线连接了数百所大学和政府设施。ARPANET 问世之初，大部分计算机还互不兼容。于是，如何使硬件和软件都不同的计算机实现真正的互连，就是人们力图解决的难题。在这个过程中，Vinton Cerf 发明了 TCP/IP，被称为"互联网之父"。

TCP/IP 参考模型中最重要的两个协议是传输控制协议（TCP）和网际协议（IP），在这两个协议的基础上，包含一系列构成互联网基础的网络协议，是互联网的核心协议。基于 TCP/IP 的参考模型将协议分成四个层次，它们分别是网络接口层、网际层、传输层和应用层。TCP/IP 模型中的各种协议，以其功能不同，被分别归属到这四层中，如图 4-49 所示。

1. 应用层

应用层决定了向用户提供应用服务时的通信活动，如为文件传输、电子邮件、远程登录、网络管理、Web 浏览等应用提供了支持。TCP/IP 协议簇内预存了各类通用的应用服务，如 Telnet（远程终端协议）可以把用户正在使用的终端或主机变成网络某一远程主机的仿真终端，使用户可以方便地使用远程主机上的软硬件资源；FTP（文件传输协议）用于互

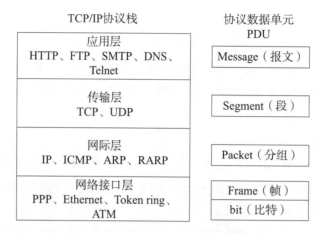

图 4.49 TCP/IP 模型各层协议及协议数据单元

联网双向传输,在服务器和客户端之间实现文件的传输和共享;HTTP(超文本传输协议)规定万维网(World Wide Web,WWW)服务器与浏览器之间信息传递规范,是二者共同遵守的协议;SMTP(简单邮件传输协议)是一种提供可靠且有效的电子邮件传输的协议,主要用于电子邮件系统之间的邮件信息传递;DNS(域名系统)是将域名和 IP 地址相互映射的一个分布式数据库,能够使人们更方便地访问互联网。

2. 传输层

传输层向应用层实体提供应用进程之间的端到端的通信功能。在该层,有两个重要的端到端传输协议,分别是 TCP(传输控制协议)和 UDP(用户数据报协议)。

TCP 是一个可靠的面向连接的协议,实现字节流在互联网中无差错地传输到另一台主机中。TCP 将输入的字节流分割成一个个的报文段,并将每一个报文段传送到网际层。到达目的端后,接收端 TCP 会将接收到的报文段重新组装,恢复成原来的字节流。TCP 还具有流量控制的功能,通过控制发送端的发送速率,确保不会超出接收端的处理能力,使接收端能够接收所有的数据。

UDP 是一个不可靠的无连接的协议,当应用程序对传输的可靠性要求不高,但是对传输速度和时延要求较高时,可以用 UDP 来替代 TCP 在传输层控制数据的转发。UDP 适合于实时数据传输,如语音和视频通信,因为它们即使偶尔丢失一两个数据包,也不会对接收结果产生太大影响。

由于两台主机之间的通信实际上是运行在两台主机上的应用进程之间的通信,在传输层则是利用端口号,或简称为端口(Port)来标记本主机应用层中的各应用进程。

下面介绍一些常见的端口号及其用途:21 端口,FTP 文件传输服务;23 端口,Telnet 终端仿真服务;25 端口,SMTP 简单邮件传输服务;53 端口,DNS 域名解析服务;69 端口,TFTP 简单文件传输服务;161 端口,SNMP 简单网络管理服务。

传输层与应用层之间的关系如图 4.50 所示。

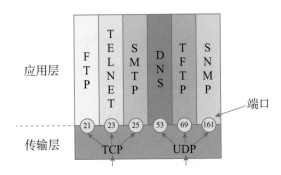

图 4.50　TCP/IP 模型应用层和传输层之间的关系

3. 网际层

网际层用来处理在网络上流动的分组（数据包），允许主机将数据包注入任何网络，并使它们独立地传输到目的地。

网际层规定了通过怎样的路径（传输路线）到达对方主机，并把分组传送给对方。当源主机与目的主机位于不同的网络，需要通过多台主机或网络设备进行传输时，网际层可以在众多的传输路线选项中选择其中一条。即，网际层的主要功能是把分组通过最佳路径送到目的端。其中，网际层的核心协议为网际协议（Internet Protocol，IP），提供了无连接的数据包传输服务（不保证送达，不保证送达的顺序）。

数据包在到达目的端时，可能与发送时的顺序完全不同，在这种情况下，如果需要按顺序交付，则由更高层负责重新排列数据包。

网际层通过寻址方式找到目的主机后，并不意味着寻找到了通信的端点，因为在现实中常说的两台主机之间的通信实际上是运行在两台主机上的两个应用进程之间的通信。即网际层协议为不同的主机提供逻辑通信（主机之间），传输层协议为不同主机上运行的进程提供逻辑通信（进程之间）。虽然通信的终点是应用进程，但是网际层只要将所传送的分组交到目的主机的某个合适的端口，最后交付给目的进程的工作则由 TCP 和 UDP 来完成。

在网际层传输的分组中，会通过协议号标记出分组交由哪一个传输层协议进行处理，如 6 号协议表示 TCP，17 号协议表示 UDP。网际层与传输层之间的关系如图 4.51 所示。

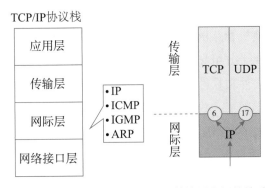

图 4.51　TCP/IP 模型中网际层和传输层之间的关系

### 4.网络接口层

网络接口层是 TCP/IP 模型的最底层，是主机和传输链路之间的接口，是用来处理连接网络的硬件部分。该层既包括操作系统硬件的设备驱动、网络接口卡（NIC）、光纤等物理可见的部分，还包括连接器等一切传输媒介。

虽然 OSI 模型由国际标准组织制定，但在整套标准推出之前，TCP/IP 模型已经在全球范围内广泛使用，并且延续至今。OSI 模型是一个大而全的理论模型，解释协议之间应该如何相互作用。TCP/IP 模型更侧重一些核心协议的分层，是由实际应用发展总结出来的。互联网发展到今天，TCP/IP 模型起到了关键的作用。

TCP/IP 模型定义了应用层、传输层、网际层、网络接口层，但并没有给出网络接口层的具体实现，只是要求能够提供给网际层一个访问接口，以便在网际层上传输 IP 数据报。因此，通常将网络接口层替换为 OSI 七层模型中的数据链路层和物理层，这就是五层网络模型，如图 4.52 所示。

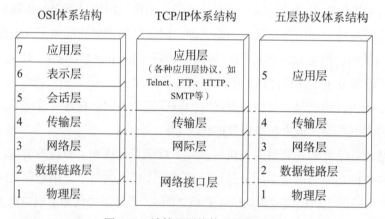

图 4.52　计算机网络体系结构对比

所谓的五层协议的网络体系结构，其实是为了方便学习计算机网络的原理而使用的，五层协议体系结构只是 OSI 模型和 TCP/IP 模型的综合，实际应用还是 TCP/IP 的四层结构。

### 4.5.4　数据封装

图 4.53 展示的是一条数据传输的物理路径，数据从源端端系统的协议栈向下，传输至路径中间的链路层交换机和路由器的协议栈，最后向上到达目的端端系统的协议栈。路由器和链路层交换机都属于分组交换机，与端系统类似，路由器和链路层交换机也以分层的思想构建它们的网络硬件和软件。但路由器和链路层交换机并没有实现协议栈中所有层次的功能，它们通常只实现了一些底层的功能。链路层交换机只实现了数据链路层和物理层的功能，路由器只实现了网络层、数据链路层和物理层的功能。这就意味着路由器可以实现 IP 协议（第三层的协议），但链路层交换机却不能实现该协议的功能，即路由器可以同时识别 IP 地址和 MAC 地址，但链路层交换机只能识别 MAC 地址。端系统（主机）实

现了协议栈中的所有功能，即互联网架构将大部分复杂的功能都置于了网络的边缘部分，降低了互联网核心部分的建设成本。

图 4.53 也描述了计算机网络中的一个重要概念：封装。在源端主机中，一个应用层报文（即图中的 M）被传送至传输层。传输层收到报文之后，在报文首部附加首部信息（传输层报头信息，图中的 $H_t$），该首部信息会被接收端传输层使用。应用层报文 M 和传输层报头信息 $H_t$ 一起构成了传输层报文段，即传输层报文段封装了应用层报文。封装所使用的附加消息（传输层报头）包括：第一，允许接收端传输层将报文向上交付至合适的应用进程的相关信息；第二，差错检测码，使接收端可以检测接收到的数据在传输过程中是否发生了比特的改变，即发生了差错。

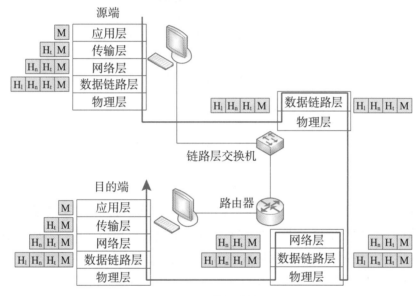

图 4.53　数据封装

传输层将报文段传输至网络层，网络层会添加网络层首部信息（图中的 $H_n$），如源端 IP 地址和目的端的 IP 地址等，从而构成网络层需要传输的数据，即 IP 数据报。

之后 IP 数据报传输至数据链路层，数据链路层添加链路层首部信息（图中的 $H_l$），如 MAC 地址等，构成了数据链路层需要传输的数据，即链路层帧。

自此，报文从应用层传输至数据链路层的整个过程结束。从描述中发现，每一层的数据都有两种类型的字段，即首部字段和有效载荷字段。有效载荷字段通常是指来自于上一层的数据。在实际中，封装的过程可能更为复杂。如应用层的较大报文，在传输层可能被分成多个传输层报文段，而每一个传输层的报文段在网络层又被分成多个网络层的 IP 数据报。

在接收端，主机会对封装的数据进行重构，一层一层地去掉首部信息，以接收原信息，即将接收到的数据按照它在原数据中的位置进行重新组装，从而恢复出原来的数据。

### 4.5.5　网络互联设备

网络互联通常是指将不同的网络或相同的网络用互联设备连接在一起,形成一个范围更大的网络,也可以是为了增加网络性能和易于管理而将一个原来很大的网络划分为几个子网或网段。

对局域网而言,所涉及的网络互联问题有网络距离的延长、网段数量的增加、不同局域网之间的互联及广域网互联等。网络互联中常用的设备有中继器、集线器、网桥、交换机、路由器和网关,理解这些设备的关键就是认识到它们在计算机网络体系结构中工作的层次,如图 4.54 所示。

图 4.54　网络互联设备工作的层次

在计算机网络使用场景中,用户处会生成一些要发送到远端主机的数据。这些数据被交付至传输层,添加传输层首部(如 TCP 首部)形成传输层报文段,然后向下交付至网络层。在网络层,添加网络层首部形成网络层分组(如 IP 数据报)。如图 4.55 所示,深色部分处即为 IP 数据报。分组向下交付至数据链路层,添加链路层首部和校验和(CRC)形成帧。最后将生成的帧向下交付给物理层进行传输。

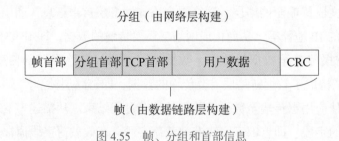

图 4.55　帧、分组和首部信息

图 4.54 中的各种网络互联设备和图 4.55 中的各种信息有什么关系呢?

中继器(RP Repeater),如图 4.56 所示,是工作于物理层上的连接设备,适用于完全相同的两个网络的互联,主要功能是通过对数据信号进行整形并放大之后,再重新发送或者转发,消除信号因噪声或其他原因造成的失真或衰减,扩大网络传输的距离。中继器属于一种模拟设备，用于连接两根线缆段，中继器不理解帧、分组和首部的概念，只理解编码为电压值形式的比特，即处理的是电气信号。

集线器（Hub），如图 4.57 所示，实际上就是一种多端口的中继器，工作于物理层，处理的数据对象是电气信号。集线器的主要功能是对接收到的信号进行再整形放大，使信号恢复到发送时的状态，接着转发至除输入端口之外的所有端口，起到了扩大网络传输范围的作用，同时把所有结点集中在以集线器为中心的结点上。如果同时有两个或多个端口输入，那么输出时就会发生冲突，导致这些数据全部失效。集线器是采用共享带宽的工作方式连接多台计算机，并且只能工作在半双工状态下，网络的吞吐量受到了限制。

图 4.56　中继器

图 4.57　集线器

在传统以太网中，最多只允许使用四个中继器（包括集线器），将最大线缆长度扩展到 2500m。

网桥（Bridge），如图 4.58 所示，是连接两个局域网的一种存储转发设备，工作于数据链路层，处理的数据对象是帧。网桥能将一个大的局域网分割为多个网段，或将两个以上的局域网互联为一个逻辑局域网。与集线器和中继器不同，网桥的端口分别有一条独立的交换信道，除了扩展网络的距离或范围，还能改善互联网络的性能和安全性。

以太网交换机（Switch），如图 4.59 所示，工作于数据链路层，也被称为第二层交换机（L2 Switch），处理的数据对象是帧。以太网交换机实质上就是一个多接口的网桥，每个端口都直接与主机相连，并且一般都工作在全双工状态下。以太网交换机能同时连通许多对端口，使每一对相互通信的主机都能像独占通信媒体那样，进行无冲突的数据传输。当帧到达以太网交换机后，交换机从帧首部中提取出目的地址，通过查找内部转发表来确定如何转发该帧。交换机内部的转发表是通过自学习算法自动建立起来的。

图 4.58　网桥

图 4.59　以太网交换机

交换机有很多的类型，通常说的交换机一般指的是以太网交换机。但随着交换机的发展，出现了三层交换机，它除了拥有两层交换机的交换技术外，还在第三层实现了数据包的高速转发及路由功能。

路由器（Router），如图 4.60 所示，工作于网络层，处理的数据对象是 IP 数据报，是一种具有多个输入和多个输出端口的专用计算机，用于连接相同类型的网络和不同类型的网络，能够对不同网络之间的数据分组进行存储、分组转发处理。在网络通信中，路由器具有判断网络地址和选择路径的作用，可以在多个网络环境中建立灵活的连接，通过不同的数据分组和介质访问方式连接各个子网。当数据进入路由器时，帧首部和尾部信息会被剥离，将位于帧中有效载荷部分（图 4.55 深色部分）的 IP 数据报传递至路由软件。该软件利用 IP 数据报的首部信息来选择合适的输出线路，IP 数据报首部信息中包含 32 位的 IPv4 地址或 128 位的 IPv6 地址。

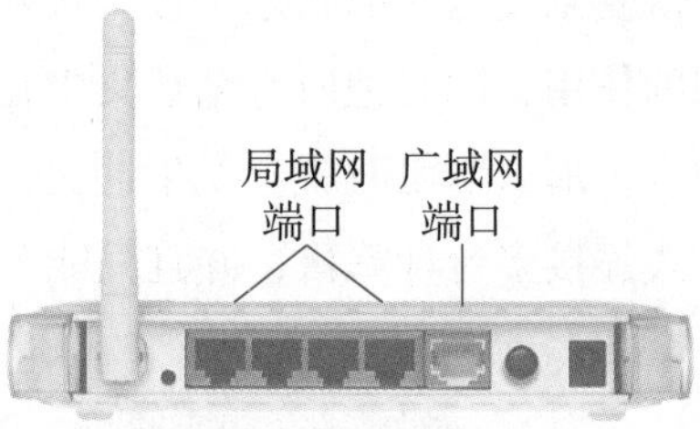

图 4.60　路由器

网关（Gateway）在网络层以上实现网络互联，是复杂的网络互联设备。网关实现不同体系结构的网络协议转换，它通常采用软件的方法实现，并且与特定的应用服务一一对应。例如，开放系统互联标准（OSI）的文件传输服务 FTAM（文件传输访问和管理）和 TCP/IP 的文件传输服务 FTP（文件传输协议），尽管二者都是文件传输，但是由于所执行的协议不同，不能直接进行通信，需要网关将两个文件传输系统互连，达到相互进行文件传输的目的。网关既可以用于广域网互联，也可以用于局域网互联。网关是充当协议转换器的设备，通常是安装了必要软件的计算机，允许两个网络互联并通信，其中每个网络可以使用不同的协议。

## 4.6　局域网

局域网（Local Area Network，LAN）是将小区域内的各种通信设备互连在一起所形成的网络，覆盖范围一般局限在房间、大楼或园区内。局域网的特点是距离短，延迟小，数据速率高，传输可靠。

目前常见的局域网类型包括以太网（Ethernet）、光纤分布式数据接口（FDDI）、异步传输模式（ATM）、令牌环网（Token Ring）、交换网（Switching）等，它们在拓扑结构、传输介质、传输速率、数据格式等多方面都有许多不同。

### 4.6.1　局域网概述

以太网（Ethernet）是 Xerox、Digital Equipment 和 Intel 三家公司制定的局域网组网规范，并于 20 世纪 80 年代初首次发布 DIX V1 规约。1982 年又修改为第二版规约，即 DIX Ethernet V2，成为世界上第一个局域网产品的规约。

局域网有两个标准，一个是 DIX Ethernet V2，另一个是 IEEE 802（电子电气工程师协会）委员会通过的正式标准 IEEE 802.3。这两个标准只有很小的差别，因此很多人常把 IEEE 802.3 局域网简称为"以太网"。但严格来说，"以太网"应当指的是符合 Ethernet V2

标准的局域网。如今以太网已经成为主流的有线局域网技术。

早期局域网技术的关键是解决连接在同一总线上的多个网络结点有秩序地共享一个信道的问题，而以太网正是利用载波监听多路访问／碰撞检测（CSMA/CD）技术成功地提高了局域网共享信道的传输利用率，从而得以发展和流行的。

在局域网中通常使用集线器和交换机这两种设备，其中，利用集线器连接的局域网叫共享式局域网，利用交换机连接的局域网叫交换式局域网。在共享式局域网中，带宽被网络中的所有站点所共享，随机占用，网络中的站点越多，每个站点平均可使用的带宽就越窄，网络的响应速度就越慢。交换式局域网则解决了这个问题，成为如今使用的主流技术。

如图 4.61 所示的是某一机构的交换式局域网结构图。局域网连接了三个部门和两台服务器，并利用一台路由器连接至外部互联网。交换机工作于数据链路层，利用链路层地址，存储转发数据链路层的帧。因此通过学习链路层地址、以太网协议、链路层交换机的工作原理来理解交换式局域网。

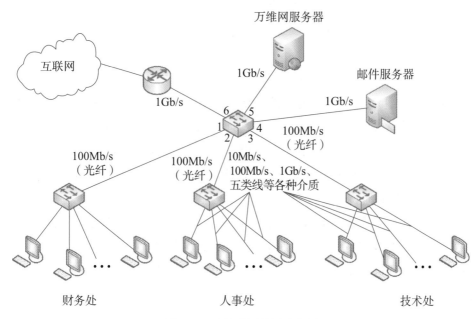

图 4.61　交换式局域网示意图

随着网络数据库管理系统和多媒体应用的不断普及，迫切需要高速高带宽的网络技术。交换式快速以太网技术因此应运而生。快速以太网及千兆以太网从根本上讲还是以太网，只是速度更快。它基于现有的标准和技术，可以使用现有的电缆和软件，因此是一种简单、经济、安全的选择。

### 4.6.2　链路层地址

计算机网络中的设备，不管是主机还是路由器，都拥有一个链路层地址。但是链路层地址并不属于主机和路由器，而是属于这些设备中的适配器（网络接口卡）。如果某个主机或路由器拥有多个网络接口卡，相对应的也就拥有多个链路层地址，如图 4.62 所示。链路层地址通常被称为 LAN 地址、物理地址或 MAC 地址，在日常生活中，人们往往都使用 MAC 地址来指代链路层地址。

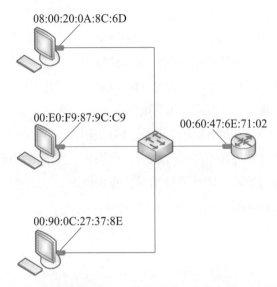

图 4.62  连接局域网的每个网卡都有一个唯一的 MAC 地址

MAC 地址实际上就是适配器地址或适配器标识符。当某台计算机使用某块适配器后，适配器上的标识符就成为该计算机的 MAC 地址。如果连接在局域网中的某台计算机的适配器损坏，更换了一个新的适配器，那么这台计算机的局域网"地址"也就发生了改变。虽然这台计算机的地理位置并未发生变化，所接入的局域网也无任何改变，但因为其适配器进行了更换，所以地址发生了改变。

如果把位于北京某局域网中的一台笔记本电脑携带至天津，并连接在天津的某局域网中，虽然这台笔记本电脑的地理位置发生了改变，并且所接入的局域网也发生了变化，但只要笔记本电脑中的适配器不变，那么该计算机在天津局域网中的"地址"依然和它在北京局域网中的"地址"是一样的。

由此可见，局域网中的某台主机的 MAC 地址不能告诉人们这台主机位于什么位置。MAC 地址与网络和位置无关，即无论将带有这个地址的设备（如网卡、集线器、路由器等）接入到网络的何处，都有相同的 MAC 地址。如果连接在局域网上的主机或路由器安装有多个适配器，那么这样的主机或路由器就有多个 MAC 地址，MAC 地址应当是某个接口的标识符。

对于大多数的局域网，一般都采用 6 字节的 MAC 地址（即长度为 48 位），那么理论上就一共有 $2^{48}$ 个可能的 MAC 地址。如图 4.63 所示，MAC 地址通常表示为 12 个十六进制数，每两个十六进制数用冒号隔开。当初在设计时，MAC 地址被固化在了网络适配器的只读存储器（ROM）内，是无法改变的，但现在可以通过软件更改适配器的 MAC 地址。在本书中假设 MAC 地址无法更改。

MAC 地址由 IEEE 的注册管理机构（RA）进行管理分配，其中，前 24 位叫作组织唯一标识符（Organizationally Unique Identifier，OUI），世界上凡要生产局域网适配器的厂家都必须向 IEEE 购买由这 24 位构成的 OUI，用于区分不同的厂家。后 24 位是由厂家自己分配的，称为扩展标识符（Extended Identifier），只要保证生产出的适配器没有重复地址即可。

用这种方法得到的 48 位地址称为 EUI-48，EUI 表示扩展的唯一标识符（Extended Unique Identifier）。EUI-48 的使用范围并不局限于局域网硬件地址，也可以用于软件接口。但 24 位的 OUI 并不能单独用来标志一个公司，因为一个公司可能有几个 OUI，也可能是几个小公司一起购买一个 OUI。在生产适配器时，这种 48 位的 MAC 地址已被固化在适配器的 ROM 中。因此 MAC 地址也叫作硬件地址（Hardware Address）或物理地址。可见 MAC 地址实际上就是适配器地址或适配器标识符 EUI-48。当这块适配器插入（或嵌入）某台计算机后，适配器上的标识符 EUI-48 就成为这台计算机的 MAC 地址。

例如，08：00：20：0A：8C：6D 就是一个 MAC 地址，其中前 6 位十六进制数 08：00：20 代表网络硬件制造商的编号，而后 6 位十六进制数 0A：8C：6D 代表该制造商所制造的某个网络产品的系列号。只要不更改自己的 MAC 地址，MAC 地址在世界范围内就是唯一的。形象地说，MAC 地址就如同身份证号码，具有唯一性。

IEEE 规定地址字段的第一字节的最低位为 I/G（Individual/Group）位。当 I/G 位为 0 时，地址字段表示一个单站地址。当 I/G 位为 1 时，地址字段表示组地址，用来进行多播。因此，IEEE 只分配地址字段的前三个字节中的 23 位。当 I/G 位分别为 0 和 1 时，一个地址块可分别生成 $2^{23}$ 个单站地址和 $2^{23}$ 个组地址。

IEEE 还考虑到可能有人并不愿意购买 OUI。因此，IEEE 把地址字段第 1 字节的最低第二位规定为 G/L（Global/ Local）位。当 G/L 位为 0 时是全球管理（保证在全球没有相同的地址），厂商向 IEEE 购买的 OUI 都属于全球管理。当地址字段的 G/L 位为 1 时是本地管理，这时用户可任意分配网络上的地址。MAC 地址中各位的意义如图 4.63 所示。

图 4.63 MAC 地址中各位的意义

在全球管理时，对每一个站的地址可用 46 位的二进制数字来表示（最低位和最低第二位都为 0 时）。剩下的 46 位组成的地址空间可以有 $2^{46}$ 个地址，可保证世界上的每一个适配器都可有一个唯一的地址。当然，非无限大的地址空间总有用完的时候。

当路由器通过适配器连接到局域网时，适配器上的硬件地址就用来标志路由器的某个接口。路由器如果同时连接到两个网络上，那么它就需要两个适配器和两个硬件地址。

当某个适配器想要向目的端适配器发送一帧时，会将目的端适配器的 MAC 地址嵌入到要发送的帧首部的目的地址字段中，然后将帧发送到局域网中。交换机偶尔会将输入的帧广播发送到所有端口，因此适配器可能会接收到不是发送给它的帧。因此当适配器接收到一个帧后，会检查帧首部中的目的 MAC 地址与自己的 MAC 地址是否匹配。如果地址匹配，说明该帧正是发送给该适配器的，适配器会提取出被封装在帧中的数据字段（即数据报），并将数据报向上传递给上层协议栈；如果地址不匹配，说明该帧并不是发送给该适配器的，适配器会丢弃该帧，且不再做任何其他操作。

有时某个适配器会将帧发送给局域网中的所有适配器，并让局域网中的所有适配器都能够处理该帧。此时，发送端适配器会在帧首部的目的地址字段中嵌入一个特殊的目的 MAC 地址，即广播地址。在使用 6 字节 MAC 地址的局域网中（如以太网和 802.11），广播地址就是 48 个连续 1 的字符串，即十六进制中的 FF：FF：FF：FF：FF：FF。

## 4.7　Internet 基础

互联网（Internet）是目前世界上规模最大的计算机网络。从 20 世纪 80 年代开始，互联网已逐渐发展成为全球性的超大规模的网际网络。

我国于 1994 年 4 月正式接入 Internet，中国科学院高能物理研究所和北京化工大学为了发展国际科研合作而开通了到美国的 Internet 专线。此后 Internet 就在我国蓬勃发展，并把中国老百姓的个人生活、中国社会的商业形态搅了个翻天覆地，几乎彻底改变了每一个人的生活、消费、沟通、出行的方式。

### 4.7.1　网际协议 IPv4

所有接入 Internet 的局域网、城域网或个人计算机中，可能所使用的操作系统和软件都不相同，那么如何将它们有机地组织在一起，以实现资源共享和数据交换呢？这就需要有一个网络协议，Internet 的网络协议就是 TCP/IP。

TCP/IP 实际上是 Internet 所使用的一系列协议集的统称，TCP 和 IP 是其中最基本，也是最重要的两个协议，具有较好的网络管理功能。传输控制协议（Transmission Control Protocol，TCP）是信息在网络中正确传输的重要保证，具有解决数据报丢失、损坏、重复等异常情况的能力；网际协议（Internet Protocol，IP）负责将信息从一个地方传输到另一个地方。

与 IP 配套使用的还有三个协议，地址解析协议（Address Resolution Protocol，ARP）、网际控制报文协议（Internet Control Message Protocol，ICMP）和网际组管理协议（Internet Group Management Protocol，IGMP）。

IP 地址是 TCP/IP 体系中的一个重要概念。我们可以把整个 Internet 看成一个单一的、抽象的网络，那么 IP 地址就是给每个连接在 Internet 上的主机（或路由器）分配的一个在全世界范围内唯一的标识符。

要理解 IP 地址的作用，就必须先理解主机和路由器是如何与互联网相连的。主机通常通过一条链路与互联网相连，当主机中的 IP 协议想要发送数据报时，就必须通过该链路。而主机与物理链路之间的边界则被称为接口（Interface）。路由器的作用是从其中一条链路接收数据报，并将数据报转发至除输入链路之外的其他链路。因此，路由器就必须拥有至少两条链路与它相连，路由器和任意一条链路的边界也被称为接口，即路由器拥有多个接口，每一个接口对应一条链路。因为主机和路由器都能够发送和接收 IP 数据报，因此 IP 协议就要求每个主机和路由器的接口都有一个 IP 地址。从技术上讲，IP 地址是与设备中的接口相关联的，而非拥有该接口的主机或路由器。

如果一台主机连接在两个网络上，那么该主机必须有两个 IP 地址。在实际中，一台主机一般都连接在一个网络上，因此只有一个 IP 地址。但是路由器用于连接不同的网络，即路由器拥有多个接口，因此路由器具有多个 IP 地址。

IP 地址的长度为 32 位二进制数（4 字节），理论上一共只有 $2^{32}$ 个 IP 地址（大约 40 亿个）。为了书写方面，以及提高可读性，IP 地址通常以点分十进制（Dotted-Decimal Notation）的形式书写。在表示时一般将 32 位地址拆分为 4 组 8 位的二进制数，再将每组二进制数用十进制数表示，每个数字之间用点隔开。这种描述方式被称为点分十进制记法，如图 4.64 所示。

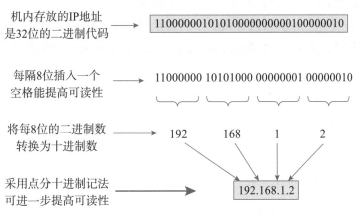

图 4.64　IP 地址的点分十进制表示

为了避免地址的冲突，IP 地址是由互联网名称与数字地址分配机构（the Internet Corporation for Assigned Names and Numbers，ICANN）统一进行管理。IP 地址的编址方法经历了三个历史阶段：第一，分类的 IP 地址，1981 年通过了相应的标准协议；第二，划分子网，1985 年通过的一项对分类的 IP 地址的改进方法；第三，无分类编址，1993 年提出的编址方法。

### 4.7.2　分类的 IP 地址

最初设计互联网时，为了便于寻址和层次化构造网络，将每个 IP 地址设计为由两个标识号构成，即网络号（net-id）和主机号（host-id）。网络号标志某主机（或路由器）所连接的网络编号；主机号标志该主机（或路由器）在该类网络中的编号，主机号字段表明该类网络最多可包含的主机数目。网络号与主机号的位数与 IP 地址的分类有关。因为网络号在整个网络范围内是唯一的，主机号在所指定的网络内也是唯一的，所以一个 IP 地址在整个网络内是唯一的。同一个物理网络中的所有主机都使用同一个网络号，网络上的每一个主机（包括工作站、服务器等）都有一个唯一的主机号与之相对应。

对于这种两级结构的 IP 地址，可以记为

$$\text{IP 地址} ::= \{<\text{网络号}>,<\text{主机号}>\}$$

其中，符号"::="表示"定义为"。

在分类的 IP 地址中有两个重要的概念，分别是地址空间和地址块。地址空间表示理论上可以拥有的 IP 地址的总数。如果协议使用 $n$ 位来定义地址，那么该协议的地址空间就是 $2^n$。例如，IPv4 使用 32 位地址，表示其地址空间为 $2^{32}$，表明理论上可使用的 IP 地址的数目为 $2^{32}$ 个，但实际中可用的 IP 地址的数目要远小于这个值。而划分地址块则主要用来给不同规模的企业分配合适的 IP 地址，不同的网络号标识不同的地址块。

计算机网络可根据网络的规模进行类别的划分，一般可分为广域网、城域网和局域网等。不同类别的网络中所拥有的主机数目差异很大，为了便于管理就把 IP 地址划分为 5 类，即 A 类、B 类、C 类、D 类和 E 类，如图 4.65 所示。对于拥有大量结点的少部分网络，创建了 A 类网络。对于只拥有较少结点的众多网络，创建了 C 类网络。对于那些介于 A 类和 C 类网络之间的网络则称为 B 类网络。而 D 类和 E 类网络是具有特殊用途的网络，不经常使用。

图 4.65　分类 IP 地址中的网络号字段和主机号字段

A 类地址网络号长度为 1 字节，首位是类别位（0），只有 7 位可用。实际可用的网络号为 125 个。因为保留了 3 个地址：第一，网络号全 0（00000000），即 0.0.0.0 至 0.255.255.255 表示本网络；第二，网络号 127（01111111），即 127.0.0.0 ～ 127.255.255.255 作为本地软件环回测试本主机进程之间的通信之用，称为环回地址；第三，网络号 10（00001010），即 10.0.0.0 ～ 10.255.255.255 作为私有地址，在互联网上不使用，而被用在局域网络中。主机号字段长度为 3 字节，实际可分配主机号为 $2^{24}-2=16\ 777\ 214$ 个。减 2 是因为保留了两个主机号，全 0 字段和全 1 字段。全 0 的主机号字段表示该 IP 地址是"本主机"所连接到的某个网络的网络地址，如某个主机的 IP 地址为 7.126.51.42，那么该主机所在网络的网络地址就是 7.0.0.0。全 1 的主机号字段表示该网络上的所有主机，也称为广播地址。A 类地址适用于有大量主机的大型网络。

B 类地址网络号长度为 2 字节，首两位是类别位（10），还有 14 位可用。考虑到 B 类网络号 169.254（169.254.0.0 ～ 169.254.255.255）和私有网络号 172.16 ～ 172.31（172.16.0.0 ～ 172.31.255.255）是不分配的，B 类地址可分配的网络号为 $2^{14}-17=16\ 367$ 个。主机号字段长度为 2 字节，除去保留的全 0 和全 1 外，可分配的主机号为 $2^{16}-2=65\ 534$ 个。

C 类地址网络号长度为 3 字节，首三位是类别位（110），还有 21 位可用，因为网络号 192.0.0（192.0.0.0 ～ 192.0.0.255）和私有网络号 192.168.0 ～ 192.168.255（192.168.0.0 ～ 192.168.255.255）是不分配的，那么 C 类地址可分配的网络号为 $2^{21}-257=2\ 096\ 895$ 个。主机号字段为 1 字节，除去全 0 和全 1，可分配主机号为 $2^8-2=254$ 个。

表 4.1 表示的是特殊的 IP 地址。

表 4.1　特殊的 IP 地址

| 网 络 号 | 主 机 号 | 源地址使用 | 目的地址使用 | 代表的含义 |
| --- | --- | --- | --- | --- |
| 0 | 0 | 可以 | 不可 | 在本网络上的本主机 |
| 0 | host-id | 可以 | 不可 | 在本网络上的某台主机（host-id） |
| 全 1 | 全 1 | 不可 | 可以 | 只在本网络上进行广播，各路由器均不转发 |
| net-id | 全 1 | 不可 | 可以 | 对某网络（net-id）上的所有主机进行广播 |
| 127 | 非全 0 或全 1 的任何数字 | 可以 | 可以 | 用于本地软件环回测试 |

A、B、C 类地址都是常用的一对一通信的单播地址。由于 A 类地址包含的主机数太多，现在能申请到的 IP 地址只有 B、C 类。例如，某单位申请到一个 IP 地址，只能得到具有同一网络号的一块地址，具体主机号由本单位决定。通过 IP 地址的网络号和主机号字段就可以找到某一个网段下的某一台主机，如图 4.66 所示。同一网段中的网络号字段是一致的，图中路由器连接了三个不同的网段（分别为 128.10、128.11 和 128.12），路由器的每个接口连接的是不同的网段，负责不同网段间的数据转发。交换机连接的是相同网段内的不同主机，即这些主机 IP 地址中的网络号字段都是相同的。

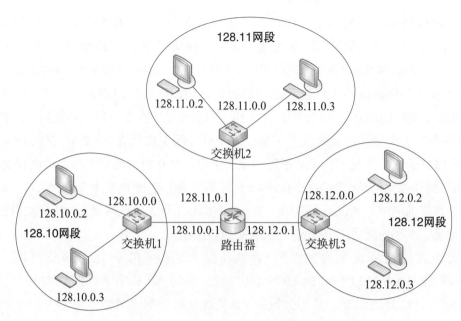

图 4.66　路由器连接不同网络示意图

D 类地址的前四位为 1110，用于一对多的多播通信。D 类地址没有明确划分网络号和主机号，当用十进制判断地址属于哪一类地址时，D 类地址的第一个字节的十进制数的范围是 224 ～ 239。

E 类地址的前四位为 1111，留作将来发展之用。E 类地址没有明确划分网络号和主机号，当用十进制判断地址属于哪一类地址时，E 类地址的第一个字节的十进制数的范围是 240 ～ 255。

D 类地址和 E 类地址都作为特殊地址使用，不可分配给主机所用。

### 4.7.3　划分子网

分类的 IP 地址主要有 A 类、B 类、C 类三类（D 类为多播地址），其中，A 类地址理论上可连接 16 777 214($2^{24}$-2) 台主机；B 类地址理论上可连接 65 534($2^{16}$-2) 台主机；C 类地址理论上可连接 254($2^8$-2) 台主机。

随着 Internet 的普及和技术的发展，这种分类 IP 地址的设计缺陷表现得愈发明显。

（1）IP 地址空间的利用率有时会很低：一个 A 类 IP 地址网络可连接超过 1000 万台主机，而每个 B 类 IP 地址网络可连接超过 6 万台。在现实中，只有两三台主机的网络十分常见，但这种网络也至少需要一个 C 类 IP 地址，若使用 A、B 类则浪费更严重，并且现实中少有达到上万台主机的大型网络。

（2）给每个物理网络分配一个网络号会使路由表变得庞大臃肿，降低网络性能。路由器需要能够从路由表中找出怎样到达其他网络的下一跳地址，而一个物理网络对应一个网络号，如果网络越多，则路由表越大，路由器所需的存储空间就越大，查找也更耗时。

（3）两级 IP 地址不够灵活：只能在申请完 IP 地址后才能进行下一步工作，而无法按自己的需求变更。企业有很多部门，每个部门可能需要各自独立的网络，再申请 IP 地址虽然可以解决这个问题，但是由于部门人数不多，申请新的 IP 地址会造成浪费。

解决以上问题的最好方法就是子网划分，将物理网络划分成多个部分，作为多个网络（即子网）在内部使用，同时对外依然表现为一个网络，本单位以外的网络并不知道这个网络到底划分成了多少个子网。将一个较大的网络划分成多个较小的网络，而这些较小的网络被称为子网（Subnet）。

子网划分就是在 IP 地址中又增加了一个"子网号"（subnet-id）字段，一般是从网络的主机号字段中借用若干位作为子网号，与此同时，主机号也减少相应位数（总位数 32位不变），于是两级 IP 地址变为三级 IP 地址。划分子网只是把 IP 地址的主机号这部分进行再划分，并不改变 IP 地址原来的网络号。

IP 地址∷ = {&lt; 网络号 &gt;,&lt; 子网号 &gt;,&lt; 主机号 &gt;}

划分子网后，发送到子网中某台主机的 IP 数据报，仍是根据 IP 数据报的目的网络号找到连接到的路由器，然后路由器根据 IP 数据报的目的网络号和子网号找到子网，再把 IP 数据报交付主机。

划分了子网后，IP 地址的网络号是不变的，因此在该网络外部看来，这里仍然只存在一个网络，即网络号所代表的那个网络；但在网络内部，因为每个子网的子网号是不同的，即每个子网的网络地址是不同的，从而实现了对网络的划分。

从 IP 地址中是无法知道目的主机所连接的网络是不是已经进行了子网划分，因为 IP 地址以及 IP 数据报中并没有关于是否进行子网划分的任何信息。想要了解关于子网划分的信息，就要用到子网掩码（Subnet Mask）。

子网掩码是一个应用于 TCP/IP 网络的 32 位二进制值，它可以屏蔽掉 IP 地址中的一部分，从而分离出 IP 地址中的网络部分和主机部分。基于子网掩码，管理员可以将网络进一步划分为若干子网，如图 4.67 所示。

TCP/IP 规定，子网掩码是一个 32 位的二进制数，由一串连续的"1"后跟随一串连续的"0"组成。其中，连续的"1"对应 IP 地址中的网络号字段和子网号字段，而连续的"0"对应 IP 地址中的主机号字段。通过 0 的个数可以计算出子网的容量，即子网中主机的 IP 地址范围。子网掩码不能单独存在，必须结合 IP 地址一起使用。

计算机网络中的两台主机要进行通信，首先应该判断两台主机是否属于同一个网段，即利用子网掩码计算网络地址。如果两台主机的网络地址相同，即所处网段相同，那么就可以直接将数据包发送至目的主机。如果两台主机的网络地址不同，即所处网段不同，就需要将数据包发送至本网络上的某台路由器，由路由器将数据包发送到其他网络，直至到达目的主机。

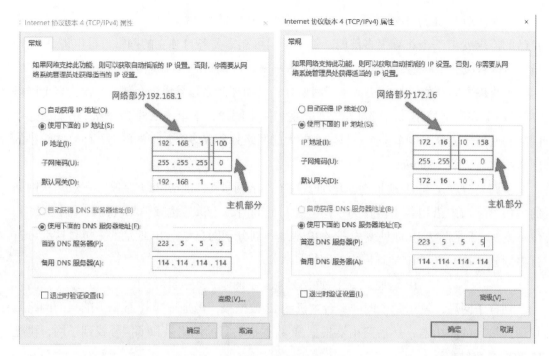

图 4.67　子网掩码举例

既然子网掩码这么重要，那么如何利用子网掩码计算出 IP 地址中的网络地址呢？过程如下。

（1）将 IP 地址与子网掩码都转换成二进制。

（2）将二进制形式的 IP 地址与子网掩码做"与"运算，将答案转换为十进制，便得到网络地址。

若一个 IP 地址为 128.10.11.1，子网掩码为 255.255.0.0。那么将 IP 地址转换为二进制，可表示为 10000000.00001010.00001011.00000001，将子网掩码转换为二进制，可表示为 11111111.11111111.00000000.00000000，若将 IP 地址的二进制表示与子网掩码的二进制表示做"与"运算可得 10000000.00001010.00000000.00000000，将这个结果转换为十进制可得 128.10.0.0。这便是上面 IP 地址 128.10.11.1 的网络地址。将子网掩码与 IP 地址进行"与"运算，相当于保留 IP 地址中的网络号和子网号字段，并将主机号字段置 0。

子网掩码是一个网络或一个子网的重要属性，路由器的路由表中除了要有目的网络地址外，还应有该网络的子网掩码，这是 Internet 的标准规定。

由分类的 IP 地址可知，A 类 IP 地址的网络号字段为 1 字节，因此 A 类地址的默认子网掩码是 255.0.0.0；B 类 IP 地址的网络号字段为 2 字节，因此 B 类地址的默认子网掩码是 255.255.0.0；C 类 IP 地址的网络号字段为 3 字节，因此 C 类地址的默认子网掩码是 255.255.255.0。三类地址的默认子网掩码如图 4.68 所示。

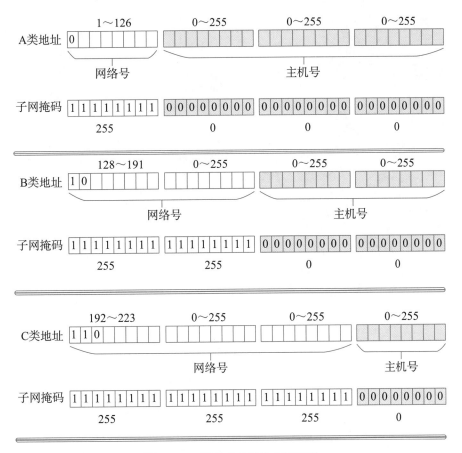

图 4.68 三类地址的默认子网掩码

将一个网络划分为几个子网，需要每一段使用不同的网络号或子网号，实际上可以认为是将主机号分为两个部分：子网号和子网主机号。因此对于未做子网划分的 IP 地址，其形式为网络号、主机号。对于已做子网划分后的 IP 地址，其形式为网络号、子网号、子网主机号。也就是说，IP 地址在划分子网后，以前的主机号位置中的一部分给了子网号，余下的是子网主机号，如图 4.69 所示。

下面通过一个案例来解释划分子网在现实中的意义。一个单位申请到了一个 C 类地址（网络地址 200.200.16.0，子网掩码 255.255.255.0），该单位有 4 个独立的部门，那么就可以给每一个部门分配一个网段，如图 4.70 所示。各网段的子网掩码均为

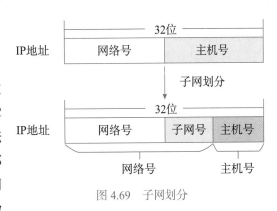

图 4.69 子网划分

255.255.255.192，即从原地址的主机号字段借了两位作为子网位，主机位剩余 6 位，说明每个子网最多可包含 $2^6-2=62$ 台主机。

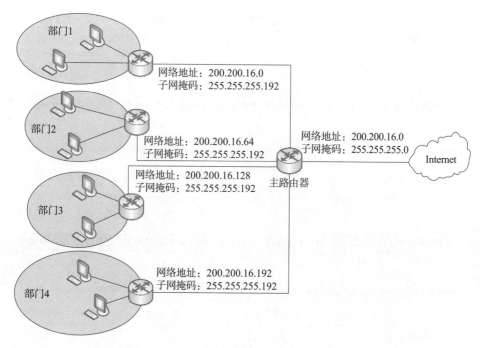

图 4.70　子网划分实例

当数据包到达主路由器时，路由器会查看数据包中的目的 IP 地址，利用子网掩码确定该数据包属于哪个子网。路由器将目的地址与每一个子网的子网掩码进行"与"运算，将得到的结果与对应子网的网络地址进行比较，通过对比结果确定数据包的归属。例如，某数据包的目的地址为 200.200.16.180，将该地址与部门 1 的子网掩码（255.255.255.192）进行"与"运算，得到的结果为 200.200.16.128，与部门 1 的网络地址不匹配，说明该数据包并非发往部门 1。接着将该地址与部门 2 的子网掩码（255.255.255.192）进行"与"运算，得到的结果为 200.200.16.128，与部门 2 的网络地址不匹配，说明该数据包并非发往部门 2。再将该地址与部门 3 的子网掩码（255.255.255.192）进行"与"运算，得到的结果为 200.200.16.128，与部门 3 的网络地址（200.200.16.128）匹配，说明该数据包发往部门 3，因此主路由器会将该数据包通过相对应的接口发往部门 3。

子网划分纯属一个单位内部的事情，未来如有必要，网络管理员可以通过更改单位内部路由器中的子网掩码来更改子网的划分。虽然某单位的网络进行了子网的划分，但是这些子网对外依然表现为一个网络，本单位以外的网络并不知道这个网络到底划分成了多少个子网，即子网对外是透明不可见的，因此分配新的子网不需要 ICANN 的许可，也不需要更改任何的外部数据库。

### 4.7.4　无分类编址

随着互联网的快速发展，人们已经意识到使用分类 IP 地址的局限性，即 IP 地址用尽的问题。为了解决这个问题，以及减缓互联网中路由器的路由表表项的增长，就提出了无分类域间路由（Classless Inter-Domain Routing，CIDR）。

　　IPv4 地址是按照网络的大小（所使用的 IP 地址数）来分类的，编址方案使用"类"的概念。A、B、C 三类 IP 地址的定义很容易理解，也很容易划分，但是在实际网络规划中，它们并不利于有效地分配有限的地址空间。对于 A、B 类地址，很少有这么大规模的公司能够使用，而 C 类地址所容纳的主机数又相对太少。所以分类的 IP 地址并不利于有效地分配有限的地址空间，不适用于网络规划。在 20 世纪 90 年代初期引入的无分类域间路由（CIDR）机制，对解决 IPv4 地址空间短缺的问题起到了很大的作用。CIDR 也被称为构成超网，可以将多个分类 IP 地址聚合在一起，生成一个更大的网段，减少路由器中路由表条目的数量，减轻路由器的压力。

　　CIDR 最主要有以下两个特点。

　　（1）CIDR 消除了传统的对 IP 地址进行分类和划分子网的概念，允许使用任意长度的网络前缀，更有效地分配 IPv4 的地址空间。在分类的 IP 地址中，网络号的长度是固定的（A 类 8 位，B 类 16 位，C 类 24 位），而 CIDR 可以使用任意长度的网络前缀来代替分类地址中的网络号和子网号。使 IP 地址又回到两级编址。CIDR 地址的记法为

　　　　　　　IP 地址：：={< 网络前缀 >，< 主机号 >}

　　CIDR 还使用"斜线记法"，即在 IP 地址后面加上"/"，然后写网络前缀所占的位数（例如 167.199.170.82/20，表示其网络前缀为 20 位，其后为 12 位的主机号字段）。通过这种方式，就不需要告知路由器地址掩码，仅通过网络前缀所占的位数就可以得到地址掩码。为了统一，CIDR 中的地址掩码依然称为子网掩码。例如，在 167.199.170.82/20 中，网络前缀为 20 位，在掩码中由连续 20 个 1 组成，即 11111111 11111111 11110000 00000000，以点分十进制形式可表示为 255.255.240.0，即掩码为 255.255.240.0。

　　（2）CIDR 把网络前缀都相同的连续 IP 地址组成一个"CIDR 地址块"，即路由聚合（构成超网）。一个 CIDR 地址块中有很多地址，所以在路由表中就利用 CIDR 地址块来查找目的网络。路由聚合也称为构成超网。路由聚合有利于减少路由器之间的路由选择信息的交换，从而提高了整个 Internet 的性能。

　　采用 CIDR 表示法给出任何一个 IP 地址，就相当于给出了一个 CIDR 地址块，这是由一系列连续的 IP 地址组成的，实现了路由聚合，即从一个 IP 地址中就可以得知一个 CIDR 地址块。例如，给定一个 IP 地址 167.199.170.82/20，从该地址中可以分析出许多内容。

　　167.199.170.82/20 转换为二进制为 10100111 11000111 10101010 1010010，其中，前 20 位为网络前缀，后 12 位为主机号。令主机号分别为全 0 和全 1 就可以得到一个 CIDR 地址块的最小地址和最大地址，即：

　　最小地址为 10100111 11000111 10100000 00000000，即 167.199.160.0。

最大地址为 <u>10100111 11000111 1010</u>1111 11111111，即 167.199.175.255。

子网掩码为 <u>11111111 11111111 1111</u>0000 00000000，即 255.255.240.0。

由于主机号全 0 的地址叫作网络地址，主机号全 1 的地址叫作广播地址，因此这个 CIDR 地址块一共可以指派 $2^{12}-2=4094$ 个 IP 地址。

无分类编址的方式使得互联网服务提供商可以灵活进行地址的分配，可以将较大的地址块分成适合的较小地址块，不会造成大量 IP 地址的浪费。此外，CIDR 也可以将相邻的 IP 地址范围聚合为更大的地址块，有效减少了路由表中的条目数。降低了路由器的负担，并提高了路由效率和网络性能。

### 4.7.5　地址解释和地址转换

1. IP 地址和硬件地址

在学习 IP 地址时，很重要的一点就是要清楚 IP 地址与硬件地址的区别，从层次的角度上，硬件地址是数据链路层和物理层使用的地址；而 IP 地址是网络层和以上各层使用的地址，是一种逻辑地址，因为 IP 地址是用软件实现的。

在局域网中，由于硬件地址已固化在网卡的 ROM 中，因此常常将硬件地址称为物理地址。因为在局域网的 MAC 帧中源地址和目的地址都是硬件地址，因此硬件地址又称为 MAC 地址。物理地址、硬件地址和 MAC 地址常常作为同义词。

在发送数据时，数据从高层向下交付至低层，然后才在数据链路上传输。使用 IP 地址的 IP 数据报一旦交付给了数据链路层，就被封装成 MAC 帧了。MAC 帧在传送时使用的源地址和目的地址都是 MAC 地址，这两个 MAC 地址都写在帧的首部中。

连接在通信链路上的设备（主机或者路由器）在接收 MAC 帧时，依据 MAC 帧首部中的 MAC 地址来确定该帧是否属于本机。在数据链路层中，看不到被封装在 MAC 帧中的 IP 数据报的 IP 地址。只有在剥去 MAC 帧的首部和尾部，将 IP 数据报向上交付给网络层后，网络层才能在 IP 数据报的首部中看到源 IP 地址和目的 IP 地址。

2. 地址解析协议

在网络层使用的是 IP 地址，但在实际的网络链路中传送数据帧时，最终还是必须使用 MAC 地址。但 IP 地址和 MAC 地址之间由于格式不同，并不存在简单的映射关系（例如，IP 地址有 32 位，而局域网的 MAC 地址有 48 位）。如何通过主机或者路由器的 IP 地址，找到相对应的 MAC 地址呢？地址解析协议（Address Resolution Protocol，ARP）就是用来解决这样的问题。图 4.71 说明了 ARP 的作用，即从网络层使用的 IP 地

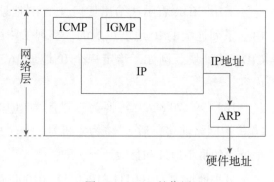

图 4.71　ARP 的作用

址，解析出在数据链路层使用的硬件地址。

在如图 4.72 所示的网络中，每一个主机和路由器都有一个 IP 地址和一个 MAC 地址，其中，IP 地址以点分十进制的形式表示，MAC 地址以十六进制的形式表示。为了讨论方便，假设图 4.72 中的交换机以广播的方式转发所有的帧，即当交换机从其中一个接口接收到一帧后，会向除本接口之外的所有接口都转发该帧。

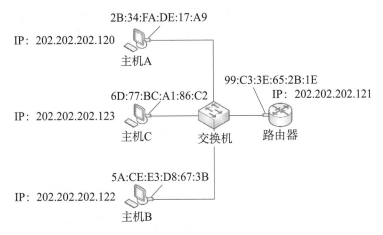

图 4.72　局域网中的每台主机和路由器都有一个 IP 地址和 MAC 地址

假设 IP 地址为 202.202.202.120 的主机 A 要向 IP 地址为 202.202.202.122 的主机 B 发送 IP 数据报。从图 4.72 中可以看出，源端主机 A 和目的端主机 B 位于同一子网。要发送 IP 数据报，主机 A 需要向适配器提供 IP 地址为 202.202.202.122 的主机 B 的 MAC 地址。发送端适配器会构建一个包含目的端 MAC 地址的链路层帧，然后将该帧发送到局域网中。那么发送端主机 A 如何确定 IP 地址为 202.202.202.122 的目的主机 B 的 MAC 地址？正是通过 ARP 解决这个问题。

ARP 解决的是同一子网中，主机或路由器的 IP 地址到 MAC 地址之间的映射问题。ARP 可以从网络层使用的 IP 地址中解析出在数据链路层所使用的 MAC 地址，即完成 IP 地址至 MAC 地址的解析。ARP 在主机的 ARP 高速缓存中存放一个从 IP 地址到 MAC 地址的映射表，表 4.2 显示的 IP 地址为 202.202.202.120 的主机内部的 ARP 映射表的情况，并且这个映射表会随着网络拓扑的变换进行动态更新（即新增或者超时删除某些条目）。ARP 映射表中也包含生存时间（TTL）值，该值指出何时删除映射表中的映射关系。

表 4.2　ARP 映射表

| IP 地址 | MAC 地址 | TTL |
| --- | --- | --- |
| 202.202.202.121 | 99:C3:3E:65:2B:1E | 13:45:00 |
| 202.202.202.123 | 6D:77:BC:A1:86:C2 | 13:52:00 |

假如 IP 地址为 202.202.202.120 的主机 A 要向子网内部的某个主机或路由器发送数据报,那么主机 A 必须知道目的主机的 IP 地址,即通过 IP 地址进行寻址。发送端主机需要获得给定 IP 地址的目的主机的 MAC 地址,如果发送端主机的 ARP 映射表中有目的结点的相关条目,那么直接查询即可。如果发送端主机的 ARP 映射表中没有目的结点的相关条目,那么就必须通过一个较为复杂的查询过程才能完成。

在图 4.73 中,主机 A(IP 地址:202.202.202.120)要向本局域网上的某个主机 B(IP 地址:202.202.202.122)发送 IP 数据报时,就在其 ARP 高速缓存中查看有无 B 的 IP 地址。如有,就在 ARP 高速缓存中查出其对应的硬件地址,再把这个硬件地址写入 MAC 帧,然后通过局域网把该 MAC 帧发往此硬件地址。

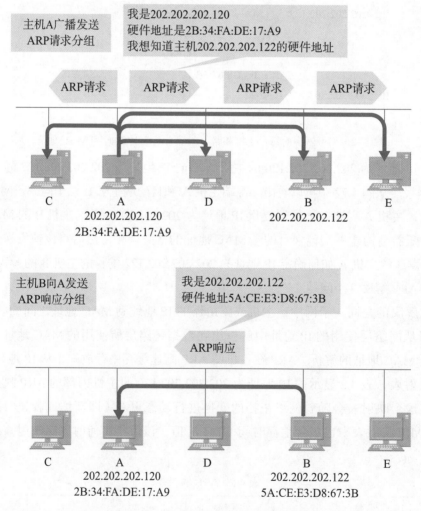

图 4.73　IP 地址与硬件地址的转换

若查不到关于主机 B 的 IP 地址的项目,可能是主机 B 刚入网,也可能主机 A 刚开机,其高速缓存还是空的。在这种情况下,主机 A 就自动运行 ARP,按以下步骤获取主机 B 的硬件地址。

（1）ARP 进程在本局域网上广播发送一个 ARP 请求分组，主要内容是：我的 IP 地址是 202.202.202.120，硬件地址是 2B：34：FA：DE：17：A9，我想知道 IP 地址为 202.202.202.122 的主机的硬件地址。

（2）在本局域网上的所有主机上运行的 ARP 进程都会收到此 ARP 请求分组。

（3）主机 B 的 IP 地址与 ARP 请求分组中要查询的 IP 地址一致，就收下这个 ARP 请求分组，向主机 A 发送 ARP 响应分组，并写上自己的硬件地址。虽然 ARP 请求分组是广播发送的，但是 ARP 响应分组是普通的单播，即从一个源地址发向一个目的地址。

其余所有主机的 IP 地址与 ARP 请求分组中要查询的不一致，不理睬这个请求。

（4）主机 A 收到主机 B 的 ARP 请求响应分组后，就在其 ARP 高速缓存中写入主机 B 的 IP 地址到硬件地址的映射。

如果不使用 ARP 高速缓存，那么任何一个主机只要进行一次通信，就必须在网络上用广播方式发送 ARP 请求分组，这就使得网络上的通信量大大增加。ARP 把已经得到的地址映射保存在高速缓存中，这样就使得该主机下次再和具有同样目的地址的主机通信时，可以直接从高速缓存中找到所需的硬件地址而不必再用广播方式发送 ARP 请求分组。

例如，在图 4.73 的例子中，当主机 B 收到 A 的 ARP 请求分组时，就把主机 A 的这一地址映射（IP 地址与硬件地址的映射）写入自己的 ARP 高速缓存中。以后主机 B 可以不再发起 ARP 请求，而直接向 A 发送数据。

既然在网络链路层上传送的帧最终按照硬件地址找到目的主机，那么为什么不直接使用硬件地址进行通信，而是使用抽象的 IP 地址并调用 ARP 来寻找相应的硬件地址呢？

由于全世界存在各式各样的网络，它们使用不同的硬件地址。要使这些异构网络能够互相通信，就必须进行非常复杂的硬件地址转换工作，但是统一的 IP 地址把这个复杂的问题解决了，连接到 Internet 上的主机只需拥有统一的 IP 地址，它们之间的通信就像连接在一个网络上那样方便。

因此，在虚拟的 IP 网络上，用 IP 地址进行通信为广大用户带来了方便。这就好像不同国家货币兑换，价值并不变化，IP 地址将所有设备构建在一个虚拟互联的网络里面，但是在单一局域网内，依旧使用本局域网特定的硬件地址进行寻址，进行数据交付。

### 4.7.6　域名系统

在人类社会中，可以通过姓名、身份证号、学号、电话号码等来定位和寻找一个人。在计算机网络中也有多种表示主机的方式，人们常用的对主机命名的方式是主机名。主机名通常被称为域名，是由一串用点分隔的名字组成的互联网上某一台计算机或计算机组的名称，用于在数据传输时对计算机进行定位标识。例如，www.tup.tsinghua.edu.cn（清华大学出版社）、www.moe.gov.cn（中华人民共和国教育部）、www.tjufe.edu.cn（天津财经大学）

等都属于域名，这些字符型的语言要比 IP 地址更容易被人记忆。但是域名并不是规范化的，主机名中的各字段都是由可变长度的字母、数字和字符组成，路由器很难处理。在计算机网络中，主机通过 IP 地址来识别目标，因为 IP 地址格式规范，路由器很容易处理。通过 IP 地址，路由器即可分析出主机在互联网中有关位置的特定信息，如该主机属于哪个网络等。

用户与 Internet 上某台主机通信时，显然不愿意使用很难记忆的长达 32 位的二进制 IP 地址，即使采用点分十进制的表示方式也不容易记忆。相反，人们更愿意使用比较容易记忆的字符型的域名。但是，机器在处理 IP 数据报时，并不是使用域名而是使用 IP 地址。这是因为 IP 地址长度固定，而域名的长度不固定，机器处理起来比较困难。为了协调这样的问题，就需要一个将域名转换为 IP 地址的目录服务，这正是互联网域名系统（Domain Name System，DNS）的主要任务。

域名系统（DNS）是提供主机名和 IP 地址之间映射的分布式数据库，是一个应用层协议，允许主机去查询这个分布式数据库。其他的应用层协议，如 HTTP（超文本传输协议，用于浏览器和服务器之间进行数据传输的协议）和 SMTP（简单邮件传输协议，用于电子邮件传输的协议）会调用 DNS 将用户提供的域名转换为机器能够识别的 IP 地址。例如，当运行在用户主机上的浏览器（即 HTTP 客户端），要访问域名（www.moe.gov.cn）所代表的主机时，用户主机必须首先获得该域名所表示的主机的 IP 地址。

（1）用户主机运行 DNS 应用进程的客户端。

（2）主机中的浏览器将域名（www.moe.gov.cn）发送至 DNS 应用进程的客户端。

（3）DNS 客户端向 DNS 服务器发送包含域名的请求报文，请求解析域名。

（4）DNS 客户端最终会收到一个回复报文，其中包括目标域名的 IP 地址。

（5）一旦浏览器从 DNS 获得了 IP 地址，就利用该 IP 地址与目标服务器建立连接。

从理论上讲，整个 Internet 可以只使用一个域名服务器，该服务器中包含 Internet 中的所有域名，并回答所有的查询。但随着 Internet 用户规模的不断增大，这样的域名服务器会因负荷过大而无法工作，并且一旦域名服务器出现故障，整个 Internet 会因为无法解析域名而处于瘫痪状态。为了解决这样的问题，域名系统（DNS）包含大量的服务器，这些服务器分布在全球各地，DNS 被设计成一个层次型的联机分布式数据库系统。没有一个 DNS 服务器拥有 Internet 中所有主机的域名到 IP 地址的映射，这些映射分布在全球各地的 DNS 服务器中。DNS 使大多数的域名都可以在本地解析，仅有少量解析需要在 Internet 上通信，因此 DNS 的效率很高。由于 DNS 是分布式系统，即使单个服务器出现故障，也不会妨碍整个 DNS 的正常运行。

1. Internet 的域名结构

域名到 IP 地址的解析是由分布在 Internet 上的大量域名服务器程序共同完成的。域名服务器程序在专设的结点上运行，人们常把运行域名服务器程序的主机称为域名服务器。

域名采用层次型的命名方法，任何一台连接在 Internet 上的主机或者路由器，都有一个唯一的层次型的名字，即域名（Domain Name）。这里域（Domain）是名字空间中一个可被管理的划分，域可以被划分为子域，子域还可继续划分为子域的子域，这样就形成了顶级域、二级域、三级域，等等。例如，map.baidu.com 中依次为三级域名 . 二级域名 . 顶级域名。域名解析是一个从右向左，由大向小的过程。

从语法上讲，每一个域名都是由标号（Label）序列组成的，各个标号之间用点"."隔开。标号由英文字母和数字组成，标号中除连接字符"_"外不能使用其他字符。每一个标号不超过 63 个字符（最好不要超过 12 个），不区分大小写字母。

从级别上讲，级别最低的域名在最左面，级别最高的顶级域名写在最右面。由多个标号组成的完整域名总共不超过 255 个字符，如图 4.74 所示。

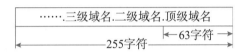

图 4.74　域名结构

DNS 既不规定一个域名需要包含多少个下级域名，也不规定每一级域名代表什么含义。各级域名由其上一级域名管理机构管理，而最高的顶级域名则由互联网名称与数字地址分配机构（ICANN）进行管理。

域名只是一个逻辑概念，域名中并不包含计算机所在的物理位置的信息。域名中的"点"和点分十进制 IP 地址中的"点"并无任何关系。在点分十进制 IP 地址中，一定要包含三个"点"，但域名中"点"的个数则不一定只有三个。

顶级域名（TLD）是指域名的最后一段，或紧跟在"点"符号后面的部分。顶级域名又分为三类：一是国家代码顶级域名（country code Top-Level Domains，ccTLDs），目前 200 多个国家和地区都按照 ISO 3166 的规定分配了顶级域名；二是通用顶级域名（generic Top-Level Domains，gTLDs）；三是基础结构域名。

国家代码顶级域名 ccTLDs，如 cn 代表中国、us 代表美国、uk 代表英国等。国家和地区域名又常记为 nTLD。实际上，国家代码顶级域名也包括某些地区域名，如我国香港特别行政区（hk）和澳门特别行政区（mo）。

在国家代码顶级域名下注册的二级域名由该国家和地区自行确定。我国由国务院信息化工作领导小组指定中国科学院计算机网络信息中心成立中国互联网信息中心（China Internet Network Information Center，CNNIC），对国内用户接入互联网的域名系统实施统一管理。CNNIC 负责统一协调、指定规范并负责顶级域名 CN 下的所有域名注册服务。中国互联网的二级域名分为"类别域名"和"行政区域名"两类，"类别域名"有 7 个（表 4.3），"行政区域名"有 34 个（表 4.4）。

表 4.3 按类别分类的二级域名

| 域 名 | 说 明 | 域 名 | 说 明 |
|---|---|---|---|
| ac | 科研机构 | gov | 中国的政府部门 |
| edu | 中国的教育机构 | org | 非营利组织 |
| com | 工、商、金融等企业 | net | 互联网、接入网络的信息中心和运行中心 |
| mil | 中国的国防机构 | | |

表 4.4 按行政区分类的二级域名

| 域 名 | 行 政 区 | 域 名 | 行 政 区 | 域 名 | 行 政 区 |
|---|---|---|---|---|---|
| bj | 北京市 | ah | 安徽省 | sc | 四川省 |
| sh | 上海市 | fj | 福建省 | gz | 贵州省 |
| tj | 天津市 | jx | 江西省 | yn | 云南省 |
| cq | 重庆市 | sd | 山东省 | xz | 西藏自治区 |
| he | 河北省 | ha | 河南省 | sn | 陕西省 |
| sx | 山西省 | hb | 湖北省 | gs | 甘肃省 |
| nm | 内蒙古自治区 | hn | 湖南省 | qh | 青海省 |
| ln | 辽宁省 | gd | 广东省 | tw | 台湾省 |
| jl | 吉林省 | gx | 广西壮族自治区 | hk | 中国香港特别行政区 |
| hl | 黑龙江省 | hi | 海南省 | mo | 中国澳门特别行政区 |
| js | 江苏省 | xj | 新疆维吾尔自治区 | | |
| zj | 浙江省 | nx | 宁夏回族自治区 | | |

最常见的通用顶级域名有 7 个，即 com（商业组织）、net（网络服务机构）、org（非营利组织）、int（国际组织）、gov（政府部门）、mil（军事部门）、edu（教育机构），后来又陆续补充了 13 个，如表 4-5 所示。

表 4.5 常见的通用顶级域名

| 域 名 | 说 明 | 域 名 | 说 明 |
|---|---|---|---|
| edu | 教育机构 | cat | 使用加泰隆人的语言和文化团体 |
| com | 商业组织 | coop | 合作团体 |
| net | 网络服务机构 | info | 提供信息服务的单位 |
| org | 非营利组织 | jobs | 人力资源管理者 |
| int | 国际组织 | mobi | 移动产品与服务的用户和提供者 |
| gov | 政府部门 | museum | 博物馆 |
| mil | 军事部门 | name | 个人 |
| aero | 航空运输业 | pro | 拥有证书的专业人员（如医生、律师等） |

| 域　名 | 说　明 | 域　名 | 说　明 |
|---|---|---|---|
| asia | 亚太地区 | tel | Telnic 股份有限公司 |
| biz | 公司和企业 | travel | 旅游业 |

基础结构域名（Infrastructure Domain）只有一个，即 arpa，用于进行反向域名解析，也称为反向域名，是互联网号码分配机构控制互联网工程任务组（IETF）的顶级域名。

域名可以通过域名树的方式来查看，如图 4.75 所示，最上面的是根，没有对应的名字，根下面的一级结点就是顶级域名，往下同理。

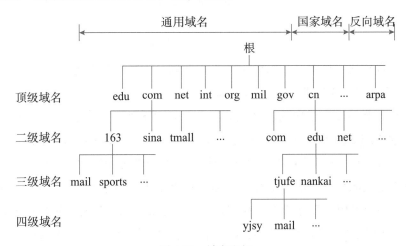

图 4.75　域名空间

以 www.tjufe.edu.cn 为例，www 是四级域名，tjufe 是三级域名，edu 是二级域名，cn 是顶级域名，各级域名之间通过"."相连。每个互联网上的主机域名都对应一个 IP 地址，并且这个域名在互联网中是唯一的。

2. 域名服务器

上面讲的域名体系是抽象的，具体实现域名系统则是使用分布在各地的域名服务器。理论上讲，可以让每一级的域名都有一个相对应的域名服务器，使所有的域名服务器构成和树状结构相对应的"域名服务器树"结构。但这样做会使域名服务器的数量太多，使域名系统运行效率降低。DNS 采用分区来解决这个问题。

一个服务器所负责管辖的（或有权限的）范围叫作区（zone）。各单位根据具体情况来划分自己管辖范围的区。但在一个区中的所有结点必须是能够连通的。每一个区设置相应的权限域名服务器，用来保存该区中的所有主机的域名到 IP 地址的映射。DNS 服务器的管辖范围不是以"域"为单位，而是以"区"为单位。

Internet 上的 DNS 服务器也是按照层次安排的，每一个域名服务器都只对域名体系的一部分进行管辖，如图 4.76 所示。

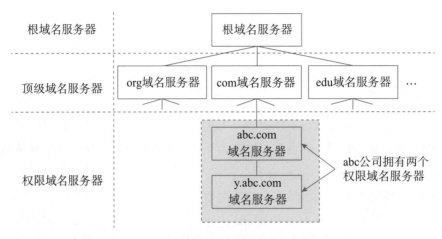

图 4.76　树状结构 DNS 域名服务器

　　根据域名服务器的作用，可以把域名服务器划分为根域名服务器、顶级域名服务器、权限域名服务器和本地域名服务器四种类型。

　　根域名服务器是最高层次的域名服务器，也是最重要的域名服务器，全球共设有 13 组根域名服务器（a.rootservers.net，b.rootservers.net，…，m.rootservers.net）。这 13 组根域名服务器，每一套装置在很多地点安装的根域名服务器都使用同一个域名。而且为了可靠，在每一个地点的根域名服务器往往由多台机器组成，目前世界上多数 DNS 域名服务器都能就近在一个根域名服务器进行查询。所有的根域名服务器都知道所有的顶级域名服务器的域名和 IP 地址。当其他的域名服务器无法解析域名时，会首先求助于根域名服务器。假如所有的根域名服务器都瘫痪了，那么整个互联网的 DNS 就无法工作，因为采取的是分布式结构，所以只要有一台能够正常工作，互联网的 DNS 就不会受到影响。

　　顶级域名服务器负责管理在该顶级域名服务器上注册的所有二级域名。当收到 DNS 查询请求时，就给出相应的回答（可能是最后的结果，也可能是下一步应当找的域名服务器的 IP 地址）。

　　权限域名服务器是负责一个区的域名服务器，当一个权限域名服务器没有给出最后的查询结果时，就会告诉发出查询请求的 DNS 客户，下一步应当查询哪一个权限域名服务器。在 Internet 上拥有可公开访问主机的组织都必须提供可公开访问的 DNS 记录，即把可公开访问主机的域名和 IP 地址做出映射，一个组织的权限域名服务器就包含这些 DNS 记录。

　　本地域名服务器在域名服务系统并不属于如图 4.76 所示的服务器层次结构，却发挥着至关重要的作用。当一台主机发出 DNS 查询请求时，这个查询请求报文就会发送给本地域名服务器。每一个 Internet 服务提供商，或者一个大学，甚至小到一个学院，都可以拥有一台本地域名服务器，如图 4.77 所示。本地网络服务连接的域名服务器指的就是本地域名服务器。

### 3. 域名的解析过程

域名解析又称域名转换，包括由域名到 IP 地址的正向解析和 IP 地址到域名的逆向解析，是由设置在若干域名服务器的域名程序来完成的。域名服务器系统按域名的层次进行安排，每一个域名服务器只管辖域名体系中的一部分。域名服务器不但能进行自己范围内的域名解析，还必须知道如何连向上一级域名服务器，当域名服务器不能进行域名解析时，应知道如何找到别的域名服务器。域名解析查询的方式有两种：迭代查询和递归查询。

图 4.77　本地域名服务器

本地域名服务器向根域名服务器的查询通常是采用迭代查询。当根域名服务器收到本地域名服务器的迭代查询请求报文时，要么给出所要查询的 IP 地址；要么告诉本地域名服务器："你下一步应当向哪一个域名服务器进行查询"。然后让本地域名服务器进行后续的查询（不替代本地域名服务器）。

主机向本地域名服务器的查询一般都是采用递归查询。如果主机所询问的本地域名服务器不知道被查询域名的 IP 地址，那么本地域名服务器就以 DNS 客户的身份，向其他根域名服务器继续发出查询请求报文（替代该主机继续查询），而不是主机自己进行下一步的查询。因此，递归查询返回的结果要么是所查询的 IP 地址；要么报错，表示无法查到所需要的 IP 地址。

假如域名为 m.xyz.com 的主机想知道另一个主机 y.abc.com 的 IP 地址。例如，主机 m.xyz.com 打算发送邮件给 y.abc.com。这时就必须知道主机 y.abc.com 的 IP 地址。其 IP 地址的查询步骤如图 4.78 所示。

（1）主机 m.xyz.com 先向本地域名服务器 dns.xyz.com 进行递归查询。

（2）本地域名服务器采用迭代查询。它先向一个根域名服务器查询。

（3）根域名服务器告诉本地域名服务器，下一次应查询的顶级域名服务器 dns.com 的 IP 地址。

（4）本地域名服务器向顶级域名服务器 dns.com 进行查询。

（5）顶级域名服务器 dns.com 告诉本地域名服务器，下一步应查询的权限服务器 dns.abc.com 的 IP 地址。

（6）本地域名服务器向权限域名服务器 dns.abc.com 进行查询。

（7）权限域名服务器 dns.abc.com 告诉本地域名服务器，所查询的主机的 IP 地址。

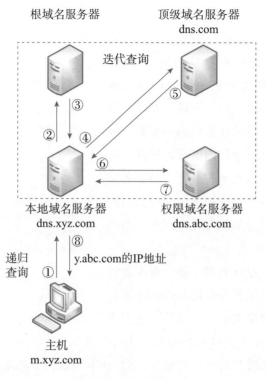

图 4.78　域名解析过程

（8）本地域名服务器最后把查询结果告诉 m.xyz.com。

本地域名服务器经过三次迭代查询后，从权限域名服务器 dns.abc.com 得到了主机 y.abc.com 的 IP 地址，最后把结果返回给发起查询的主机 m.xyz.com。

### 4.7.7　网际协议 IPv6

IPv6 是 Internet Protocol version 6 的缩写，其中，Internet Protocol 译为"网际协议"。IPv6 是 IETF（Internet Engineering Task Force，互联网工程任务组）设计的用于替代现行版本 IP 协议（IPv4）的下一代 IP 协议。

由于 IPv4 最大的问题在于网络地址资源有限，严重制约了互联网的应用和发展。IPv6 的使用，不仅能解决网络地址资源数量的问题，而且也解决了多种接入设备连入互联网的障碍。

IPv6 将现有的 IP 地址长度扩大 4 倍，由当前 IPv4 的 32 位扩充到 128 位，以支持大规模数量的网络结点。IPv4 的地址是 32 位，总数有 43 亿个左右，还要减去一些特殊的地址段，数量就更少了。而 IPv6 的地址是 128 位的，大概是 43 亿的 4 次方，地址极为丰富，几乎是取之不尽的。

在 IPv4 的条件下，全球有上百亿台设备，但却只有 40 多亿个 IP 地址。由于中国互联网起步晚，获得的 IPv4 的地址数目有限，根据中国互联网络信息中心（CNNIC）的数据，截至 2022 年 12 月我国 IPv4 地址数目仅为 39 182 万个。如果使用 IPv6 之后，每台设备都可以拥有独立的 IP 地址，那么就可以使"物联网"成为可能。

IPv6 地址有 3 种格式，即首选格式、压缩格式和内嵌 IPv4 地址的 IPv6 地址格式。

### 1. 首选格式

IPv6 的 128 位地址是按照每 16 位划分为一段，每段被转换为一个 4 位十六进制数，并用冒号隔开，这种表示方法就是首选格式。在首选格式后面加上前缀长度，就是一个完整的 IPv6 地址格式，如 2001：0410：0000：0001：0000：0000：0000：45ff/64。类似于 IPv4 中的 CDIR 表示法，IPv6 用前缀来表示网络地址空间，"/64"表示前缀为 64 位的地址空间，其后的 64 位可分配给网络中的主机，共有 $2^{64}$ 个地址。

### 2. 压缩格式

当 IPv6 地址中出现一个或多个连续的 0 时，为了缩短地址长度，可采用简易表示方法，即把连续出现的 0 省略掉，用"：："（两个冒号）代替中间连续为 0 的情况（注意，在 IPv6 地址中"：："只能出现一次，如果多次出现"：："，就无法判断每个"：："到底省略了多少个全 0 段）。例如，2001：0410：0000：0001：0000：0000：0000：45ff 又可以表示为 2001：410：0：1：：45ff。

### 3. 内嵌 IPv4 地址的 IPv6 地址格式

为了实现 IPv4 和 IPv6 的互通，IPv4 地址会嵌入 IPv6 地址中，此时地址常表示为 X：X：X：X：X：X：d.d.d.d 的形式，即前六组用冒分十六进制表示，而最后 32 位地址则使用 IPv4 的点分十进制表示，例如，：：192.168.0.1 就是一个典型的例子。

内嵌 IPv4 地址的 IPv6 地址格式也分为两种，即 IPv4 映射的 IPv6 地址和 IPv4 兼容的 IPv6 地址。IPv4 映射的 IPv6 地址和 IPv4 兼容的 IPv6 地址用于与传统网络之间的互联互通，以使 IPv4 网络和 IPv6 网络之间能进行无缝通信。

IPv4 映射的 IPv6 地址，用于将 IPv4 结点表现为 IPv6 结点，允许 IPv6 应用程序直接与 IPv4 应用程序通信。例如，IPv6 地址：：ffff：10.0.0.1 可以表示 IPv4 地址 10.0.0.1。

IPv4 兼容的 IPv6 地址，兼容地址与映射地址不同，兼容地址只是用类似 IPv4 地址的方式书写成 IPv6 格式，或由软件处理之后看上去和 IPv6 兼容的样子，用于 IPv4 和 IPv6 之间的过渡计划。这种方式主要在路由器上使用，IPv4 的地址必须是全球唯一的 IPv4 单播地址，用于代表 IPv4 结点的 IPv6 地址。这种地址格式，用于 IPv6/IPv4 结点（同时支持）在使用仅支持 IPv4 的网络上用 IPv6 的协议进行通信。例如，：：0102：f001 相当于地址：：1.2.240.1。

## 小结

本章主要介绍计算机网络的基本知识，包括网络的边缘部分、网络的核心部分、分组交换网络中的延迟损耗和吞吐量、协议层次和服务模型、局域网和 Internet 基础。在学习中，学生要重点掌握分组交换网络中的时延、计算机网络体系结构和模型、网际协议 IPv4。

# 习题

一、选择题

1. 不属于计算机网络应用的是（　　　）。

　　A. 电子邮件的收发

　　B. 用"写字板"写文章

　　C. 用计算机传真软件远程收发传真

　　D. 用浏览器浏览"优酷"网站

2. 和通信网络相比，计算机网络最本质的功能是（　　　）。

　　A. 数据通信　　　　　　　　　B. 资源共享

　　C. 提高计算机的可靠性和可用性　　D. 分布式处理

3. 国际标准化组织（ISO）提出的不基于特定机型、操作系统或公司的网络体系结构 OSI 模型中，第二层和第四层分别为（　　　）。

　　A. 物理层和网络层　　　　　　B. 数据链路层和传输层

　　C. 网络层和表示层　　　　　　D. 会话层和应用层

4. 在下列设备中，在数据链路层实现网络互联的是（　　　）。

　　A. 中继器　　　B. 网桥　　　　C. 路由器　　　　D. 网关

5. 计算机在局域网络上的硬件地址也可以称为 MAC 地址，这是因为（　　　）。

　　A. 硬件地址是传输数据时在传输媒介访问控制层用到的地址

　　B. 它是物理地址，MAC 是物理地址的简称

　　C. 它是物理层地址，MAC 是物理层的简称

　　D. 它是链路层地址，MAC 是链路层的简称

6. 一座大楼内的一个计算机网络系统，属于（　　　）。

　　A. PAN　　　　B. LAN　　　　C. MAN　　　　D. WAN

7. 在 Internet 中，用字符串表示的 IP 地址称为（　　　）。

　　A. 账户　　　　B. 域名　　　　C. 主机名　　　　D. 用户名

8. IP 地址 190.233.27.13 是（　　　）类地址。

　　A. A　　　　　B. B　　　　　C. C　　　　　D. D

9. 路由器运行于 OSI 模型的（　　　）。

　　A. 数据链路层　B. 网络层　　　C. 传输层　　　　D. 物理层

10. 网络层、数据链路层和物理层传输的数据单位分别是（　　　）。

　　A. 报文、帧、比特　　　　　　B. 包、报文、比特

　　C. 包、帧、比特　　　　　　　D. 数据块、分组、比特

11. DNS 的作用是（　　　　）。

    A. 为客户机分配 IP 地址　　　　　　B. 访问 HTTP 的应用程序

    C. 将域名翻译为 IP 地址　　　　　　D. 将 MAC 地址翻译为 IP 地址

12. IP 地址 59.67.159.125/12 的子网掩码是（　　　　）。

    A. 255. 128. 0. 0　　　　　　　　　B. 255. 192. 0. 0

    C. 255. 224. 0. 0　　　　　　　　　D. 255. 240. 0. 0

13. 以下四个 WWW 网址中，哪一个网址不符合网址书写规则？（　　　　）

    A. WWW. 126. COM　　　　　　　B. fanyi. dict. cn

    C. www. nbjj. gov. cn　　　　　　　D. szpx. zjnu. cn. edu

14. IP 地址 202.116.44.67 属于（　　　　）。

    A. A 类　　　　　B. B 类　　　　　C. C 类　　　　　D. D 类

15. 使用默认的子网掩码，IP 地址 201.100.200.1 的网络号和主机号分别是（　　　　）。

    A. 201 和 100. 200. 1　　　　　　　B. 201. 100 和 200. 1

    C. 201. 100. 200 和 1　　　　　　　D. 201. 100. 200. 1 和 0

二、填空题

1. 从计算机网络组成的角度看，典型的计算机网络从逻辑功能上可以分为（　　　　）和（　　　　）两部分。

2. 常用的 IP 地址有 A、B、C 三类，128.11.3.31 是一个（　　　　）类地址，其网络号为（　　　　），主机号为（　　　　）。

3. 开放系统互连参考模型（OSI）中，共分为七个层次，其中最下面的三个层次从下到上分别是（　　　　）、（　　　　）、（　　　　）。

4. IP 地址长度在 IPv4 中为（　　　　）比特，而在 IPv6 中则为（　　　　）比特。

5. 在 TCP/IP 层次模型中与 OSI 参考模型第四层（运输层）相对应的主要协议有（　　　　）和（　　　　），其中后者提供无连接的不可靠传输服务。

6. TCP/IP 模型从低到高依次为（　　　　）、（　　　　）、（　　　　）、（　　　　）。

7. 在一个网络中负责主机 IP 地址与主机名称之间的转换协议称为（　　　　），负责 IP 地址与 MAC 地址之间的转换协议称为（　　　　）。

8. MAC 地址由组织唯一标识符 OUI 和（　　　　）两部分组成。MAC 地址字段第一字节的最低位为（　　　　）位，MAC 地址字段第一字节的最低第二位为（　　　　）位。

9. 在计算机网络中，协议就是为实现网络中的数据交换而建立的（　　　　）。协议的三要素为（　　　　）、（　　　　）和（　　　　）。

10. Internet 通过（　　　　）协议将世界各地的网络联接起来实现资源共享。

11. Internet 中，IP 地址表示形式是彼此之间用圆点分隔的四个十进制数，每个十进制数的取值范围为（　　　　）。

12. 若按照网络的作用范围对计算机网络进行分类，那么覆盖一个国家、地区或几个洲的计算机网络称为（　　　　），在同一建筑或覆盖几千米内范围的网络称为（　　　　），而介于两者之间的是（　　　　）。

三、简答题

1. 作为中间设备，集线器、网桥、路由器和网关有何区别？

2. 网络协议的三个要素是什么？各有什么含义？

3. 常用的传输媒体有哪几种？各有何特点？

4. 试说明 IP 地址与硬件地址的区别，为什么要使用这两种不同的地址？

5. 与下列掩码相对应的网络前缀各有多少位？

（1）192.0.0.0；（2）240.0.0.0；（3）255.254.0.0；（4）255.255.255.252。

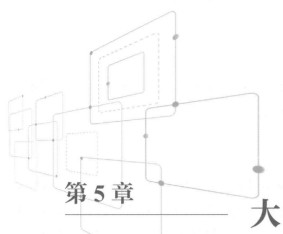

# 第 5 章 —— 大数据技术与应用

**本章学习目标**

☆ 掌握大数据相关概念、基本特征、思维方式的转变以及数据处理的基本流程

☆ 掌握多源数据采集方式及数据预处理方法

☆ 掌握关系数据库的概念，了解NoSQL数据库和分布式文件系统

☆ 了解大数据计算

☆ 掌握数据分析的类型及描述性数据分析的统计指标，了解几种常见的机器学习算法

☆ 了解数据可视化的作用、典型案例和工具

大数据作为新型的生产资料，正与云计算、物联网、人工智能等技术一起改变着人们的日常生活、企业的生产方式以及人们解决问题的思维方式，大数据已赋能了多个行业和领域。如何高效地产生、收集、处理、存储、计算和分析数据，从大数据中挖掘出价值，完成从"数据"到"知识"与"智慧"的转变，已不只是计算机相关专业学生的"特权"。作为当代大学生，要全面了解大数据，逐步培养自己的数据意识和数据思维。本章对大数据的相关概念、特征、应用等方面进行了概述，梳理了数据流程处理框架，然后依次对数据处理流程中的各环节进行了介绍，包括数据采集与处理、数据存储、大数据计算、数据分析和数据可视化。

## 5.1 大数据概述

本节介绍大数据的相关概念和发展背景，分析大数据的基本特征，梳理大数据在多领域的典型应用，分析大数据带来的思维方式的转变，介绍新兴的数据科学学科和数据密集型研究范式，以及梳理数据处理的基本流程框架。

### 5.1.1 相关概念

1. 数据、信息、知识和智慧

数据（Data）是所有能输入到计算机并被计算机程序处理的符号的总称，是对现实世界的客观记录。数据的外延非常广，可以是数值、文字、图形、图像、语音、动画、视频、社会关系等多种形式的记录。信息（Information）是包含在数据中，能够被人理解的思维推理和结论。知识（Knowledge）是指从信息中发现的共性规律、模式、理论和方法等。智慧（Wisdom）是运用知识，创造性地进行预测、解释和发现。

例如，在超市购物收银时，顾客购物的时间，物品的单价、数量及总价等都是被客观记录的数据；基于所有顾客的所有购物数据进行分析，得到同时购买啤酒和尿布的数量占所有购物数量的比例是一条信息；在信息的基础上，通过数据挖掘算法发现啤酒和尿布经常被同时购买是获得的知识；运用该知识，对商品进行推荐是智慧。再如，通过测量星球在特定时间的位置，可以获得数据；基于这些数据，可以得到星球的运动轨迹，即信息；通过这些信息总结出的开普勒三定律，就是知识。

图 5.1 的 DIKW 金字塔模型揭示了数据、信息、知识和智慧间的层次关系，金字塔底层是上层的基础，上层是底层的提升。从"数据"到"智慧"是人们认识程度的提升，也是"从认识部分到理解整体、从描述过去（或现在）到预测未来"的过程。

2. 类别型数据、序数型数据和数值型数据

类别型数据（Categorical）也称为分类型数据，每一个取值都代表了一个类别，如性别的两个取值分别代表两个类别。

序数型数据（Ordinal）和类别型数据的相似之处是每个取值都代表了不同的类别。但是，序数型数据不同的取值既有类别之分，也有大小之分。例如，年收入可以划分为三个等级：高、中、低。

图 5.1　DIKW 金字塔模型

数值型数据（Interval）也称为区间型数据。其取值代表了对象的状态，如年收入的值。

3. 结构化数据、半结构化数据和非结构化数据

根据数据的结构模式的强弱，通常可以把数据划分为结构化数据、半结构化数据和非结构化数据。针对不同的数据，采用的数据管理（如数据存储、数据分析）方法也存在着很大的区别。结构化数据具有很强的结构模式，通常会用不同的属性来描述数据，如可以

从姓名、学号、年龄、性别、所在院系等维度来描述学生，如表 5.1 所示。在管理结构化数据时，需要先定义数据的结构，然后按照规定的结构生产、存储或管理数据，即"先有结构，后有数据"。关系数据库专门用来存储结构化数据，具体请详见 5.3.1 节。

表 5.1　结构化数据示例

| 学　　号 | 姓　　名 | 性　　别 | 年　　龄 | 所在院系 |
|---|---|---|---|---|
| S3001 | 张以 | 男 | 18 | 计算机学院 |
| S3002 | 赵丽 | 女 | 19 | 管理科学与工程学院 |
| S3003 | 李静 | 女 | 18 | 信息学院 |

非结构化数据无法形成统一的描述数据的维度，即难以发现统一的数据结构。在日常产生的大量数据中，非结构化数据占的比重越来越大。例如，文档、图像、音频、视频、存储在文本文件中的系统日志都属于非结构化数据。非结构化数据的存储不能采用关系数据库，通常采用非关系数据库或者分布式文件系统。

半结构化数据的结构模式的强度处于结构化数据和非结构化数据之间，通常"先有数据，后有结构"。半结构化数据虽然没有预先定义的数据结构，但是有明确的数据标签，用来分割实体和实体的属性，因此通过处理转换后可以发现其结构。一般采用 HTML、JSON、XML 等标记语言表示的都是半结构化数据。图 5.2 为 XML 和 JSON 格式的数据示例。

```
▼<note>
   <to>George</to>
   <from>John</from>
   <heading>Reminder</heading>
   <body>Don't forget the meeting!</body>
</note>
```

```
{
"employees": [
{ "firstName":"Bill" , "lastName":"Gates" },
{ "firstName":"George" , "lastName":"Bush" },
{ "firstName":"Thomas" , "lastName":"Carter" }
]
}
```

图 5.2　XML（左）和 JSON（右）格式的数据示例

4. 大数据的概念

目前，还没有形成对大数据统一公认的定义，现有定义主要从"现有技术无法处理"和"数据特征"两个维度出发，能被接受的大数据的定义包括如下几种。

维基百科（Wikipedia）定义大数据为规模庞大、结构复杂、难以通过现有商业工具和技术在可容忍的时间内获取、管理和处理的数据集。

麦肯锡全球研究机构（McKinsey Global Institute）认为大数据是大小超过经典数据库软件工具收集、存储、管理和分析能力的数据集。

徐宗本院士认为大数据是不能集中存储并且难以在可接受时间内分析处理，其个体或部分数据呈现低价值性，而数据整体呈现高价值的大量复杂数据集。

美国国家标准技术研究院（NIST）认为大数据是由具有规模巨大、种类繁多、增长速度快和变化多样，且需要一个可扩展体系结构来有效存储、处理和分析的广泛的数据集组成的。

### 5.1.2 大数据发展背景

IT 领域经历了三次信息化浪潮，如表 5.2 所示。1980 年前后，个人计算机开始普及，计算机走入千家万户，人类迎来了第一次信息化浪潮；1995 年前后，人类开始接触互联网，人类迎来了第二次信息化浪潮；2010 年前后，大数据、物联网和云计算快速发展，大数据时代已经到来。

表 5.2　三次信息化浪潮

| 信息化浪潮 | 发生时间 | 标　　志 | 解决的问题 | 代 表 企 业 |
|---|---|---|---|---|
| 第一次浪潮 | 1980 年前后 | 个人计算机 | 信息处理 | Intel、AMD、IBM、苹果、微软、联想等 |
| 第二次浪潮 | 1995 年前后 | 互联网 | 信息传输 | 谷歌、雅虎、阿里巴巴、百度、腾讯等 |
| 第三次浪潮 | 2010 年前后 | 大数据、物联网和云计算 | 信息爆炸 | — |

大数据时代的到来主要有两个方面的原因：一方面信息技术的快速发展，为大数据时代的到来提供了技术支撑，主要包括信息存储设备容量不断增加，信息处理能力大幅提升以及网络带宽不断增加，这些使得信息传输更加顺畅；另一方面，数据产生的方式也发生了变革，进一步促进了大数据时代的到来。生产数据的方式经历了运营式系统阶段、用户原创内容阶段与感知式系统阶段。在运营式系统阶段，数据的生产是被动的，往往会伴随着实际的企业业务发生，只有这时才会有新的数据产生；在用户原创内容阶段，互联网的快速发展迎来了以"用户产生内容"（User Generated Content，UGC）为特征的 Web 2.0 时代。相对于 Web 1.0 时代以门户网站显示信息为主，Web 2.0 时代以博客、微博、微信等产品为代表，用户可以随时随地产生数据，且以非结构化数据为主；在感知式系统阶段，物联网中大量的传感器，如温度传感器、湿度传感器，每时每刻都在产生数据。

### 5.1.3 大数据的基本特征

通常认为，大数据的基本特征可总结为"4V"，即规模庞大（Volume）、多样性（Variety）、时效性（Velocity）和价值大但价值密度低（Value）。

1. 规模庞大

相对于现有的数据存储和计算能力，普遍认为 PB 级的数据就可以称为"大数据"。目前已形成了"大数据摩尔定律"，即全球的数据量正以每 18 个月至 24 个月翻一番的速度快速增长。据互联网数据中心（Internet Data Center，IDC）统计，预计到 2025 年，全球数据总量将达到 163ZB。数据规模的不断增长，必然会对数据的获取、传输、存储、处理和分析带来挑战。

### 2. 多样性

在大数据中，多种类型的数据往往共存着，包括结构化数据、非结构化数据和半结构化数据。据统计，在未来，非结构化数据的占比将达到 90% 以上。例如，在智慧交通这一应用领域，涉及的数据包括结构化的车辆注册数据、驾驶人基本数据、城市道路数据等，也包括非结构化的交通路口摄像头数据等。

### 3. 时效性

时效性是指数据刻画的事物状态是动态的，是在不断地、持续地发生变化的。因此，大数据应当具有持续的数据获取和更新能力，这对大数据的处理时间要求越来越高。即在某些场景下，如在处理交通路况信息时，要满足数据的时效性要求。

### 4. 价值大但价值密度低

价值大是指在大数据的基础上，应用数据挖掘、机器学习等技术，可以获取蕴含在数据中、非显而易见的高价值信息或知识。价值密度低是指对于一个特定的应用场景，大数据中真正"有用的"数据是很少的，大量的数据都与目标任务无关。因此，给定具体的任务，如何从大量数据中快速地定位"有用的"数据是大数据计算的核心问题之一。

在大数据"4V"特征的基础上，又增加了一个新的特征，即真实性（Veracity），形成了大数据的"5V"特征。真实性特征强调了数据质量对大数据发挥价值的重要作用，一方面要对数据中的各类噪声数据、缺失数据进行处理；另一方面也要保证数据是客观世界的反映，避免虚假、错误数据的影响。

## 5.1.4 大数据的典型应用

### 1. 金融行业

金融行业是大数据应用的前沿领域，大数据在该行业的客户关系管理、股价预测、信贷风险管控、高频交易等方面都发挥着重要的作用。以股价预测为例，传统的股价预测会考虑风险、收益和企业的状况，然而市场情况对金融市场也有着重要的影响，是预测股价的一个新视角。2011 年 5 月，英国对冲基金 Derwent Capital Markets 建立了 4000 万美金的对冲基金，该基金通过分析 Twitter 的数据内容来捕获市场情况，进而指导投资。利用 Twitter 的对冲基金在首月的交易中以 1.85% 的收益率营利了，而其他对冲基金的收益率平均值只有 0.76%。麻省理工学院的研究者，把 Twitter 上的内容分为正面或负面情况。经过研究发现，无论是正面情况（如"希望"），还是负面情况（如"害怕""担心"），它们占总 Twitter 内容数的比例都与道琼斯指数、标准普尔 500 指数、纳斯达克指数的下跌相关。美国佩斯大学的一位博士采用了另外一种方法研究社交媒体数据对股价的影响，他追踪了可口可乐、星巴克和耐克三家公司在社交媒体上的受欢迎程度，并比较它们的股价。通过研究发现，Twitter 上的用户数、Facebook 上的粉丝数和 YouTube 上的观看人数都和股价有密切的关系；并且品牌的受欢迎程度还能帮助预测 10 天、30 天后股价的上涨情况。

2. 会计行业

传统的会计学强调三张报表：资产负债表、现金流量表和利润表，分别反映企业的运营能力、偿债能力和营利能力。但对于某些类型的企业，如长周期、高负债、高不确定性的 IT 企业、新行业企业、创业企业等，它们的无形资产（如客户忠诚度、口碑和品牌）对于衡量企业真正的价值可能更为重要，传统的三张报表就显得捉襟见肘。因此，会计业界和学界提出"第四张报表"来反映相关的数据资产。由于财务数据是对企业过去经营结果的静态记录，因此无法及时反映企业的业务变化；而企业的业务数据，如大量的用户特征数据、用户交易记录、用户偏好、用户对产品的使用行为都是动态的，可能会更及时地反映企业的当前价值。因此，德勤（Deloitte）建立了"业务数据—财务表现—价值评估"的价值评估模型，提出的"第四张报表"强调以非财务数据为核心，以企业绩效为基础，关注数据资产价值，以期为企业提供更全面的价值评估和更深入的管理洞见。

3. 商业

商业领域是大数据发挥价值最多的行业之一。当你去互联网上购物时，一些网站能够做到"千人千面"，向不同的用户推荐不同的商品，这背后就是大数据在发挥作用。网站会根据用户的浏览行为和购买行为，推断出用户的兴趣偏好，并匹配到类似用户的行为，从而为用户推荐他们可能感兴趣的商品。据估计，亚马逊销售额有 1/3 是靠给用户推荐而产生的。《纽约时报》在 2012 年报道了美国第二大连锁百货店塔吉特应用大数据的案例。塔吉特工作人员经过数据分析发现，女性在怀孕不同阶段买的物品呈现很大的相似性。因此，根据顾客购买的物品可以预测女性怀孕的概率。例如，一位女性购买过大瓶椰子油润肤露、一个大挎包、维生素和鲜亮的地毯，那么就可以估计出她怀孕的可能性是 87%。如果预测出女性怀孕了，塔吉特就会在孕妇怀孕的不同时期向她们推送精挑细选的 25 类商品的优惠券。

4. 生物医药

基于大数据分析，可以实现流行病预测、智慧医疗和健康管理。

（1）谷歌流感趋势预测（Google Flu Trend，GFT）。

传统的公共卫生管理中，预测疾病流行趋势主要依赖患者去医院就诊后，医生上报给疾病控制与预防中心。疾控中心基于各级医疗机构上报的数据，发布流行病趋势预测报告。但这种方式一般会有 1～2 周的滞后期：一方面，感染人群往往会在发病比较严重后才会到医院就诊；另一方面，疾控中心需要对医生上报的数据进行汇总与分析。而两周内疫情可能早已扩散。2009 年谷歌的科研人员在《自然》杂志上发表论文，从 2003—2008 年季节性流感传播期间网民在谷歌搜索引擎中输入的 4.5 亿关键词中挑选出了 45 个重要的检索词条和 55 个次重要词条，与同时间段的疾控中心发布的感染人数构建回归模型。在 2009 年冬季流行感冒预测任务中，与官方数据相比，预测准确率高达 97%，并且相对于官方其预测及时性更强。

（2）智能疾病诊断。

对于利用人工智能（Artificial Intelligence，AI）进行疾病诊断，也需要以大数据为基础。例如，吴恩达所在的斯坦福实验室团队基于目前最大的 X 光数据库 ChestX-ray14 数据集（包含来自 3 万多位患者的超过 11 万张正面胸片），训练了一个 X 光诊断算法，可以诊断 14 种疾病，如肺炎、胸腔积液、肺肿块等。最终，在其中 10 种疾病的诊断上，AI 都与人类放射科医生的表现相当，并在一种疾病的诊断上超过了人类。并且 AI 的诊断速度是人类的 160 倍。该团队的另外一个工作是基于大量的电子病历数据，预测病人未来 3 ～ 12 个月的死亡率，确定其是否需要临终关怀。

在其他领域，大数据也发挥着重要的作用。在教育行业，可以基于大数据分析对学生进行"隐形补助"，或帮助学生进行个性化学习；在电信行业，可以帮助预测客户流失概率，进行客户细分；在体育行业，《点球成金》的电影展示了数据在体育行业的重要作用；球员运动装备上的传感器、训练场地的摄像头收集到的大量数据也能够帮助球员提高训练效果。在 NBA 勇士队，主教练科尔根据团队对历年 NBA 比赛的统计数据，发现最有效的进攻是传球和投篮，而不是突破和扣篮，因此制定相应的训练战略；在制造业，基于多源数据，如物联网数据、内部业务系统数据（如 ERP、CRM、MES、PLM）和外部数据，可贯穿企业生产制造、售后服务、研发设计和企业管理等各个环节，应用于现有业务优化，促进企业升级转型；在城市管理方面，能够利用大数据实现智慧交通、智慧政务、城市规划等；互联网行业也是大数据技术应用最为广泛的领域之一，借助于大数据技术，可以分析客户各种行为，在此基础上进行商品推荐、有针对性地投放广告、预测客户点击率等。

### 5.1.5　大数据带来的思维模式转变

V.Mayer Schönberger 和 K. Cukier 在论著 *Big data*：*A revolution that will transform how we live, work, and think* 中提到大数据带来的思维变革主要有以下几个方面。

#### 1. 从随机抽样到尽量收集完备的数据

在过去，数据获取难度大，开展数据分析一般依靠统计学，采用随机采样获得小数据。然而要满足采样数据具有绝对的代表性这一要求非常困难，因此分析结果容易产生偏差。在大数据时代，要求数据或某个领域的局部完备性。鉴于目前各类传感器、网络爬虫等数据收集手段的普及和发展，收集全面和完整的数据成为可能。

#### 2. 从追求数据的精确到可以牺牲一部分精确性而追求大数据

对于小数据，由于在进行随机抽样时，少量的错误也可能导致比较严重的偏差，因此一般对其精确性要求比较高。对于大数据，保障其精确性难度比较大。一方面，来源于不同数据源容易造成数据不一致；另一方面，由于网络等原因，通过传感器、网络爬虫收集的数据经常出现缺失，使得数据不完整。当数据量非常大并且来源广泛时，会缓解数据不精确带来的影响。

### 3. 从因果关系到相关关系

基于因果逻辑推断和利用相关关系是分析数据和预测未来的两种常用方法。在过去，人们一直重视因果关系，认为如果没有分析出原因作为基础，得出的结论不能令人信服。一般来讲，新药的研发大多是基于因果逻辑，即首先要找到致病的原因，才能有针对性地找到解决方案，进而合成新药，对于新药的有效性知其然也知其所以然。举例来说，青霉素的发现过程就是符合因果关系的。1928 年，英国医生亚历山大·弗莱明（Alexander Fleming）偶然发现霉菌可以杀死细菌，但并不清楚霉菌杀菌的原理。直到 1939 年，厄恩斯特·钱恩（Ernst Chain）等人发现青霉素可以杀死细菌是由于一种叫青霉烷的有效成分。青霉烷可以破坏细菌的细胞壁，而人和动物的细胞没有细胞壁，因此青霉素可以杀死细菌却不会伤害人和动物。基于此，美国麻省理工学院的科学家约翰·希恩（John Sheehan）成功地合成了青霉素。但是基于因果关系研制新药是非常漫长的过程，并且成本非常高。如今，利用大数据寻找特效药的方法使研制新药发生了变化。如果将已经存在的药物和每一种疾病进行配对，可能会发现一些意外的效果。例如，斯坦福大学医学院经过研究发现，本来用于治疗心脏病的某种药物对某种胃病的治疗非常有效。这是一种基于相关关系的方式，通过这种方式，时间和经济成本都会大大降低。谷歌流感预测（GFT）也是利用了搜索关键词和流感患病人数之间的相关关系，而非因果关系。当然，应用相关关系的前提是要有足够多的数据。值得注意的是，在大数据时代，因果关系并非不重要，因为其具有很强的可解释性。

### 5.1.6 数据科学

数据科学是对大数据世界的本质规律进行探索与认识，是基于计算科学、统计学、信息系统等学科的理论，甚至发展出新理论，研究数据整个生命周期的本质规律，是一门新兴的学科。数据科学的发展历史可以追溯到 1974 年，图灵奖得主、丹麦计算机科学家彼得·诺尔（Peter Naur）提出了"数据学"的概念，研究对象是数值化的数据。他认为数据学是计算机科学的延伸。2001 年，贝尔实验室的威廉·克利夫兰（William S. Cleveland）从统计学的角度出发，提出数据科学应为一个从统计学延伸出的独立研究领域。2007 年，图灵奖获得者 Jim Gray 提出了科学研究的第四范式——数据密集型科学，成为继"实验科学范式""理论科学范式"和"计算科学范式"之后的第四范式。实验科学以观察和总结自然规律为特征；理论科学以模型和归纳为特征；计算科学以模拟仿真为特征；而数据密集型科学的特征是以数据为中心，以数据驱动为手段，以跨领域应用为导向，实现从"数据"到"知识"和"智慧"的转换。数据科学成为与经验科学、理论科学、计算科学并列的科学研究领域。

数据科学的研究范畴主要包括两方面：一是采用数据驱动的方法研究不同领域的科学，即数据密集型科学发现；二是用科学的方法研究数据，主要讨论对大数据更有效的管理，包括数据采集、数据存储、大数据计算和分析，涉及统计学、数据库和机器学习等领域。

### 5.1.7　数据处理的基本流程

数据处理的基本流程主要包括数据采集与治理、数据存储、大数据计算、数据分析与数据可视化。

#### 1. 数据采集与治理

数据采集是支撑大数据上层应用的基础。大数据的来源多样，既可以来源于数据库，也可以来源于各种类型的传感器、智能终端、互联网以及系统日志文件等。这些数据可以是自动产生的，也可以是由人类生产出来的。通过数据采集获取的数据通常不能直接用于后续的数据处理与数据分析，比如数据中含有大量缺失值、噪声数据或不一致数据。因此，需要对数据进行预处理，提升数据质量，为大数据的上层应用奠定基础。具体内容请详见 5.2 节。

#### 2. 数据存储

对于不同类型的数据，需要选择不同的数据存储方式进行保存。常用的数据存储方式包括关系数据库、分布式文件系统、NoSQL 数据库和数据仓库等。具体内容请详见 5.3 节。

#### 3. 大数据计算

大数据计算是充分挖掘大数据价值的重要手段。大数据的特征尤其是其规模性和对时效性的要求给数据的计算带来了直接的挑战。为了应对这些挑战，分布式计算已经逐渐成为主流。涉及的技术主要包括 MapReduce、Storm 和 Spark 等。具体内容请详见 5.4 节。

#### 4. 数据分析

数据分析的目标是从杂乱无章的数据中发掘有用的知识，以指导人们进行科学的决策。数据分析可以分为四类：描述性分析、诊断性分析、预测性分析和规范性分析。描述性分析和诊断性分析关注的是过去已经发生的，分别关注的是"已发生了什么"和"为什么发生"；预测性分析主要预测未来将会发生什么，如预测店铺未来的销售额，预测未来患流感的人数；规范性分析主要基于运筹学、模拟和仿真技术，解决优化问题。数据分析主要通过统计、机器学习等方法实现。具体内容请详见 5.5 节。

#### 5. 数据可视化

为了帮助用户更直观、有效地理解和分析数据，可以进行数据可视化，将数据转换成图形图像并提供交互。具体内容请详见 5.6 节。

## 5.2　数据采集与治理

大数据可以由多种方式产生，例如，UGC（用户原创内容）数据，通过用户输入的企业运营数据或者通过感知设备生成的数据。这些数据被生产出来之后，需要把它们收集起来才能在其基础上挖掘潜在的价值，正所谓"巧妇难为无米之炊"。在数据被收集之后，一般仍不能直接使用，需要对数据进行处理，主要包括数据集成、数据清洗和数据变换。本节重点介绍多源数据采集和数据的预处理。

### 5.2.1　多源数据采集

数据收集旨在从真实世界中获得原始数据。企业内部的业务数据一般会随着业务的开展自动积累下来，因此不做详细介绍。本节将主要介绍四种数据采集的方式，分别为系统日志记录与用户行为数据采集、感知设备数据采集、网络数据采集和与数据要素流通。

#### 1. 系统日志记录与用户行为数据采集

系统日志在系统运行过程中自动产生，一般以文件格式进行记录，主要包括系统访问日志、用户单击日志等。系统日志可有效地帮助诊断错误，辅助系统运营，优化系统运行的效率。例如，根据系统访问日志可有效地描述系统的流量、活跃用户数等情况。系统日志记录采集可通过系统日志采集工具（如 Flume）实现。

用户行为数据描述了用户进入系统后进行的操作，如用户在某个页面停留的时间，单击的按钮，将什么商品加入过购物车，将哪些商品从购物车中移除等。通过用户的这些行为数据可以推理用户偏好，进行用户画像，为用户提供更精准的服务，如推荐用户可能会购买的商品。对于互联网应用，可以通过"埋点"（事件追踪）的方式获得用户行为数据。"埋点"是针对特定用户行为或事件进行捕获、处理和发送的相关技术及其实施过程。

#### 2. 感知设备数据采集

感知设备数据采集是指通过智能终端（如传感器、射频识别技术和摄像头）采集信号、图片或录像，从而获取数据。与感知设备数据采集密切相关的概念是物联网（Internet of Things，IoT）。物联网是通过射频识别（RFID）装置、红外感应器、全球定位系统、激光扫描器等信息传感设备，按约定的协议，把任何物品与互联网相连接，进行信息交换和通信，以实现智能化识别、定位、跟踪、监控和管理的一种网络。物联网中的"物"要被纳入物联网，需要满足以下条件：有相应信息的接收器；有数据传输通路，可以将信息传输到物联网基站以及其他平台；有一定的存储功能；有中央处理器（CPU）；有操作系统；有专门的应用程序；有数据发送器；遵循物联网的通信协议；在世界网络中有可被识别的唯一编号。

物联网的体系架构主要分为三层：感知层、网络层、应用层，如图 5.3 所示。感知层由各种传感器构成，是物联网识别物体、采集信息的来源。传感器可以将物理环境变量转换为可读的数字信号，主要包括温度传感器、湿度传感器、压力传感器等。网络层是整个物联网的中枢，负责传递信息和处理信息。应用层是物联网和行业的接口，它与行业需求结合，实现物联网的智能应用。

物联网的应用主要集中在智能物流、智能交通、智能家居、环境监测、金融与服务业、智慧医疗、智慧农业等领域。在智能物流领域，各种物流环节所涉及的信息通过 RFID、无线传感器网络、条码等感知设备进行采集，并进行智能化处理。在智能交通领

图 5.3　物联网体系架构

域，物联网技术使得人们能够通过部署在城市道路上的感知设备及时了解道路的实时状况，以辅助个人出行、交通智能调度等。在智能家居领域，物联网技术可以将家庭中的智能设备有机互联，进而为人们提供舒适节能的环境和安全放心的生活。在环境监测领域，大量低成本的无线传感器可以部署在不便于观测的环境中，可有效地监测大气参数、水污染、森林生态、海洋参数、火山活动等。在金融与服务业领域，人们可以通过智能手机等终端实现实时交易，其他典型应用包括"电子银行""手机银行""支付宝"等。在智慧医疗领域，可穿戴设备可以帮助人们及时了解自身的一系列生理参数，如心跳、呼吸、血糖等；附着在药品上的 RFID 标签可以有效减少药品的误服率，保障用药安全。在智慧农业领域，在农田里部署的无线传感器可以实时采集与农作物生长有关的参数（如水、肥），以及时控制农作物生长所需环境进而提高农作物的品质；在养殖方面，RFID 标签可植入动物体内，确保动物肉品的全方位可追溯，以保障食品的安全。

### 3. 网络数据采集

对于互联网上的公开数据，理论上都可以通过网络爬虫或调用网站开放的 API（应用程序接口）来进行采集。

网络爬虫是一种机器人程序，可以自动采集多个网页。互联网上的任何网页，都可以经过若干个超链接到达。网络爬虫会从一个或若干个种子 URL（统一资源定位系统）开始，通过一定的搜索策略（如广度优先搜索和深度优先搜索），依次去访问其他网页。目前已经有很多网络爬虫产品，如八爪鱼、神箭手、火车头。这些产品不需要任何编程基础即可使用，入门门槛比较低。如果读者本身有一些编程基础，也可以自己编写程序实现特定的网络爬虫实现网页数据的采集，如使用 Scrapy 框架，随后再将网页中自己感兴趣的数据提取出来。

有些大型互联网公司（如 Twitter、百度地图）会开放应用程序接口（API），用户可以通过相关网站规定的格式进行数据请求，网站服务器会返回相应的数据。

### 4. 数据要素流通

数据已成为继土地、劳动力、资本、技术之后的第五大生产要素。《中共中央国务院关于构建数据基础制度更好发挥数据要素作用的意见》指出要"建立保障权益、合规使用的数据产权制度""建立合规高效、场内外结合的数据要素流通和交易制度"。《数据要素白皮书（2022 年）》指出，按照数据与资金在主体间流向的不同，数据要素的流通形式可分为开放、共享和交易共三种。数据开放是指提供方无偿提供数据，需求方免费获取数据，没有货币媒介参与的数据单向流通形式，开放的对象往往是公共数据。数据共享是指互为供需双方，相互提供数据，没有货币媒介参与的数据双向流通形式。根据共享主体的不同，可分为政府间共享、政企间共享、企业间共享等形式。数据交易是指提供方有偿提供数据，需求方支付获取费用，主要以货币作为交换媒介的数据单向流通形式。近年来，随着党中央国务院多项重要政策出台，各地新建一批数据交易机构，试图推动合规安全的数据交易。数据提供方集中在各级政府、电信运营商、大型国有企业、大型互联网公司等，数据需求方主要集中在零售企业、金融机构等。例如，由国网上海电力公司提供的这一数据产品被中国工商银行上海分行购买，通过对"企业电智绘"提供的脱敏企业用电数据的深度分析，掌握企业的用电行为、用电水平、用电趋势等信息，为银行在辅助授信、信贷反欺诈、贷后预警等方面提供决策参考。

#### 5.2.2　数据的预处理

数据预处理阶段的工作主要包括数据集成、数据清洗和数据变换。

### 1. 数据集成

采集阶段的数据可能有不同的来源，其模式和语义可能存在不一致的情况，如某个应用用男 / 女表示性别，有的应用则用 0/1 表示性别。同时，在大数据分析阶段，需要将多

维数据 / 视图整合起来查看才更能充分发挥大数据的价值。例如，如果能同时了解用户的个人信息与其社交网络信息，对用户的了解就会更加全面。因此，在数据集成阶段，要进行模式匹配和语义翻译。前者将解决不同来源数据的异构性，如使用不同的模式表达相同的信息或者同一数据代表不同的含义；后者主要实现实体匹配，将不同的表述映射至同一个事物。在数据集成时，也要对冗余数据和冲突数据进行处理。

### 2. 数据清洗

在数据清洗阶段，主要工作包括补全缺失值、去除冗余数据、识别和去除异常值、发现和解决数据不一致等。

### 3. 数据变换

由于数据的量纲和范围可能会有差别，为了更好地服务于后期的数据分析，数据变换主要工作包括简单函数变换、数据的标准化和归一化、数据平滑。

例如，时间序列分析可以通过简单的对数变换或差分运算将非平稳序列转换为平稳序列。对于某些数据挖掘算法，会受到不同数据范围的影响。例如，进行客户细分时，客户的收入范围为 1000 ~ 50 000 元，而客户的年龄为 1 ~ 100，因此在没有进行数据变换前，客户的相似度计算会倾向于收入的影响。数据的标准化和归一化可以解决上述问题，即规范地将数据缩放到同一个特定范围内。为了缓解数据中噪声的影响，可以通过分箱、聚类等方法对数据进行平滑。例如，将客户的年龄段划分成 0 ~ 12、12 ~ 18、19 ~ 30、30 ~ 60、60 以上几个阶段，即使有些客户的年龄不是很准确，也可能会落到同一个"箱"中，不会对后续数据分析造成影响。

## 5.3　数据存储

数据被采集之后，需要将数据保存下来，并提供有效的数据查询和检索机制。对于结构化数据，传统的数据存储方式为关系数据库。自 20 世纪 80 年代以来，关系数据库在学术界和业界都占据着主导地位。但在大数据时代，数据具有体量大、数据类型多样、对性能和效率要求不断提高的特点，传统的数据存储方式已不能满足需求，因此出现了分布式文件系统、NoSQL（Not only SQL）数据库等新型的数据存储方式。简单来说，数据库是按照一定的格式存放数据的仓库。严格来讲，数据库是长期存储在计算机内有组织的可共享的大量数据的集合。数据库中的数据按照一定的数据模型进行组织、描述和存储，具有较小的冗余度、较高的数据独立性和易扩展性，并可为各种用户共享。

本节重点介绍关系数据库的发展、组成，介绍用于用户和数据库管理系统进行交互的结构化查询语言，分析数据库事务应具有的特性，并总结常用的关系数据库产品；简单介绍四种 NoSQL 数据库，即键值数据库、列族数据库、文档数据库和图数据库；最后介绍分布式文件系统。

### 5.3.1 关系数据库

1. 概述

传统的数据存储方式经历了人工管理、文件系统和数据库系统三个阶段。人工管理和文件系统阶段数据的共享性差、冗余度高，且数据独立性差。在文件系统中，一个（或一组）文件对应一个应用程序，即使不同应用程序间有重叠的数据，也不能共享这些数据，而是必须各自建立对应的文件，因此数据冗余性大。这样，一方面会浪费存储空间，另一方面相同数据重复存储，容易造成数据的不一致，也给数据的修改和维护带来了挑战。为了解决多用户、多功能的数据共享以及数据独立性问题，数据库管理系统应运而生。

数据库管理系统（Database Management System，DBMS）是介于用户与操作系统之间的数据管理软件，以具有国际标准的 SQL（Structured Query Language，结构化查询语言）作为关系数据库的基本操作接口。该软件的主要功能包括数据定义功能，即定义数据库中的数据对象的结构；数据组织、存储和管理，即通过多种存取技术（如索引、Hash）提高数据的存取效率；数据操纵功能，即实现对数据库的基本操作，如查询、插入、删除和修改；数据库的事务和运行管理，例如，保证数据的安全性、完整性，多用户对数据的并发使用，发生故障后的系统恢复以及数据库的建立和维护功能。

与数据库管理系统有关的另一个概念是数据库系统（DataBase System，DBS）。数据库系统是由数据库、数据库管理系统、应用系统、应用开发工具、数据库管理员和用户组成的存储、管理、处理和维护数据的系统，其主要组成如图 5.4 所示。

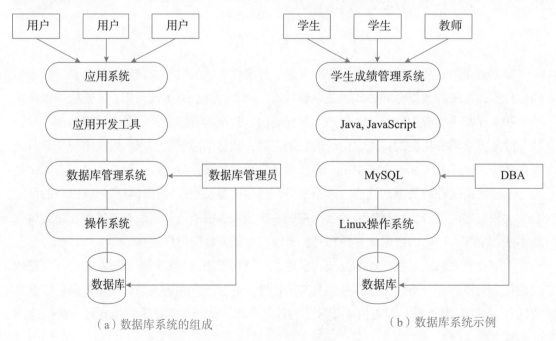

（a）数据库系统的组成　　　　　　　　　　（b）数据库系统示例

图 5.4　数据库系统的组成及示例

## 2. 结构化查询语言

结构化查询语言（SQL）是一个通用的功能强大的关系数据库语言，用于用户进行数据库模式操纵、数据库数据的操作、数据库安全性完整性定义和控制等一系列功能。SQL是国际标准语言，大多数关系数据库均使用 SQL 作为数据存取语言，并且语法元素和结构具有共通性，为不同数据库系统间的相互操作奠定了基础。

### 1）SQL 的发展历史

1974 年，IBM 圣何塞实验室的 Boyce 和 Chamberlin 在研制关系数据库管理系统原型系统 System R 的过程中，提出了一套规范语言 Sequel（Structured english query language），并在 1980 年正式命名为 SQL。1986 年 10 月，美国国家标准局（American National Standard Institute，ANSI）采用 SQL 作为关系数据库管理系统的标准语言（ANSI X3.135—1986）。1987 年，国际标准化组织（International Organization for Standardization，ISO）将 SQL 采纳为国际标准。后来每隔一段时间，ISO 都会更新 SQL 标准的版本。

### 2）SQL 的组成

SQL 将数据库系统的操作分为三个类别，分别是数据定义语言（Data Definition Language，DDL），数据操纵语言（Data Manipulation Language，DML）和数据控制语言（Data Control Language，DCL）。

（1）数据定义语言。

数据定义语言用于创建或删除数据库模式，例如，对表、视图和索引等数据库对象的创建和删除。数据定义语言的语句包括动词 CREATE 和 DROP，数据库对象的名词主要为 TABLE、VIEW 和 INDEX。

（2）数据操纵语言。

数据操纵语言可以对数据库中的数据进行查询、插入、删除和修改，分别对应动词 SELECT、INSERT、DELETE 和 UPDATE。

（3）数据控制语言。

数据控制语言包括除 DDL 和 DML 之外的其他语句，如对访问权限的控制、对安全级别的控制、对连接会话的控制等。常用语句包括 GRANT、REVOKE 等，分别表示授予用户访问权限，解除用户访问权限。

## 3. 数据库事务

数据库事务是用户定义的一组操作序列。事务具有四个特性，主要包括原子性（Atomicity）、一致性（Consistency）、隔离性（Isolation）和持久性（Durability），简称为 ACID 特性。事务的 ACID 特性对数据库的恢复有重要作用。

（1）原子性。事务包括的操作都做或者都不做。例如，某用户想从银行账号 A 转账一万元到银行账号 B，需要的操作包括从账号 A 中减去一万元，在账号 B 中增加一万元。两个操作如果不满足原子性，则容易出现错误。

（2）一致性。事务执行的结果要使数据库从一个一致性状态转换到另一个一致性状态。如果事务尚未完成被迫中断，未完成的事务对数据库做的修改已经有一部分写入到物理数据库，会造成数据库处于不一致的情况。

（3）隔离性。并发事务间是相互独立的，不会互相干扰。

（4）持久性。事务一旦提交，其对数据库中数据的改变是永久性的。即使接下来系统发生故障也不会对执行结果有影响。

4. 常见的关系数据库管理系统

自关系数据模型被提出以来，出现了众多的关系数据库管理系统。如仅个人简单使用或学习，可以考虑 Access 数据库。市场上也有很多成熟的商用关系数据库管理系统（RDBMS）产品，份额较大的主要有 Oracle、SQL Server 和 DB2。除了商业产品，也有一些关系数据库管理系统是开源的，比较流行的开源产品有 MySQL、PostgreSQL 和 SQLite。

（1）Access 数据库。Office Access 是 Office 中的一个成员，以一定的格式将数据存储在 Access Jet 的数据库引擎中，是一个结合图形用户界面和软件开发工具的关系数据库管理系统。

（2）Oracle。Oracle 数据库是美国 Oracle（甲骨文）公司提供的、使用广泛的 RDBMS 产品。

（3）SQL Server。SQL Server 最初由微软、Sybase 和 Ashton-Tate 三家公司共同开发，后来微软公司和 Sybase 分别专注于在 Windows 操作系统和 UNIX 操作系统上的应用。现在提到的 SQL Server 是指微软公司推出的关系数据库管理系统，主要运行在 Windows 操作系统上。其使用方便、可伸缩性好、与相关软件集成程度高。2017 年，微软修正了原 SQL Server 无法运行在类 UNIX 操作系统上的缺点，SQL Server 2017 已经可以支持 Linux 操作系统。

（4）DB2。DB2 由 IBM 公司研发，被认为是最早使用 SQL 的 RDBMS。DB2 大多应用于大型应用系统，具有跨操作系统平台的特点，且具有较好的可伸缩性，既可以支持移动计算，又可以支持大型企业级应用。

（5）MySQL。MySQL 是由瑞典 MySQL AB 公司开发的、开源的关系数据库管理系统，目前归属于 Oracle 旗下。其具有体积小、速度快、成本低、开放源码等优点，因此被广泛使用。中小型网站的开发一般都选择 MySQL 作为数据库，因此其流行度一直很高，在 DB-Engines 的流行度排行中稳居第二。

（6）PostgreSQL。PostgreSQL 由 2014 年图灵奖得主 Michael Stonebraker 领导创建的 Postgres 发展而来，是可以获得的开放源码中最先进的数据库系统。其提供了多种开发语言接口，包括 C、Java、C++、Python 等。在 DB-Engines 的流行度排行中，PostgreSQL 目前位居 Oracle、MySQL 和 SQL Server 之后的第四位。

（7）SQLite。SQLite 是用 C 语言编写的数据库引擎，支持跨操作系统运行。SQLite
适合嵌入式或轻量级应用，其在物联网、移动设备等领域将有非常好的发展机会。

### 5.3.2　NoSQL 数据库

关系数据库在大数据时代和 Web 2.0 时代暴露出越来越多的缺陷。主要表现为：无法
高效管理海量数据、无法满足数据高并发的需求、无法满足高扩展性的需求。关系数据库
无法通过添加更多的硬件和计算机结点扩展负载能力。鉴于此，NoSQL 数据库得以快速
地发展。典型的 NoSQL 数据库一般可以划分为键值数据库、列族数据库、文档数据库和
图数据库四类。

#### 1. 键值数据库

键值数据库每一个 Key 指向特定的 Value，Value 可以是任意类型的数据，可以通过
Key 进行查询和定位 Value，但不能通过 Value 进行查询和索引。键值数据库具有很强的可
扩展性，在存在大量的写操作时，其性能会比关系数据库好。键值数据库可以进一步划分
为内存数据库和持久化数据库，前者把数据保存在内存，后者把数据保存在磁盘中。

#### 2. 列族数据库

在列族数据库中，存储数据的基本单位是一个列，包括列名和值。关联紧密的列可以
组合在一起形成列族，实现近邻存储。每行中的列和列族的模式和数量都可以不同。

#### 3. 文档数据库

文档数据库中处理的最小单位是文档，可以用不同的标准，如 JSON、XML 和 BSON
等存储文档内容。在存储文档数据之前，不需要对文档定义任何模式。文档数据库通过键
定义一个文档，因此可以看成是键值数据库的一个衍生品，而且文档数据库比键值数据库
具有更高的查询效率，尤其是基于文档内容的索引和查询，这种基于 Value 值进行查询在
普通键值数据库中是无法进行的。

#### 4. 图数据库

图数据库中存储了图中的顶点以及连接顶点的边。图数据库专门用于处理可以用图进
行抽象的应用，如推荐系统、社交网络和知识图谱。

在实际应用中，一些公司会同时采用多种不同的数据库，以适应不同的应用场景。例
如，电子商务网站可以使用键值数据库存储"购物篮"这种临时性数据，用关系数据库存
储当前的产品和订单信息，而用 MongoDB 这种文档数据库存储大量的历史订单数据。对
四类 NoSQL 数据库的对比以及各自数据模型的简单描述分别如表 5.3 和图 5.5 所示。

表 5.3　四类 NoSQL 数据库对比

| 数据库类型 | 数据模型 | 优　点 | 缺　点 | 应用场景 | 相关产品 |
|---|---|---|---|---|---|
| 键值数据库 | 以键值对的形式存储数据，主要采用散列表 | 查找速度快、扩展性好、灵活性好 | 数据无结构化，事务不支持回滚 | 会话、配置文件、购物车等 | Redis、Memcached |

续表

| 数据库类型 | 数 据 模 型 | 优 点 | 缺 点 | 应 用 场 景 | 相 关 产 品 |
|---|---|---|---|---|---|
| 列族数据库 | 以列族方式存储 | 查找速度快，容易进行分布式扩展 | 功能较少 | 分布式数据存储于管理 | BigTable, HBase, HadoopDB |
| 文档数据库 | Key-Value 对应的键值对，Value 一般为 JSON、XML 等格式 | 数据结构灵活，性能好 | 缺乏统一的查询语法，查询性能不高 | 处理面向文档的数据 | MongoDB, CouchDB |
| 图数据库 | 图结构 | 支持图算法 | 需对整个图做计算，不容易进行分布式 | 社交网络、推荐系统等 | Neo4j, InfoGrid |

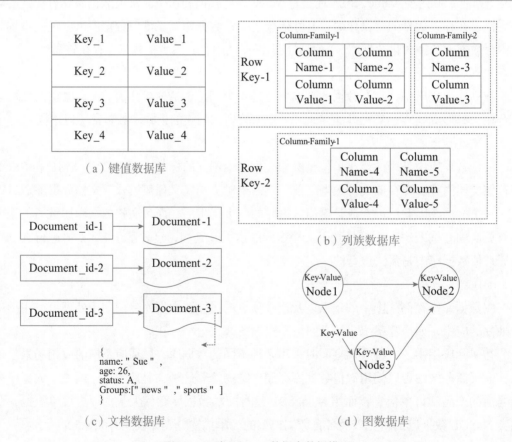

（a）键值数据库

（b）列族数据库

（c）文档数据库

（d）图数据库

图 5.5　四类 NoSQL 数据库数据模型

### 5.3.3　分布式文件系统

传统的单台主机采用的文件系统无法应对高效存储个体体量大的文件型数据的挑战，而且无法提供足够的处理能力和扩展性应对数据规模的快速增长。2004 年，谷歌提出了一种并行计算模型 MapReduce，用于处理大规模数据。为 MapReduce 提供数据存储支持的是分布式文件系统（Google File System，GFS），其实现了大体量文件在多台机器上的分布式存储。同年，Doug Cutting 基于 Java 实现了谷歌 MapReduce 系统，被称为 Hadoop，受到了全球学术界和工业界的普遍关注。HDFS（Hadoop Distributed File System）和 MapReduce 是 Hadoop 的核心组成部分，前者是对 GFS 的开源实现，基于网络实现数据的分布式存储；后者负责分布式计算。本节主要介绍 HDFS，MapReduce 将在 5.4.3 节中进行介绍。用户可以使用 Sqoop 开源工具在 HDFS 和关系数据库之间进行数据转移，将传统关系型数据库，如 MySQL、Oracle 中的数据转移到 HDFS，或将 HDFS 中的数据导出到传统关系数据库。

1. 计算机集群结构

普通的文件系统依赖单个计算机完成文件的存储和处理。分布式文件系统背后依赖的是由多个计算机结点构成的计算机集群，且这些计算机结点可以是由普通廉价的硬件组成的，大大降低了在硬件上的开销。图 5.6 描述了计算机集群的基本架构，集群中包括 $n$ 个机架，每个机架上可以放 8 ~ 64 个计算机结点。同一个机架上的计算机结点间通过网络互联，不同机架之间一般采用交换机互联。

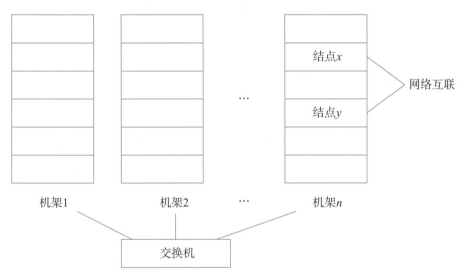

图 5.6　计算机集群的基本架构

2. 分布式文件系统结构

在 Windows 或 Linux 等操作系统中，文件系统会把磁盘空间划分为磁盘块，大小一般为 512B。文件系统中的块（Block）一般是磁盘块的整数倍，即每次读 / 写的数据量必须是磁盘块的整数倍。HDFS 同样采用了块的概念，不过在块的大小设计上要明显大于普通文件系统，默认的一个块是 64MB。这样做是为了最小化寻址开销，以期在处理大规模文件时更有效率。块的大小也不宜设置得过大，这是因为在 MapReduce 中一次只处理一个块中的数据，如果块太大，会降低作业并行处理速度。

支持分布式文件系统的计算机集群上的结点可以分为两类：一类为"名称结点"（Name Node），或称为"主结点"（Master Node）；另一类为"数据结点"（Data Node），或称为"从结点"（Slave Node）。名称结点一方面负责维护文件系统树，存储所有文件和文件夹的元数据，即用来描述数据集本身特征的数据，因此名称结点记录了每个文件中各个块的位置信息；另一方面记录了所有针对文件的操作，如创建、删除和重命名。数据结点负责数据的存储和读取，每个数据结点负责的数据会被保存在各自结点的文件系统中。

在分布式文件系统中，一个文件会被切成若干个数据块，被分布存储在若干个数据结点上。当客户端需要访问某个文件时，需要将文件名发送给名称结点。名称结点会根据文件名找到对应的各个数据块，并将每个数据块在数据结点的位置信息返回给客户端。根据这些位置信息，客户端可以直接访问对应的数据结点读取数据，在这期间，名称结点并不参与数据的传输，而只是起到监督和协调的作用。在存储数据时，由名称结点分配存储位置，随后客户端把数据直接写入数据结点对应的位置。在多用户需要同时对文件进行操作时，名称结点会对正在修改的文件加锁。名称结点会给提交写请求的用户分配租约，只有获得许可才可以进行写操作。在文件写操作执行完成后，用户归还租约，此时其他用户才可以进行读写。通过以上方式，保障了数据的一致性。

由于普通计算机集群中发生硬件故障是种常态，因此 HDFS 设置了多副本存储机制以保障硬件发生故障后数据的可靠性和完整性。具体来说，在 HDFS 中，每个文件块会有多份副本（默认为 3 份，可以由用户设置）。通常不同的副本会存储在不同的计算机结点上，默认的 3 份副本中有两份放在同一个机架的不同结点上，第三个副本放在不同机架的结点上，这样既可以保证机架发生异常时的数据恢复，又可以提高数据的读写性能。

3. HDFS 的特性

HDFS 适合"一次写入、多次读取"，比较适合离线批量处理大规模数据。例如，电子商务网站对用户购物习惯的分析，但不适合经常对文件进行更新的在线业务，如股票实盘。HDFS 的特性包括以下几个方面。

（1）适合存储和处理大文件。

HDFS 中的文件一般可以达到吉字节（GB）甚至太字节（TB）级别，目前来看，HDFS 的存储和处理能力已经能达到 PB 级。

（2）兼容廉价的硬件设备。

HDFS 设计了多种机制，如进行自动恢复、快速硬件故障检测，以保障硬件发生故障时数据的完整性。

（3）采用流式数据读写，而不是随机读写的方式。

HDFS 为了满足批量数据处理的要求，提高数据吞吐量，放松了一些 POSIX 的要求，以流式方式访问数据。

（4）强大的跨平台兼容性。

HDFS 采用 Java 语言实现，可以运行在任何支持 JVM（Java Virtual Machine）的机器上。

（5）HDFS 的可伸缩性较强。

通过将更多的计算机结点加入进来，集群规模可以横向扩展。

HDFS 的局限性主要包括以下几个方面。

（1）不适合低延迟的应用。

这与 HDFS 采用流式数据读写的方式有关。而在低延迟的应用场景，往往需要通过数据库访问索引的方式进行随机读写，HBase 是更合适的选择。

（2）无法高效存储大量小文件。

小文件是指文件小于 HDFS 中 block size（默认 64MB）的文件。一方面，小文件数量太多，名称结点中文件元数据的存储和查找都会出现瓶颈；另一方面，访问大量小文件会频繁从一个数据结点跳到另一个数据结点，严重影响设备性能。此外，处理大量小文件还会在分布式计算时因产生过多的 Map 任务而大大增加线程管理开销。

（3）不支持多用户并发写入，不支持任意修改文件。

对文件执行写操作时，只允许追加操作，不支持随机写操作。

## 5.4　大数据计算

本节简要介绍云计算以及大数据计算的分类，包括批量计算、流式计算和大规模图计算。并重点介绍云计算与用于批量计算的 MapReduce 并行计算技术。

### 5.4.1　概述

根据应用场景和处理对象的特点不同，大数据计算主要包括批量计算、流式计算和大规模图计算。批量计算用于离线计算场景，处理的数据是静态的，在计算过程中数据不会发生变化。例如，对淘宝 2019 年所有商品的交易记录进行分析，统计年度销量最高的商品。常见的大数据批量计算系统包括分布式并行编程框架 MapReduce 和基于内存的分布式计算框架 Spark 等。流式计算主要用于在线计算场景，处理的数据是动态的。例如，实时统计某网站的访客数，当一个新访客到来时，访客数就要实时加 1。采用流式计算可以满足这些应用场景对实时性的要求。常见的大数据流式计算系统包括 Twitter 支持开发的 Storm、Spark Streaming、S4（Simple Scalable Streaming System）、Facebook 的 Data Freeway and Puma 等。

### 5.4.2　云计算

根据美国国家标准与技术研究院（National Institute of Standards and Technology，NIST）的定义，云计算是一种模型，它可以实现随时随地、便捷地、随需应变地从可配置计算资源共享池中获取所需的资源（例如，网络、服务器、存储、应用以及服务），资源能够快速供应并释放，使管理资源的工作量和与服务提供商的交互减小到最低限度。

云计算的优势主要如下。

（1）按需自助服务：用户可根据自己的需求购买云计算服务。

（2）广泛的网络接入：任何地点、任何时间只要有网络即可。

（3）资源池化：可随意加减资源，可屏蔽硬件（如品牌、型号）差异。

（4）快速弹性伸缩：可快速根据需求增减服务。

（5）可计量服务：资源的使用可以被监视和控制，使用服务透明化。

云计算包括三种服务模式，分别为基础设施即服务（IaaS）、平台即服务（PaaS）、软件即服务（SaaS）。三种服务模式如图 5.7 所示。在 IaaS 模式中，云服务商向客户提供处理、存储、网络以及其他基础计算资源，客户可以在这些基础设施上运行任意软件，包括操作系统和应用程序；在 PaaS 模式中，客户使用云服务商支持的开发语言和工具，开发出应用程序，发布到云基础设施上；在 SaaS 模式中，客户使用服务商提供的应用程序并运行在云基础设施上，这些应用程序可以通过各种各样的客户端设备访问，如 Web 浏览器。

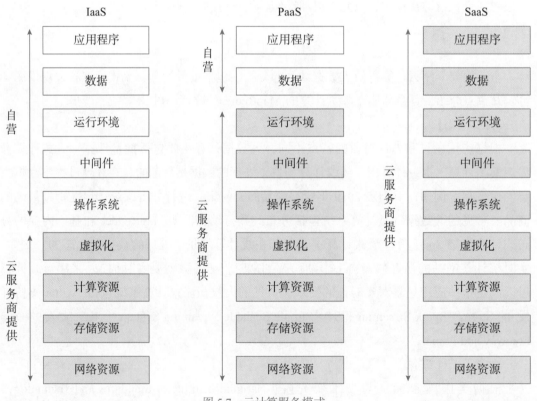

图 5.7　云计算服务模式

云计算主要有四种部署模式：公有云、私有云、行业云、混合云。公有云的资源向公众开放；私有云部署在企业和单位内部；行业云是由某个行业内起主导作用或掌握了关键资源的组织建立和维护的，以公开或半公开的方式向行业内部组织和公众提供的云平台；混合云包含私有云、公有云或行业云中的两种或两种以上。

### 5.4.3 MapReduce

传统的计算大多在单台计算机上开展，这种方式使得程序的性能受到单台机器性能的局限，也无法处理大规模数据。而分布式并行编程可以将程序运行在由大量计算机结点组成的计算机集群上，充分利用集群的并行处理能力，且可以通过向计算机集群中增加新的计算机结点的方式不断增强数据处理能力。

谷歌公司最先提出了分布式并行编程模型 MapReduce，之后开源项目 Hadoop 将其实现。MapReduce 的计算过程主要包括两个函数：Map 和 Reduce。在 MapReduce 中，存储在分布式文件系统中的大规模数据集会被切分为独立的数据块，这些小数据块可以被多个 Map 任务并行处理。随后，Map 任务产生的结果以 <key, value> 的形式分发给多个 Reduce 任务，其中具有相同的 key 的结果会被发送给同一个 Reduce 任务。Reduce 任务对这些 <key, value> 的中间结果进行汇总合并，将最后结果写入到分布式文件系统中。在计算过程中，不同的 Map 任务间是完全相互独立的，不会进行通信，不同的 Reduce 任务间也不会发生信息交换。

以统计文本中所有单词的出现频次直观地展现一下 MapReduce 的计算过程，如图 5.8 所示。在本例中，一个文档被切分为 3 个数据块，每个数据块包含一行文本。每个数据块由一个 Map 任务处理，因此共有 3 个 Map 任务。因 Map 任务需要以 <key, value> 的形式作为输入，将以文档中文本的行号作为 key，以该行的内容作为 value。接着，对 Map 的输出结果进行 Shuffle，即进行分区、排序和合并。在 Shuffle 过程中，还可以支持用户自定义 Combiner 函数，若用户没有定义 Combiner 函数，则不用进行合并操作，即不用将具有相同 key 的 value 相加。如果定义了 Combiner 操作，图中以 "dogs" 为 key 的 <"dogs",<1,1>> 将合并为 <"dogs",2>。Shuffle 的结果将会作为 Reduce 任务的输入，最终输出文档中每个单词出现的次数。

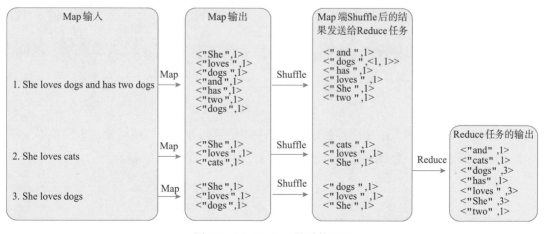

图 5.8　MapReduce 的计算过程

## 5.5　数据分析

本节首先划分数据分析的三个层次：描述性分析、预测性分析和规则性分析；介绍描述性数据分析的常用统计指标；梳理总结典型的预测性分析任务，分析机器学习的基本逻辑，介绍数据挖掘和机器学习的常用算法，重点介绍决策树和人工神经网络两种算法，最后列出常用的工具包。

### 5.5.1　概述

数据分析是将"数据"转换为"知识"，并进一步转化成"智慧"的关键环节。数据分析可以分为三个层次：描述性分析、预测性分析和规则性分析。

描述性分析可以概括数据的位置特征、分散性和关联性等数字特性，并可以反映数据的整体分布特征。用到的统计指标主要包括均值、中位数、众数、标准差、极差等。描述性分析只关注过去的数据，并不能预测未来。

预测性分析可以预测未来的概率和趋势，在大量历史数据的基础上，建立科学的模型，当新数据到来时，就可以对新数据进行预测。预测性分析采用的技术主要包括数据挖掘和机器学习。数据挖掘（Data Mining）是从大量的、不完全的、有噪声的、模糊的数据中，提取隐含在其中的、人们事先不知道的、潜在有用的信息和知识的过程。机器学习（Machine Learning）对于某给定的任务 T，在合理的性能度量方案 P 的前提下，某计算机程序可以自主学习任务 T 的经验 E，随着提供合适、优质、大量的经验 E，该程序对于任务 T 的性能逐步提高。本部分对数据挖掘和机器学习的概念不做严格的区分。

规则性分析是利用仿真和优化方法，旨在给定约束条件下得到最优解决方案。

### 5.5.2　数据描述性分析

描述性分析的常见统计指标可以用来测量数据的集中趋势和离散程度。其中，均值、中位数和众数用来描述数据的集中趋势，标准差、方差、极差用来测量数据的离散程度。

1. 均值

均值可以反映数据的平均水平，假设 $n$ 个一维数据分别为 $x_1, x_2, \cdots, x_n$，则均值 $\bar{x}$ 可以表示为 $\bar{x} = \dfrac{1}{n}\sum_{i=1}^{n} x_i$。例如，数据（80, 75, 96, 78, 85）的均值是 $\bar{x} = \dfrac{80+75+96+78+85}{5} = 82.8$。均值容易受极端值影响。

2. 中位数

中位数是数据按照大小顺序排列后，位于中间位置的数。与均值相比，中位数不受极端值影响。假设 $n$ 个一维数据分别为 $x_1, x_2, \cdots, x_n$，则中位数 $M$ 可以表示为：

$$M = \begin{cases} x_{\frac{n+1}{2}}, & n \text{ 为奇数} \\ \dfrac{1}{2}\left( x_{\frac{n}{2}} + x_{1+\frac{n}{2}} \right), & n \text{ 为偶数} \end{cases}$$

例如，（80，75，96，78，85）的中位数是按照大小顺序排序后数据（75，78，80，85，96）中间位置的数，即 80。

3. 众数

众数是数据中出现最多的数（所占比例最大的数）。与均值相比，众数不易受极端值的影响。一组数据中，可能存在多个众数，也可能不存在众数。例如，在 1、2、2、3、3 中，众数是 2 和 3；在 1、2、3、4、5 中没有众数。

4. 方差和标准差

方差和标准差的值越大，数据的离散程度越高，标准差是方差的算术平方根。方差 $s^2$ 与标准差 $s$ 的计算表达式为

$$s^2 = \frac{1}{n}\sum_{i=1}^{n}(x_i - \overline{x})^2$$

$$s = \sqrt[2]{s^2} = \sqrt[2]{\frac{1}{n}\sum_{i=1}^{n}(x_i - \overline{x})^2}$$

其中，$n$ 为数据的个数；$\overline{x}$ 为该组数据的均值。

5. 极差

极差 $R$ 仅关注数据上下界，被定义为最大值与最小值之差，即 $R=x_{max}-x_{min}$。

### 5.5.3　预测性分析

1. 预测性分析任务

预测性数据分析任务主要包括回归、分类、聚类、关联规则、离群点检测、时间序列预测等。典型的预测性分析任务的描述和示例如表 5.4 所示。

表 5.4　典型的预测性分析任务

| 任　务 | 任务描述 | 示　例 | 常见算法 |
| --- | --- | --- | --- |
| 回归 | 预测结果是数值型数据 | ① 预测患流感的人数<br>② 预测未来的房价 | XGBoost、GBDT、随机森林 |
| 分类 | 预测结果是类别型数据 | ① 预测邮件是垃圾邮件还是非垃圾邮件<br>② 预测客户信用风险是高还是低 | 支持向量机、朴素贝叶斯、决策树、神经网络、逻辑回归、K近邻 |
| 聚类 | 根据样本的相似性将样本划分为不同的簇，使得簇内样本相似度高，不同簇间样本相似度低 | 客户细分 | K-means、DBSCAN |
| 关联规则 | 发现哪些物品会同时被购买（或同时出现） | 啤酒和尿布的例子 | Apriori、FP-Growth |
| 离群点检测 | 识别数据中的离群点，即显著不同于其他数据的数据对象 | 电信诈骗识别 | LOF |

续表

| 任　务 | 任务描述 | 示　例 | 常见算法 |
|---|---|---|---|
| 时间序列预测 | 按时间顺序排列形成的数列为时间序列，根据历史时间的数值预测未来某时间（段）的数值 | 根据零售店历史销售额预测该店未来的销售额 | 简单移动平均法、移动平均法等、长短期记忆模型（LSTM）等 |

2. 数据挖掘和机器学习工具

本部分仅罗列一些实施数据挖掘和机器学习的工具，包括 Weka、Scikit-learn，面向深度学习的 TensorFlow、Keras 和 PyTorch，以及运行在并行计算大数据平台上的 Mahout 和 Spark MLib。感兴趣的读者可以前往相关网站自行查看。

## 5.6　数据可视化

本节首先梳理可视化的发展，介绍数据可视化的作用和几个数据可视化典型案例，最后总结可用来进行数据可视化的工具和软件。

### 5.6.1　概述

可视化（Visualization）可以将数据转换成图形图像并提供交互，从而帮助用户更加有效地完成数据分析与数据理解等任务。可视化技术在很早就被用来帮助人们展示、分析和理解数据。本部分给出了几个数据可视化的例子。

1. 网络数据可视化

网络中的结点一般表示的是现实世界中的实体，网络中的边通常代表实体间的联系。通过网络数据可视化，可以直观地展现网络中实体的聚集情况。现实世界中，网络数据可以用于分析和展示微博、微信等社交网站中的好友关系，不同学者发表论文的合作关系等。

图 5.9 展示了某位用户 Ali Imam 的好友关系图。从图中可以清楚地看到他的好友分为

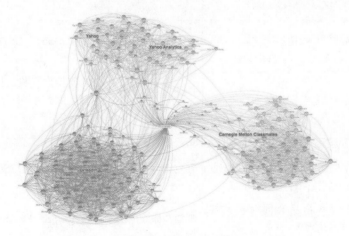

图 5.9　某用户的社交网络

（资料来源：https://blog.linkedin.com/2011/01/24/linkedin-inmaps）

三个主要的群体。其中，左下方结点表示的是在 LinkedIn 上他的好友群，右侧结点代表的是他在卡内基梅隆大学的同学圈，上方的结点表示的是他在 Yahoo 工作时的同事圈。从图中可以发现某些有趣的信息，例如，可以发现有几个结点位于两个群体间，代表不同好友圈中的桥梁。

　　图 5.10 是由 Ramio Gómez 绘制的编程语言间的影响力关系图。该图是一个由不同的编程语言（结点）以及它们间的影响关系（边）建立的有向图。值得注意的是，图中结点的大小表示了该语言的影响力的大小。

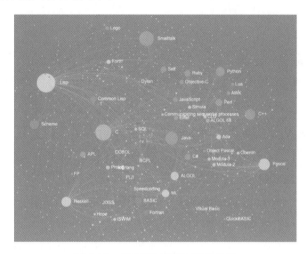

图 5.10　编程语言间的影响关系

（资料来源：https://exploring-data.com/vis/programming-languages-influence-network/）

2. 吉米·亨德里克斯的音乐播放情况图

　　基于吉米·亨德里克斯在 1967—1970 年的现场表演数据，绘制了图 5.11，直观地展示了他的歌曲以及在 YouTube 上的播放数据情况。

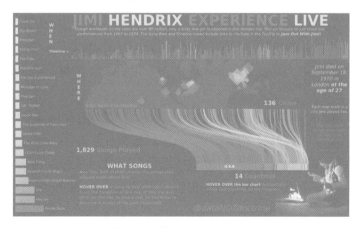

图 5.11　吉米·亨德里克斯的音乐播放情况图

（资料来源：https://public.tableau.com/zh-cn/gallery/jimi-hendrix-live?gallery=votd）

### 5.6.2 数据可视化工具和软件

目前有很多数据可视化的工具和软件，可以实现多种数据可视化功能。其中有些无须编程基础，通过拖曳即可实现，大大降低了使用门槛；也有一些工具需要编写程序，适合对相关编程工具有初步了解的人员。

1. 不需要编程的工具

（1）Excel。作为常用办公软件 Office 的系列软件之一，Excel 是普通用户进行数据可视化的首选工具，其提供了丰富的图表功能，如柱状图、折线图、饼状图，可以满足日常需求。Excel 简单易学，使用门槛较低。

（2）Tableau。Tableau 能够帮助人们查看并理解数据，主要包括 Tableau Desktop、Tableau Prep、Tableau Server 等产品。除了强大的数据可视化功能，Tableau 更是一款集成的 BI 分析软件，主要表现在其强大的数据连接、数据刷新、数据准备和处理功能。Tableau Desktop 支持多种数据源，包括各类常用数据库、JSON 文件和 Salesforce（销售报表）等，可以实现报表定时更新。Tableau Prep 使分析人员可以更直观、直接地合并、调整和清理数据，以进行下一步的数据分析与数据可视化。Tableau 需要用户进行相应的学习，使用门槛相对 Excel 较高。

（3）大数据魔镜。大数据魔镜为用户提供了直观的拖曳界面，帮助用户生成交互式图表，并可以整合多种数据源，包括 MySQL 数据库、ERP 数据、社会化数据等。大数据魔镜已经被广泛应用于电商、金融、互联网、食品、通信、能源、教育等领域。它提供了 500 种可视化效果，并提供了仪表盘功能。魔镜仪表盘支持拖曳式自由布局，提供了丰富的图文组件和多种配色方案。

（4）BDP 个人版。BDP 个人版使分析人员通过简单的拖曳就可轻松完成数据整合、数据处理和数据可视化分析。BDP 提供了几十种可视化图表。

（5）Gephi。Gephi 是一款开源免费的、公认的网络数据可视化与分析软件之一。Gephi 能够轻松处理十万个结点的大规模网络数据，也可以计算度数、中心性等常见指标。

Excel、Tableau、大数据魔镜和 BDP 大多处理的是结构化数据，对于文本数据，本部分将介绍几种标签云生成工具，包括 Wordle、Worditout、Tocloud 和微词云，图 5.12 展示了一个词云图。

（6）Wordle。Wordle 可以利用文本或网站词频生成标签云，并提供多种展示风格，允许用户选择文字字体或自定义颜色，生成的标签云可供查看与下载。Wordle 目前只支持英文。

（7）WordItOut。WordItOut 操作简单，并提供多种展示风格。用户可以根据需要进行颜色、字符、字体、背景、文字位置等内容的再设计，生成的标签云可供查看与下载。WordItOut 不能识别中文，如果输入中英混合的文本，只能显示英文字体。

（8）ToCloud。ToCloud 是一款国产的、免费的标签云生成器，支持中英文。它能提取短语，支持用户设置词的长度和频率。

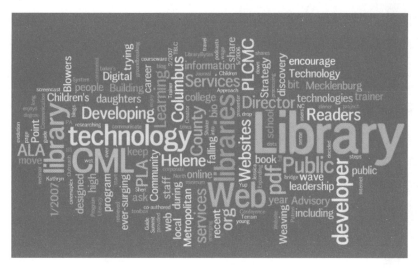

图 5.12　词云图

（9）微词云。微词云是一款实用简单的国产在线词云生成器，界面友好，支持中文。用户可以自定义形状、字体和元素等，并支持效果优化。

2. 可视化编程工具

对于有一些编程基础的用户，也可以考虑一些可视化编程工具。

（1）ECharts。ECharts 是百度开发的，使用 JavaScript 实现的开源可视化库，可以生成互动图形，并可以在移动设备上和 PC 端流畅运行，能够兼容当前多种浏览器。ECharts 提供了多种常规的可视化图形，如折线图、饼图、柱状图、散点图、K 线图、盒形图，也提供了酷炫的地理坐标 / 地图、热力图、关系图、仪表盘等，并且支持不同图形间的混搭。为了和 Python 进行对接，即使用 Python 生成 ECharts 图表，可以使用 pyecharts 包。

（2）D3。D3（Data-Driven Documents）是目前比较流行的可视化库之一，使用 JavaScript 实现，具有丰富的 API，可以生成多种互动图形，并支持网页展示。D3 不仅提供了常规图形，还提供了多种复杂的可视化图表形式，如树状图、词云图和圆形集群图。

（3）Matplotlib。Matplotlib 是用 Python 实现的，功能完善的绘图库。开发者可以仅通过几行代码生成直方图、条形图、散点图等常规图形以及三维图、等高线图等。

（4）ggplot2。ggplot2 是 Hadley Wickham 使用 R 语言编写的绘图包，能够用简洁的函数构建各类图形。它将图形视为由从数据到几何对象（如点、线）和图形属性（如颜色、形状、透明度）的一个映射，通过定义各种底层组件（如方块、线条）来合成图形。

除了上述可视化工具和软件外，还有一些其他的工具如 Google Chart API、Visual.ly，以及专门生成时间线的 Timetoast 和 Xtimeline，专门生成地图的 Modest Maps 和 Leaflet 等。

# 小结

本章对大数据相关概念、特征、应用等方面进行了概述，梳理了数据流程处理框架，然后依次对数据处理流程中的各环节进行了介绍，包括数据采集与处理、数据存储、大数据计算、数据分析和数据可视化。

# 习题

一、判断题

1. 结构化数据先有结构，后有数据。（　　　）

2. 相对于因果关系，大数据更关注相关关系。（　　　）

3. 数据可视化主要是为了美观。（　　　）

4. HDFS 更适合处理大量小文件。（　　　）

5. 中位数和均值都不易受极端值影响。（　　　）

二、选择题

1. 买饮料时，选择的大杯、中杯、小杯属于（　　　）。

　　A. 类别型数据　　B. 序数型数据　　C. 数值型数据　　D. 以上都不是

2. 智能健康手环，是（　　　）数据采集技术的应用。

　　A. Flume　　　　B. 网络爬虫　　　C. API　　　　D. 感知设备

3. 数据清洗不包括（　　　）。

　　A. 去除重复数据　　　　　　　B. 补全缺失值

　　C. 发现和识别异常值　　　　　D. 将不同量纲的数据缩放到特定的数据范围

4. 下列数据分析任务属于回归问题的是（　　　）。

　　A. 识别电信诈骗　　　　　　　B. 根据店铺历史销售额预测未来销售额

　　C. 预测明天是否会下雨　　　　D. 根据房屋的面积、位置、户型等预测房价

三、填空题

1. 生产数据的方式经历了运营式系统阶段、用户原创内容阶段与（　　　　　）。

2. 大数据的 4V 特征是指（　　　）、（　　　）、（　　　）、（　　　）。

3. 数据预处理的主要工作包括（　　　）、（　　　）和数据变换。

4. 关系数据库中的实体完整性约束要靠关系的（　　　）来保障；参照完整性约束主要关注的是关系的（　　　）。

5. 支持分布式文件系统的计算机集群上的结点可以分为两类：（　　　）和（　　　）。

6. 云计算中三种服务模式主要包括（　　　）、（　　　）、（　　　）。

四、简答题

1. 简述大数据的含义。

2. 简述数据处理的流程以及每个环节的主要工作。

3. 在你的专业领域，可收集到的数据都有哪些? 分别可以采用什么方法进行数据采集?

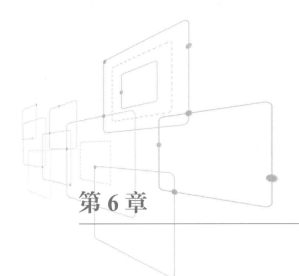

# 第6章

# 人工智能

**本章学习目标**

☆了解人工智能的发展历史、分类和主要分支

☆了解人工智能的基本概念，了解机器学习常用算法

☆了解人工智能在各领域中的应用

☆了解可解释人工智能、人工智能的公平性、隐私保护
　和可信人工智能

人工智能作为新一轮科技革命和产业变革的重要驱动力量，正在对经济发展、社会进步等诸多方面产生重大而深远的影响，影响着各行各业。了解人工智能是数智化时代的必然需求。本章首先对人工智能的发展历史、分类、主要分支进行介绍，然后介绍机器学习的相关概念和常用算法，梳理人工智能在自然科学、司法、金融、医疗、零售、艺术等领域的应用和现状，并进一步思考可解释人工智能、人工智能的公平性、隐私保护和可信人工智能。

## 6.1　人工智能概述

### 6.1.1　人工智能的发展

人工智能（Artificial Intelligence，AI）是研究、开发用于模拟、延伸和扩展人的智能的理论、方法、技术及应用系统的一门技术科学。人工智能的目的是让计算机程序能够模拟人类智能行为，促使智能机器会听（语音识别、机器翻译等）、会看（图像识别、文字识别等）、会说（语音合成、人机对话等）、会行动（机器人、自动驾驶汽车等）、会思考（人机对弈、定理证明等）、会学习（机器学习、知识表示等）。美国斯坦福大学人工智能研究中心的尼尔逊教授认为"人工智能是关于知识的学科——怎样表示知识以及怎样获得知识并使用知识的科学";美国麻省理工学院的温斯顿教授表示"人工智能就是研究如何使计算机去做过去只有人才能做的智能工作";"人工智能之父"马文·明斯基则认为"人工智能就是研究'让机器来完成那些如果由人来做则需要智能的事情'的科学";一个经典的 AI 定义是"智能主体可以理解数据及从中学习,并实现特定目标和任务的能力"。人工智能的发展简史如图 6.1 所示。

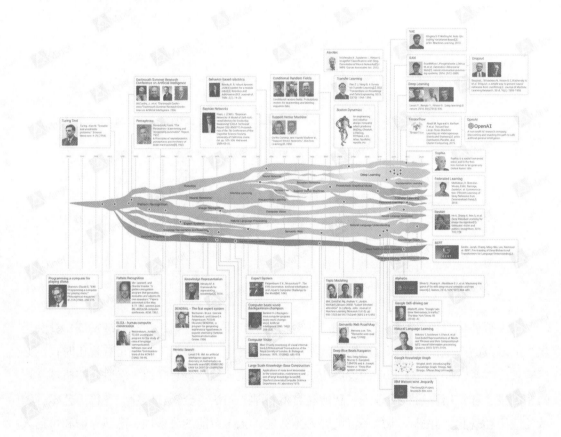

图 6.1　人工智能发展简史

（资料来源：https：//www.aminer.cn/ai-history）

1. 人工智能的起步期

最初的人工智能研究是 20 世纪 30 年代末到 20 世纪 50 年代初一系列来自不同领域的科学进展交汇的产物。神经学研究发现,大脑是由神经元组成的电子网络,其激励电平只存在"有"和"无"两种状态,不存在中间状态。1943 年,美国神经科学家 Warren McCulloch 和逻辑学家 Water Pitts 提出了 M-P 神经元模型,是目前许多神经元模型的基础,是现代人工智能学科的奠基石之一。1948 年,Norbert Wiener 发表了《控制论——关于动物和机器中控制和通信的科学》,对机器能不能拥有智能行为给予了正面的回答。

Wiener 认为不仅在人类社会中，在其他生物群体乃至无生命的机械世界中，都存在着同样的信息、通信、控制和反馈机制，智能行为是这套机制的外在表现，因此不仅人类，其他生物甚至是机器也同样能做出智能行为。Wiener 开创了人工智能行为主义学派[①]，是最早提出所有智能行为都是反馈机制的结果的理论家之一。1950 年，克劳德·香农（Claude Shannon，信息论的创始人）在一篇文章中阐述了"实现人机博弈的方法"，他设计的国际象棋程序，同年发表在《哲学杂志》上，其将棋盘定义为二维数组，每个棋子都有对应的子程序计算棋子所有可能的走法，最后用评估函数进行评估。1950 年，阿兰·图灵（Alan Mathison Turing）[②]发表了一篇划时代的论文《计算机器与智能》（*Computing Machine and Intelligence*），提出并尝试回答"机器能思考吗？"这一关键问题。他提出了著名的图灵测试（如图 6.2 所示）：一个提问者坐在电传打字机前提问并接收答案（看不到也听不到回答者），如果另一端是一台机器，而提问者无法判断它是否是一台机器，那么就说这台机器是具备人类智能的。

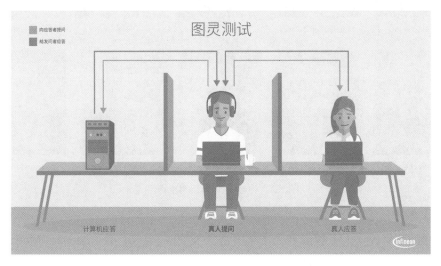

图 6.2　图灵测试

　　1956 年，在美国汉诺斯小镇的达特茅斯学院召开了著名的达特茅斯会议，也被称为"人工智能夏季研讨会"，会上正式使用了 Artificial Intelligence 这个术语，标志着人工智能的诞生。1956 年也就成为人工智能元年。该会议的主要参会人员包括约翰·麦卡锡（John McCarthy，于 1971 年获得图灵奖）、马文·明斯基（Marvin Lee Minsky，于 1969 年获得图灵奖）、克劳德·香农（Claude Shannon，信息论的创始人）、奥利弗·塞弗里奇

---

① 人工智能学科中的三大学派包括连接主义学派、符号主义学派和行为主义学派，其各自主要观点将在 6.1.2 节中介绍。

② 阿兰·图灵（1912.6.23—1954.6.7），英国数学家、逻辑学家，被称为计算机科学之父、人工智能之父，是计算机逻辑的奠基者，提出了"图灵机"和"图灵测试"等重要概念。为纪念他在计算机领域的卓越贡献，美国计算机协会于 1966 年设立图灵奖，此奖项被誉为计算机科学界的诺贝尔奖。

（Oliver Selfridge）、艾伦·纽厄尔（Allen Newell，于 1975 年获得图灵奖）[①]、赫伯特·西蒙（Herbert Simon，于 1975 年获得图灵奖，于 1978 年获得诺贝尔经济学奖），如图 6.3 所示。

达特茅斯会议后，掀起了人工智能发展的第一个高潮，相继取得了一批令人瞩目的研究成果。1957 年，弗兰克·罗森布拉特（Frank Rosenblatt）提出了感知机算法 Perceptron，成为后来神经网络的基础。

图 6.3　达特茅斯会议参会学者

2. 人工智能的第一次浪潮

20 世纪 60 年代，人工智能迎来了第一次发展浪潮。1961 年，Leonard Merrick Uhr 和 Charles M Vossler 发表了一篇模式识别论文 *A Pattern Recognition Program That Generates, Evaluates and Adjusts its Own Operators*，该文章描述了一种利用机器学习或自组织过程设计的模式识别程序的尝试。在该时期，自然语言处理和人机对话技术也初步萌芽。丹尼尔·博布罗（Daniel Bobrow）在 1964 年发表的 *Natural Language Input for a Computer Problem Solving System* 中阐述了计算机能够很好地理解自然语言，能够正确地解决代数单词问题。1966 年，麻省理工学院的计算机科学家约瑟夫·维森鲍姆（Joseph Weizenbaum）发表了《ELIZA，一个研究人机自然语言交流的计算机程序》（*ELIZA—a computer program for the study of natural language communication between man and machine*）。ELIZA 是最早的聊天机器人，可以与人类用英语进行对话，用于在临床治疗中模仿心理医生，其实现技

---

① 艾伦·纽厄尔和赫伯特·西蒙是符号派人工智能的代表。

术主要是通过关键词匹配规则对输入进行分解，再根据分解规则对应的重组规则生成回复。此外，该时期还有一个重要的发展——知识库。1968 年，爱德华·费根鲍姆（Edward Feigenbaum）提出了第一个专家系统[①] DENDRAL，对知识库进行了初步的定义，隐含第二次人工智能浪潮兴起的契机。DENDRAL 具有丰富的化学知识，可以利用质谱数据帮助化学家推断分子结构。

之后，人工智能进入了一轮跨度将近十年的寒冬。由于科研人员对人工智能研究的项目难度预估不足，期望不切实际，人工智能的前景蒙上了一层阴影，人工智能经费被大大削减。1969 年，马文·明斯基（Marvin Lee Minsky）与西蒙·派珀特（Simon Papert）合著的著作《感知机》阐述了"感知机"存在的限制。首先，单层神经网络无法处理"异或"电路；其次，当时的计算机缺乏足够的计算能力，无法满足大型神经网络长时间运行的需求。

### 3. 人工智能的第二次浪潮

20 世纪 70 年代末 80 年代初，人工智能进入了第二次浪潮。专家系统、机器学习和机器人系统领域得到了快速发展。

在专家系统方面，1976 年，兰德尔·戴维斯（Randall Davis）阐述了大规模知识库的构建和维护，提出了使用集成的面向对象模型是提高知识库开发、维护和使用的完整性的解决方案。大规模知识库构建与维护的相关研究一定程度上促进了专家系统的发展。1976 年，斯坦福大学研发出 MYCIN 系统，它可以诊断出细菌感染患者并提供抗生素处方。MYCIN 对于专家系统的发展有着重要的影响，被作为专家系统的设计规范，现在的专家系统大多是参考 MYCIN 而设计研发的基于规则的专家系统。1980 年，卡内基梅隆大学设计的一套具有完整专业知识和推理能力的专家系统 XCON 正式投入使用。这套系统在 1986 年之前每年能为公司节省超过四千美元经费。全世界的公司都开始研发和应用专家系统，到 1985 年在人工智能上投入十亿美元以上。

在机器学习算法方面，1974 年，哈佛大学 Paul Werbos 在其博士论文中首次提出了通过误差的反向传播 BP 来训练神经网络，但在该时期未引起重视。1986 年，Geoffrey Hinton 等人提出了多层感知机 MLP 与反向传播训练相结合的理念，解决了感知机 Perceptron 存在的不能做非线性分类的问题，开启了神经网络的新一轮研究高潮。Judea Pearl 倡导的概率方法和贝叶斯网络为后来的因果推断奠定了基础。机器视觉等方向也取得快速发展，视觉计算理论是由 David Marr 在 20 世纪 70 年代提出的，并于 1982 年发表著作《视觉计算理论》。

---

[①]　专家系统（Expert System）是使用人类专家推理的计算机模型来处理现实世界中需要专家做出解释的复杂问题，并得出与专家相同的结论。专家系统可视作"知识库"和"推理机"的结合，是人工智能的重要分支，与自然语言处理、机器学习并列为人工智能的三大研究方向。

人工智能研究的发展，迫使人们去面对人的常识和常识推理的形式化问题，没有这两方面的突破，用机器模拟人的智能活动的研究就不可能取得突破性进展。因为人工智能要模拟人的智能，它的难点不在于人脑所进行的各种必然性推理，而在于最能体现人的智能特征的能动性、创造性思维活动，而常识推理就是这种智能性最集中的表现。由于常识推理具有非单调性的特点，而现有的经典逻辑的定义方式只适用于定义单调逻辑，无法刻画常识推理。为了解决这一困难，1980 年，德鲁·麦狄蒙（Drew McDermott）和乔恩·多伊尔（Jon Doyle）提出非单调逻辑。

在机器人领域，1979 年 7 月，一个名为 BKG 9.8 的计算机程序在蒙特卡罗举办的世界西洋双陆棋锦标赛中以 7：1 击败了意大利选手 Luigi Villa，夺得冠军。这款程序是由匹兹堡卡内基梅隆大学的计算机科学教授 Hans Berliner（汉斯·贝利纳）发明，运行在卡内基梅隆大学的一台大型计算机上，并通过卫星连接到蒙特卡罗的一个机器人上。1986 年，罗德尼·布鲁克斯（Rodney Brooks）发表论文《移动机器人鲁棒分层控制系统》，标志着基于行为的机器人学的创立。文章介绍了一种移动机器人控制体系结构，利用多层次的控制系统，可以控制移动机器人在无限制的实验室区域和计算机机房中漫游。格瑞·特索罗（Gerry Tesauro）等人打造的自我学习双陆棋程序为后来的增强学习的发展奠定了基础。

从 20 世纪 80 年代中到 90 年代中，随着专家系统的应用领域越来越广，问题也逐渐暴露出来：专家系统应用领域狭窄，缺乏常识性知识，知识获取困难，推理方法单一，缺乏分布式功能，难以与现有数据库兼容。大众对人工智能的兴趣又一次下降，对其投入的资金也再一次减少。人工智能相关研究迎来了第二个寒冬。但也取得了一些研究成果，1989 年，LeCun 结合反向传播算法与权值共享的卷积神经层发明了卷积神经网络，并首次将其应用于美国邮局的手写字符识别系统中。

4. 人工智能的平稳发展期

20 世纪 90 年代到 2006 年，人工智能平稳发展，相关各个领域都取得了长足进步，主要有两个重要的发展：一个是蒂姆·伯斯纳·李（Tim Berners-Lee）在 1998 年提出的语义网，即以语义为基础的知识网或知识表示；另一个重要的发展是统计机器学习理论，例如，科琳娜·科尔特斯（Corinna Cortes）和弗拉基米尔·瓦普尼克（Vladimir Vapnik）等人在 1995 年提出的支持向量机，Sepp Hochreiter 和 Jurgen Schmidhuber 提出了长短期记忆神经网络，约翰·拉弗蒂（John Lafferty）等人于 2001 年提出的条件随机场，David Blei、Andrew Ng、Michael I. Jordan 等于 2002 年提出的主题模型 LDA（Latent Dirichlet Allocation）。此外，在人机博弈方面，1997 年，深蓝超级计算机战胜了国际象棋世界冠军卡斯帕罗夫。深蓝基于暴力穷举法，通过生成所有可能的走法，然后执行尽可能深的搜索，并不断对局面进行评估，尝试找出最佳走法。

### 5. 人工智能的第三次浪潮

第三次人工智能浪潮兴起的标志是 2006 年 Geoffrey Hinton 等人提出的深度学习（Deep Learning）。2006 年也被称为深度学习元年。2012 年，Geoffrey Hinton 等人采用深度学习模型 AlexNet 一举夺冠。深度学习三巨头 Yoshua Bengio、Yann LeCun、Geoffrey Hinton 同时获得了 2018 年图灵奖。自 2011 年以来，随着深度学习、大数据、云计算、物联网等信息技术的发展，诸如图像分类、知识问答、语音识别、无人驾驶、人机对弈等人工智能技术实现了重大的技术突破，迎来了爆发式增长的高潮。应用领域标志性事件和发展如下。

2011 年，IBM 的沃森（Watson）问答机器人在《危险边缘》（*Jeopardy*）回答测验比赛中战胜了人类，最终获得冠军。Watson 是一个集自然语言处理、知识表示、自动推理和机器学习等技术的问答系统。

2011 年，苹果推出了自然语言问答工具 Siri。

2012 年，谷歌正式发布谷歌知识图谱[①]Google Knowledge Graph，包含不同实体之间的关系，进而帮助提高 Google 搜索的质量，如图 6.4 所示。

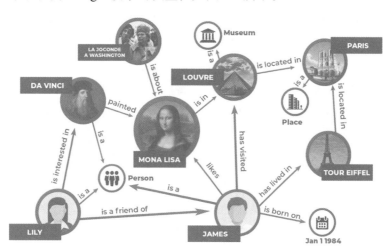

图 6.4　知识图谱示例

2014 年，聊天程序"尤金古斯特曼"在英国皇家学会举行的"2014 图灵测试"大会上，首次通过了图灵测试。

2014 年，Facebook 基于深度学习技术的 DeepFace 项目，在人脸识别方面的准确率已经能达到 97%，跟人类识别的准确率几乎没有差别。

2016 年，DeepMind 公司推出的 AlphaGo 与围棋世界冠军、职业九段棋手李世石进行围棋人机大战，以 4∶1 的总比分获胜。2017 年，在 AlphaGo 的基础上推出了 AlphaGo

---

① 知识图谱是结构化的语义知识库，是符号主义思想的代表方法。其以符号形式描述物理世界中的概念及其相互关系。

Zero，它一开始并不接触人类棋谱，而是利用强化学习实现自我训练，即自由随意地在棋盘上下棋，然后进行自我博弈。

2017 年，中国香港的汉森机器人技术公司开发的类人机器人索菲亚，是历史上首个获得公民身份的一台机器人。索菲亚能够表现出超过 62 种面部表情，其"大脑"中的算法能够理解语言，进行面部识别，并与人进行互动。

2019 年，中国香港 Insilico Medicine 公司和多伦多大学利用深度学习相关技术验证了 AI 发现分子策略的有效性，很大程度上解决了传统新药开发在分子鉴定方面困难且耗时的问题。

2020 年，OpenAI 开发的文字生成人工智能 GPT（Generative Pre-trained Transformer）-3，经过了近 0.5 万亿个单词的预训练，在多个自然语言处理任务基准上达到了最先进的性能。

马斯克旗下的脑机接口公司 Neuralink 研发的设备依靠多达 1024 根直径为 5μm 的导线"缝合"到患者的大脑灰质中，以形成与周围神经元的连接，提供大脑电发射的高分辨率采样，并在模拟电脉冲和数字计算机代码之间进行转换。该设备将首先专注于两个应用：恢复人类视力，以及帮助无法移动肌肉的人控制智能手机等设备，甚至恢复脊髓受损者的全身功能。2019 年，该设备首次在猴子身上测试；2020 年，该公司展示了植入 Neuralink 设备的实验猪的脑部活动；2021 年，Neuralink 发布了一段视频，展示一只植入其设备的猴子通过心灵感应玩电子游戏，引起巨大轰动。2023 年 5 月，Neuralink 公司获得美国食品药品监督管理局（FDA）的批准，将启动首次脑植入物人体临床研究。

2020 年，DeepMind 的 AlphaFold 2 人工智能系统解决了蛋白质结构预测，在国际蛋白质结构预测竞赛上击败了其余的参会选手，精确预测了蛋白质的三维结构。2021 年，发表在 Nature 上的一篇文章显示 AlphaFold 2 能很好地预判蛋白质与分子结合的概率。

2021 年，斯坦福大学的研究人员在 Nature 上发表了一篇关于用于打字的脑机接口（Brain-Computer Interface，BCI）系统的文章。这套系统可以从运动皮层的神经活动中解码瘫痪患者想象中的手写动作，并利用递归神经网络解码方法将这些手写动作实时转换为文本。

2022 年，OpenAI 推出了 ChatGPT，它是一种基于 GPT 的对话型 AI，能够创建智能的、上下文感知的聊天和消息系统。之后，微软将其整合到 Bing 搜索引擎和 Edge 浏览器中，再到 GPT-4 火速上线，引领了一场全球 AI 科技狂欢。

### 6.1.2 人工智能的分类

依据人工智能的研究思路，目前人工智能的主要学派包括符号主义学派、连接主义学派和行为主义学派。依据人工智能的发展阶段，可分为运算智能、感知智能和认知智能。依据人工智能是否具有独立意志，即能否在设计的程序范围外自主决策并采取行为，可将人工智能分为弱人工智能、强人工智能和超人工智能。

### 1. 符号主义学派、连接主义学派和行为主义学派

在人工智能的发展过程中，不同时代、学科背景的人对于智慧的理解及其实现方法有着不同的思想主张，并由此衍生了不同的学派，影响较大的学派如下。

"符号主义"（Symbolicism），又称逻辑主义或计算机学派，是一种基于逻辑推理的智能模拟方法，认为认知就是通过对有意义的表示符号进行推导计算，并将学习视为逆向演绎，主张用显式的公理和逻辑体系搭建人工智能系统，主张将智能形式化为符号、知识、规则和算法，并用计算机实现符号、知识、规则和算法的表征和计算，从而实现用计算机模拟人的智能行为。例如，符号主义学派预测天气的逻辑如图 6.5 所示。

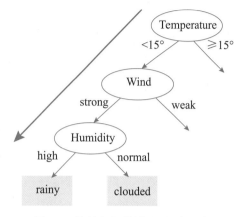

图 6.5　符号主义学派预测天气示例

符号主义学派代表性成果是专家系统，如 1986 年推出的 XCON。知识库系统和知识工程成为 20 世纪 80 年代人工智能研究的主要方向，但在 20 世纪 80 年代末日益衰落。其原因主要在于：符号主义主张将人的思想、行为活动及其结果抽象为规则定理，但人的大脑和思想是无比复杂的，且有些"智能"不能形式化为符号，因此符号主义学派在人机对话、语言翻译、解释图像等领域收效甚微。

"连接主义"（Connectionism），又称仿生学派或生理学派，主张利用数学模型来研究人类认知的方法，用神经元的连接机制实现人工智能。如用神经网络模型输入雷达图像数据预测天气如图 6.6 所示。

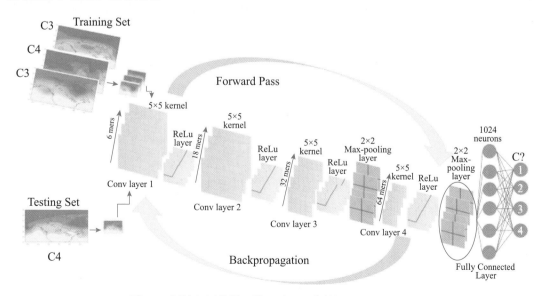

图 6.6　用神经网络模型输入雷达图像数据预测天气示例

连接主义学派的发展历经波折。1943 年，M-P 神经元模型的提出开启了连接主义学派的发展。1957 年，感知机算法 Perceptron 的提出为后来神经网络的发展奠定了基础。但 1969 年，马文·明斯基（Marvin Lee Minsky）与西蒙·派珀特（Simon Papert）发表的著作《感知机》阐述了"感知机"存在的限制，连接主义学派的发展进入十年的低迷期。直到 20 世纪 80 年代开始逐渐焕发生机，特别是 1986 年多层感知机和反向传播算法的提出。此外，1987 年卷积神经网络开始被用于语音识别，1989 年反向传播和神经网络被用于银行手写支票的数字识别，首次实现了人工神经网络的商业化应用。21 世纪以来，伴随着深度学习算法的提出与发展，海量的数据以及大数据技术框架的发展和图形处理器（GPU）的发展，即算法、算力、数据三要素齐备后，连接主义学派开始大放光彩。

"行为主义"（Actionism）学派又称进化主义或控制论学派（Cyberneticsism），是一种基于"感知 - 动作"的行为智能模拟方法，认为控制论和感知 - 动作型控制系统是人工智能的关键。该学派对传统人工智能进行了批评和否定，认为智能的关键是感知和行为，取决于对外界复杂环境的适应，而不是知识表示和推理，不同的行为表现出不同的功能和不同的控制结构。生物智能是自然进化的产物，生物通过与环境及其他生物之间的相互作用，从而发展出越来越强的智能，人工智能也可以沿这个途径发展。只要机器能够具有和智能生物相同的表现，那它就是智能的。该学派代表性应用如波士顿动力机器人（如图 6.7 所示）和波士顿大狗。

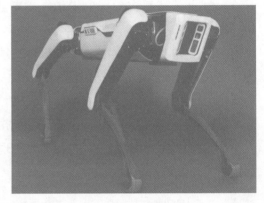

图 6.7　Spot 机器人

（资料来源：波士顿动力）

符号主义的优点在于逻辑规则的清晰和易解释性，但其局限在于难以处理模糊和不确定性的问题。连接主义具有良好的模拟人脑处理信息的能力，但其缺点在于网络的训练需要大量的时间和计算资源，并且缺乏可解释性。行为主义的优点在于能够处理实时的环境信息，但其缺点在于需要大量的数据和运算，且其应用范围相对较窄。

2. 运算智能、感知智能和认知智能

运算智能，即快速计算和记忆存储能力，指机器能够像人一样拥有"记忆"和"计算"能力，可以存储和处理海量的数据。1997 年，IBM 研制的超级计算机"深蓝"在标准比赛时限内击败了国际象棋世界冠军卡斯帕罗夫，震惊世界。"深蓝"的设计者许峰雄曾表示，一般的国际象棋手能想到后 7 步就很不错了，但"深蓝"能想到 12 步，甚至 40 步远。从此，人类在这样的强运算型的比赛方面就不再能战胜机器了。

感知智能，即视觉、听觉、触觉等感知能力，通过摄像头、麦克风、传感器等设备，捕捉物理世界信号，高效地完成"看"和"听"，直观地理解物理世界。例如，语音识别和人脸识别，自动驾驶汽车是当下感知智能领域的集大成者。在感知世界方面，相对于人类被动感知，机器能够主动感知，比人类更有优势。目前，人工智能在感知智能层面的技术已经进入一个成熟的阶段，机器在感知智能方面已经越来越接近人类。

认知智能，从类脑研究和认知科学中汲取灵感，结合知识图谱、因果推理、持续学习等，赋予机器类似人的思维逻辑和认识能力，特别是理解、归纳和应用知识的能力。通俗地讲，就是"能理解会思考"。认知智能比感知智能更有挑战，目前，人工智能技术集中在感知层面，但在需要外部知识和逻辑推理的认知智能领域发展还远远不够。达摩院2020 年十大科技预测就包括"人工智能从感知智能向认知智能演进"。

### 3. 弱人工智能、强人工智能和超人工智能

弱人工智能，也称为狭义的 AI 或人工狭义智能（Artificial Narrow Intelligence，ANI），是指不具有独立意志、只能在设计的程序范围内决策并采取行动的人工智能，其专注于执行特定任务。AlphaGo 虽然在围棋领域有很高的水平，但在其他领域却力不从心。"范围窄"可能是对此类 AI 更准确的描述，因为它其实并不弱，可以支持一些非常强大的应用。典型的弱人工智能如 Apple 的 Siri、Amazon 的 Alexa 以及 IBM 的沃森（Watson），应用领域如人脸识别、语言识别、语义分析和智能搜索。

强人工智能，也称为 AGI（Artificial General Intelligence），是指具有独立意志、能在设计的程序范围外自主决策并采取行动的人工智能。机器能够像人类一样具有学习、推理和解决问题的能力，能够执行通用任务，而不只局限于特定领域。强人工智能观点认为"计算机不仅是用来研究人的思维的一种工具；相反，只要运行恰当的程序，计算机本身就是有思维的"。强人工智能需要具备以下能力：存在不确定因素时进行推理、使用策略、解决问题、制定决策的能力；知识表示的能力，包括常识性知识的表示能力；规划能力；学习能力；使用自然语言进行交流沟通的能力；将上述能力整合起来实现既定目标的能力。强人工智能应用场景如智能机器人、虚拟个人助理、无人驾驶，ChatGPT 的出现标志着强人工智能已经到来。

超人工智能，也称为 ASI（Artificial Super Intelligence）。牛津大学哲学家、未来学家Nick Bostrom 在《超级智能》一书中，将超人工智能定义为在科学创造力、智慧和社交能力等每一方面都比最强的人类大脑聪明很多的智能。ASI 的最佳例子可能来自科幻小说或电影，如《星际迷航》和《黑客帝国》。目前，人工智能还没有达到超人工智能，但相关专家也对此感到担忧，例如 2023 年 3 月 29 日，由 Yoshua Bengio（图灵奖得主、深度学习三巨头之一）、埃隆·马斯克、尤瓦尔·赫拉利（《人类简史》作者）等超千人联名发表公开信，呼吁所有 AI 实验室立即暂停训练比 GPT-4 更强大的 AI 系统，为期至少 6 个月，以确保人类能够有效管理其风险。

### 6.1.3　人工智能主要分支

人工智能的分支主要包括计算机视觉、语音识别、自然语言处理和机器人。

**1. 计算机视觉**

计算机视觉（Computer Vision，CV）是人工智能领域的一个重要分支，是一门研究如何使机器"看"的科学，更进一步地说，是指用摄影机和计算机代替人眼对目标进行识别、跟踪和测量等机器视觉，并进一步做图形处理。

目前主流的计算机视觉技术是基于深度学习的机器视觉方法，其原理跟人类大脑工作的原理比较相似。以图像分类为例，人类看世界的过程开始于原始信号摄入（瞳孔摄入像素 Pixels），然后做初步处理（大脑皮层某些细胞发现边缘和方向），接着进行抽象（大脑判定眼前的物体形状），最后进一步抽象（大脑进一步识别物体是什么）。计算机视觉的方法类似，构造多层的神经网络，较低层地识别初级的图像特征，若干底层特征组成更上一层特征，最终通过多个层级的组合，在顶层上实现图像分类。

1）发展历史

1959 年，Hubel 和 Wiesel 对猫进行了实验。

1963 年，计算机视觉领域的先驱 Larry Roberts 在他的博士论文中试图提取积木世界（Block World）的 3D 几何信息。

1966 年，Summer Vision 项目启动，被广泛认为意味着计算机视觉的诞生。

1974 年，光学字符识别（OCR）技术走向市场，能够识别以任何字体或字形打印的文字。此后，OCR 被广泛应用于文件和发票处理、车牌识别和移动支付等领域。

1982 年，神经系统科学家 David Marr 证实了视觉分层工作原理，并提出了检测边缘、角落、曲线等基本形状的算法。

2000 年，计算机视觉的研究重心开始发生转移，从建模物体的 3D 形状转向了物体识别。

2001 年，Viola 和 Jones 开始了面部检测研究，第一个实时人脸识别应用诞生。

2012 年，AlexNet 模型在 ImageNet 竞赛中获胜，显著降低了图像识别的错误率。

2015 年，Google Cloud Vision API 开放。

2）计算机视觉应用场景

计算机视觉主要应用于以下任务。

（1）图像分类：对图像进行分类（如狗、苹果、人脸），并能够准确地预测图像具体属于哪个特定类别。例如，社交媒体公司可以利用计算机视觉技术自动识别用户上传的不合适的图像。

（2）物体检测：在图像中检测不同的物体实例，并给出其边界框和类别标签。

（3）图像分割：将图像分割为不同的区域，对每个像素赋予相应的类别标签，实现像素级的分类。

（4）目标跟踪：在视频序列中追踪特定目标的运动轨迹，需要综合图像分类、检测和分割的技术。

（5）场景理解：从一张图像中解析场景中对象之间的关系，理解图像所概括的场景语义。

（6）其他：包括 3D 图像理解、图像检索、图像匹配和配准等。

例如，计算机视觉技术促进了自动驾驶的发展，能够解读汽车摄像头和其他传感器收集的数据，如其他车辆、交通标志、地面标志、行人、自行车以及道路上的其他视觉信息。IBM 携手 Verizon 等合作伙伴应用计算机视觉技术，帮助汽车制造商在车辆出厂前识别质量缺陷。计算机视觉也广泛应用于面部识别，在图像中检测面部特征，并将其与人脸数据库进行比较。在医疗领域，图像数据广泛存在，如 X 射线图像、血管造影图像、超声图像和断层图像。计算机视觉可以从这些图像数据中检测肿瘤、动脉粥样硬化或其他恶性变化。

2. 语音识别

语音识别技术是让智能设备听懂人类的语音。现在语音识别已广泛应用于许多领域，如语音识别听写器、自主广告平台、智能客服等。我国的语音识别研究工作虽然起步较晚，但由于国家的重视，相关研究紧跟国际水平。汉语语音语义的特殊性也使得中文语音识别技术的研究更具有挑战。此外，语音识别领域仍然面临着声纹识别和"鸡尾酒会效应"（是指人的一种听力选择能力，在这种情况下，注意力集中在某一个人的谈话之中而忽略背景中其他的对话或噪声）等问题。

语音识别的发展历史如下。

20 世纪 30 年代，贝尔实验室提出语音分析合成系统模型（Homer Dudley）。

1952 年，贝尔实验室的团队开发了数字识别系统 Audrey。

1960 年，Gunnar Fant 开发出用于产生语音的声源 - 过滤器模型（Source-Filter model），用来描述人类说话发声的过程。

1962 年，IBM 在西雅图世博会上展示了 Shoebox。

20 世纪 60 年代末，苏联研究者发明了动态时间规整（Dynamic Time Warping，DTW）。

1971—1976 年，DARPA 资助了 5 年的语音识别研究，目标是将系统的词表扩展到1000 词。CMU 的 Harpy 实现了这一目标，将词表扩展到了 1011 词。

20 世纪 80 年代初，隐马尔可夫模型开始用于语音识别。

20 世纪 80 年代中，IBM 的 Tangora 将口语词表规模扩展到了 20 000 词。

1987 年，Katz 开发了 back-off 模型。

1990 年，第一款语音识别消费级产品 Dragon Dictate 发布。

1993 年，黄学东开发出 Sphinx-ll（第一个大词表连续语音识别系统）。

1996 年，BellSouth 开发了第一个语音门户 VAL（一种呼叫交互式语音识别系统）。

1997 年，Juergen 开发出长短期记忆网络，后被广泛运用于语音识别领域。

2002 年，微软开始将语音识别集成到它们的产品中。

2007 年，谷歌推出 GOOG-411 服务。

2008 年，谷歌为 iPhone 推出语音搜索（Voice Search）应用。

2009 年，Geoffrey Hinton 等人提出用于声学建模的深度前馈神经网络，显著提升了语言识别的准确度。

2010 年，谷歌在安卓手机上为 Voice Search 引入个性化识别功能，让其可以记录不同用户的声音。

2011 年，苹果推出 Siri。

2014 年，谷歌推出 Google Now；同年，亚马逊发布 Echo。

2016 年，谷歌发布 Google Assistant。

3. 自然语言处理

自然语言处理（Natural Language Processing，NLP）主要研究人与计算机之间使用自然语言进行有效通信的各种理论和方法，即计算机以用户的自然语言形式作为输入，在其内部通过定义算法进行加工、计算等系列操作后，返回用户所期望的结果。自然语言处理被誉为"人工智能皇冠上的明珠"，是计算机科学、人工智能的重要分支，并涉及统计学、语言学等知识，旨在使计算机能够理解、处理和生成人类语言。

1）发展历史

1948 年，香农把马尔可夫过程模型应用于建模自然语言，并提出把热力学中"熵"的概念扩展到自然语言建模领域。

1954 年，美国乔治城大学在一项实验中，成功将约 60 句俄文自动翻译成英文，被视为机器翻译可行的开端。

1956 年，乔姆斯基（Chomsky）提出了"生成式文法"，假设在客观世界中存在一套完备的自然语言生成规律，每一句话都遵守这套规律生成。

在自然语言处理研究初期，以语言学为基础的符号主义学派分析自然语言的词法、句法等结构信息，并通过总结这些结构的规则，实现处理和使用自然语言的目的。1966 年，完全基于规则的对话机器人 ELIZA 在 MIT 人工智能实验室诞生。1956 年，自动语言处理顾问委员会的一项报告中指出，机器翻译研究进展缓慢，未达预期。此后，机器翻译和自然语言的研究资金大为削减，自然语言处理的研究进入寒冰期。

20 世纪 70 年代以后，基于计算机技术的发展、算力的提升和数据的积累，统计机器学习方法（连接主义学派）逐渐代替了基于规则的方法。2001 年，条件随机场被提出，即便是深度学习时代，也常和深度学习模型一起使用，以修正输出序列；2003 年，主题模型被提出，NLP 从此进入"主题"时代；2008 年，分布式假设理论被提出，为词嵌入技术奠定了理论基础。在此阶段，NLP 研究的重点是如何设计更好的特征，在此基础上，使用统计机器学习算法，如支持向量机（Support Vector Machines，SVM）进行学习。

从 2008 年到现在，随着算力的发展，神经网络可以越做越深，之前受限的神经网络不再停留在理论阶段。自然语言处理的主流方法为深度学习，可以自动学习特征，而无须人工设计特征。2010 年，神经网络模型，如卷积神经网络和循环神经网络被成功用于解决 NLP 问题，如机器翻译和文本生成；2013 年，Google 发布了基于深度学习的语言模型 Word2Vec；2014 年，Seq2Seq 被提出；2017 年，Google 发布了 Transformer 模型，引发了机器翻译和自然语言处理领域的重大变革。近年来，预训练的语言模型（如 ELMo、BERT、GPT）代表了 NLP 又一里程碑的诞生，如 2018 年年末提出的 BERT 横扫 11 项 NLP 任务。

2）自然语言处理应用场景

NLP 的两个核心任务包括自然语言理解（Natural Language Understanding，NLU）和自然语言生成（Natural Language Generation，NLG）。自然语言理解旨在使计算机理解自然语言（人类语言文字），提取有用信息。主要任务包括分词、词性标注、句法分析、文本分类、信息检索、信息抽取（命名实体识别、关系抽取、事件抽取）、指代消歧等。自然语言生成旨在基于提供的结构化数据、文本、图表、音频、视频等，生成人类能够理解的自然语言，主要包括文本到文本（如翻译、文本摘要等）、文本到其他（如文本生成图片）、其他到文本（如视频生成文本）。

NLP 可以应用于以下场景（包括但不限于）。

（1）垃圾邮件检测：使用 NLP 的文本分类功能识别垃圾邮件。

（2）情感分析：使用 NLP 的文本分类功能，对文本中主观信息（如观点、情感评价、态度、情绪等）进行提取、分析、处理。按照分析粒度可以分为文档级情感分析、句子级情感分析及属性级情感分析。

（3）信息抽取：旨在从不规则文本中抽取想要的信息，包括命名实体识别、关系抽取、事件抽取等。例如，运用命名实体识别技术，可以从"小明出生于北京，定居在上海"中提取"小明"（人名）和"北京"和"上海"（地名）。关系抽取旨在从文本中提取实体间的关系，运用关系抽取技术，可以识别"小明"和"北京"两个实体间存在"籍贯"的关系，"小明"和"上海"存在"居住地"的关系。事件抽取旨在从文本中提取关键的事件信息，包括事件类型、触发词、参与者、时间、地点等，运用事件抽取技术，可以从"小明昨天发生了一起车祸"中抽取"触发词，发生，事件类型，车祸，参与者，小明；时间，昨天"。

（4）机器翻译：机器翻译旨在使用 NLP 技术将文本或语音从一种语言转换为另一种语言，同时保留原文的语义和结构。

（5）聊天机器人：聊天机器人旨在模拟人类对话，与用户进行实时的、自然的交互。它的目标是理解用户的意图和语义，并以自然语言的形式进行交流。通过对用户输入的文本或语音进行分析和处理，从中提取出关键信息，并生成合适的回复或响应。其可以应用于多种场景，包括客户服务、虚拟助手、在线支持、教育、娱乐等。

（6）文本摘要：是指将长文本（如文章、新闻报道、科技论文）的主要内容提炼出来，并以简洁的方式呈现给读者的过程。它的目标是通过自动化方式生成具有概括性的简洁摘要，以便读者能够快速了解文本的核心要点，节省阅读时间和获取信息的成本。文本摘要可以分为两种：抽取式摘要和生成式摘要。

自然语言处理已经广泛应用于多个领域。在金融领域存在海量文本数据，除金融新闻外，上市公司每年都有年报、半年报、一季报、三季报等；在法律领域，中国裁判文书网有几千万公开的裁判文书，此外还有丰富的文献数据、法律条文等，且文本相对规范；在医疗健康领域，有大量的诊疗报告；在教育领域，智能阅卷、机器阅读理解都可以运用 NLP 技术。

4. 机器人

机器人是人工智能领域的一个重要分支，其起源可以追溯到 20 世纪 50 年代。机器人是靠自身动力和控制能力来实现各种功能的一种机器。机器人能够应对不同的任务和环境，包括工业机器人、对话机器人、自主导航和定位、情感和社交机器人、智能家居机器人、医疗与护理机器人等，具备提高工作效率、减少人力成本、提供危险环境下的工作支持等优势。机器人的代表性发展历史如下。

1964 年，麻省理工学院研发第一个按固定套路聊天的机器人 ELIZA。

1966—1972 年，发明了首台移动人工智能机器人 Shakey。

1969 年，日本早稻田大学加藤一郎教授成功研发第一台以双足行走的机器人 WAP-1。

1970 年，研发的 SHRDLU 系统能够正确地理解语言。

1973 年，加藤一郎开发出世界上第一个全尺寸的仿人机器人 WABOT-1，该机器人有视觉和语音对话系统，能以日语与人对话，能搬运物品，其智力与一岁半儿童相当。

1988 年，创建了聊天机器人 Jabberwacky。

1997 年，深蓝（Deep Blue）战胜国际象棋世界冠军。

2011 年，IBM 的沃森在智力问答节目中打败两位人类冠军。

2016 年，AlphaGo 以 4∶1 打败世界围棋冠军李世石。

2017 年，具有居民身份证的机器人索菲亚诞生。

2022 年，OpenAI 发布聊天机器人 ChatGPT。

## 6.2　人工智能的基本概念

### 6.2.1　机器学习相关概念

在早期，人们进行预测一般采取基于规则的方法，其逻辑如图 6.8（a）所示。专家需要人工制定系列规则，对于某一条规则，如果满足某种条件，执行 Code 1；如果不满足该条件，执行 Code 2。这些规则需要专家制定，因此需要专业的领域经验，耗时耗力，领域移植性差。

如图 6.8（b）所示，机器学习在训练数据的基础上，应用合适的机器学习算法，会得到相应的模型。模型可以是一个复杂的目标函数，也可以是一系列规则。当需要预测的新样本到来时，就可以应用该模型对新样本进行预测。相对于人工制定规则，机器学习可以从数据中自动地学习到解决问题的方法和规则。

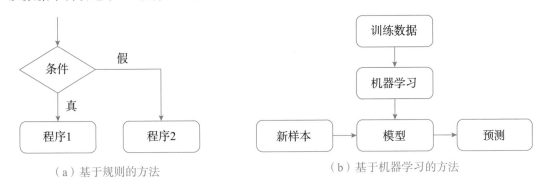

（a）基于规则的方法　　　　　　　　　（b）基于机器学习的方法

图 6.8　基于规则的方法和基于机器学习的方法

按照机器学习的方式不同，机器学习可以大致分为以下四种。

（1）有监督学习。有监督学习（Supervised Learning）从有标签的数据中建立模型，学习数据和其标签之间的关系，允许对未来数据进行预测。数据标注是有监督学习的必要工作。判断邮件是否为垃圾邮件是有监督学习的典型例子，在进行机器学习之前，需要事先准备好一些训练数据，该数据主要包括两部分：邮件转换成的特征向量以及人工判断其是否是垃圾邮件的标注 Label。

（2）无监督学习。无监督学习（Unsupervised Learning）处理的是不带标签的数据，其目标是从数据中自动地发现模式。典型的应用包括聚类和离群点检测。

（3）半监督学习。半监督学习（Semi Supervised Learning）同时使用带标签数据和不带标签的数据，以应对标签数据难以获得的情况。

（4）强化学习。强化学习（Reinforcement Learning）利用无标签数据，是通过人工的奖惩信号持续改进性能的一种学习类型。

### 6.2.2　机器学习常用算法

国际权威的学术组织 the IEEE International Conference on Data Mining（ICDM）于

2006 年 12 月从 18 种算法中，评选出了数据挖掘领域的十大经典算法：C4.5、K-means、SVM、Apriori、EM、PageRank、AdaBoost、kNN、Naive Bayes 和 CART。这些算法在数据挖掘和机器学习领域有重要的地位和影响。因篇幅限制，本节重点介绍两种常用的算法——决策树和神经网络。数据挖掘十大算法中，C4.5 和 CART 都属于决策树算法；选择介绍神经网络是因为目前比较流行的深度学习的基础是神经网络。如果读者对其他算法感兴趣，可以参阅其他专业书籍。

1. 决策树

决策树既可以解决分类问题，也可以应用于回归问题。分类决策树模型是一种树状结构，描述了对样本进行分类的过程。利用大量数据训练得到的模型就是一棵如图 6.9 所示的树，所使用的数据集如表 6.1 所示。其中，叶子结点代表的"好瓜"和"坏瓜"是要预测的两个类别，中间结点代表的"脐部 = ？""色泽 = ？""根蒂 = ？""纹理 = ？"代表的是数据集的属性。

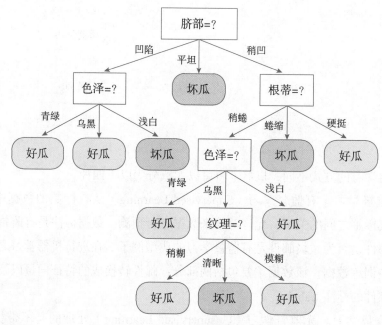

图 6.9　决策树示例

表 6.1　判断是否是好瓜的数据集

|  | 编　　号 | 色　泽 | 根　　蒂 | 敲　　声 | 纹　　理 | 脐　　部 | 触　　感 | 好　　瓜 |
|---|---|---|---|---|---|---|---|---|
| 训练集 | 1 | 青绿 | 蜷缩 | 浊响 | 清晰 | 凹陷 | 硬滑 | 是 |
|  | 2 | 乌黑 | 蜷缩 | 沉闷 | 清晰 | 凹陷 | 硬滑 | 是 |
|  | 3 | 乌黑 | 蜷缩 | 浊响 | 清晰 | 凹陷 | 硬滑 | 是 |
|  | 6 | 青绿 | 稍蜷 | 浊响 | 清晰 | 稍凹 | 软粘 | 是 |
|  | 7 | 乌黑 | 稍蜷 | 浊响 | 稍糊 | 稍凹 | 软粘 | 是 |

续表

| | 编　号 | 色　泽 | 根　蒂 | 敲　声 | 纹　理 | 脐　部 | 触　感 | 好　瓜 |
|---|---|---|---|---|---|---|---|---|
| 训练集 | 10 | 青绿 | 硬挺 | 清脆 | 清晰 | 平坦 | 软粘 | 否 |
| | 14 | 浅白 | 稍蜷 | 沉闷 | 稍糊 | 凹陷 | 硬滑 | 否 |
| | 15 | 乌黑 | 稍蜷 | 浊响 | 清晰 | 稍凹 | 软粘 | 否 |
| | 16 | 浅白 | 蜷缩 | 浊响 | 模糊 | 平坦 | 硬滑 | 否 |
| | 17 | 青绿 | 蜷缩 | 沉闷 | 稍糊 | 稍凹 | 硬滑 | 否 |
| 验证集 | 4 | 青绿 | 蜷缩 | 沉闷 | 清晰 | 凹陷 | 硬滑 | 是 |
| | 5 | 浅白 | 蜷缩 | 浊响 | 清晰 | 凹陷 | 硬滑 | 是 |
| | 8 | 乌黑 | 稍蜷 | 浊响 | 清晰 | 稍凹 | 硬滑 | 是 |
| | 9 | 乌黑 | 稍蜷 | 沉闷 | 稍糊 | 稍凹 | 硬滑 | 否 |
| | 11 | 浅白 | 硬挺 | 清脆 | 模糊 | 平坦 | 硬滑 | 否 |
| | 12 | 浅白 | 蜷缩 | 浊响 | 模糊 | 平坦 | 软粘 | 否 |
| | 13 | 青绿 | 稍蜷 | 浊响 | 稍糊 | 凹陷 | 硬滑 | 否 |

### 2. 决策树的学习

决策树的学习包括三个步骤：特征选择、决策树的生成和决策树的剪枝。其中，特征选择和决策树的生成作用于表 6.1 中的训练集上，决策树的剪枝作用在表 6.1 中的验证集上。

（1）特征选择。

特征选择的主要目的是确定需要以哪个属性作为划分属性，使得划分之后结点的纯度最高。因此，在特征选择阶段需要有选择指标的准则。常用的准则包括信息增益、信息增益比和基尼系数。信息增益是指在按照某属性划分之后数据集不确定性下降的程度，而这种不确定性由信息熵来测量。数据集 $D$ 的信息熵可按下列公式进行计算。

$$H(D) = -\sum_{k=1}^{Y} \frac{|C_k|}{|D|} \log_2 \frac{|C_k|}{|D|}$$

其中，$|D|$ 是数据集中样本的个数；$Y$ 是数据集中类别的个数；$|C_k|$ 代表数据集中属于类别 $k$ 的样本的个数。信息熵的范围为 $[0,1]$，熵越大说明纯度越低，熵越小说明纯度越高。

假设某个属性 $a$ 有 $v$ 个取值 $\{a_1, a_2, a_3, \cdots, a_v\}$，根据该属性的取值可以将样本集 $D$ 划分为 $v$ 个子集 $D_1, D_2, D_3, \cdots, D_v$。记 $|D_i|$ 为子集 $D_i$ 中样本的个数。则属性 $a$ 在数据集 $D$ 上的信息增益可以计算为

$$IG(D,a) = H(D) - \sum_{i=1}^{v} \frac{|D_i|}{|D|} H(D_i)$$

依次计算每个属性的信息增益，选择信息增益最大的属性作为该次划分的最优属性。

（2）决策树的生成。

决策树生成算法的框架如图 6.10 所示。

> **输入**：数据集 $D$，数据集中的属性集 $A$
> **输出**：决策树 $T$
> **决策树生成过程**：
> 1. 如果 $D$ 中所有样本都属于同一个类别 $C_k$，则返回单结点树 $T$
> 2. 如果 $A=\varnothing$，则 $T$ 为单结点树，结点的类别为 $D$ 中样本数最大的类别，返回 $T$
> 3. 否则，计算 $A$ 中各特征在数据集 $D$ 上的准则，如信息增益，选择最优的属性 $a$
> 4. 如果属性 $a$ 的准则满足停止条件，如信息增益小于预先定义的阈值，则置 $T$ 为单结点树，结点的类别为 $D$ 中样本数最大的类别，返回 $T$
> 5. 否则，根据属性 $a$ 的取值将 $D$ 分割为若干个数据子集 $D_i$，将 $D_i$ 中样本数最大的类别作为该结点的标记，构建子结点，返回由结点及其子结点构成的树 $T$
> 6. 对结点 $i$，$D \leftarrow D_i$，$A \leftarrow A-a$，重复步骤 1~5

图 6.10　决策树生成算法

（3）决策树的剪枝。

在决策树生成过程中，学习过程会尽量去适应训练数据，可能会导致决策树分支过多，进而造成在训练集上生成的决策树模型表现比较好，但是应用在新样本上的表现却不尽如人意的情况，这种现象称为过拟合。为了避免出现过拟合，需要对决策树进行剪枝。根据剪枝的时机，可以划分为"预剪枝"和"后剪枝"。预剪枝的基本思路是在结点划分之前估计此次结点划分是否会带来泛化能力的提升。泛化能力是指模型对训练集样本以外的新样本的预测能力。在决策树剪枝过程中，用验证集中的样本作为衡量决策树模型泛化能力的"新样本"。如果划分该结点不能带来泛化能力的提升，则不进行此次结点划分。后剪枝是指先产生一棵完整的决策树，然后自下而上将非叶子结点作为根结点的子树变为单个结点，看其能否带来泛化性能的提升。如果泛化能力确实提升，则将此子树剪掉，用叶子结点代替。

### 3. 人工神经网络

人工神经网络（Artificial Neural Network，ANN）学习借鉴了生物学的简单理论，其目的是从训练样本中学习到目标函数。神经元是人工神经网络的重要组成部分，因此先来看一下神经元的组成。如图 6.11 所示，神经元由求和函数和激活函数两部分组成，其中，激活函数的目的是提升模型的非线性表达能力，常见的激活函数包括 Sigmoid、ReLU、Softmax 等。$x_i$ 表示样本数据的第 $i$ 个特征，$w_i$ 表示对应的权重。

人工神经网络中多层感知机由输入层、输出层和多个隐含层构成，每一层由若干个神经元组成，如图 6.12 所示。对于分类任务来说，样本数据被转换成

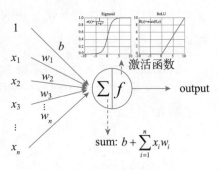

图 6.11　神经元

特征向量作为输入，经过多层隐含层，最后输出样本属于每个类别的概率，选择其中概率最大的类别作为该样本的预测结果。神经网络的网络结构，即隐含层的层数以及每层上神经元的个数，需要由人提前指定。训练神经网络的目的是确定连接两个神经元的权重的值。要达到这个目的，首先定义损失函数，在分类问题中，经常以输出结果和实际标签的交叉熵作为损失函数，然后随机初始化权重，再利用优化算法（如梯度下降法）沿着使损失函数降低的方向不断调整各权重。当所有权重确定后，将新样本转换为同样维度的特征向量后，就可以通过前馈神经网络计算出每个输出结点的概率。

图 6.12　多层感知机

图 6.13 展示了人工神经网络的训练过程。

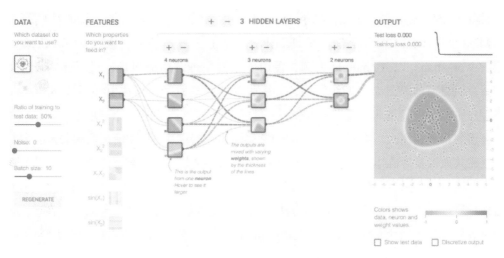

图 6.13　人工神经网络训练过程示例

（资料来源：http://playground.tensorflow.org/）

随着大数据的积累和计算能力的提升，深度学习（Deep Learning）取得了长足的发展。深度学习的概念起源于人工神经网络，是具有多隐含层的网络结构，可以提取抽象的高层特征。2012 年，Hinton 课题组使用深度学习模型 AlexNet 首次参加 ImageNet 图像识别比赛，一举夺得冠军，使得深度学习再次走入人们的视线。2012 年 6 月，《纽约时报》

报道了由著名的斯坦福大学的机器学习教授 Andrew Ng 和大规模计算机系统方面的专家 Jeff Dean 教授共同主导的 Google Brain 项目,该项目用 16 000 个 CPU Core 的并行计算平台对 20 000 个不同物体的 1400 万张图片进行辨识,训练出了含有 10 亿个结点的深度神经网络(Deep Neural Networks,DNN),能够自动识别出猫脸。2014 年 3 月,Facebook 的 DeepFace 项目基于深度学习方法,训练了包含 1.2 亿个参数的 9 层神经网络来获得脸部表征,最终人脸识别技术的识别率达到了 97.25%,几乎可媲美人类。

## 6.3 人工智能的应用领域

### 6.3.1 人工智能驱动的科学研究

人工智能驱动的科学研究(AI for Science,AI4S),是让人工智能利用自身强大的数据归纳和分析能力去学习科学规律和原理,得出模型来解决实际的科研问题。如今,AI4S 已在多个前沿科学领域中得到应用并取得了显著的成果,特别是辅助科学家在不同的假设条件下进行大量重复的验证和试错,从而大大加速科研探索的进程。深度神经网络作为本轮 AI 发展的核心推动力,所带来的高维复杂函数的逼近能力和高维复杂数据的处理能力恰恰能系统攻克计算辅助科研的瓶颈。

这场由人工智能和科学研究相结合引发的科研范式的转变,正在快速且深刻地影响着数学、物理学、化学、材料学、生物学等各个传统科研领域。例如,AlphaFold 2 成功预测了 98.5% 的人类蛋白质结构;DeepMind 用 AI 解决数学难题;预训练模型体系 AliceMind 证明了近 400 项定理。在 NeurIPS 2022 上,举办了第三届以 AI for Science 为主题的 Workshop。以 AlphaFold 为例,蛋白质结构是理解生命机理、进行药物设计的基础。蛋白质具有非常复杂的四级结构,其组成基础氨基酸序列存在 10 亿种以上组合,而组成蛋白质的过程又是非常复杂的变化过程。蛋白质在细胞中进行原子堆叠后的结构极其复杂,预测难度相当大。在过去几十年,科学家们通常采用三种主流的实验技术:晶体衍射、核磁共振以及冷冻电镜。然而,采用这三种实验技术,测一个蛋白结构都需要很长时间,可能耗时几个月到几年,花费也非常高,并且有很多蛋白质结构很难用这些实验技术测出来。最近几年,采用人工智能的方法,以蛋白质的氨基酸序列作为输入,在蛋白质结构预测方面取得了很大的突破,在 2020 年和 2021 年都被 *Nature* 杂志评为十大科学突破;在 2022 年也入选了《麻省理工科技评论》的十大突破性技术。DeepMind 在 2021 年发布的 AlphaFold 2,已能成功预测 98.5% 的人类蛋白质三维结构,且预测结果与大部分蛋白质的真实结构只相差一个原子的宽度,可达到以往通过冷冻电子显微镜等复杂实验观察预测的水平。

揭示微观世界的基本原理、精确模拟微观粒子的状态,是药物、材料、化工等产业走向理性设计的必由之路。分子动力学模拟是人们研究微观世界的基本方法之一,对原子间势函数的精确建模，是其中最核心的问题。2020 年，北京科学智能研究院与深势科技团队通过将机器学习与高性能计算相结合，实现了 1 亿原子第一性原理精度的分子动力学模拟，获得当年全球高性能计算领域最高奖项"戈登·贝尔"奖。2022 年 12 月，在 AI4S 领域最大的开源社区 DeepModeling 举办的社区年会上，发布了首个覆盖元素周期表近 70 种元素的深度势能原子间势函数预训练模型——DPA-1。该成果由北京科学智能研究院、深势科技、北京应用物理与计算数学研究所共同研发。DPA-1 被誉为自然科学界的 GPT，此前在 2020 年，DPA-1 雏形曾与预训练语言模型 GPT-3 共同入选了世界人工智能十大重要成果。DPA-1 可模拟原子规模高达 100 亿，目前已经在高性能合金、半导体材料设计等应用场景中证明了其领先性和优越性。这一突破也是 AI4S 走向大规模工程化的重要里程碑。对于从事材料设计研究的科研人员，可基于 DPA-1 快速构建高精度、方便易用的原子间势函数模型，利用人工智能技术进行分子模拟，设计创新材料，洞见研究方向，减少不必要的实验，大幅度缩短研发周期，降低研发成本。

AI4S 在国际领先的研究机构中已形成共识（如 DeepMind、NVIDIA、微软、字节跳动、华为、普林斯顿大学、MIT、伯克利等），并成为重点资源倾斜的交叉学科方向，在 *Nature*、*Science* 等各大顶级刊物中发布的成果斐然。由达摩院发布的《2022 十大科技趋势》中，AI4S 列居首位。各国政府已开始关注 AI4S 的巨大潜力，并制定相关政策进行支持。例如，为贯彻落实我国《新一代人工智能发展规划》，科技部会同自然科学基金委于 2023 年 3 月启动"人工智能驱动的科学研究"专项部署工作，紧密结合数学、物理、化学、天文等基础学科关键问题，围绕药物研发、基因研究、生物育种、新材料研发等重点领域科研需求展开，布局"人工智能驱动的科学研究"前沿科技研发体系。

### 6.3.2 机器人

1940—1960 年，机构理论和伺服理论的发展推动了机器制造的自动化，由夹具、手臂、驱动器、控制器等部分组成的"第一代机器人"进入了实用化阶段。1960 年，美国 AMF 公司生产了柱坐标型 Versatran 机器人，可做点位和轨迹控制，成为世界上第一种用于工业生产的机器人。1970—2010 年，人工智能的产生发展使得机器人更加智能化和精准化。手术机器人、扫地机器人、仿生机器人等逐渐渗透生活中的各个领域，机器人进入商业化阶段。2010 年至今，图像识别、自然语言处理、机器视觉等人工智能技术不断赋能，具有判断和思考能力的智能机器人也成为各行各业关注的热点，人工智能在机器人领域的应用也越来越成熟。

#### 1. 情感机器人

情感机器人是利用人工的方法和技术，赋予机器人以人类的情感，使其能够表达、识别和理解情感，然后对人类情感进行模仿、延伸和扩展。机器是否具有情感是机器人性化程度高低的关键因素之一，而想要机器人有情感，让人机交互更加自然，就需要实现机器人与人之间的情感交互。情感机器人就可以通过观察人的表情变化来检测人的兴奋程度，甚至在医学领域，可以观察孤独症患者的情绪，帮助医护人员及时了解患者的情况。在人机交互过程中，机器人可以捕捉关键信息，感知人的情绪变化，形成预期，并做出调整和反应。同时，机器人的情感识别和理解方式充分利用了人工智能技术，例如，利用神经网络模型对情感语音进行声学分析，可以实现基于语音的情感识别。

美国人工智能机器人公司在 Kickstarter 众筹网站上推出了新一代机器人产品 Vector，如图 6.14 所示。该机器人有它的"脾气"，可以通过丰富的表情和动作与用户产生有趣的联动。作为一款主打"情感"品牌的机器人，Vector 利用肢体、声音、表情等多种感官恰到好处地与人进行有趣的互动。Vector 看到陌生人会小心翼翼，当有人拿起它时，它内置的陀螺仪能迅速感应到并做出反应，头部和底部有电容式触摸传感器，抚摸或轻敲它就会流露出愉悦的表情。它可以给用户以音箱没有的交互：当被问及天气时，它会用满屏的泪（雨）和沮丧的表情来表达外面要下雨；而当你忙碌了一天下班回到家时，它会用快乐的表情去问候迎接你。

图 6.14　宠物机器人 Vector

（资料来源：https://himg2.huanqiucdn.cn/attachment2010/2018/1102/14/34/20181102023448459.jpg）

2. 服务机器人

服务机器人是一种高科技集成先进机器人，主要包括公共服务机器人、个人/家庭服务机器人和特种服务机器人。1980 年，由"机器人之父"恩格尔伯格设计的医疗辅助机器人，是世界上第一台服务机器人，从此之后，服务机器人已发展成一门学科并成为实际应用的热门话题。随着老龄化、消费升级、AI 技术进步等多重因素的影响，服务机器人行业逐渐在市场飞速蔓延。近年来，"无接触"服务理念的普及也催生了对服务机器人的更大需求。在 2022 年中国国际服务贸易交易会上，消毒机器人、配送机器人、引导机器人、调酒机器人等产品大放异彩，受到广泛关注，其居家方便、智能操作等特色有效推动了服务机器人走向更广阔的市场。例如，智能清洁机器人可以实现智能化温和清洁环境，与人工清扫相比，智能清洁机器人漏扫少，覆盖率高，清洁度高；巡检服务机器人可搭载环境监测、红外测温、烟雾探测、热红外异常火灾预警等多种巡检功能，实现对室内或室外场景的全方位实时监控。

人工智能技术是智能服务机器人的核心技术。服务机器人采用机器视觉、机器学习、语音识别等人工智能技术来模拟人类行为，借助视觉技术实现服务机器人的定位、测量、检测、图像识别等功能；语音识别技术使服务机器人具有听觉，能够将语音转换成文本和指令形式；机器学习技术通过大量数据改进计算方法，执行学习活动，使服务机器人能够不断改进感知能力和行为能力。

配送机器人（如图 6.15 所示）近年来也逐渐走入人们的视野，最熟悉的就是校园里面见到的物流配送机器人，它从站点装货后，按照既定线路自动导航行驶。在到达客户指定送货地点后，配送机器人将通过电话、短信等方式通知收货人，并支持人脸识别、短信验证等方式快捷取货。

图 6.15　配送机器人

（资料来源：https://www.gml.cn/UploadFiles/FCK/2018-10/001%285%29.jpg）

目前，服务机器人（如图 6.16 所示）广泛应用于餐饮行业。餐厅服务机器人主要由迎宾互动机器人、送餐机器人及机器人后台调度系统组成。其中，迎宾互动机器人主要通过语音、表情和动作与顾客进行互动，借助触摸屏以图文形式展示各种促销信息，向顾客介绍餐厅、菜品和优惠活动等。同时，迎宾机器人还能与顾客打招呼、挥手致意，顾客也可以通过触摸或语音告诉机器人目的地，如包间的名称，迎宾机器人通过语音向顾客介绍包间的具体位置，并用手臂指出方向；送餐机器人的自动送餐、空托盘回收、自动收费等功能可以代替餐厅服务员为顾客服务。此外，送餐机器人还可以配合底盘运动，结合优美的音乐进行舞蹈表演，吸引顾客，活跃现场气氛。

图 6.16　服务机器人

（资料来源：https：//inews.gtimg.com/newsapp_bt/0/14139772440/1000）

3. 空间机器人

空间机器人是在太空中执行空间站建设与运行保障、卫星组装与服务、科学实验、行星探测等任务的特种机器人。世界上第一个成功应用于飞行器的空间机器人系统是加拿大 MD Robotic 公司于 1981 年研制的 SRMS 系统。2000 年后，空间机器人呈爆发式发展；2010 年后，各国对空间机器人的规划逐渐增多。2011 年，首个类人机器人 Robonaut-2（简称 R2，如图 6.17 所示）被送上"国际空间站"，协助甚至代替宇航员在空间站内外执行任务。我国 2017 年发布的《新一代人工智能发展规划》，在"基础支撑平台"部分，提出重点建设空间机器人支撑平台。

图 6.17　R2 进行在轨测试——任务面板操作

（资料来源：https：//baijiahao.baidu.com/s?id=1597091044171118994）

空间机器人主要应用在太空中。根据具体应用场景可分为三类：用于航天飞行器的舱内外服务机器人、可自主在太空中自由飞行的自由飞行空间机器人以及用于月球、火星等探索的行星探测机器人。舱内服务机器人协助宇航员完成舱内工作，如舱内组装等；舱外服务机器人用于完成更大的任务，包括小型卫星的捕获和维护、目标处理和在轨组装；自由飞行空间机器人可用于为卫星提供在轨服务，例如，在轨维护和组装；行星探测机器人，如月球车"玉兔号"，用于采集样本、放置科学仪器、探测着陆点。

空间机器人与地面机器人相比，它工作在无人、偏远、恶劣以及未知的太空环境下，因此对其环境适应性和智能自主性的要求更高。同时，空间机器人与人工智能的有机结合，可以有效地帮助其克服太空工作中的一些困难，其对人工智能的需求主要集中在感知、规划 / 导航、控制和人机交互四个方面。例如，利用机器视觉技术，实现机器人定位和目标识别；运用智能路径规划，实现机器人的自主导航；利用避障技术，使机器人能够自动躲避和防止物体碰撞等。ETS-VII 卫星机器人、"国际空间站"机械臂（SSRMS+SPDM）、"国际空间站"日本舱机器人（JEMRMS）、轨道快车（OE）卫星机器人及我国空间站机械臂等空间机器人均采用图像处理算法，自主完成目标位姿信息的测量，利用人工智能技术进行目标 / 物体特征识别与测量、作业任务决策与规划、操纵臂 / 手运动规划与控制。行星探测机器人利用人工智能对探测环境进行测量、定位和测绘、行动规划和控制、样本筛选、采集、包装和回收、突发情况的应急响应等。

### 6.3.3　ChatGPT

2022 年 11 月，OpenAI 推出 ChatGPT，其不单是聊天机器人，还能进行撰写邮件、视频脚本、文案、翻译、代码等任务。2023 年 2 月 2 日，OpenAI 宣布推出 ChatGPT Plus 订阅服务，可以让用户在高峰期优先使用人工智能聊天机器人 ChatGPT。2022 年 11 月 30 日，ChatGPT 发布，上线 5 天，其用户数就已突破百万；2023 年 1 月末，ChatGPT 的月活用户已突破 1 亿，成为史上增长最快的消费者应用；2023 年 2 月 2 日，ChatGPT Plus 发布，旨在提供更优质更稳定的服务；同日，微软官方公告表示，旗下所有产品将全线整合 ChatGPT；2023 年 2 月 7 日，微软宣布推出由 ChatGPT 支持的最新版本人工智能搜索引擎 Bing（必应）和 Edge 浏览器，次日凌晨，微软宣布将 GPT-4 模型集成到 Bing 及 Edge 浏览器中，搜索引擎迎来了新时代。继 ChatGPT 集成到 Bing 后，Bard（谷歌聊天机器人）、文心一言（百度聊天机器人）紧跟其后，纷纷争抢该领域蓝海市场。作为一款人工智能技术驱动的自然语言处理工具，ChatGPT 可以应用到聊天、编程、创作、学习等多个场景中。马斯克在使用 ChatGPT 后的感受是"scary good"。与 ChatGPT 的聊天示例如图 6.18 ～图 6.20 所示。

ChatGPT 成功的背后离不开强团队、大模型、大算力、大数据、大投资的支撑。从 2018 年起，OpenAI 开始发布生成式预训练语言模型 GPT，可用于生成文章、代码、机器翻译、问答等。从 GPT-1、GPT-2 和 GPT-3 到 GPT-3.5，OpenAI 至少进行了三次技术路线的"自我革命"，才有了使用微调后的 GPT-3.5 系列模型的 ChatGPT。该模型拥有多达 1750 亿个模型参数，在微软 Azure 云计算平台上进行训练，总算力消耗约 3640PF-days（即每秒一千万亿次计算，运行 3640 个整日），主要使用的公共爬虫数据集有着超过万亿单词的人类语言数据集。

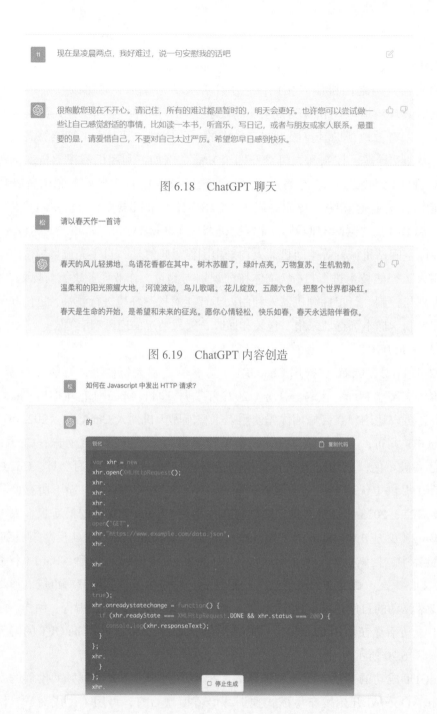

图 6.18    ChatGPT 聊天

图 6.19    ChatGPT 内容创造

图 6.20    ChatGPT 编程

　　ChatGPT 改变了在线搜索信息的方式，在生成式搜索和大规模搜索之间，ChatGPT 让查找信息的过程更加直观和简单。其在寻找答案、解决问题的效率上，已经部分超越了现有的搜索引擎，给谷歌、百度搜索引擎带来一定的挑战。"索引、检索和排序"的搜索引擎固有模式已经统治了 20 多年，虽然谷歌每年都会进行数千次更改，但并没有发生根本性的变化。相比花费大量时间翻网页去寻找答案，AI 却可以直接把答案递到眼前。因此，ChatGPT 是人工智能的创造性应用，颠覆了原有的搜索引擎模式，开启了新的范式。而微软与 ChatGPT 的合作，给搜索引擎加入了先进的 AI 对话模型，将搜索、浏览、聊天整合为一种统一的体验，改变了原有的搜索方式，给业界带来巨大的挑战，也引起了人们的广泛关注。

虽然 ChatGPT 拥有强大功能，但其仍存在局限性。例如，当我们试图通过其查找相关文献时，它能够快速给出答案，但文献的真实性却很低，可能根本不存在。"ChatGPT 有时会写出看似合理但不正确或荒谬的答案"，这是 Open AI 认为目前 ChatGPT 所面临的"限制"，并且解决这个问题被认为是具有挑战性的。ChatGPT 互动出错示例如图 6.21 所示。

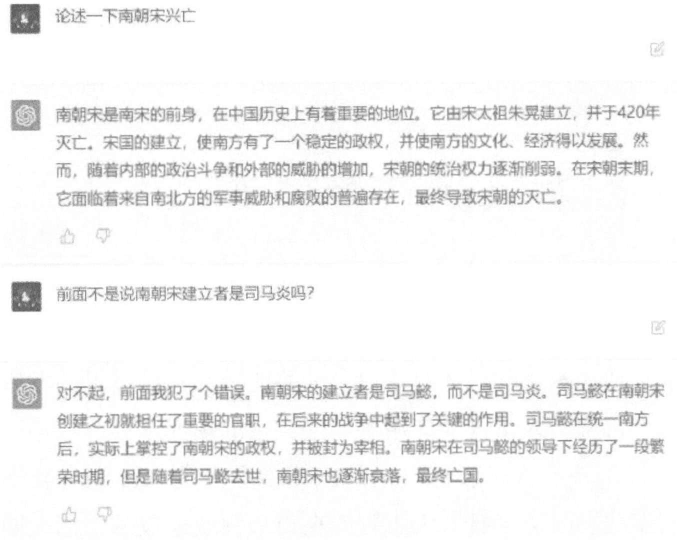

图 6.21　ChatGPT 互动出错示例

ChatGPT 的负面风险更多在于这项技术被恶意应用，如用于假新闻的生成、故意伪造新闻舆论、伪造可信网络钓鱼邮件等，对内容生态治理造成影响，同时影响网络安全。ChatGPT 正冲击着教育行业，一定程度上会造成互联网伦理问题。例如，ChatGPT 仅用几秒即可生成学术论文和教学大纲，这无疑给高等教育行业带来了巨大的冲击。多数专家学术期刊发表声明，完全禁止或严格限制使用 ChatGPT 等人工智能机器人撰写学术论文，有关对 ChatGPT 生成文本进行检测的方法正在不断更新推出。例如，Sam Altman（Open AI CEO）提出将尝试水印技术和其他技术来标记 ChatGPT 生成的内容。此外，来自马里兰大学的几位研究学者针对 ChatGPT 等语言模型输出的水印进行了深入研究，提出了一种高效水印框架，能够检测到合成文本。此外，ChatGPT 也引起了对于就业的担心，给各行业就业问题带来了困扰。对于一些格式化、重复性的工作，如电话接线员、客户服务、面试官、财务分析等工作，ChatGPT 有一定的替代优势。其可以快速生成回答，能够处理大量数据和信息，进行快速的决策与分析，完成烦琐的计算任务。然而，ChatGPT 的语言不具有倾向性和情绪，只是努力确保答案的逻辑性，并且在某些问题的回答上不具有准确性。对于一些需要处理人际关系和需要高度自主判断和创造力的工作，ChatGPT 可能无法胜任。正如 ChatGPT 对自身的定位（如图 6.22 所示），人工智能只是一种工具，我们应该不断提升自身能力，发挥创造价值，顺应时代潮流，利用人工智能的优势来提高工作效率和生活质量。风险多源自使用技术的目标本身，当下，我们在不断完善技术的同时，也应规范技术的使用，让 ChatGPT 发挥出真正有益于人类的价值。

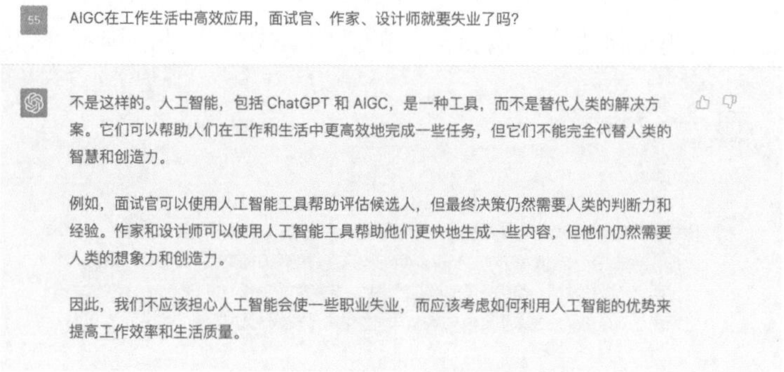

图 6.22　ChatGPT 回应失业问题

### 6.3.4　智慧司法

由于数据量的快速积累、先进的算法以及计算能力和存储技术的发展，人工智能在司法改革领域也被提上议程。人工智能应用于司法领域的例证至少可以追溯到 20 世纪 70 年代，美国等国家研发了基于人工智能技术的法律推理系统、法律模拟分析系统、专家系统，并运用于司法实践。时至今日，人工智能在司法领域也被赋予极大期望，期望能使得司法办案更加"精细化"，司法管理更加"科学化"，司法服务更加"人性化"，司法程序更加"透明化"，司法过程更加"高效化"。

1. 法律问答、信息数字化

信息数字化是指将语音、纸质档案等非电子信息转化为易于保存和复制的电子数据。虽然电子卷宗与传统纸质卷宗的表现形式不同，但二者的价值功能并无本质差异。纸质卷宗所具有的文件存储、查阅、复制、核证等功能，电子卷宗都可以实现，甚至在同等条件下，其适用效果比纸质卷宗更优。因此，将纸质档案或语音转化为电子卷宗就显得十分重要了。

目前的信息化技术较原先传统的扫描、录音等技术已有很大提升。例如，庭审语音识别中较为领先的科大讯飞的灵犀语音助手的语音识别率已能达到 90%，庭审平均时长缩短了 30%，合议效率提高了 25%。与书记员在庭审中手动输入文字材料相比，庭审语音识别技术大大提高了庭审记录效率，也提高了法官办案的质量和效率。

信息数据的智能化，也推进了法律问答系统的发展，人工智能可以利用这些数据，理解更多语义信息，可以为更广泛的人群提供法律咨询服务，让普通群众无须掌握专业的法律知识，也无须支付高昂的法律咨询服务费用，依然能够便捷地了解和学习法律知识，同时也降低了普通群众运用法律维护自身权益的门槛。

2. 文书制作、类案推送自动化

在文书制作和类案推送上，人工智能也起到了重要作用。对于大多数简单案件，例如，危险驾驶、小额借贷纠纷、政府信息公开等可以简化说理并且能够使用要素化、格式化裁判文书的案件，裁判文书自动生成系统能够通过 OCR、语义分析等技术，自动识别并提取当事人信息、诉讼请求、案件事实等关键内容，按照相应的模板一键生成简式裁判文书。当事人只需在系统中选择案由，并根据对系统自动生成的案情引导问卷做出选择，就可以得到一份由系统基于大数据分析和人工智能引擎自动生成的诉讼文书。减少了当事人时间的同时，提高了文书服务的准确性，更贴合法院一线业务需求。也可以应用人工智能技术实现其他制式法律文书的生成，还能够自动纠错，大大缩短了起草文书的时间，减轻了法官的工作量，提高了法官办案质效。

例如，河北省高级人民法院研发的"智审 1.0"审判辅助系统，包含文书制作功能。该系统在上线不到一年的时间，共处理案件 11 万件，生成 78 万份文书，积累了大量相关数据。不同于基于浅层文本匹配的文书检索系统，该系统利用深度学习模型，引入法律要素、争议焦点等法律知识，能够理解法律文书以及案例中的深层语义信息，通过分门别类、匹配标记达到类案检索，可以在法官办案时自动筛选以往相似度较高的案例，实现类案推送提醒，为法官对相似案件的审判提供参考，最大限度地把法官从重复性的、没有技术含量的工作中解脱出来，让法官能够真正专注于案件本身，同时也能缓解"类案不同判"和"法律适用不统一"的问题，有利于统一本地的司法裁判尺度，防止裁判不公。

3. 案件分析、辅助裁判智能化

人工智能智能化、可学习的优势，使其在案件分析和辅助裁判方面也能够发挥作用。在案件分析初级阶段，智能分案系统能够对各类案件进行精细化处理，自动精细化命名和自动分类，有效解决电子卷宗材料类型多样化、自动编目准确率低、需要大量人工编目校验等问题。

在当事人利用智能设备自主提出诉讼时，立案智能辅助系统可以从案件受诉范围、当事人适格、级别管辖、地域管辖 4 个维度对案件进行综合分析和异常预警，对虚假诉讼、滥诉、涉众等风险行为进行识别。

在司法裁判前，人工智能可以自动梳理出待审事实，生成庭审提纲，并推送到庭审系统中，例如，北京法院的"睿法官"系统、上海法院的"206 系统"等。智能辅助系统还可以提供包含推理过程、可解释的判决预测结果，并附上相关统计分析数据，为法官提供有价值的参考信息。在法官给出严重偏离类似案件的判决结果时，人工智能会自动给出提示警告，提高其工作效率，维护司法公正。例如，江苏省高级人民法院和东南大学联合开发的自动分析和预警系统。

智慧司法建设如火如荼的同时，也可能带来一些负面效应，尤其是信息安全问题。司法智能程序要想避免算法歧视风险，在司法审判中更加"智能"，就必须源源不断地向算法模型中输入正确、完整、全面的数据。而大量数据的上传大大增加了数据泄露的风险，如若被不法分子窃取，将对个人的人身、隐私、财产利益安全以及社会秩序的和谐稳定造成巨大威胁。目前，学者正在尝试用区块链技术来改善这一问题，区块链技术能够实现数据的可追溯和不可篡改、数据处理的全程留痕以及公开透明，有望帮助智慧司法突破"安全问题"的桎梏。

### 6.3.5 智慧金融

随着时代发展，科技进步，传统的金融行业已无法满足各方利益相关者的需求。对消费者来说，消费者在金融领域的消费需求日趋多样化，对投资、支付、理财等多类金融服务和产品的需求更倾向于便捷化和个性化，在选择服务或产品时，体验效果也成为举足轻重的关注点之一，而应用了人工智能的智能化金融服务或产品能给消费者带来最大程度满足。对金融机构来说，选择利用人工智能是提升核心竞争力的需求，一方面，如果金融服务和产品在业内逐渐同质化，那么金融机构的客户群和客户黏性就会相应减少；另一方面，市场主体不断增加，而市场需求并未相应增加，金融机构为了提升自身的核心竞争力，需要对智慧金融、运行经营和数据分析等方面提出更高要求。因此，利用人工智能识别客户、吸引客户、创新服务、丰富产品是金融机构取得长足发展的必要条件。对金融监管来说，当下时代飞速发展，金融监管机构也面临着全新的挑战，如何高效、精准地监测金融市场行为，管控风险操作和分析经济形势成了一大难题。金融监管机构必须在日新月异、纷繁复杂的金融市场前不断调整监管措施以适应新时代的监管需求，而人工智能在金融领域的应用能够帮助监管部门做到这一点，能够在降低合规成本的同时提高监管效率。

1. 风险管控

在信用风险管理方面，收集消费者信息，利用"大数据＋人工智能技术"构建信用评估模型，关联知识图谱建立精准的用户画像，可以帮助信贷审批人员在履约能力和履约意愿等方面对用户进行综合评定，从而确定风险程度，提高风险管控能力。例如，人工智能通过分析客户的性格、年龄、教育、职业、收入等人口特征，以及金融领域海量的结构化、非结构化数据，再利用机器学习分类、决策树等方法进行预测分析，可以对客户风险进行分类、分级管理，最大限度地防范风险，提高绩效。

2. 智能投顾

"全球资产配置之父"加里·布林森说过："做投资决策，最重要的是要着眼于市场，确定好投资类别。从长远看，大约 90% 的投资收益都是来自于成功的资产配置"。但凡涉及"投资"，比"收益"本身更重要的事情，永远是"风险"。资产配置需要在风险确定的情况下，给出在该风险下最高收益率的投资组合方案。这是一门极考验风险控制和资金管理的功课，也是考验宏观经济周期与行业未来战略配置的功课。如果把金融行业比作餐饮业的话，那么金融产品就好比是各种食材，类型丰富，而投资顾问就好比是厨师，选择并加工上好的食材，做成客人喜欢的菜肴。但是厨师的精力是有限的，不可能精通所有人的偏好菜肴。此时，结合人工智能发展出的智能投顾的优势就显现出来了。智能投顾是个人投资者提供风格偏好、收益目标和风险承受水平等要求，金融机构在展开一系列智能运算的基础上，结合投资组合优化等理论模型，最终提供最符合用户要求的投资参考。

3. 金融监管

人工智能在 AML/CFT（反洗钱 / 打击恐怖主义融资）、KYC（投资者适当性管理体系）、监管市场异常、预测系统风险、欺诈识别、辅助政策评估等多个方面都可以发挥作用。在反洗钱方面，中国人民银行反洗钱监测分析中心利用人工智能，针对高频交易和量化交易等情况，进行反洗钱监控活动，发现违规交易行为的能力大大提高。许多金融公司都有类似的应用，如美国的 Quanta Verse 金融公司。在 KYC 方面，人工智能可以帮助金融机构进行账户实名制，了解账户的实际控制人和交易的实际收益人，同时对客户的身份、其企业所从事的业务等信息进行了解，并采取相应的措施，即针对金融机构，预防有意或无意的违法犯罪行为，如陆金所的 KYC 系统。

### 6.3.6　智慧医疗

20 世纪 70 年代起，就有许多学者致力于将人工智能融入医学领域，斯坦福大学的专家们率先发明出了世界上第一个医用 AI 专家系统——MYCIN。随着科学技术的进步，在医疗健康领域已有不少 AI 应用成功案例，例如，新药研发、辅助疾病诊断、健康管理、医学影像、临床决策支持、医院管理、便携设备、康复医疗和生物医学研究等。

1. 新药研发

传统的药物研发是一个非常漫长的过程，大致分为候选药物和临床实验两个阶段，首先需要根据疾病的靶点的性质和三维结构，设计一些药物，经过一系列的设计、筛选、优化，再到体内外的实验，测试其有效性和毒性，如果没问题才能进入临床许可阶段，如果有问题，就需要返工，重新优化分子的性质，使其能够达到理想目标。整个过程是非常漫长的。漫长的研发时间和各项投入也就意味着更高的研发成本。人工智能可以大规模地识别和调控新型靶标（如蛋白质 - 蛋白质相互作用、具有大接触面积的靶点、蛋白质 - 核酸相互作用）以及下一代靶点（如利用细胞的蛋白降解机制）。人工智能技术也能在分子生成、化合物 - 蛋白相互作用（CPI）预测、识别影响分子属性的关键子结构等方面发挥作用。人工智能逐渐成为新药研发的强大加速器，既能降低研发成本，还能大幅缩短新药上市周期。目前，自然语言处理、机器学习、深度学习、知识图谱等人工智能关键技术在药物靶点发现、活性化合物筛选、分子生成等新药研发环节已得到广泛应用，全球多家人工智能企业与制药企业已开启深度合作模式。许多大的制药公司都在投资人工智能技术，与人工智能公司进行合作，并且已经有一批由人工智能开发的候选药物进入临床实验或即将进入临床实验。

2. 辅助疾病诊断

目前，利用人工智能技术对疾病进行临床诊断的研究主要围绕两方面展开：一是对海量医学数据进行分析处理，通过推理、分析、对比、归纳、总结和论证，从大量数据中快速提取关键信息，对患者身体状态和患病情况得出认知结论；二是通过对文字、音频、图像、视频等多模态的诊断数据进行分析与理解，挖掘和区分病情特征，进行诊断和评估。其中，医学影像数据作为一种能够准确、直观反映病情表征状态的重要诊断依据，加之深度学习技术在图像特征提取方面的突破性进展，成为当前人工智能与辅助诊断结合最紧密的领域之一。近年来，医学影像辅助诊断在诸多疾病诊断方面都有较大进展，例如，基于磁共振影像数据的 BioMind 人工智能影像辅助诊断软件对颅内肿瘤分类、基于 CT 影像的人工智能辅助诊断系统对肺癌诊断都具有很高的准确性。

3. 便携设备

目前，可穿戴设备和移动医疗设备也得到了广泛应用，这些设备能够主动监测并记录用户的多项指标，为患者提供个性化的实时健康预警反馈与建议。例如，苹果智能手表可以监测用户的心率、活动性信号（如步行速度）与跌倒、心脏健康等信息，并及时做出反馈；Cyrcadia 公司发明了可以检测乳腺癌的智能内衣，这款内衣内置温度传感器，可长期监测温度变化，并传输给计算机数据平台，识别是否有癌变的可能；谷歌公司正在开发可以通过泪液测量用户血糖水平的智能隐形眼镜。此外，在检测、识别技术日趋成熟的基础上，脑控技术结合人工智能逐渐用于机器人的控制研究中，如脑控智能假肢、脑控残疾轮椅。

### 6.3.7　智慧城市

各种新技术从城市基础设施和生活设施入手，逐步让智慧城市变为现实，主要覆盖以下常见领域。

（1）智能交通管理。人工智能可以用于交通流量监测、拥堵预测和优化交通信号控制。通过分析大规模的交通数据和传感器信息，智能交通管理系统可以实时调整交通信号，提高交通效率和减少拥堵。

（2）智能能源管理。人工智能可以优化城市的能源供应和分配。通过分析能源需求、天气数据和能源网格情况，智能能源管理系统可以制定最佳的能源生产和分配策略，以减少能源浪费并提高能源利用效率。

（3）智慧环境监测。通过使用传感器网络和人工智能技术，可以实时监测城市的环境指标，如空气质量、噪声水平、水质等。这些数据可以用于制定环境保护政策和采取相应的措施，以改善居民的生活环境。

（4）智慧治安监控。人工智能可以用于视频监控和图像识别，以提高城市的安全性。智能监控系统可以自动检测异常行为、识别可疑物体，并及时发出警报，帮助城市管理部门更好地维护治安和应对突发事件。

（5）智慧市民服务。人工智能可以应用于智慧城市的市民服务中，如智能客服、智能问答系统和智能城市应用。这些系统可以通过自然语言处理和机器学习技术，为市民提供便捷的信息查询、问题解答和公共服务申请。

### 6.3.8　零售和电子商务

随着移动互联网技术的飞速发展，零售行业受到了巨大的冲击，但也随之转型，给人们的生活带来了巨大的变革。我国的网上购物是从2003年由淘宝网兴起，之后电子商务发展迅猛，如2016年马云提出"新零售"，2018年腾讯副总裁林璟骅提出"智慧零售"，2019年刘强东提出"无界零售"，零售业在大数据和AI的推动下不断向前发展。人工智能＋零售，简称AI零售，指的是商品围绕消费者行为，跟踪从产生到最终被购买的全过程，对消费者的行为进行数据化的分析。我国的AI零售发展成为全渠道、智能化、提供个性化精准服务、创造社交＋体验平台的模式。AI零售的关键在于精准化，瞄准不同消费者日益凸显个性的需求。人工智能提供的精准化体现在商品精准、价格精准、顾客精准、服务精准和管理精准，以精准服务形成消费黏性，实现价值的增值。

新零售依托互联网，利用大数据、人工智能等先进技术，实现当前零售业"人、货、场"的优化重构。新零售深度融合线上服务、线下体验和现代物流，其核心是推动线上线下的融合，关键是要让线上的互联网力量和线下的实体店终端形成真正的合力，实现门店在商业维度的优化升级。在新零售领域，在城市的很多角落都可以看到智能货柜。智能货柜一般通过在柜体顶部安装摄像头，记录消费者开门取货的过程，如取出什么商品，单手取出还是双手取出。视频上传到后台系统后，通过购物视频进行识别，可以确定消费者拿取的商品信息，识别准确率可达99.9%。商家在经营过程中，可以利用大数据后台对商品的销量、时间、地点进行实时分析，捕捉消费者的购买习惯，实现商品结构的优化调整。同时，还可以制定选品策略、价格策略和促销策略，最终保证产品能够满足用户此时的消费需求，实现利润最大化。

商家还利用人工智能技术预测用户消费行为。零售商在了解用户身份信息和购买记录后，可以利用人工智能技术准确判断用户的购买偏好、购买习惯和购物模式，预测用户购买行为。例如，在用户搜索产品的同时，页面会自动出现"相似产品"，减少消费者浏览产品所花费的时间和精力。商家也可以使用人脸识别进行人群检测，系统判断用户身份，然后根据用户的个人信息、购买数据和导购员手中的手持智能设备的后台数据，为客户提供一站式解决方案。

对零售场所进行监控的同时，可以对到店用户的客流、年龄、性别、购物需求等进行统计分析，从而计算出用户的数量和密度。刻画人流趋势和客群画像，为选址和营销提供指导。客流分析统计系统实时、动态、准确记录营业场所的客流信息，如图 6.23 所示，让相关工作人员和管理人员实时了解营业场所的当前客流状况和历史客流，将客流数据与销售数据等传统业务数据相结合，对商场的日常运营进行分析和评估，科学有效地分析时空客流，快速及时地做出经营决策，已成为商业和零售营销成功的关键。

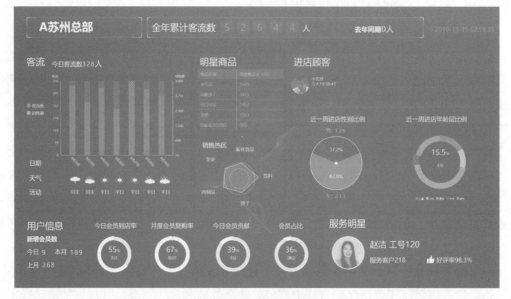

图 6.23　客流统计系统

（资料来源：https://cmsadmin.ovopark.com/install_package/Uploads/2020/06/19/5eec7bf14801d.jpg）

在零售领域，推荐是一项关键技术，可以根据用户的兴趣和行为数据，提供个性化的产品推荐，帮助用户发现和购买他们可能感兴趣的商品，并且推荐列表可以实现"千人千面"。

消费者从到店、逛店到购买，都可以获得全新的、更好的消费体验。消费者可以刷脸注册会员，可以通过人脸检索和识别技术，瞬间识别店铺消费者到达商店；顾客到店后轻松识别客户，如果是熟客和 VIP 客户，则根据他们过去的购买记录产生其可能感兴趣的产品推荐和优惠券推送；最终，消费者还可以通过"刷脸"的动作轻松完成流程支付。

在销售中，智慧零售可以通过动线分析、停留时长、热力分析、销售转化、客流转化等优化人与场地的关系。可以分析购物路径、洞察品类和商品关联等，通过动线分析来标记一个人在店内的行动轨迹，帮助管理者合理规划步行路线，优化店内商品摆放。通过分析用户信息，帮助商场优化购物流程、门店选址、货架陈列，利用货架分析自动生成店内配送率、排数、货架占有率、促销执行等指标报告，提高导购推荐效率以及优化广告人群属性等，推动线下门店实现数字化、智能化，改变门店运营模式，让门店具备思考能力。

例如，人数预警功能，提供门店实时监控、门店热力图、人流预警、客流统计等，如果区域内人数超过阈值，系统会发出预警，提醒店员及时调整，为舒适安全购物提供保障。

新零售领域的智能客服可以基于自然语言处理技术，根据消费者输入的问题（文本、表情或图片），结合上下文信息和商业数据（知识图谱、商家、商品、订单、消费者行为等），通过机器学习算法准确识别消费者意图，返回知识库的准确答案或其他响应策略（转为人工、多轮对话、VQA 答案等）。

### 6.3.9  自动驾驶汽车

自动驾驶是人工智能的重点应用领域之一。人们利用人工智能实现汽车的自动驾驶，对驾驶过程中视频场景中的多个物体进行检测识别，并采集周围环境状况、路况信息和地图信息等，再通过智能计算机进行计算分析。自动驾驶汽车借助深度学习来提高汽车识别道路和障碍物的效率，保证识别的准确性，同时可以采集各种图像，并将电磁信息转换为相应的数据。AI 计算平台再及时对大量数据进行处理分析，并向车辆执行层下发操作指令，保障自动驾驶汽车的安全行驶。

2022 年 3 月 1 日实施的《汽车驾驶自动化分级》（GB/T 40429—2021），将自动驾驶分为五个等级，如图 6.24 所示。我国的自动驾驶最早是由国防科技大学研制成功的智能小车，获得国家认可。1992 年，北京理工大学、国防科技大学等高校实现了真正能够自动驾驶的 ATB-1 实验样车的研制。进入 21 世纪后，国家对汽车自动驾驶非常重视，逐渐以高校和国有企业为主要研发阵地，社会企业自主研发为重要驱动力，快速开展汽车自动驾驶自主研发和测试。2012 年，军事交通学院研发的无人车完成公路测试，成为首款获得官方认证的无人车；2015 年，百度自动驾驶汽车完成北京开放高速路测；2017 年，我国将汽车自动驾驶列入《汽车产业中长期发展规划》；2020 年，国家发展与改革委员会发布《智能汽车创新发展战略》，为我国自动驾驶提供了战略指引和明确目标，并激发了中国自动驾驶汽车研发和制造的热情。阿里巴巴、小米、腾讯等企业不断加大在自动驾驶汽车领域的研发力度，为我国自动驾驶汽车产业的发展带来了积极的拓展和应用影响。2022年，自动驾驶汽车已经逐渐发展至 L4 高度自动驾驶阶段。

自动驾驶汽车主要依靠雷达传感器、视觉传感器和生物传感器来感知外部环境。自动驾驶汽车的环境感知部分主要是通过各种传感器的协同作用，保证车辆的正常行驶。其中，雷达传感器用于检测车辆与行人之间的距离和速度；视觉传感器用于识别车道线、标志等；生物传感器用于检测车辆信息，例如速度挡位等。人工智能的无限感知能力可以帮助汽车更全面地感知周围环境，可以对车身进行 360° 全方位检测，让驾驶者能够充分了解汽车各个角落和方位的实际环境，做出正确的决策和判断。自动驾驶的感知系统也可以利用各种传感器和软件数据采集外部环境信息，能看到和听到越来越多千里之外的复杂、更远的事物、信息，真正实现了"千里眼、顺风耳"的功能。

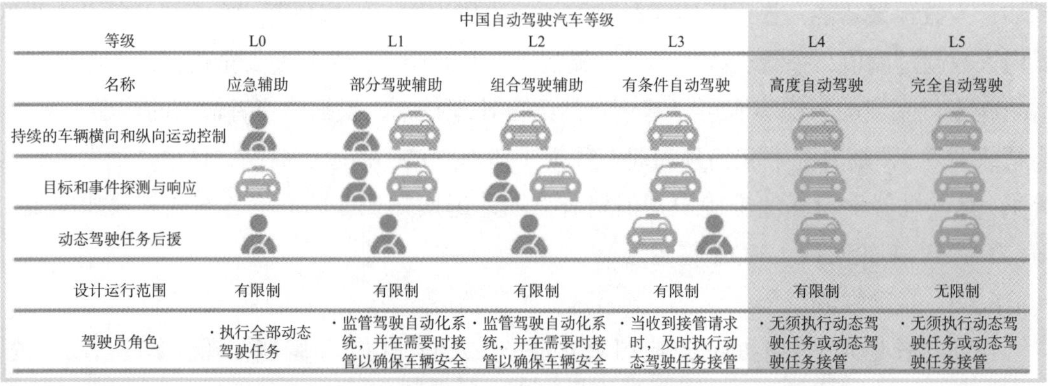

| 等级 | L0 | L1 | L2 | L3 | L4 | L5 |
|---|---|---|---|---|---|---|
| | | | 中国自动驾驶汽车等级 | | | |
| 名称 | 应急辅助 | 部分驾驶辅助 | 组合驾驶辅助 | 有条件自动驾驶 | 高度自动驾驶 | 完全自动驾驶 |
| 持续的车辆横向和纵向运动控制 | | | | | | |
| 目标和事件探测与响应 | | | | | | |
| 动态驾驶任务后援 | | | | | | |
| 设计运行范围 | 有限制 | 有限制 | 有限制 | 有限制 | 有限制 | 无限制 |
| 驾驶员角色 | ·执行全部动态驾驶任务 | ·监管驾驶自动化系统，并在需要时接管以确保车辆安全 | ·监管驾驶自动化系统，并在需要时接管以确保车辆安全 | ·当收到接管请求时，及时执行动态驾驶任务接管 | ·无须执行动态驾驶任务或动态驾驶任务接管 | ·无须执行动态驾驶任务或动态驾驶任务接管 |

图 6.24　中国自动驾驶汽车等级划分

人工智能在自动驾驶汽车领域的重要应用还包括行为决策和路径规划。其中，行为决策是根据传感器获得的信息预测未来一段时间内的行为环境，如保持直行、转弯、刹车和变道等。路径规划是在汽车行驶过程中寻找一条不与环境中的障碍物发生碰撞的路径，而行为决策则是汽车跟踪周围动态物体的轨迹，根据跟踪结果预测物体的下一条轨迹和行驶时间，并计算出自身的行驶速度和小路。例如，如果自动驾驶系统检测到有行人经过，一辆汽车驶过十字路口就会停下来。这样，当行人不断从马路上经过时，汽车就永远无法通过路口。这时就需要借助人工智能技术根据汽车的运动轨迹判断物体的下一个位置，进而计算出安全空间以便于汽车及时安全通过。在这个过程中，自动驾驶汽车需要利用人工智能技术感知周围环境，获取周围环境信息并进行分析预测。机器学习可以有效解决环境中存在的特殊情况。它可以与环境交互，帮助车辆在行驶过程中充分预测周围障碍物的行为，帮助车主提前做出决策，学习在相应场景下做出决策和计划，通过探索学习最佳策略，采取最优行为，从而减少交通事故的发生。

除了以上几点，人工智能技术在自动驾驶汽车领域的应用还利用了步态、语音、指纹或人脸识别等生物识别技术，使汽车具备解锁功能；通过人脸识别技术检测驾驶员，然后分析计算出驾驶员的驾驶偏好，并传输给中央控制系统进行车内座椅和温度的自动调节；它还可以实时检测驾驶员的情况，通过观察他的头部和眼睛来分析其是否有疲劳驾驶、酒驾、违规操作等，及时发出警报。

### 6.3.10　AI 与艺术

传统艺术概念与科技概念的结合是一个显著的现象。"人工智能艺术"（AI Art）、"计算机艺术"（Computer Art）、"生成艺术"（Generative Art）这样的概念层出不穷，引起了媒体的热潮和学界的关注。AI 在一定程度上可以参与艺术创作，并且已经展示出了一些惊人成就。AI 通过学习大量的艺术作品和模式，可以生成新的音乐、绘画、文学作品等。它可以分析数据、模仿风格和创造新的作品，甚至在某些情况下难以区分是由 AI 还是人类创作的。

### 1. AI+ 写作

"孤陈的城市在长夜中埋葬 / 他们记忆着最美丽的皇后 / 飘零在西落的太阳下 / 要先做一场梦……"据说，微软曾经在豆瓣和贴吧上，用不同的网名发表了一个少女创作的诗。2017 年 5 月，随着诗越来越多，微软联合湛庐文化把这些诗集结成了诗集《阳光失了玻璃窗》。而书的著作者，则是人工智能机器人小冰。2022 年，OpenAI 推出的 ChatGPT 也能创作诗歌。

### 2. AI+ 皮影戏

2018 年 9 月，Google 在上海龙美术馆举办了一场规模空前的 AI 体验展。在那里，AI 不仅和音乐、绘画结合了起来，甚至皮影戏也能玩起来！在一间黑暗的房间，用手势在墙上打出一些动物的形状。接下来，AI 会自动识别玩家的手势，并配合动画，手影就会化作动物，墙壁上也会据此投射出一张美丽的皮影剪纸。然后，剪纸头像就会跳入画布中，在银幕上化作一段精彩的皮影戏。所以科技不仅能够提升人们的生活品质，也能让古老的艺术焕发新的生机。

### 3. AI+ 设计

2017 年天猫"双 11"期间，阿里巴巴集团的"鹿班"智能设计系统在短短 7 天中针对各商品品牌等自动设计生成 4 亿张电子商务场景海报，把设计效率提升到前所未有的高度，并以个性化设计实现"千人千面"和视觉延展。2022 年的 ChatGPT 进一步让人们看到了 AI+ 设计的巨大潜能。

### 4. AI+ 音乐

2017 年 8 月，美国音乐人 Taryn Southern 发布了新专辑 *I AM AI*。其中的 *Break Free* 是由一个叫 Amper 的人工智能负责作曲和监制的，这是第一张 AI 专辑。以目前的技术水平，AI 能够达到一般流行音乐的作曲水平。Jukedeck 团队已在网上公开出售 AI 音乐制作服务，用户只需要花 5 英镑就可以获得一曲自己想要的风格和时长的音频。在音乐领域，人工智能一直探索创作更具独特性的音乐，它们通过相关算法，解析令人愉悦的音乐的模式及特征，创作数字音乐，以独特方式组合各类音乐元素。可以说，AI 正不断深入音乐领域的创作核心部分。2020 年，网易发布了一首作词、作曲、编曲、演唱全部由 AI 完成的歌曲——《醒来》。

### 5. AI+ 绘画

罗格斯大学的艺术与人工智能实验室制作出一套名为 GAN（创造性对抗网络）的人工智能。在运行了一段时间后，这套系统开始生成极富创造力的抽象艺术品。艺术与人工智能实验室主任艾哈迈德·艾尔加迈尔（Ahmed Elgammal）震惊不已，因为这些作品无异于艺术市场上流行的抽象画。于是，他组织了一场图灵实验，邀请大众辨别这些作品到底是人类艺术家的作品，还是人工智能的创作。实验结果也同样令人惊讶：53% 的 AI 艺术作品被认为是人类作品，并且各项评分都高于人类画作。手机应用 Prisma 成为世界名画的"私人订制平台"，它基于神经网络和深度学习算法，依照用户要求的艺术风格，能在 20s 内把原图转换为一件艺术品。这些人工智能艺术应用并非简单的照片滤镜，而是能够辨别图像语义的风格化再造系统。它通过分析所见图像中的语义，并使用一种现有的艺术风格表现出来，如图 6.25 所示。

图 6.25　AI 绘画示例

1967 年，波伊斯提出了一句格言："人人都是艺术家"。现在，随着 AI 在艺术创作领域的逐渐普及，波伊斯的言论很可能变成现实。加速 AI 与艺术的融合发展，重点在于 AI 技术的普惠化。AI 让艺术创作更简单、更有效，任何人都可以通过 AI 系统提供的数据模型，迅速创建风格迥异的艺术作品，如超逼真的图片、动画等，同时，艺术作品的创作时长也极大降低了。然而，艺术创作的核心价值往往超出了仅生成内容的范畴。艺术是人类情感、思想和经验的表达，它是创造力、想象力和情感的体现。虽然 AI 可以模仿和生成艺术作品，但目前还难以表达独特的情感和创造力，以及与观众的情感共鸣。人类艺术家能够通过自己的情感、经历和创造力创作出独特而有深度的作品，这种创作过程和作品的内涵难以完全由机器取代。尽管如此，AI 在艺术创作中的应用仍然是一个活跃的领域，可以为艺术家提供创作的灵感和辅助工具。人类艺术家和 AI 之间的合作可能会产生令人惊喜的结果，进一步推动艺术的创新和发展。因此，可以把 AI 看作一个与人类艺术家互补和协同创作的工具，而不是完全取代人类创作的替代品。

## 6.4　对人工智能的思考

### 6.4.1　可解释人工智能

可解释人工智能（eXplainable Artificial Intelligence，XAI）是指智能体以一种可解释、可理解、人机互动的方式，与人工智能系统的使用者、受影响者、决策者、开发者等，达成清晰有效的沟通，以取得人类信任，同时满足监管要求。用户不信任人工智能给出的结果，技术提供者又很难解释其中的因果关系时，人工智能技术可能难以实施，因此，可解释性已被认为是人工智能能否被广泛应用的关键因素。

可解释人工智能在各行各业都有广泛的应用前景，在 AI 决策能够产生重大影响的金融、医疗健康和司法等风险极高的领域，需求尤为强烈。在医疗领域，如图 6.26 所示，可解释人工智能可以根据输入的症状数据或 CT 图，给出一个可解释的预测结果，来辅助医生进行诊断。若模型不可解释，无法确定模型是如何决策的，医生也很难轻易使用人工智能提供的结果进行诊断。在金融领域，人工智能做出的投资决策需要很强的解释性，否则金融从业人员很难放心地使用模型得出的决策结果；为检测金融欺诈行为，模型需要找出欺诈行为并提供决策的解释，才能更好地帮助监管人员打击犯罪。

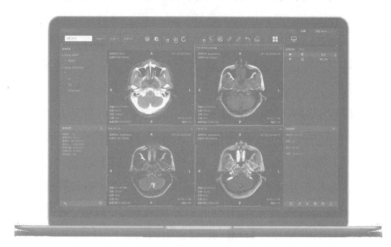

图 6.26　医疗领域中使用人工智能进行辅助诊断

（资料来源：https://new.qq.com/rain/a/20221216A05T3300）

在机器学习领域，模型可解释性与模型性能之间有一个权衡。线性回归、决策树（如图 6.27 所示）等模型的预测原理非常直观，但需要牺牲模型性能。更复杂的模型，如集成算法和深度神经网络通常会产生更好的预测性能，但通常被视为黑盒模型。研究可解释人工智能可以从以下三方面开展：建模前的可解释性分析，构建可解释性的模型，模型建立以后的可解释性评估。

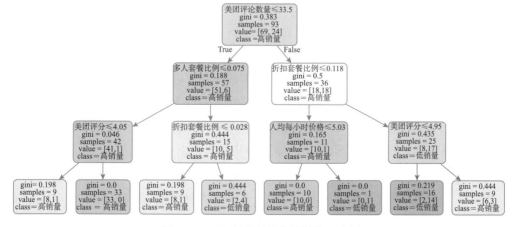

图 6.27　可解释较强的决策树模型示例

### 6.4.2　人工智能的公平性

在数智化时代，算法在生活中的应用无处不在，小到电影电视、音乐、购物网站的商品推荐，大到求职简历的筛选、教育资源的合理分配、司法程序中的犯罪风险评估，越来越多的决策工作被机器、算法和人工智能所取代。那些由算法做出的决策，是否真正做到不偏不倚、公平公正呢？算法的不公平在生活中无处不在，购物软件会根据用户的实际购买力推荐更贵或免优惠券的商品；亚马逊公司在 2014 年上线的简历筛选模型，明显表现出了对男性应聘者的偏好；当利用人工智能系统对犯罪嫌疑人进行犯罪风险评估时，算法可能影响其刑罚；当自动驾驶汽车面临道德抉择的两难困境时，算法可以决定牺牲哪一方。在搜索引擎结果中还存在种族歧视现象，哈佛大学的一项研究结果表明，在谷歌搜索中，黑人的名字更容易引向犯罪或者逮捕记录，而白人名字的搜索则罕见与犯罪相关的结果。例如，在谷歌搜索中输入像 Rasheed 或者 Aisha 这样常用的黑人名字的时候，搜索结果中含有犯罪记录的信息或者广告相比搜索 Geoffrey 或者 Carrie 这种白人名字要高出许多。如何让算法、人工智能具有公平意识，能够自主处理以上歧视问题，是目前人工智能的重要研究方向。造成人工智能不公平的原因主要包括数据偏差和算法歧视等。

现有的机器学习模型大多需要利用海量数据进行模型训练，学习到这些数据中的模式，进而用于对未知数据的预测。数据一般被称为数字经济时代的"石油"，而海量数据常常各式各样，难免是带杂质的"石油"。虽然在模型训练之前，通常要进行数据清洗工作，对数据进行重新审查和校验，但这一过程通常只是纠正数据中可识别的错误，包括检查数据一致性、处理无效值和缺失值等，并不能识别数据中的"歧视成分"。因此在训练过程中，算法不仅能捕捉到数据中有用的模式，也不可避免地学习到了人类的偏见。没有质量合格的数据，算法自然不能做出客观公平的决策。

算法歧视是指以算法为手段实施的歧视行为，主要指在大数据背景下、依靠机器计算的自动决策系统在对数据主体做出决策分析时，由于算法本身不具有中立性或者隐含错误、被人为操控等原因，对数据主体进行差别对待，造成歧视性后果。例如，根据 2022 年消费者协会的大数据"杀熟"问题调查报告显示，76.77% 的受访者认为存在大数据"杀熟"现象，64.33% 的受访者表示有过被大数据"杀熟"的经历。大数据杀熟的背后逻辑是互联网平台利用大数据挖掘算法获取用户画像并对用户进行"画像"分析，进而对不同消费程度的群体提供差别性报价，以达到利益最大化的行为。这种企业"杀熟"现象的本质是通过一定的算法筛查，对用户群体进行分类，形成一套端口、多套服务的模式。

算法歧视究其原因在于黑箱问题，即算法从输入数据到输出决策结果的逻辑过程并不向外界公开。用户在使用算法时仅能获知算法运行的结果，而算法使用的数据、分析逻辑、迭代等关键过程则被算法"黑箱"隐藏，这一非透明性导致算法歧视更加隐蔽。算法的公平性问题之所以难以解决，究其根本在于其"黑箱"问题。如果人类不能理解算法的运作方式，就难以找到算法产生歧视以及不公平结果的根本原因，也就无法解决不公平性问题。保证人工智能的公平性需要研究人员、政策制定者、行业从业者各方的共同努力。

### 6.4.3　人脸识别与隐私保护

数智化时代下，需要注重隐私保护。目前，以深度学习算法为代表的人工智能技术飞速发展，人脸识别技术已经从理论研究走向大规模的应用落地，在居民消费领域，刷脸购物、刷脸进出等应用场景已屡见不鲜；在公共安全领域，利用人脸识别技术实现高效地刑侦追逃与罪犯识别已成为公安干警的好帮手。然而，国内提供人脸检测与人群分析的一家科技公司，被发现其人脸识别数据库未设密码保护，一直对外开放，导致 256 万用户信息被泄露；更甚的是在网络商城有商家公开售卖人脸数据，数量达 17 万条。这些数据去了哪里、被谁使用、如何使用，我们不得而知，这种大规模的人脸数据泄露，将给社会带来极大的不确定性。2020 年 5 月，工信部点名批评 16 个 App 存在侵犯用户隐私、违规收集个人隐私等问题。2021 年的 3·15 晚会更披露了隐私泄露的重灾区：摄像头滥用人脸识别，招聘简历低价转卖，清理软件骗取信息。本部分重点介绍人脸识别在隐私保护上的相关内容。

从数据收集环节来看，人脸识别具有无意识性与非接触性，可以远距离发挥作用，并能长时间大规模地积累数据而不被用户察觉，具有很强的侵入性。人脸识别技术能够在人们根本没有感知的情况下，远距离抓取人的面部数据，导致很多时候对于该数据的获取根本没有征得被收集人的同意。根据现行的刑法规定，不经同意而非法获取，或者将合法取得的个人信息出售或提供给第三方，此类行为均涉嫌构成侵犯公民个人信息罪。从数据保管环节来看，由于个人的生物学数据具有稳定不变性，一旦泄露，相应的风险及危害不可逆转，也无法有效弥补。从数据使用环节来看，由于未做限定，随着人脸识别技术应用场景的扩张，滥用与歧视现象不可避免。当下除了安保、门禁、支付与各平台认证等应用场景外，人脸识别技术也被广泛应用于社区管理、景区与演出场所出入等。甚至进一步推广到教学过程，用于监督学生的课堂行为与状态。

为了保护用户隐私安全，可以从技术和管理两个层面开展工作。技术层面的隐私保护措施如下。

（1）数据失真技术：在原始数据中适量加入"噪声"数据，让敏感数据不易被识别或难以被还原，以此来保护用户隐私。

（2）匿名发布技术：通过匿名发布信息、有选择地发布原始数据、不发布敏感数据或在发布之前对数据进行脱敏操作等方法来躲避不法分子的攻击行为，以此来保护大数据信息安全与个人隐私。

（3）身份认证技术：通过采集、分析用户行为以及其设备运行参数，通过其行为特征对此用户进行身份验证，尽量避免黑客盗取用户个人信息的行为，保护信息安全与个人隐私。

管理层面的隐私保护措施如下。

（1）健全法律法规：完善现有信息安全相关的法律，制定专门的个人隐私保护法，为合理地收集大数据提供依据，避免有关单位非法使用个人隐私数据。

（2）提高个人安全意识：每个人都要深刻认识到大数据时代带来的变革，提高自己的大数据素养和安全意识，切忌随意将个人身份信息泄露给陌生人，同时不非法获取他人隐私数据。

（3）国家全面监管：建立信息安全与隐私保护机构，普及隐私保护法，适当引导企业合理利用隐私数据，全方位监测、打击过度采集生物信息。

### 6.4.4　可信人工智能

人工智能虽然在多个领域取得了耀眼的成就，但也有很大的安全风险。如图 6.28 所示，由于人工智能无法识别扫路车，特斯拉的"自动驾驶"出现致死事故；达芬奇手术机器人事故原因是血液溅到摄像头上，导致机器人"失明"，感知系统无法正常工作；聊天机器人被黑客教导了种族主义，经过训练后他们"理解"了黑人和白人之间的区别，这种聊天机器人显然不符合伦理道德，更谈不上公平；波音 737MAX 客机坠毁事故，机动特性增强系统（MCAS）故障导致无数人死于这场灾难中；人脸识别公司数据库泄露事件和人脸识别不准确带来的政治外交事故等。导致这些安全风险的原因在于"内忧"和"外患"，内忧包括样本均衡、数据偏移、用户隐私等；外患则包括对抗攻击、信息安全、场景受限等。面对 AI 引发的信任焦虑，发展可信人工智能（Trustworthy AI）已经成为全球共识。

图 6.28　人工智能安全风险

2019 年 4 月，欧盟委员会发布了正式版的人工智能道德准则《可信赖人工智能的伦理准则》，提出可信赖 AI 需满足三项基本原则，即 AI 应当符合法律规定，AI 应当满足伦理准则，AI 应当具有可靠性。该准则提出了"可信任 AI"应当满足七项关键要求，具体包括人的自主和监督，可靠性和安全性，隐私和数据治理，透明度，多样性、非歧视性和公平性，社会和环境福祉，可追责性。该准则同时提出 AI 伦理的以下五项原则。

（1）福祉原则：向善。AI 系统应该用于改善个人和集体福祉。AI 系统通过创造繁荣、实现价值、达到财富的最大化以及可持续发展来为人类谋求福祉，因此，向善的 AI 系统可以通过寻求实现公平、包容、和平的社会，帮助提升公民的心理自决，平等分享经济、社会和政治机会，来促进福祉。

（2）不作恶原则：无害。AI 系统不应该伤害人类。从设计开始，AI 系统应该保护人类在社会和工作中的尊严、诚信、自由、隐私和安全。AI 的危害主要源于对个体数据的处理（即如何收集、存储、使用数据等）所带来的歧视、操纵或负面分析，以及 AI 系统意识形态化和开发时的算法决定论。为增强 AI 系统的实用性，要考虑包容性和多样性。环境友好型 AI 也是无害原则的一部分。

（3）自治原则：保护人类能动性。AI 发展中的人类自治意味着人类不从属于 AI 系统也不应受到 AI 系统的胁迫。人类与 AI 系统互动时必须保持充分有效的自我决定权。如果一个人是 AI 系统的消费者或用户，则需要有权决定是否受制于直接或间接的 AI 决策，有权了解与 AI 系统直接或间接的交互，并有权选择退出。

（4）公正原则：确保公平。开发人员和实施者需要确保不让特定个人或少数群体遭受偏见、侮辱和歧视。此外，AI 产生的积极和消极因素应该均匀分布，避免将弱势人口置于更为不利的地位。公正还意味着 AI 系统必须在发生危害时为用户提供有效补救，或者在数据不再符合个人或集体偏好时，提供有效的补救措施。最后，公正原则还要求开发或实施 AI 的人遵守高标准的追责制。

（5）可解释性原则：透明运行。在伦理层面，存在技术和商业模式这两类透明性，技术透明指对于不同理解力和专业知识水平的人而言，AI 系统都可审计和可理解；商业模式透明指人们可以获知 AI 系统开发者和技术实施者的意图。

2019 年 6 月，我国新一代人工智能治理专业委员会发布了《发展负责任的人工智能》；2021 年，欧盟发布人工智能领域的第一份综合性法案《人工智能法案》；美国推出《2022 年算法责任法案》；2022 年 6 月，加拿大 CIGI 发布《可信人工智能的双轨认证方法》；中国深圳、上海等各地相继推动人工智能立法条例。各国针对人工智能算法的监测、人工智能应用的审查的相关监管法规不断增加，人工智能治理已进入建章立制阶段。

## 小结

本章首先介绍了人工智能的发展历史、分类、主要分支，其次介绍了机器学习的相关概念和常用算法，梳理了人工智能在自然科学、司法、金融、医疗、零售、艺术等领域的应用和现状，并进一步思考了可解释人工智能、人工智能的公平性、隐私保护和可信人工智能。

## 习题

1. 人工智能的主要分支有哪些？
2. 你是如何看待人工智能的？

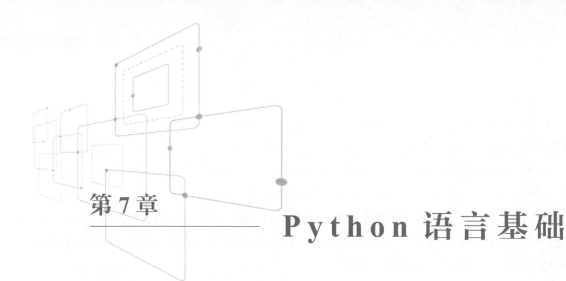

# 第 7 章 　 **P y t h o n 语 言 基 础**

**本章学习目标**

☆ 了解Python的发展和特点

☆ 掌握Python的下载及安装方法

☆ 了解一些常用Python第三方开发环境

☆ 掌握Python中的变量和对象引用、标识符及其命名

☆ 掌握Python内置的基本数据类型

☆ 掌握Python中各种运算符的使用和表达式的计算

☆ 掌握常用内置函数的使用方法

☆ 掌握Python标准库模块的导入

　　Python 是一种开源、免费、跨平台的高级程序设计语言，近年来，Python 语言的良好特性得到了广泛认可，成为最受欢迎的程序设计语言之一，越来越多的高校、企业、研究机构将 Python 作为教学、科研和应用系统开发的首选。本章主要介绍 Python 的发展和特点，Python 的下载及安装，以及 Python 开发环境的基本使用；Python 语言的基础知识，包括对象和变量，内置基本数据类型的特点、表示和使用，各种运算符的含义、优先级，表达式的计算；Python 常用内置函数以及标准库模块的导入及使用方法。

## 7.1　Python 概述

### 7.1.1　Python 的发展和特点

　　Python 语言的发明人是荷兰国家数学和计算研究中心（CWI）的科学家 Guido Van Rossum。Guido 于 1989 年开始设计 Python 语言的解释器，初始的设计目标是实现一种易学易用、可拓展的通用程序设计语言，用于方便管理 CWI 的 Amoeba 操作系统。1991 年，第一个 Python 解释器诞生，Python 逐渐被越来越多的开发人员了解和使用，由于其语法简洁、易学易用、功能强大、可扩展性强等诸多优点而大受欢迎。

目前，Python 语言的管理、维护和发布由 Python 软件基金会（Python Software Foundation，PSF）负责。Python 2.0 版本发布于 2000 年，自 2004 年以来 Python 的使用率迅速增长。Python 3.0 版本于 2008 年发布，这个版本对语言做了全面的清理和整合，修正了之前版本中的缺陷，使其概念体系更为清晰，结构更为统一。需要注意的是，Python 3.x 不再兼容早期 Python 2.x 的程序。近年来，Python 语言在行业内的使用率始终保持稳步上升的趋势，在 2023 年 7 月发布的 TIOBE 编程社区指数排行榜中，Python 语言高居榜首，如图 7.1 所示。TIOBE 编程社区指数每个月发布一次，是通过统计全球范围内使用各种语言的工程师数量、相关培训课程及第三方供应商数量，以及包括谷歌、Bing、Yahoo!、Wikipedia、YouTube 和百度等主流搜索引擎统计数据综合计算得出，主要用于评价各种编程语言的流行程度。

| Jul 2023 | Jul 2022 | Change | Programming Language | Ratings | Change |
|---|---|---|---|---|---|
| 1 | 1 | | Python | 13.42% | -0.01% |
| 2 | 2 | | C | 11.56% | -1.57% |
| 3 | 4 | ^ | C++ | 10.80% | +0.79% |
| 4 | 3 | v | Java | 10.50% | -1.09% |
| 5 | 5 | | C# | 6.87% | +1.21% |
| 6 | 7 | ^ | JavaScript | 3.11% | +1.34% |
| 7 | 6 | v | Visual Basic | 2.90% | -2.07% |
| 8 | 9 | ^ | SQL | 1.48% | -0.16% |
| 9 | 11 | ^ | PHP | 1.41% | +0.21% |
| 10 | 20 | ^ | MATLAB | 1.26% | +0.53% |

图 7.1　2023 年 7 月 TIOBE 编程语言排行榜

（资料来源：https://www.tiobe.com/tiobe-index/）

Python 语言遵循优雅、明确、简单的设计哲学，语法简洁清晰，易学易用。Python 将许多机器层面的实现细节，如内存分配、垃圾回收等，隐藏起来交由解释器负责处理，对用户完全透明，用户可以不必过多考虑底层实现细节，降低技术难度的同时也可以使用户能够更专注于实际应用问题的解决逻辑。

Python 语言以统一的方式支持面向对象程序设计（Object-Oriented Programming，OOP）的理念和技术，Python 中所有的编程机制和结构都围绕着对象（Object）这个核心概念，程序中定义的各种实体都是对象。这样的设计有利于编程概念的统一性，也为程序代码的复用以及大规模软件系统开发提供了支持。Python 同时支持多种编程范式，包括命令式编程、函数式编程、面向过程的结构化编程以及面向对象编程等。

Python 是开源、免费的自由软件，在遵循 GPL（GNU General Public License）协议的基础上，用户可以自由下载使用及发布副本，可以阅读、修改其源代码，在开源社区中也有很多优秀的专业技术人员不断地改进 Python 语言，这也是 Python 能够不断发展的一个重要的推动因素。

Python 语言具有良好的可扩展性，可以通过接口和函数库等方式将如 C、C++、Java 等其他语言编写的程序集成在一起。

Python 具有良好的跨平台特性，可以在各种主流操作系统平台上运行，如 Windows、UNIX、Linux、macOS 等，在 Android 等移动端操作系统上也有相应的 Python 解释器及运行环境，因此，Python 编写的程序具有很好的可移植性。

Python 语言提供了功能丰富的标准库（Python Standard Library），涵盖文本处理、数学计算、文件和目录访问、数据持久化、通用操作系统服务、并发执行、GUI（图形用户界面）、网络和进程间通信、互联网数据处理、数据压缩、加密、多媒体、国际化等。使用 Python 开发软件系统时，很多功能都不必从头开始，直接使用这些标准库模块即可。除了 Python 提供的标准库外，目前还有数以十万计的 Python 第三方库可供使用，覆盖了几乎所有的计算领域。

Python 的应用领域非常广泛，包括人工智能、大数据分析和处理、机器学习和深度学习、运维自动化、云计算、区块链、物联网等诸多新兴技术领域都可以看到 Python 的身影。例如，Google 的深度学习框架 TensorFlow 全部由 Python 实现，大家熟知的人工智能围棋程序 AlphaGo 就是基于 TensorFlow 实现的；此外，如开源云计算技术 OpenStack、开源 IaaS 软件 ZStack 等也都大量使用 Python。综上，Python 是一种充满活力且具有巨大发展前景的程序设计语言。

### 7.1.2　Python 的下载和安装

Python 是一种跨平台的编程语言，可以运行在多种主流操作系统上，下面简单介绍在 Windows 环境下 Python 的下载和安装。Python 的安装程序可以从 PSF 的官方网站上下载，网址是 https://www.python.org，单击主页上的 Downloads 进入下载页面，如图 7.2 所示。

至本书成稿之时，Python 最新的版本是 3.11.4，单击下载链接即可自动开始下载用于 Windows 操作系统的 Python 安装程序，也可以根据需要下载用于 Linux、UNIX 及 macOS 等其他操作系统的 Python 版本。

下载完成后运行安装程序，打开安装向导并勾选 Add python.exe to PATH 复选框，之后单击 Install Now 按钮开始安装，如图 7.3 所示。

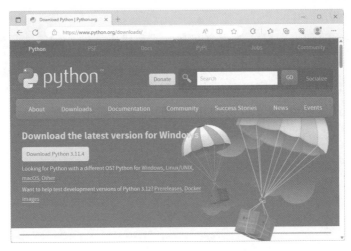

图 7.2　Python 官方网址下载页面

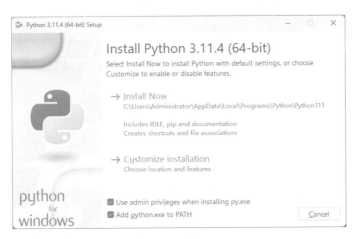

图 7.3　Python 安装向导

整个安装过程非常简单，按照安装向导提示逐个步骤完成即可，安装成功后可以通过 Windows "开始" 菜单找到 Python 运行程序，如图 7.4 所示。

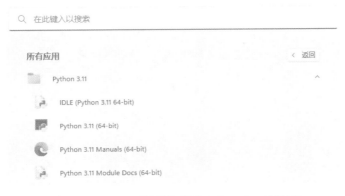

图 7.4　Windows "开始" 菜单中的 Python 程序组

### 7.1.3 开始使用 Python

Python 常用的两种编程模式是命令交互方式和代码文件方式，这两种方式都可以在 Python 官方版本自带的 IDLE 集成开发环境中运行，选择图 7.4 中 IDLE（Python 3.11 64-bit）菜单项打开 Python Shell 窗口。在这个窗口中输入 "import this" 并按 Enter 键，会显示一段名为 Python 之禅（The Zen of Python）的文字，如图 7.5 所示。Python 之禅阐述了 Python 编程的一些基本设计理念和编码原则，有兴趣的读者可以读一读。

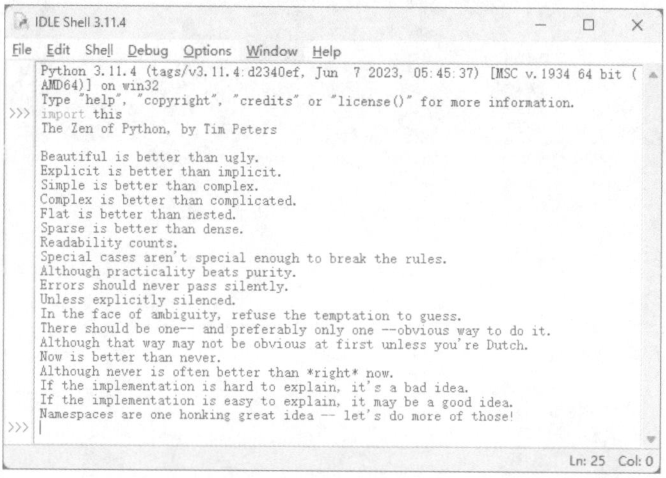

图 7.5　Python 之禅

在 Python Shell 窗口中，默认是以命令行交互的方式使用 Python 解释器，符号 >>> 是命令提示符，用户可以在其后输入命令，Python 解释器负责解释、执行命令并显示相应的运行结果。例如，输入语句 print（"Hello Python!"）并按 Enter 键确认，Python 就输出 "Hello Python!" 这串字符；输入 print（3+5）并按 Enter 键确认，Python 解释器就计算 3+5 并输出结果 8。其中，print() 是 Python 中常用的输出函数，后文会详细介绍。实际上，在这种命令交互模式下，可以不调用 print() 函数，直接在命令提示符 >>> 之后输入字面值、变量或是运算表达式等，解释器同样会输出它们的值或是运算结果，如图 7.6 所示。

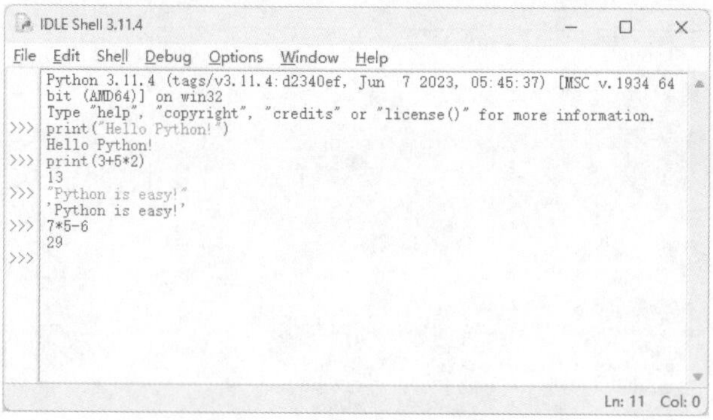

图 7.6　IDLE 窗口中的命令交互方式

　　刚开始学习 Python 的时候，使用这种命令行交互的方式非常适合初学者入门，类似于人机一问一答的方式，每输入一条语句就能立即看到运行结果，非常直观。而解决更为复杂的实际问题时，我们编写的程序通常由多条语句构成，同时会包含各种复杂的控制结构，这种情况下命令交互方式在程序的编写、运行和调试上都会有一定的局限性，此时可以使用代码文件的方式，在如图 7.5 所示的 IDLE 窗口中选择 File → New File 命令，或直接使用快捷键 Ctrl+N 打开一个新建文件的窗口，代码文件窗口中没有命令提示符，可以在其中输入多条语句编写完整的程序，并以文件的形式保存后再执行。

　　例如，编写一个程序，求一个给定的偶数可以分解为哪些素数对之和，并统计满足条件的素数共有多少组，程序中语句的含义会在后继的章节中介绍，如图 7.7 所示。注意，在代码文件编程模式下输出内容时，需要使用内置函数 print()，不能只写字面值、变量或是运算表达式等。

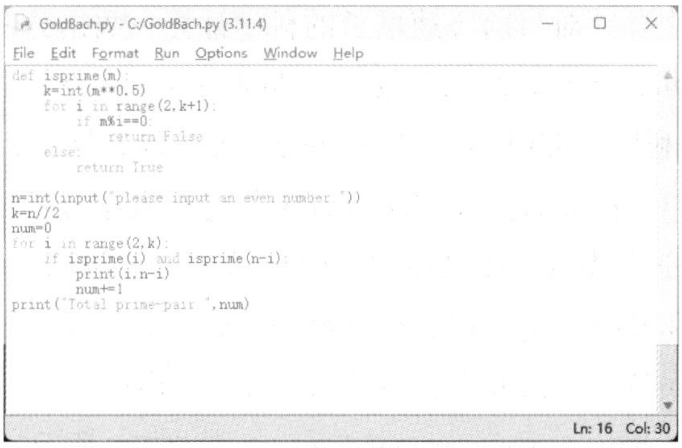

图 7.7　在代码文件窗口中编写程序

　　代码编写完成后，命名保存文件，Python 文件的扩展名是 .py，例如，图 7.7 中显示的 Python 源程序已经保存为文件，文件名是 Goldbach.py。选择 Run → Run Module 命令或按快捷键 F5 即可运行程序。需要注意的是，程序的运行结果仍然会显示在 Python Shell 的交互式窗口中，如图 7.8 所示。

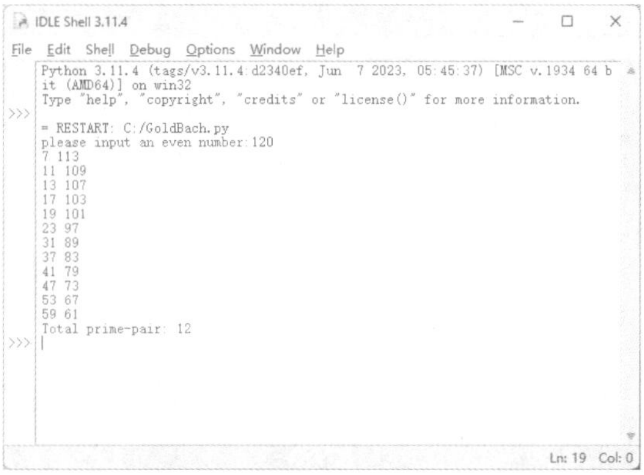

图 7.8　在 IDLE 交互窗口中输出代码文件的运行结果

### 7.1.4　Python 的开发环境

在编程过程中，一个功能丰富、使用方便的开发环境对于提高程序开发效率是至关重要的。前文介绍了 Python 官方版本中自带的 IDLE 开发环境，IDLE 使用简单，利于初学者入门，但对于从事大规模应用软件开发的专业技术人员来说，IDLE 的编辑功能和操作便捷性还是相对局限。因此，各种优秀的第三方 Python 编辑器和开发环境不断涌现，比较有代表性的有 PyCharm、Eclipse with PyDev、Wing IDE、Sublime Text、Spyder、VS Code、Jupyter Notebook 等，这些第三方编辑器和开发环境各有特点，但通常能在项目管理、智能提示、自动填充、单元测试、版本控制等功能或特性方面为程序开发人员提供诸多便捷。

下面简单介绍一个包含 Python 发行版本、多种开发工具及大量第三方科学库的集成环境 Anaconda。安装这个集成环境后，可以不必再单独安装官方版的 Python 以及各种科学计算库，Anaconda 主要针对目前飞速增长的科学计算、数据分析及机器学习等领域的需求，通过 Anaconda 可以非常方便地下载超过 7000 个应用于 Python 及 R 的数据科学包。在 Anaconda 中，可以利用 scikit-learn、TensorFlow 等开发并训练机器学习及深度学习的模型；可以使用 NumPy、pandas、Numba、SciPy 等进行数据分析及科学计算；可以使用 Matplotlib、Seaborn 等进行数据分析结果的可视化等。Anaconda 中集成了数据科学领域中所需的大量科学包和多种常用的数据科学编程工具，而且提供了使用方便的包管理器 conda，免去了开发人员逐一下载并安装各种第三方包的烦琐工作，显著提升了工作效率。Anaconda 的下载网址是 https://www.anaconda.com，如图 7.9 所示。

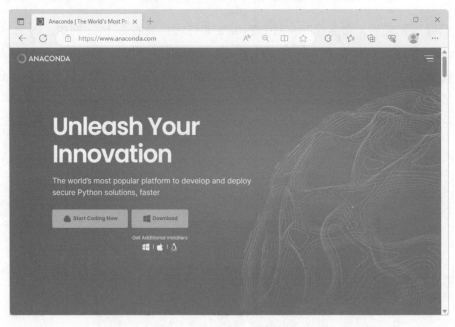

图 7.9　Anaconda 下载页面

单击页面中的 Download 按钮即可以下载 Windows 版本 Anaconda。目前 Anaconda 最新的版本是 2023.09。也可以单击 Download 按钮下方的 Get Additional Installers 链接下载适用于 macOS 及 Linux 等其他操作系统的版本，如图 7.10 所示。

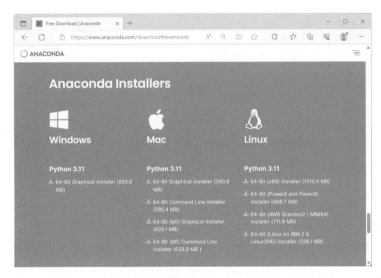

图 7.10    选择不同操作系统版本的 Anaconda 安装程序

Anaconda 的安装过程并不复杂，运行安装程序并按照向导提示逐步进行即可，此处不再赘述。需要注意的一点是，Anaconda 的安装路径的路径名中不能包括非 ASCII 字符。安装完成后，可以从 Windows "开始" 菜单中找到 Anaconda 的启动项，如图 7.11 所示。

图 7.11    Anaconda "开始" 菜单项

其中，Anaconda Navigator 是用于管理各种包和开发环境的图形用户界面，如图 7.12 所示。

在图 7.12 中，选择左侧导航栏中的 Home，可以看到 Anaconda 中集成的一些非常实用的 Python 开发环境和工具，其中包括基于 Web 的交互式计算环境 Jupyter Notebook、在线数据科学集成开发环境 Datalore 和 Deepnote、可执行 IPython 的仿终端图形界面程序 Qt Console、Python 科学运算集成开发环境 Spyder 等。此外，还可以通过 Anaconda Navigator 提供的链接下载安装专业 Python 开发环境 PyCharm、数据分析及可视化工具 Orange、多维数据可视化工具 Glueviz 等。

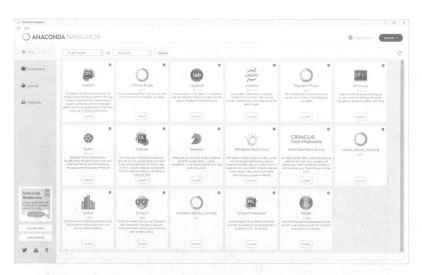

图 7.12　Anaconda Navigator 界面

在 Anaconda 集成的诸多工具中，Jupyter Notebook 是一个非常适合于初学者的交互式计算环境，支持包括 Python 在内的多种编程语言。在 Jupyter Notebook 环境中，可以编写调试代码，运行代码，可视化数据并查看输出结果，此外，还可以编辑文本、公式，插入图片等。启动 Jupyter Notebook 可以单击如图 7.12 所示的 Anaconda Navigator 界面中 Jupyter Notebook 图标下方的 Launch 按钮，或者直接从 Windows "开始"菜单 Anaconda3 程序组中单击 Jupyter Notebook（anaconda3）菜单项均可，推荐使用第二种方式，更为快捷。启动会弹出一个控制台窗口，如图 7.13 所示，在使用 Jupyter Notebook 过程中不要关闭这个窗口以确保 Jupyter Notebook 与内核服务保持连接，否则无法正常使用。

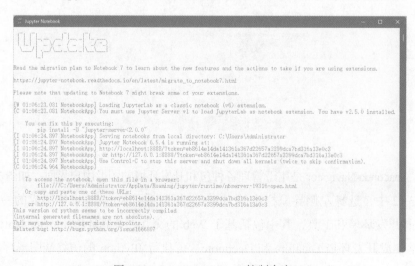

图 7.13　Jupyter Notebook 控制台窗口

弹出如图 7.13 所示的控制台窗口的同时，系统会启动浏览器打开 Jupyter 主页，如图 7.14 所示。

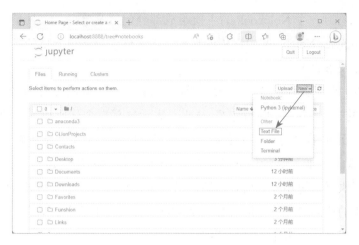

图 7.14  Jupyter 主页

单击图 7.14 中的 New 按钮，打开下拉菜单，从中选择 Python 3 则在新窗口打开一个基于 Python 内核的新 Notebook，默认文件名为 Untitled，如图 7.15 所示。如果要重命名 Notebook 文件，单击 Untitled，弹出"重命名笔记本"对话框，如图 7.16 所示，输入文件名，单击"重命名"按钮确认即可。

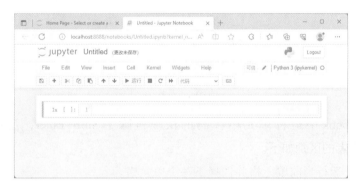

图 7.15  新建 Notebook 文件

图 7.16  重命名 Notebook 文件

从图中可以看到一个 Notebook 的主要组成部分包括菜单栏、工具条和编辑区。工具条中包含一些 Jupyter Notebook 中常用的功能，如文件保存、单元格的各种操作、代码执行、内核的终止及重启等。

在编辑区中可以看到一个单元格，称为 Cell，一个 Notebook 可以包含多个 Cell，图 7.17 中显示的第一个 Cell 以 "In[ ]" 开头，表示这是一个代码单元，可以在其中输入代码并执行，单元格前端的数字 1 表示行号，当我们在一个单元格中输入多行代码的时候便于定位查找。例如，键盘输入 "3+5"，单击工具栏中的 "运行" 按钮或按快捷键 Shift+Enter 即可执行语句并输出结果，结果以 "Out[ ]" 开头，同时，切换到新的单元格。当运行单元格中的代码时，单元格前 In[ ] 和 Out[ ] 方括号中数字会随之增长，这个数字只是表示单元格代码运行的次序，没有其他过多含义。

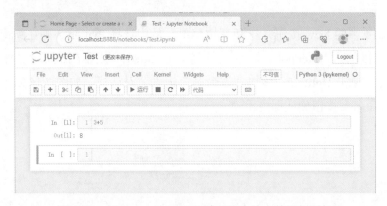

图 7.17　在 Jupyter Notebook 单元格中输入并运行语句

Jupyter Notebook 中运行单元格代码的快捷键除了 Shift+Enter，还有 Alt+Enter 和 Ctrl+Enter，这三者的区别如下。

Shift+Enter：运行当前单元格并选择下一个单元格。

Alt+Enter：运行当前单元格并在其后插入一个新的单元格。

Ctrl+Enter：运行当前单元格，并保持选择当前单元格。

Jupyter Notebook 为很多常用操作都提供了快捷键，熟练使用这些快捷键能提高程序编写的效率。如果想要详细了解，可以单击工具条上的 "命令配置" 按钮 ▦，打开命令配置窗口，可以查看 Jupyter Notebook 提供的各种快捷键，还可以对这些快捷键进行自定义配置和修改，如图 7.18 所示。

Jupyter Notebook 中的 Cell 可以输入多条语句后一并执行，也可以输入并运行一个完整的程序，而且每个单元格的语句或程序都可以任意修改并重新运行，使用起来非常灵活方便，例如，图 7.7 中将一个偶数分解为两个素数之和的程序可以整体输入到一个单元格中，运行此单元格时，由于有数据输入语句 input，会出现一个输入框，此时单元格前 In[ ] 中的数字变为 * 号，表示当前单元格的代码正处于运行状态，尚未结束，如图 7.19 所示。

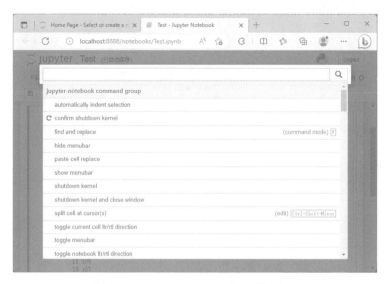

图 7.18　Jupyter Notebook 命令配置窗口

图 7.19　在 Jupyter Notebook 中运行单元格并输入数据

在输入框中输入 120 并按 Enter 键确认即可得到运行结果，如图 7.20 所示。请务必注意，在 Notebook 的输入框中输入数据后，需要按 Enter 键确认，不要再次单击"运行"按钮。

需要保存 Notebook 文件时，可以单击工具条上的"保存"按钮，Notebook 文件的扩展名是 ipynb，文件保存的位置是 Jupyter Notebook 的工作目录，默认为"C:\Users\用户名"。其中，"用户名"是指当前 Windows 系统的用户名，会随机器而异。在 Jupyter Notebook 的主页中，可以查看已经保存的文件并可以选择文件并打开，如图 7.21 所示。

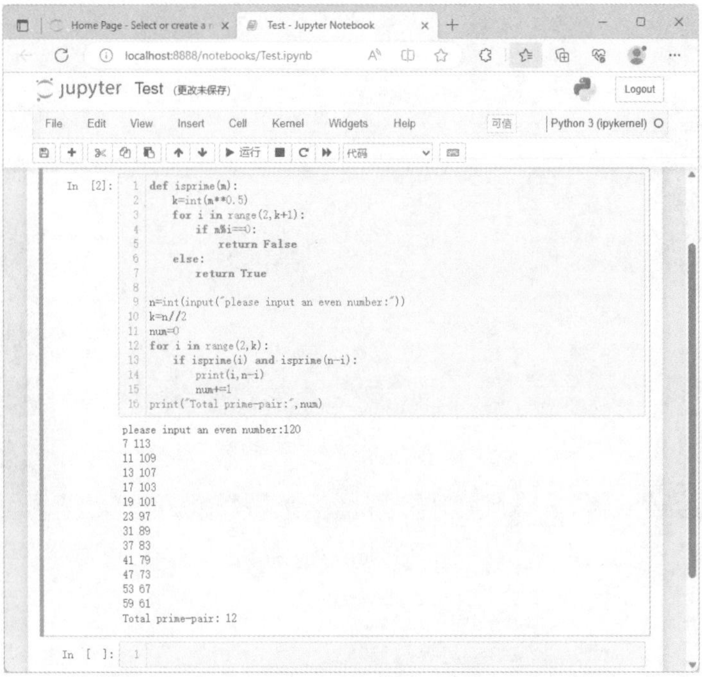

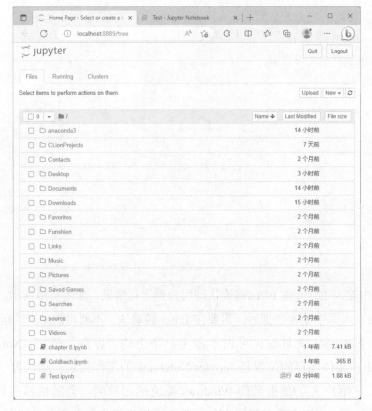

图 7.20　运行单元格代码后查看结果

图 7.21　在 Jupyter Notebook 主页中查看 ipynb 文件

通过以上介绍可以看到，Jupyter Notebook 的使用简单灵活，既可以像 IDLE 的 Python Shell 那样进行实时的人机交互，同时每个单元格中又可以像文件式编程那样输入任意数量的多条语句后整体运行并显示结果，而且单元格中的内容可以反复修改，多次运行，对于程序设计初学者来说非常方便。

## 7.2　Python 中的对象和变量

### 7.2.1　Python 中的对象

计算机程序通常会处理各种数据，在 Python 语言中，各种数据都表示为对象，数据对象存放于一个内存块中，拥有自己的特定值并支持特定类型的操作。Python 中的对象具有以下几个属性：标识（Identity）、类型（Type）和值（Value）。标识用于唯一确定一个对象，每个对象都有区别于其他对象的标识，使用 Python 内置函数 id() 可以查看对象的标识；类型用于标识对象所属的数据类型，不同的数据类型在取值范围、运算特性上也各有不同，可以使用内置函数 type() 查看对象所属的类型；值则是对象本身所对应的数据。

【例 7-1】使用内置函数 id()、type() 查看对象的标识及类型。

```
>>> id(25)
输出: 140733447592352
>>> type(25)
输出: <class 'int'>
```

例 7-1 中 25 是 Python 的一个整数对象，其唯一标识是 140733447592352，其类型是 <class 'int'>，代表整数类型，25 是 int 类型的一个实例，其值就是字面值 25。

在 Python 3 版本中，对象是一个核心的概念，可以说语言中的一切都是对象，例如，函数、类等，也同样有相应的类型和标识。例如，Python 内置函数 abs()，其功能是求一个数的绝对值，也可以使用 id() 和 type() 函数查看其标识和类型。

【例 7-2】查看内置函数 abs() 的标识及类型。

```
>>> id(abs)
输出: 2090642703360
>>> type(abs)
输出: <class 'builtin_function_or_method'>
```

可以看到，abs() 的类型是 <class 'builtin_function_or_method'>，表示内置函数或方法。

说明一下，本节及后续章节中的代码示例，凡是带有命令提示符 ">>>" 的情况都是在 IDLE 中以命令交互的方式运行的，不带有命令提示符的代码段通常是以代码文件的方式在 IDLE 环境中运行，或是将整段代码录入 Jupyter Notebook 的单元格中整体执行，请读者注意。

### 7.2.2　变量和对象引用

变量是计算机程序设计语言中一个核心的概念，主要用于保存或引用程序中那些值会根据程序功能需要发生改变的量。如前所述，Python 中所有的数据都是对象，是位于内存中的一个数据块，为了使用这些数据，或者说为了引用这些对象，必须通过赋值语句把对象赋值给变量。因此，在 Python 语言中，变量是指向对象的引用，变量中记录着对象的标识。

【例 7-3】简单赋值语句示例。

```
>>> a=5
>>> b=10
>>> c=a+b
>>> print(a,b,c)
输出: 5 10 15
```

在例 7-3 中，将整数对象 5 赋值给变量 a，将整数对象 10 赋值给变量 b，将 a 和 b 相加的结果 15（也是一个整数对象）赋值给变量 c。也就是说，变量 a、b 和 c 分别引用对象 5、10 和 15。本例中最后一条语句中的 print 是 Python 中最常用的输出函数，其后括号中是要输出的对象、变量或者表达式等，输出多项时用逗号隔开。print() 函数的具体语法和使用细节会在 7.5 节中介绍，读者目前只需了解其基本功能即可。

Python 语言中变量的这种实现方式称为"引用语义"，在变量中保存的是对象的引用，并不保存类型可能各不相同的对象的值。采用这种方式，所有变量所需的存储空间大小都是相同的。在其他一些常见编程语言中，如 C、C++ 等，则将值直接保存在变量的存储空间内，这种方式称为"值语义"。这二者的区别如图 7.22 所示。

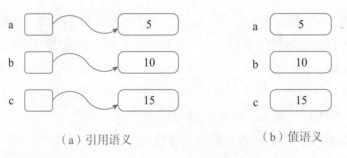

（a）引用语义　　　　　　　　　　（b）值语义

图 7.22　变量的引用语义和值语义

由于采用这种引用语义的变量实现方式，Python 实现为一种动态类型的语言，即变量在使用前不需要进行显式的类型声明，因为变量仅用于记录对象的引用，所以不需要限定变量的数据类型，即变量可以引用任意类型的对象。Python 解释器会根据赋值给变量的对象的值自动确定其数据类型。因此，在 Python 语言中，变量声明的原则是"赋值即声明"，通过赋值使变量引用某一个对象，在第一次使用变量之前必须对其进行过赋值操作。多个变量可以引用同一个对象，一个变量也可以根据需要改变引用，指向其他对象。

【例 7-4】Python 中变量的动态类型示例。

```
>>> a=5
>>> id(a)
```

```
输出: 140733447591712
>>> type(a)
输出: <class 'int'>
>>> b=12.34
>>> id(b)
输出: 2140272588464
>>> type(b)
输出: <class 'float'>
>>> a=b
>>> id(a)
输出: 2140272588464
>>> type(a)
输出: <class 'float'>
```

例 7-4 中，变量 a 和 b 开始分别引用整数对象 5 和浮点数对象 12.34，各自具有不同的标识和类型。执行赋值语句"a=b"之后，变量 a 中所保存的引用变成和变量 b 一样，引用浮点数对象 12.34，如图 7.23 所示。变量 a 的标识和类型相应也发生了变化，从输出结果中可以清楚地看到上述结论。

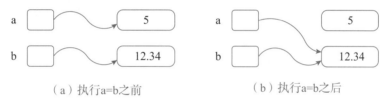

（a）执行a=b之前　　　　　　　　（b）执行a=b之后

图 7.23　执行赋值语句 a=b 前后引用关系的变化

Python 中的对象根据其值是否可以改变，分为可变对象（Mutable）和不可变对象（Immutable）两大类。Python 中诸如 int、str、complex、tuple 等大多数对象都属于不可变对象，而如 list、dict 等属于可变对象，其内部元素值是可以改变的。在程序中给变量重新赋值，并不会改变对象所引用的原对象的值，只是修改了变量中保存的引用，变量指向了另外一个对象，这一点要特别注意。

### 7.2.3　标识符

标识符是程序中变量、函数、类、模块、包及其他对象的名称。如例 7-3 中的变量名 a、b 和 c，都是标识符。Python 程序中的标识符需要遵守一定的命名规则，标识符可以由字母、数字和下画线组成，且第一个字符必须是字母或者下画线。例如，abc、num_1、_stName、s123 等都是合法的标识符；而像 1st、I'm 等形式都是不合法的标识符。

在命名标识符时还有一些需要注意的地方，Python 中的标识符区分大小写，例如 NUM、Num 和 num 是三个不同的标识符；以双下画线开头或同时以双下画线开头和结尾的标识符通常具有特殊含义，建议尽量避免使用；此外，还应避免使用 Python 预定义标识符作为自定义标识符，如 int、tuple、list 等。

在 Python 中有一组具有特定语法含义的保留标识符，称为关键字（Keyword），这些关键字在程序中不能作为自定义标识符使用，否则会出现错误。例如，if 是一个关键字，用于条件判断，如果运行语句"if=5"，则系统会显示如下错误提示："SyntaxError：invalid syntax"。Python 中的关键字如表 7.1 所示，这些关键字的具体用法将在后续的章节中陆续介绍。

表 7.1 Python 中的关键字

| 关 键 字 | 含 义 说 明 | 关 键 字 | 含 义 说 明 |
| --- | --- | --- | --- |
| False | 逻辑值假 | for | 循环语句，用于遍历可迭代对象中成员 |
| True | 逻辑值真 | from | 指定从什么模块中导入对象 |
| None | NoneType 类型空值 | import | 导入模块或模块中的对象 |
| and | 逻辑与运算 | in | 成员运算 |
| as | 给对象起别名，常用于 import、with 等语句 | is | 同一运算 |
| assert | 断言，用来确保指定条件成立，条件不成立时会触发异常 | finally | 用于异常处理，表示不管是否发生异常都会执行的语句 |
| async | 用来指明异步函数和异步生成器 | lambda | 定义 lambda 表达式，类似于匿名函数 |
| await | await 用来声明程序挂起，去执行其他的异步程序 | not | 逻辑非运算 |
| break | 循环中途退出，结束 break 所在层次的循环 | nonlocal | 声明 nonlocal 变量 |
| class | 定义类 | or | 逻辑或运算 |
| continue | 循环中途退出，结束当前轮次循环 | pass | 空语句，不做任何操作 |
| def | 定义函数 | raise | 抛出异常 |
| del | 删除对象或对象成员 | return | 在函数中用来返回值 |
| if | 选择结构中的条件分支 | while | 构造 while 循环结构 |
| else | 选择结构中的条件分支，或作为循环的 else 子句 | try | 在异常处理结构中限定可能会引发异常的代码块 |
| elif | 选择结构中的条件分支，即 else if | with | 主要用于上下文管理 |
| except | 在异常处理结构中用于捕获特定类型的异常 | yield | 生成器函数返回值 |
| global | 定义全局 global 变量 | | |

## 7.3 Python 基本数据类型

计算机能够处理各种不同数据，不同的数据属于不同的数据类型，支持不同的运算。Python 提供了丰富的内置数据类型，可以分为基本数据类型（数值、布尔等）和组合数据类型（字符串、列表、元组、字典、集合等），本节主要介绍 Python 中的基本数据类型和字符串。

### 7.3.1　数值类型

数值类型用于存储或处理数值，Python 中的数值类型包括整数类型（int）、浮点数类型（float）和复数类型（complex）。

#### 1. 整数类型

整数类型是用于表示整数的数据类型，不带小数点，包括正整数、0 和负整数。Python 3 中的 int 类型可以支持任意大的整数，仅受计算机内存大小的限制。Python 中可以使用的整数表示形式有以下几种。

（1）十进制整数，通常使用的整数形式，如 125、-36 等。

（2）二进制整数，以 0b 为前缀，其后由 0 和 1 组成。例如，0b10 表示二进制数 101，即 $(101)_2$。

（3）八进制整数，以 0o 或 0O 为前缀，其后由 0 ~ 7 的数字组成。例如，0o 375 表示八进制数 375，即 $(375)_8$。

（4）十六进制整数，以 0x 或 0X 为前缀，其后由 0 ~ 9 的数字和 a ~ f 字母或 A ~ F 字母组成。例如，0x175D 表示十六进制数 175D，即 $(175D)_{16}$。

【例 7-5】常见的几种整数形式。

```
>>> 0b101
输出: 5
>>> 0o375
输出: 253
>>> 0x175D
输出: 5981
```

从例 7-5 可以看到，在 Python 中可以使用二、八、十和十六等进制整数，但程序输出这些数的时候解释器都按照十进制的值来处理。

#### 2. 浮点数类型

浮点数类型主要用于处理实数数据，由整数部分、小数点和小数部分组成，如 1.0、3.14、-12.34 等。浮点数还可以用科学记数法的形式表示，用字母 e 或 E 表示以 10 为底的指数，e 之前为数字部分，之后为指数部分，例如，1.25E3 表示 $1.25×10^3$、3.7e-4 表示 $3.7×10^{-4}$，注意指数部分一定是整数，如 2.5e0.5 这样的写法是不正确的，解释器会提示语法错误。

【例 7-6】浮点数的表示。

```
>>> 3.14
输出: 3.14
>>> 1.25E3
```

```
输出: 1250.0
>>> 3.7e-4
输出: 0.00037
>>> 2.5e0.5
输出: SyntaxError: invalid syntax
```

3. 复数类型

Python 中的复数和数学中的复数在形式上是一致的，由实部和虚部组成，实部和虚部的值既可以是 int 类型，也可以是 float 类型，虚部加后缀字母 j 或 J 表示。例如，3+4j、2.4-1.2J 都是复数对象。

【例 7-7】复数的表示。

```
>>> a=3+4j
>>> type(a)
输出: <class 'complex'>
>>> a
输出: (3+4j)
```

### 7.3.2 布尔类型

Python 中的布尔类型（bool）数据主要用于逻辑运算，bool 类型包含两个值: True 和 False。布尔值在使用的时候注意第一个字母一定要大写。

【例 7-8】布尔型数据示例。

```
>>> a=True
>>> b=False
>>> type(a), type(b)
输出: (<class 'bool'>, <class 'bool'>)
```

### 7.3.3 字符串类型

1. 字符串的基本概念和定义方法

Python 中的字符串（str）是字符组成的序列，可以由一对单引号（'）、双引号（"）或三引号（'''）括起来。单引号和双引号都可以用于表示单行字符串，两者作用基本相同。使用单引号的字符串中可以包含双引号作为字符串的一部分，类似地，使用双引号的字符串中可以包含单引号作为字符串的一部分。三引号可以表示单行或多行的字符串。注意，用 print() 函数打印输出字符串，结果不显示引号。

【例 7-9】字符串的几种表示。

```
>>> a='Hello "A" Python!'
>>> b="Hello 'A' Python!"
>>> c='''Hello Python!'''
>>> print(a)
输出: Hello "A" Python!
>>> print(b)
输出: Hello 'A' Python!
```

```
>>> print(c)
```
输出: Hello Python!

Python 中允许空字符串, 即一个字符也不含有的字符串, 空字符串用一对连续的单引号或双引号表示, 中间不要加空格之类的分隔字符, 如 s="" 表示变量 s 引用了一个空字符串对象。

2. 转义字符

在使用字符串的过程中, 有时需要处理一些特殊字符, 例如, 在字符串中包含不可打印的控制字符时, 可以使用转义字符来表示, 其形式是反斜杠后面接一个特定的字符表示某种含义。此外, 也可以反斜杠后接八进制或十六进制整数, 用于表示这个数作为 Unicode 编码所对应的字符, 可打印字符或不可打印字符均可。常见的转义字符如表 7.2 所示。

表 7.2 常用转义字符

| 转义字符 | 含义 | 转义字符 | 含义 |
| --- | --- | --- | --- |
| \' | 单引号 | \v | 垂直制表符 |
| \" | 双引号 | \a | 响铃 |
| \\ | 反斜杠 | \b | 退格 |
| \n | 换行 | \f | 换页 |
| \r | 回车 | \ddd | 八进制 Unicode 码对应字符 |
| \t | 水平制表符 | \xhh | 十六进制 Unicode 码对应字符 |

【例 7-10】转义字符使用示例。
```
>>> s="Life is short,\tYou need Python!\n"
>>> print(s)
```
输出: Life is short,    You need Python!
```
>>> t="Life\040is\040short,You\x20need\x20Python!"
>>> print(t)
```
输出: Life is short,You need Python!

例 7-10 中, \040 和 \x20 分别是空格字符的 Unicode 编码 32 对应的八进制和十六进制表示。如果希望将字符串中的反斜杠作为普通字符处理, 而不解释为转义字符, 可以使用原始字符串, 方法是在字符串前加前缀字符 r 或 R, 例如:
```
>>>s=r"Life is short,\tYou need Python!\n"
>>>print(s)
```
输出结果为: Life is short,\tYou need Python!\n

可以看到, 在字符串之前加上字母 r 前缀后, 其中的 \t 和 \n 都成为普通字符, 均按照字面值直接输出, 不会再按照转义字符解释和处理。

3. 字符串格式化

在程序中有时会需要按照特定的样式构造字符串, 常见于输出程序的运行结果。可以通过格式化字符串实现这一需求，Python 提供了多种格式化字符串的方法，本节先介绍一种传统的字符串格式化方法：% 格式字符。

使用"% 格式字符"进行字符串格式化的语法形式为：

```
' % [-] [+] [0] [m] [.n] 格式字符 ' % exp
```

其中，引号括起来的部分是格式化字符串模板，引号外的 % 是格式运算符，格式运算符后的 exp 是要格式化的对象、变量或表达式。执行的时候按照格式化字符串模板中说明的格式来确定 exp 的展现格式。字符串格式化模板中的第一个 % 是格式标志，表示格式开始，模板中其他参数说明如下。

-: 指定左对齐，负数前加负号。

+: 指定右对齐，整数前加正号，负数前加负号。

0：指定右对齐，空位填充 0，通常与参数 m 共同使用。

m：指定宽度。

.n：指定小数点位数。

格式字符：指定格式类型，常用格式字符如表 7.3 所示。

表 7.3　Python 常用格式字符

| 格式字符 | 描　　述 | 格式字符 | 描　　述 |
|---|---|---|---|
| %% | 百分号标记，格式化为一个 % | %x 或 %X | 十六进制整数 |
| %c | 单个字符 | %e 或 %E | 科学记数法形式的浮点数 |
| %d | 十进制整数 | %f | 浮点数 |
| %o | 八进制整数 | %s | 字符串 |

模板字符串中除以上参数外的其他字符直接按照字面值展现。如果待格式化的 exp 是多个值，则可用圆括号将它们括起来并用逗号分隔，每个值需要在格式化字符串模板中有一个对应的格式字符。此外，如果 exp 是一个运算表达式，也应该用圆括号括起来。

【例 7-11】% 格式化字符串示例。

```
>>> a=3.1415926
>>> '%020.7f' % a
输出: '000000000003.1415926'
>>> b=1234567
>>> '%e' %b
输出: '1.234567e+06'
>>> c=65
>>> '%d %o %x %c'%(c,c,c,c)
输出: '65 101 41 A'
>>> d=0.123
>>> '%5.2f%%'% (d*100)
输出: '12.30%'
```

```
>>> name='Python'
>>> age=35
>>> s='My name is %s, I am %d years old.' %(name,age)
>>> s
输出: 'My name is Python, I am 35 years old.'
```

接触过 C 语言的读者会发现用 % 格式化字符串的方法非常熟悉，Python 支持这种字符串格式化方法一是为了让以前使用 C 语言的开发人员能够以相同的编程习惯使用 Python，二是为了和 Python 早期版本保持兼容，不过后续版本中将不会再对这种方法提供改进。目前更建议使用 Python 提供的其他字符串格式化方法，包括 format() 函数、Formatted String Literals（f- 字符串）以及 str.format() 方法。

Python 中的字符串实际上是一种序列类型，属于组合数据类型的一种，由于字符串使用很常见，故本节先简单介绍字符串的一些基本概念、定义方法等基础内容，有关字符串作为序列类型的其他特性和操作细节以及其他字符串格式化的方法在第 9 章中再做进一步介绍。

### 7.3.4　NoneType

在 Python 中还有一种特殊的空类型 NoneType，这种类型中只有唯一的值 None，是一个特殊的常量，表示空值。注意，这个空值不等同于数值的 0、空字符串或逻辑值 False。可以将 None 赋值给变量，但不能创建新的 NoneType 类型的对象。

【例 7-12】Python 中的空值 None，数值 0 和空字符串。

```
>>> s=""
>>> a=0
>>> n=None
>>> type(s)
输出: <class 'str'>
>>> type(a)
输出: <class 'int'>
>>> type(n)
输出: <class 'NoneType'>
```

### 7.3.5　Python 类型转换函数

在有些情况下，需要将一种数据类型的对象转换成另外一种数据类型，Python 提供了一组类型转换函数可以显式地将对象转换为所需的数据类型。比较常用的类型转换函数如表 7.4 所示。

表 7.4　Python 类型转换函数

| 类型转换函数 | 功 能 描 述 |
| --- | --- |
| int（x） | 将 x 转换成整数 |
| float（x） | 将 x 转换成浮点数 |

| 类型转换函数 | 功 能 描 述 |
|---|---|
| complex（real [,imag]） | 根据 real 和 imag（可选）转换生成一个复数对象 |
| str（x） | 将 x 转换成字符串 |
| tuple（s） | 将序列类型对象 s 转换为元组 |
| list（s） | 将序列类型对象 s 转换为列表 |
| chr（x） | 将 Unicode 编码转换成对应的字符 |
| ord（x） | 将一个字符转换为对应的 Unicode 编码 |
| bin（x） | 将整数 x 转换为二进制字符串 |
| oct（x） | 将整数 x 转换为八进制字符串 |
| hex（x） | 将整数 x 转换为十六进制字符串 |

【例 7-13】类型转换函数使用示例。

```
>>> a=65
>>> b=12.34
>>> float（a）
输出：65.0
>>> int（b）
输出：12
>>> complex（a,b）
输出：（65+12.34j）
>>> chr（a）
输出：'A'
>>> ord（'a'）
输出：97
>>> bin（35）
输出：'0b100011'
>>> str（b）
输出：'12.34'
```

使用类型转换函数过程中有几点需要注意：首先，类型转换函数并不会改变原对象的数据类型，而是根据原对象的值和转换规则生成一个目标类型的新对象，从例 7-13 中也可以看出这一点，float（a）生成一个新的 float 对象 65.0，int（b）生成一个新的 int 对象 12，而变量 a 和 b 所引用的对象仍然保持原值 65 和 12.34，因此执行 complex（a,b）得到的复数对象是 65+12.34j，而不是 65.0+12j；其次，类型转换过程中可能会有精度损失，如例 7-13 中将 float 对象 12.34 转换为 int 对象，就只能保留其整数部分 12。

list()、tuple() 等转换函数主要用于将序列类型对象转换成列表、元组，有关这些函数的使用将在第 9 章中介绍。

## 7.4　运算符和表达式

在程序中经常需要对数据进行所需的各种运算，包括算术运算、逻辑运算、关系运算等。Python 相应提供了多种类型的运算符完成这些不同的功能。使用运算符将各种运算对象按照一定规则连接起来并可得到确定运算结果的式子称为表达式。

### 7.4.1　运算符

运算符是用来表示某种特定运算的符号，Python 语言提供了非常丰富的运算符，大体上可以分为以下几种类型：算术运算符、关系运算符、赋值运算符、逻辑运算符、位运算符、成员运算符和标识运算符。运算符通常有以下特性。

目：运算符需要的运算数的个数，大多数运算符是双目运算符，即需要两个运算数；也有部分单目运算符，即只需要一个运算数。

优先级：每个运算符都有一个确定的优先级，优先级不同的运算符顺序出现在表达式中，优先级高的运算符先做运算。

#### 1. 算术运算符

算术运算符用来实现各种算术运算，Python 中的算术运算符如表 7.5 所示，假设变量 x 和 y 的值分别为 10 和 4。

表 7.5　Python 算术运算符

| 运 算 符 | 功 能 描 述 | 示　　例 | 结　　果 |
|---|---|---|---|
| + | 加法 | x+y | 14 |
| − | 减法 | x−y | 6 |
| * | 乘法 | x*y | 40 |
| / | 除法 | x/y | 2.5 |
| // | 整除，即除法结果取整数部分 | x//y | 2 |
| % | 取余运算，即求除法的余数 | x%y | 2 |
| ** | 幂运算 | x**y | 10000 |

几点补充说如下。

（1）表 7.5 中列出的运算符都是双目运算符，其中，加法运算符"+"和减法运算符"−"除了加减运算之外，还可以作为单目运算符使用，+a 就表示 a 本身，−a 则表示 a 的相反数。

（2）双目运算符加"+"和乘"*"，还可以用于字符串对象，"+"可以实现字符串连接，例如，'abc'+'ABC' 的结果是 'abcABC'；"*"运算符可以将字符复制若干次，例如，'ABC'*3 的结果是 'ABCABCABC'。要注意的是，"+"运算符不能用于不同数据类型对象的连接，例如，3+'abc' 就是错误的。

（3）乘号不能省略，例如，数学表达式 $b^2-4ac$，在 Python 中应该写成 b**2-4*a*c。

（4）除法运算"/"、整除运算"//"和取余运算"%"的第二个运算数不能是 0，否则会产生除 0 错误。

（5）整除运算符"//"只保留除法的整数部分，不做四舍五入。被除数和除数都是正数或负数时，可以很容易得到计算结果，如果二者一正一负时，就需要考虑系统做除法取整的规则，Python 采取的是"向下取整"的方式，即向负无穷方向取最接近精确值的整数，也就是取比实际结果小的最大整数。例如，9//4 结果为 2、−9//4 结果为 −3、9//−4 结果为 −3、−9//−4 结果为 2。

（6）取余（模）运算同样也需要讨论运算数出现负数的情况。假设 q 是 a、b 相除产生的商，r 是相应的余数，那么在计算系统中，满足 a = b * q + r，其中，|r|<|a|。因此 r 有两个选择，一个为正，一个为负；相应地，q 也有两个选择。如果 a、b 都是正数，那么在一般的编程语言中，r 为正数；如果 a、b 都是负数，r 为负数。但是如果 a、b 一正一负，不同的编程语言则会根据除法的不同结果而使得 r 的结果也不同，但是 r 的计算方法都会满足：r = a −(a // b)* b。Python 语言除法采用的是"向下取整"，故可以分析取余运算的运算数有负数时的计算规则。例如：

$$-17\%10\colon r =(-17)-(-17 / /10)\times 10 =(-17)-(-2\times 10)= 3$$
$$17\%-10\colon r = 17 -(17 // -10)\times(-10)=(17)-(-2\times -10) = -3$$

（7）取余运算应用于浮点数时，受到浮点数精度的影响，计算结果可能会出现误差，例如，10.5%2.1，计算结果为 2.0999999999999996。

（8）幂运算符"**"连续出现时的计算顺序，应该是从右向左结合，假设变量 a=4，那么 a**2**3 的结果应该是什么？ a**2**3 相当于 a**（2**3），先计算 $2^3$，结果为 8，再计算 $4^8$，结果为 65536。

2.关系运算符

关系运算符，也称为比较运算符，用于对两个值进行比较，结果是 True 或 False。Python 语言中的关系运算符如表 7.6 所示，假设变量 x 和 y 的值分别为 10 和 4。

表 7.6　Python 关系运算符

| 运 算 符 | 功 能 描 述 | 示　　例 | 结　　果 |
|---|---|---|---|
| == | 比较两个运算数是否相等，如果相等则结果为 True，否则为 False | x==y<br>x==10 | False<br>True |
| != | 比较两个运算数是否不相等，如果不相等则结果为 True，否则结果为 False | x!=y<br>x!=10 | True<br>False |
| > | 比较左侧运算数是否大于右侧运算数，如果大于结果为 True，否则结果为 False | x>y<br>y>x | True<br>False |
| < | 比较左侧运算数是否小于右侧运算数，如果小于结果为 True，否则结果为 False | x<y<br>y<x | False<br>True |

续表

| 运　算　符 | 功　能　描　述 | 示　　例 | 结　　果 |
|---|---|---|---|
| >= | 比较左侧运算数是否大于或等于右侧运算数，如果大于或等于则结果为 True，否则结果为 False | x>=y<br>x>=20 | True<br>False |
| <= | 比较左侧运算数是否小于或等于右侧运算数，如果小于或等于则结果为 True，否则结果为 False | x<=y<br>x<=10 | False<br>True |

几点补充说明如下。

（1）相等运算符"=="是两个等号，初学者非常容易犯错，一个等号"="是赋值运算，注意这二者是完全不同的。

（2）关系运算符也可以用于字符串对象。字符串的比较是从左向右依次比较两个字符串每个对应位置上字符的 Unicode 编码，直到遇到对应位置上字符不同，或者其中一个字符串结束为止。例如，假设字符串变量 s1='HelloPython'，s2='Hellopython'，比较 s1 和 s2 时，依次从左向右比较直到第六个字符不同，分别是 'P' 和 'p'，大写字母的编码小于相应的小写字母，即 'P'<'p'，所以 s1<s2。

3. 赋值运算符

赋值运算符完成赋值运算，在前面的章节中已经多次使用过赋值运算，简单的赋值运算"="的一般形式为：变量 = 表达式。除简单赋值运算符外，Python 还提供了将算术运算和赋值运算组合在一起的算术复合赋值运算符，可以使表达式的书写更为简洁。Python 语言的赋值运算符如表 7.7 所示，假设变量 x 和 y 的初始值分别为 4 和 10，且表中每个运算都是相互独立的，非连续操作。

表 7.7　Python 赋值运算符

| 运　算　符 | 功　能　描　述 | 示　　例 | 结果（变量 y 的值） |
|---|---|---|---|
| = | 简单赋值运算符 | y=4 | 4 |
| += | 加法复合赋值运算符 | y+=x，等价于 y=y+x | 14 |
| -= | 减法复合赋值运算符 | y-=x，等价于 y=y-x | 6 |
| *= | 乘法复合赋值运算符 | y*=x，等价于 y=y*x | 40 |
| /= | 除法复合赋值运算符 | y/=x，等价于 y=y/x | 2.5 |
| %= | 取余复合赋值运算符 | y%=x，等价于 y=y%x | 2 |
| **= | 幂复合赋值运算符 | y**=x，等价于 y=y**x | 10000 |
| //= | 整除赋值运算符 | y//=x，等价于 y=y//x | 2 |

几点补充说明如下。

（1）赋值运算符的左侧必须是变量，右侧可以是字面值、变量或是表达式。

（2）Python 中可以通过串联赋值的方式，将一个值赋给多个变量。例如，a=b=5。赋值运算符也是右结合性，a=b=5 相当于 a=(b=5)。

（3）Python 中可以多变量并行赋值，这一点是其他程序设计语言中很少见的特性。例如，a,b=3,5，同时完成对变量 a 和 b 的赋值，分别引用整数对象 3 和 5。利用这个特性，在 Python 中可以非常方便地实现交换两个变量值，更准确地说是交换两个变量中的对象引用，例如，a,b=b,a，执行后，变量 a 引用对象 5，变量 b 引用对象 3。

（4）使用赋值或复合赋值运算符时，需要特别注意，如果运算符右侧是一个运算式，则应该将其视为一个整体。例如，a*=a+3，其计算逻辑应该是 a=a*(a+3)，而不是 a=a*a+3。

4. 逻辑运算符

逻辑运算符用于逻辑运算，Python 中的逻辑运算符包括逻辑与 and、逻辑或 or 和逻辑非 not。参与逻辑运算的运算数主要是 bool 型的逻辑值 True 或 False，运算规则如表 7.8 所示。

表 7.8　Python 逻辑运算基本规则

| 运 算 符 | 功 能 描 述 | 示例（注意，其中等号"="表示运算结果，并非赋值运算） |
| --- | --- | --- |
| and | 逻辑与运算，两个操作数都为 True，结果为 True，否则结果为 False | True and True=True　True and False=False<br>False and True=False　False and False=False |
| or | 逻辑或运算，两个操作数至少有一个为 True，结果为 True，否则结果为 False | True or True=True　True or False=True<br>False or True=True　False or False=False |
| not | 逻辑非运算，反转操作数的逻辑状态 | not True=False　not False=True |

实际上，在 Python 的逻辑运算中，操作数并非只能是逻辑值 True 和 False，数值型对象、字符串对象等都可以出现在逻辑运算中，此时逻辑运算的结果并不一定是逻辑值，因此可以将逻辑运算的规则稍加扩展。

（1）T1 and T2。

如果 T1 为非 0 数值、非空字符串或其他类型的非空对象时，可以将 T1 视为 True，但仅知道 T1 还无法确定 and 运算的结果，需要继续考察操作数 T2，此时 and 结果即为 T2 的值；如果 T1 为数值 0、空字符串或其他类型的空对象，可以将 T1 视为 False，此时不需要再考察操作数 T2，就可以确定 and 运算的结果，即为 T1 的值。

【例 7-14】逻辑与（and）运算示例。

```
>>> 123 and False
输出: False
>>>'abc' and 123
输出: 123
>>> 0 and 'abc'
输出: 0
```

```
>>> '' and 123        # 此处 '' 为空字符串
输出: ''
>>> [] and True       # 此处 [] 为空列表
输出: []
```

（2）T1 or T2。

如果运算数 T1 为非 0 数值、非空字符串或其他类型的非空对象时，此时不需要再考察运算数 T2 就可确定 or 运算的结果，即为 T1 的值；如果 T1 为数值 0、空字符串或其他类型的空对象，则无法确定 or 运算的结果，需要继续考察运算数 T2，此时运算结果即为运算数 T2 的值。

【例 7-15】逻辑或（or）运算示例。

```
>>> 0 or True
输出: True
>>> '' or 123
输出: 123
>>> 123 or False
输出: 123
>>> 'abc' or 123
输出: 'abc'
```

（3）not T。

如果运算数 T 为非 0 数值、非空字符串或其他类型的非空对象时，Not T 结果为 False；如果运算数 T 为数值 0、空字符串或其他类型的空对象，Not T 结果为 True。

【例 7-16】逻辑非（not）运算示例。

```
>>>not 123
输出: False
>>>not 'abc'
输出: False
>>>not 0
输出: True
>>>not []
输出: True
```

上述对逻辑运算规则的扩展看似有些混乱，如果仔细分析就会发现，这些情况和表 7.8 中列举的逻辑运算的基本规则本质上是一致的，将这些情况罗列出来是希望读者在遇到类似的情况时知道如何分析和理解其运算规则，在编程实践中，这些形式的逻辑运算并不常见。

5. 位运算符

位运算符是把数值对应的二进制按位（bit）进行操作的一类运算符。Python 中的位运算符如表 7.9 所示，假设变量 x 和 y 的值分别为 4 和 10。

表 7.9 Python 位运算符

| 运 算 符 | 功 能 描 述 | 示 例 | 结 果 |
|---|---|---|---|
| & | 按位与运算，两个运算数对应位均为 1，则该位结果为 1；否则结果为 0 | x & y | 0 |
| \| | 按位或运算，两个运算数对应位至少有一个均为 1，则该位结果为 1；否则结果为 0 | x \| y | 14 |
| ^ | 按位异或运算，两个运算数对应位不相同时运算结果为 1，两个运算数对应位相同时结果为 0 | x ^ y | 14 |
| ~ | 按位取反运算，将运算数的每个二进制取反，即 1 变成 0，0 变成 1，对变量 a 按位取反的结果是 -（a+1） | ~ x | -5 |
| << | 左移位运算，运算数的各个二进制位向左移动若干位，移动位数由第二个运算数确定，高位丢弃，低位补 0 | x<<3 | 32 |
| >> | 右移位运算，运算数的各个二进制位向右移动若干位，移动位数由第二个运算数确定，低位丢弃，高位补 0 及符号位 | x>>1 | 2 |

表 7.9 中列举的位运算规则和计算机基础知识部分所介绍过的二进制位运算是完全一致的，在分析这些运算的结果时，需要注意在计算机中机器数是以补码形式表示的，这样也就不难理解上述结果了，读者可利用之前所学自行验算。

6. 标识运算符

标识运算符也称为同一运算符，用于判断两个运算数是否为同一个对象或是否引用同一个对象，计算结果为 True 或 False。Python 中的标识运算符如表 7.10 所示。

表 7.10 Python 标识运算符

| 运 算 符 | 功 能 描 述 | 示 例 |
|---|---|---|
| is | 判断两个运算数是否为（或引用）同一对象 | x is y，如果 id（x）等于 id（y），则结果为 True，否则结果为 False |
| is not | 判断两个运算数是否为（或引用）不同对象 | x is not y，如果 id（x）不等于 id（y），则结果为 True，否则结果为 False |

7. 成员运算符

成员运算符主要用于判断一个对象是否为另一个对象的成员，计算结果为 True 或 False，常用于字符串、列表等序列数据类型。Python 中的成员运算符如表 7.11 所示，假设字符串变量 s='Python'。

表 7.11 Python 成员运算符

| 运 算 符 | 功 能 描 述 | 示 例 | 结 果 |
|---|---|---|---|
| in | 判断第一个运算数是否为第二个运算数的成员，是则结果为 True，否则为 False | 'P' in s<br>'th' in s<br>'Th' in s | True<br>True<br>False |

续表

| 运 算 符 | 功 能 描 述 | 示　　例 | 结　　果 |
|---|---|---|---|
| not in | 判断第一个运算数是否不是第二个运算数的成员，不是则结果为 True，否则结果为 False | 'P' not in s<br>'th' not in s<br>'Th' not in s | False<br>False<br>True |

从表 7.11 中可以看到，将成员运算符应用于字符串时，其功能相当于判断第一个字符串是否为第二个字符串的子串，这个功能在字符串处理中非常实用。成员运算符在列表、元组等其他序列数据类型上的使用将在第 9 章介绍。

8. 其他运算符

除了上述几类运算符，Python 还有一些其他运算符，如索引访问运算符"[ ]"、切片操作运算符"[ : ]"、属性访问运算符"."、函数调用运算符"（ ）"等，在之前的章节中已经介绍过 print() 函数、id() 函数以及类型转换函数等 Python 内置函数的基本用法，可以看到符号"()"表示函数调用。其他运算符将陆续在后续章节中介绍。

9. 运算符的优先级小结

最后，将本节介绍的 Python 中常用运算符的优先级总结一下，如表 7.12 所示。

表 7.12　Python 常用运算符优先级（从高到低排列）

| 优 先 级 | 运 算 符 | 描　　述 |
|---|---|---|
| 1 | [ ]、[ : ]、()、. | 索引、切片、函数调用、属性访问 |
| 2 | ** | 幂 |
| 3 | +、-、~ | 正、负、按位取反 |
| 4 | *、/、//、% | 乘、除、整除、取余 |
| 5 | +、- | 加、减 |
| 6 | <<、>> | 移位 |
| 7 | & | 按位与 |
| 8 | ^ | 按位异或 |
| 9 | | | 按位或 |
| 10 | in、not in、is、is not、==、<br>!=、>、>=、<、<= | 成员、标识、比较 |
| 11 | not | 逻辑非 |
| 12 | and | 逻辑与 |
| 13 | or | 逻辑或 |
| 14 | =、+=、-=、/=、*=、%=、**= | 赋值、复合赋值 |

### 7.4.2　表达式

表达式是可以通过计算产生结果并返回结果对象的代码片段，表达式由运算数和运算符按照一定的规则组成。运算数可以是字面值、变量、函数、类的成员等。

表达式可以非常简单，7.4.1 节中讨论的各类运算符加上适当类型的运算数便可组成相应的表达式，例如，a+b、c*d//e 都是简单的算术表达式，通过计算可以得到一个数值型的结果对象；a>=b、c!=d 都是简单的关系表达式，通过计算可得到逻辑型的结果对象。表达式也可以非常复杂，由不同数据类型的运算数和不同类型、不同优先级别的运算符组成，此时表达式的书写应该遵守 Python 中运算符的使用规则，注意不能照搬数学运算式的书写思维。表达式的计算应该按照表 7.12 中所列优先级的顺序进行，同时可以使用小括号"（　）"来显式地改变运算顺序，小括号可以嵌套出现，即一个小括号内还可以有其他的小括号。Python 表达式中也会出现中括号"[]"和大括号"{}"，但它们都具有特定的含义和用法，而不是用来改变运算顺序的。

【例 7-17】将算术运算式 $\dfrac{-b+\sqrt{b^2-4ac}}{2a}$ 写成 Python 语言表达式。

Python 表达式为

$$(-b+(b*b-4*a*c)**0.5)/(2*a)$$

注意例 7-17 中括号的使用，通过括号改变运算顺序，以使 Python 表达式的计算逻辑和原数学运算式一致。

【例 7-18】计算表达式 5+2**3×7+(15//4) 的值。

计算过程：先计算小括号内的表达式 15//4，结果为 3，再计算 2**3，结果为 8，再计算 8×7，结果为 56，最后依次计算 5+56+3，结果为 64。

由不同数值类型运算数对象构成的混合表达式，在计算过程中可能会发生隐式的类型转换。bool、int、float、complex 类型的对象可以进行混合运算，转换的顺序是 bool → int → float → complex，即如果表达式中有 complex 对象，则其他对象自动转换为 complex 对象；如果没有 complex 对象而有 float 对象，则其他对象自动转换为 float 对象，以此类推。

【例 7-19】混合运算中的自动类型转换。

```
>>> True +1
输出: 2
>>>2.5+(3+4j)
输出: (5.5+4j)
```

从例 7-19 中可以看到，bool 型对象 True 和 int 型对象 1 相加时，系统将 True 自动转为 1（False 则转为 0）再与 int 对象进行计算；float 对象 2.5 与 complex 对象 3+4j 相加时，系统将 2.5 自动转换为复数对象 2.5+0j，再与 3+4j 相加。需要注意的是，这种转换并非改变原对象的类型，类型转换实际上是根据原对象的值构造一个新的目标类型的对象用于计算，原对象保持原状，其值和类型均不会发生变化。在 7.3.5 节中介绍过的类型转换函数也遵循这种规则。

## 7.5 Python 中的函数和模块

函数是程序设计语言中一个非常重要的概念，指用于实现某种特定功能、可复用的代码段。Python 中提供了一些实现常用功能的内置函数。模块是一种程序组织方式，将相关的一组可执行代码、函数、类等组织为一个独立的文件，可供其他程序使用，Python 标准库的各个模块提供了非常丰富的函数。此外，还可以根据用户程序的特定需要编写自定义函数。本节简单介绍 Python 中的内置函数和常用模块，自定义函数的定义和使用将在第 10 章中介绍。

### 7.5.1 Python 常用内置函数

Python 语言提供了一些常用功能的内置函数，例如前面使用过的 print()、type()、id() 以及类型转换函数等。Python 内置函数可以在用户程序中直接使用，无须导入其他模块。常用的 Python 内置函数如表 7.13 所示。注意：表中所列只是常用的 Python 内置函数，有关全部内置函数的信息，读者可以参考相关文档。

表 7.13　Python 常用内置函数

| 函　　数 | 功 能 描 述 |
| --- | --- |
| print（value,…, sep=' ', end='\n', file=sys.stdout） | 默认向屏幕输出数据，多个数据用空格分隔，结尾以换行符结束 |
| input（prompt=None） | 接收键盘输入，显示提示信息，返回字符串 |
| help（obj） | 显示对象 obj 的帮助信息 |
| eval（source, globals=None, locals=None） | 计算字符串中表达式的值并返回 |
| type（obj） | 返回对象 obj 的类型 |
| id（obj） | 返回对象 obj 的标识 |
| abs（x） | 返回 x 的绝对值 |
| pow（base, exp, mod=None） | 返回以 base 为底，exp 为指数的幂，如给出 mod 则返回 base 的 exp 次幂对 mod 取模的结果 |
| max（iterable）<br>max（arg1, arg2, …） | 返回序列 iterable 中值最大的元素<br>返回多个参数中值最大者 |
| min（iterable）<br>min（arg1, arg2, …） | 返回序列 iterable 中值最小的元素<br>返回多个参数中值最小者 |
| round（number, ndigits=None） | 返回 number 四舍五入的值，ndigits 表示舍入到小数点后的位数，如不指定 ndigits，则保留整数 |

| 函　数 | 功能描述 |
|---|---|
| sum（iterable, start=0） | 返回序列 iterable 中所有元素之和，如果指定 start，则返回 start+sum（iterable） |
| len（obj） | 返回容器 obj（列表、元组、字符串、集合等）中元素的个数 |
| sorted（iterable, key=None, reverse=False） | 返回序列对象 iterable 排序后的结果列表，key 指定带有单个参数的函数，用于从 iterable 的每个元素中提取用于比较的键，reverse 指定排序规则为升序还是降序，默认为升序 |
| reversed（seq） | 根据序列 seq 生成一个反向迭代器对象 |

接下来，选取表 7.13 中几个函数简要说明。

1. print() 函数

print() 是使用 Python 编写程序过程中最常用到的数据输出函数，其基本格式如下。

```
print（value,…, sep=' ',end='\n', file=sys.stdout）
```

其功能是将 value 打印到 file 指定的文本流。

参数说明：value 是要输出的对象，可以一次输出多个对象，用逗号隔开；sep 表示输出多个对象之间的分隔符，默认为空格；file 是输出位置，默认为标准输出设备 sys.stdout，即显示器。

【例 7-20】print() 函数示例。

```
>>> s="Life is Short"
>>> t="You need Python"
>>> print（s,t）
输出: Life is Short You need Python
>>> print（s,t,sep='*'）
输出: Life is Short*You need Python
>>> a,b,c=1,2,3
>>> print（a,b,c）
输出: 1 2 3
>>> print（a,b,c,sep='+'）
输出: 1+2+3
```

需要注意，如果要指定 sep 或 end 参数，则必须使用命名参数指定参数值，即"sep= 参数值"和"end= 参数值"的形式，这种参数称为仅限关键字参数（Keyword-only Arguments），第 10 章中将讲解函数参数的各种类型以及定义和使用方法。

2. input() 函数

input() 函数主要用于接收键盘数据输入，其格式为

```
input（prompt=None）
```

参数 prompt 是提示用户输入的信息，内容可以是任意字符串，也可以省略。用户输

入后回车，input() 函数以字符串的形式返回用户从键盘上输入的内容，通常将其返回值赋给一个变量以供后续使用。

【例 7-21】input() 函数示例。

```
>>> x=input("Please input your name: ")
Please input your name: Tom    （注意：用户从键盘输入 Tom 并按 Enter 键确认）
>>> y=input("How old are you: ")
How old are you: 20    （注意：用户从键盘输入 20 并按 Enter 键确认）
>>> print('%S is %S years old.'%(x,y))
输出: Tom is 20 years old.
```

3. eval() 函数

格式：

```
eval(source)
```

参数说明：source 是一个字符串，能够表示为一个 Python 表达式进行解析和计算；eval() 则计算这个表达式的值并返回。

【例 7-22】eval() 函数示例。

```
>>> x,y=3,5
>>> eval('x+y')
输出: 8
>>> m,n=eval(input("Please input two numbers: "))
Please input two numbers: 3.7,4.2    （注意：用户从键盘输入 3.7 和 4.2，使用逗号分隔）
>>> print(m+n)
输出: 7.9
```

input() 函数返回值是一个字符串，如果用户输入的是数字字符串，同时又希望将其当作数值型数据来使用，就需要对 input() 的返回值进行类型转换。当输入一个数据时，可以利用本章前面介绍过的类型转换函数，如：n=int(input("Please input an integer："))，但如果同时输入两个及以上的数据，类型转换函数则无法完成。从例 7-22 中可以看到，eval() 函数可以达到这一目的，执行 m,n=eval(input("Please input two numbers："))这条语句，从键盘输入 3.7,4.2，此时 input() 函数返回的是字符串"3.7,4.2"，eval() 能够将这个字符串解析为逗号分隔的两个浮点数 3.7 和 4.2，并将它们分别赋值给变量 m 和 n，这个特性非常实用，实际上，eval() 函数还可以解析字符串中含列表、元组以及字典等更复杂的情况。

4. pow() 函数

pow() 函数主要用于幂运算，其格式为

```
pow(base, exp, mod=None)
```

返回 base 的 exp 次幂；如果 mod 存在，则返回 base 的 exp 次幂对 mod 取余的结果。

【例 7-23】pow() 函数和 round() 函数示例。

```
>>> pow(2,8)
输出: 256
>>> pow(2,8,3)
输出: 1
>>> round(3.1415926)
输出: 3
>>> round(3.1415926,4)
输出: 3.1416
```

pow() 函数的功能也可以用运算符实现，pow（2,8）相当于 2\*\*8,，pow（2,8,3）相当于 2\*\*8%3。

### 7.5.2 使用 Python 标准库模块

Python 标准库非常庞大，所提供的内容涉及范围十分广泛，实际上，本章中学习的内置数据类型、内置函数都是标准库的组成部分。除此之外，Python 标准库提供了非常丰富的模块可供程序开发人员使用，标准库中的模块覆盖了开发各种类型应用系统所需的功能。有关标准库的详细信息，读者可以参考 Python 官方网站的在线文档，网址为 https://docs.python.org/zh-cn/3/library/index.html。下面简单介绍如何在程序中使用 Python 标准库中的模块。

标准库中的模块在使用之前均需要显式导入，导入之后才能使用该模块中定义的类、函数等。模块导入的方式有三种，moduleName 在此代表要导入的模块名称。

方式一：

```
import moduleName1,moduleName2 …
```

这种方法可以一次导入多个模块，用逗号隔开。导入后在使用模块中定义的函数时，需要在函数名前以模块名作为前缀。例如，导入 math 模块。

【例 7-24】导入模块方式一。

```
>>> import math
>>> math.sqrt(16)
输出: 4.0
>>> math.pi
输出: 3.141592653589793
>>> math.e
输出: 2.718281828459045
```

例 7-24 中要使用 sqrt() 函数，应先导入 math 模块，然后以 math.sqrt（16）的形式调用此函数求 16 的平方根。例 7-24 中的 pi 和 e 是 math 模块中定义的两个常用数学常数，分别表示圆周率和自然对数的底，它们在使用时同样需要加上模块名 math 作为前缀。

导入模块的同时还可以给模块起一个别名，当模块名比较长的时候可以减少书写量，方法是 import moduleName as 别名，例如：import math as mt，即在导入 math 模块的同时为其起别名 mt，之后的代码中可以使用别名 mt 引用模块中的函数及常量，如 mt.sqrt()、 mt.pi，与使用模块本名 math 等价。

方式二：

```
from ModuleName import *
```

这种形式表示从模块中导入所有内容，以这种方式导入，使用其中定义的函数时不需要加模块名前缀。

【例 7-25】导入模块方式二。

```
>>> from math import *
>>> sqrt(16)
输出：4.0
>>> pi
输出：3.141592653589793
>>> e
输出：2.718281828459045
```

方式三：

```
from moduleName import object
```

这种方法从模块中导入由 object 指定的内容，如某个函数。可以一次导入多个项目，用逗号隔开。导入后使用时也不需要加模块名前缀。

【例 7-26】导入模块方式三。

```
>>> from math import sqrt,e,pi
>>> sqrt(16)
输出：4.0
>>> e
输出：2.718281828459045
>>> pi
输出：3.141592653589793
```

例 7-24 中从 math 模块导入了函数 sqrt()、数学常量 pi 和 e，程序中可以直接使用，但无法使用 math 模块中定义的其他内容。

下面简要介绍 Python 中几个常用的标准库模块 math、random、time 和 calender 等。

1. math 模块

math 模块提供了丰富的数学运算函数，其中比较常用的函数如表 7.14 所示。

表 7.14　math 模块常用函数

| 函　　数 | 功　能　描　述 |
|---|---|
| math.degrees（x） | 将角度 x 从弧度转换为度数 |
| math.radians（x） | 将角度 x 从度数转换为弧度 |
| math.pow（x,y） | 返回 x 的 y 次幂 |
| math.sqrt（x） | 返回 x 的平方根 |

续表

| 函　　数 | 功 能 描 述 |
| --- | --- |
| math.ceil（x） | 返回 x 的上限，即大于或者等于 x 的最小整数 |
| math.floor（x） | 返回 x 的向下取整，小于或等于 x 的最大整数 |
| math.fabs(x) | 返回 x 的绝对值 |
| math.factorial（x） | 返回 x 的阶乘 |
| math.fmod（x,y） | 返回 x%y，即取余数 |
| math.gcd（x,y） | 返回整数 x 和 y 的最大公约数。如果 x 或 y 之一非零，则 gcd（x,y）的值是能同时整除 x 和 y 的最大正整数。gcd（0,0）返回 0 |
| math.modf（x） | 以浮点数的形式返回 x 的小数和整数部分 |
| math.isqrt（x） | 返回非负整数 x 的整数平方根，即对 x 的实际平方根向下取整 |
| math.exp（x） | 返回 e 的 x 次幂 |
| math.log2（x） | 返回 x 以 2 为底的对数 |
| math.log10（x） | 返回 x 以 10 为底的对数 |
| math.log（x[, base]） | 返回 x 以 base 为底的对数，base 默认为 e |
| math.sin（x） | 返回 x 弧度的正弦值 |
| math.cos（x） | 返回 x 弧度的余弦值 |
| math.tan（x） | 返回 x 弧度的正切值 |
| math.asin（x） | 以弧度为单位返回 x 的反正弦值 |
| math.acos（x） | 以弧度为单位返回 x 的反余弦值 |
| math.atan（x） | 以弧度为单位返回 x 的反正切值 |

　　需要注意，上述 math 模块中的函数不适用于复数，如需要进行复数运算可以使用标准库中 cmath 模块提供的同名函数，此处不再赘述。

　　【例 7-27】math 模块函数的使用示例。

```
>>> math.radians（180）
输出: 3.141592653589793
>>> math.sqrt（255）
输出: 15.968719422671311
>>> math.pow（4,5）
输出: 1024.0
>>> math.isqrt（255）
输出: 15
>>> math.pow（4,5）
输出: 1024.0
>>> math.ceil（15.67）
输出: 16
```

```
>>> math.floor (15.67)
输出：15
>>> math.factorial (10)
输出：3628800
>>> math.fmod (174,13)
输出：5.0
>>> math.gcd (65,143)
输出：13
>>> math.log2 (128)
输出：7.0
>>> math.log10 (1000)
输出：3.0
>>> math.log (81,3)
输出：4.0
```

2. random 模块

很多应用程序中经常需要使用随机数，Python 标准库的 random 模块实现了各种分布的伪随机数生成器。random 模块中常用的一些函数如表 7.15 所示。

表 7.15　random 模块常用函数

| 函　　数 | 功能描述 |
| --- | --- |
| random.random() | 返回 [0.0, 1.0）范围内的下一个随机浮点数 |
| random.uniform（a, b） | 返回一个 [a,b] 区间内随机浮点数 N |
| random.randint（a, b） | 返回 [a,b] 区间内的随机整数 |
| random.choice（seq） | 从非空序列 seq 返回一个随机元素 |
| random.shuffle（x） | 将序列 x 随机打乱 |

【例 7-28】random 模块函数示例。

```
>>>import random
>>>random.random()
输出：0.8525526173723381
>>>random.uniform (10,20)
输出：19.571841956553087
>>> (random.randint (10,20)
输出：15
>>>lst=[10,20,30,40,50,60,70,80,90]
>>>random.choice (lst)
输出：20
>>>random.shuffle (lst)
>>>lst
输出：[70, 50, 10, 90, 20, 60, 30, 40, 80]
```

例 7-28 中 lst=[10,20,30,40,50,60,70,80,90] 表示创建了一个名为 lst 的列表对象，其中

包含 9 个元素。函数 choice（lst）从列表 lst 中随机选取一个；函数 shuffle（lst）将列表中的元素顺序随机打乱，shuffle() 函数要求参数 lst 是一个可变序列类型对象，列表 list 即为这种类型。有关列表的详细内容将在第 9 章介绍。

3. time 模块

time 模块提供和时间有关的函数，在使用此模块的函数时，首先要了解一个术语"纪元（epoch）"，纪元可以理解为当前平台的时间开始点，通常为 1970 年 1 月 1 日 00：00：00。time 模块常用函数如表 7.16 所示。

表 7.16　time 模块常用函数

| 函　　数 | 功　能　描　述 |
| --- | --- |
| time.time() | 返回以浮点数表示的从 epoch 开始的秒数的时间值 |
| time.ctime() | 以字符串形式返回当前时间，如 'Sun Apr 5 17：08：26 2020' |
| time.localtime() | 以时间元组形式返回当前本地时间 |
| time.mktime（t） | 接收时间元组，返回从纪元起的浮点秒数 |

补充说明一下时间元组，其中共包括 9 个元素，分别是 tm_year（年份）、tm_mon（月份）、tm_mday（日）、tm_hour（小时）、tm_min（分钟）、tm_sec（秒）、tm_wday（星期，0 表示周一）、tm_yday（一年中的第几天）和 tm_isdst（是否为夏令时）。

【例 7-29】time 模块函数的使用示例。

```
>>>import time
>>> time.time()
输出：1689064548.2991464
>>> time.localtime()
输出：time.struct_time（tm_year=2023, tm_mon=7, tm_mday=11, tm_hour=16, tm_min=36, tm_sec=17, tm_wday=1, tm_yday=192, tm_isdst=0）
```

4. calendar 模块

calendar 模块提供和日历相关的函数，常用函数如表 7.17 所示。

表 7.17　calendar 模块常用函数

| 函　　数 | 功　能　描　述 |
| --- | --- |
| calendar.firstweekday() | 返回当前设置的每星期的第一天的数值 |
| calendar.isleap（year） | 如果 year 是闰年则返回 True，否则返回 False |
| calendar.leapdays（y1, y2） | 返回在范围年份 y1 至年份 y2（包含 y1 和 y2）之间的闰年的年数 |
| calendar.weekday（year, month, day） | 返回某年、某月、某日是星期几（星期一为 0） |
| calendar.prmonth（theyear, themonth,） | 打印一个月的日历 |

【例 7-30】calendar 模块函数的使用示例。

```
>>> import calendar
>>> calendar.weekday(2023,7,12)
输出：2
>>> calendar.isleap(2023)
输出：False
>>> calendar.prmonth(2023,7)
输出：
```

```
         July 2023
Mo Tu We Th Fr Sa Su
                1  2
 3  4  5  6  7  8  9
10 11 12 13 14 15 16
17 18 19 20 21 22 23
24 25 26 27 28 29 30
31
```

## 小结

本章首先简要介绍了 Python 语言的发展历史和特点、在 Windows 环境下载和安装 Python 的方法、Python 程序的交互式和代码文件式两种主要运行模式、Anaconda 集成环境的下载和安装以及 Jupyter Notebook 开发环境的基本使用方法。然后介绍了 Python 语言的基础语法知识，对 Python 中的对象和变量进行细致阐述，透彻分析了 Python 中变量的引用语义，并介绍了标识符的命名规则；介绍 Python 中的内置基本数据类型和类型转换函数的使用；详细讨论了 Python 中的运算符，对每一类运算的含义、优先级、使用规则及需要注意的事项进行了详尽的阐述，同时讲述了表达式书写、求值的规则。最后简要介绍了一些常用的 Python 内置函数和标准库模块。

## 习题

一、填空题

1. 表达式 2\*\*2\*\*4 的值是（　　　　）。

2. 数学关系式 3 ≤ x<15 表示成 Python 表达式为（　　　　）。

3. 已知 x=2，y=5，复合赋值语句 x\*=y+7 执行后 x 的值为（　　　　）。

4. 表达式 12//5-4+5\*8%7/2 的结果是（　　　　）。

5. Python 语句 "a,b=7,8；a,b=b,a；print（a,b）" 执行的结果是（　　　　）。

6. 判断整数 a 能够同时被 3 和 5 整除，但不能被 7 整除的表达式是（　　　　）。

二、简答题

1. 下列标识符中哪些是合法的 Python 标识符？

abc，3com，if，w3c，_Py，I'm，While，A.B，M_D_5

2. 假设 x=7，计算下列表达式执行后 x 的值。

（1）x+=x　（2）x-=3　（3）x*=x+6　（4）x//=2+3　（5）x%=x-x%4

3. 将下列数学表达式写成 Python 表达式。

（1）$\dfrac{x^2+y^2}{a+b}$　（2）$\dfrac{(a+5)^2}{4b}$　（3）$\sqrt[3]{b(r+1)^n}$　（4）$\dfrac{x+y+z}{\sqrt{x^2+y^2}}$

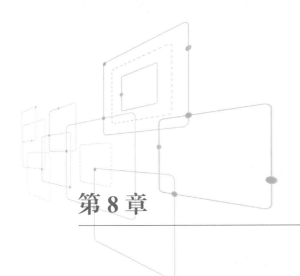

第 8 章

# 流程控制

**本章学习目标**

☆ 理解并掌握流程图的画法

☆ 熟练掌握if语句的三种形式和用法

☆ 熟练掌握for循环、while循环的用法

☆ 熟练掌握循环中途退出和循环嵌套

☆ 能够综合利用选择、循环结构编写程序解决实际的
　 应用问题

前面学习的对象、变量、表达式等都是构成 Python 语句的基本要素，Python 程序通常由若干语句构成，这些语句根据解决问题的需要按照不同的顺序执行。程序的具体执行顺序是由程序中的流程控制结构决定的，Python 中的基本流程控制结构有顺序、选择和循环结构，本章重点学习 Python 流程控制语句的语法结构和使用方法。

## 8.1　流程图

流程图是描述程序执行流程最常用的工具之一，在流程图中使用不同的几何符号表示程序中不同的操作，用箭头线表示程序的执行方向。通过流程图，可以非常清晰、直观地描述程序的构造思路和执行过程。常用的流程图符号如表 8.1 所示。

表 8.1　常用流程图符号

| 名　称 | 图　形 | 功能描述 |
|---|---|---|
| 起止框 | ⬭ | 表示程序的开始和结束 |

| 名　称 | 图　形 | 功能描述 |
|---|---|---|
| 处理框 | | 表示程序中一般处理过程，如赋值、计算等，可以用来表示一条或多条语句 |
| 判断框 | | 对给定条件进行判断 |
| 输入/输出框 | | 表示程序中的输入和输出 |
| 流程线 | | 连接其他图形符号，表示语句的执行方向和顺序 |

## 8.2　顺序结构

顺序结构是指程序中的各条语句按照语句出现的先后顺序依次执行，如图 8.1 所示，从语句 1 到语句 $n$ 都是按照书写的顺序依次执行。

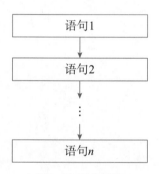

图 8.1　顺序结构

【例 8-1】从键盘输入一个摄氏温度，根据公式 $F=C\times\dfrac{9}{5}+32$，将其转换为华氏温度并输出，其中，$C$ 表示摄氏温度，$F$ 表示华氏温度。

```
#Example 8-1 摄氏温度转换为华氏温度
C=float(input("请输入摄氏温度："))
F=C*9/5+32
print("华氏温度为：",F)
```

程序的运行结果如下，其中，30 是用户从键盘输入的摄氏温度值。

```
请输入摄氏温度：30
华氏温度为： 86.0
```

【例 8-2】从键盘输入球体的半径 $r$，计算球体表面积和体积，结果保留两位小数。球体表面积计算公式为 $4\pi r^2$，体积计算公式为 $\dfrac{4}{3}\pi r^3$。

```
#Example 8-2 计算球体表面积和体积
import math
r=float(input("请输入半径："))
s=round(4*math.pi*r*r,2)
v=round(4/3* math.pi*pow(r,3),2)
print("球表面积为：",s)
print("球体积为：",v)
```

程序的运行结果如下，其中，4.8 是用户从键盘输入的半径 $r$。

```
请输入半径: 4.8
球表面积为: 289.53
球体积为: 463.25
```

Python 程序中以 # 开头的行为注释行。程序在运行过程中，所有注释都会被解释器忽略。在程序中适当进行注释是一个良好的编程习惯，有助于他人理解程序，也有利于编写者自己梳理思路。

例 8-1 和例 8-2 的程序非常简单，程序结构都是从输入到计算再到输出，完全按照程序中各条语句的书写顺序依次执行，直到程序结束，均为顺序结构的程序。注意本章中大部分示例程序都是以完整的代码段形式呈现，可以在 IDLE 中以代码文件方式或在 Jupyter Notebook 的 cell 单元格中整体编辑并运行，故语句前不再有命令提示符 >>>。

在编程解决各种实际问题的过程中，类似这样完全是顺序执行结构的程序其实很有限，大多数程序通常都会包括选择或循环的控制结构。

## 8.3 选择结构

选择结构又称为分支结构，根据条件判断的结果选择执行程序的不同分支。Python 中的选择结构的基本形式有单分支 if 语句、双分支 if…else…语句和多分支 if…elif…else 语句。这三种结构的流程如图 8.2 所示。

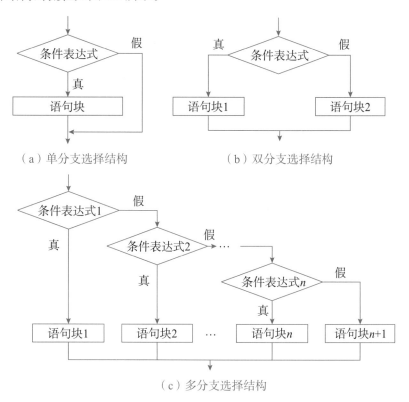

（a）单分支选择结构    （b）双分支选择结构

（c）多分支选择结构

图 8.2    if 语句的三种基本结构

### 8.3.1 单分支选择结构

单分支选择结构的流程如图 8.2（a）所示，单分支 if 语句的语法形式如下。

```
if 条件表达式：
    语句块
```

说明：条件表达式，可以是逻辑表达式、关系表达式或算术表达式等。当条件表达式的值为 True 时，执行 if 后面的语句块。非零数值、非空字符串及非空的组合数据类型（列表、元组、字典等）的值都视为 True。当条件表达式的值为 False 时，if 后的语句块不执行，数值 0、空字符串、空列表、空元组、空字典等值均视为 False。表达式后面的冒号"："必不可少，通常大多数 IDE 都具有自动补充冒号的功能。if 后面的语句块可以是一条语句，也可以是多条语句，多条语句时也称为"复合语句"，表示这多条语句逻辑上是一个整体，要么都执行，要么都不执行。整个语句块必须具有相同的缩进，代码缩进是 Python 语法中的强制要求，解释器依赖缩进来分析代码段在逻辑上的关系，相同层次的语句必须使用一致的缩进，可以是相同数量的空格或者制表键（Tab），建议使用制表键且尽量不要混用。本章和后续章节中将陆续学习的其他分支结构、循环结构、函数定义等，均有强制缩进的要求，请读者特别要注意这一点。

【例 8-3】在例 8-2 的基础上增加输入数据检查，当半径 $r$ 是正数时，计算球体表面积和体积，否则不进行计算。

```
#Example 8-3 改进的计算球体表面积和体积
from math import *
r=float(input("请输入半径："))
if r>0:
    s=round(4*pi*r*r,2)
    v=round(4/3*pi*pow(r,3),2)
    print("球表面积为：",s)
    print("球体积为：",v)
```

在例 8-3 中，只有当用户输入的 $r$ 大于 0 时，后续的计算和输出才会执行，否则什么也不做。

### 8.3.2 双分支选择结构

双分支选择结构的流程如图 8.2（b）所示，双分支 if…else…语句的语法形式如下。

```
if 条件表达式：
    语句块 1
else:
    语句块 2
```

说明：如果 if 后的条件表达式值为 True 或其他类型非空值，执行语句块 1，否则执行 else 后面的语句块 2，else 关键字后面也必须要有冒号。

【例 8-4】提示用户输入一个整数，判断其奇偶性并输出结果。

```
#Example 8-4 判断奇偶性
x=int(input("输入一个整数："))
if x%2==0:
    print('%d 是偶数' %x)
else:
    print('%d 是奇数' %x)
```

例 8-4 中判断一个整数的奇偶性，可以根据这个数除 2 取余数的结果是否为 0 实现。

【例 8-5】提示用户输入一个年份，判断是否为闰年并输出结果。如果一个年份可以整除 400，或者能被 4 整除同时不被 100 整除，则为闰年。

```
#Example 8-5 判断闰年
y=int(input("请输入年份："))
if y%400==0 or y%4==0 and y%100!=0:
    print("%d 年是闰年" %y)
else:
    print("%d 年不是闰年" %y)
```

运行程序，输入 2022，输出结果如下。

```
请输入年份：2022
2022 年不是闰年。
```

【例 8-6】根据父母的身高，预测子女的遗传身高，单位为 cm，身高预测的计算方法有很多种，本例使用如下公式。

男孩身高 =59.699+ 父亲身高 ×0.419+ 母亲身高 ×0.265

女孩身高 =43.089+ 父亲身高 ×0.306+ 母亲身高 ×0.431

```
#Example 8-6 遗传身高预测计算器
sex=int(input("选择子女性别，男孩输入 1，女孩输入 0："))
hf=float(input("输入父亲身高："))
hm=float(input("输入母亲身高："))
if sex==1:
    hk=59.699+hf*0.419+hm*0.265
else:
    hk=43.089+hf*0.306+hm*0.431
print("子女预测遗传身高为：%6.2f cm" %hk)
```

运行程序，输出结果如下。

```
选择子女性别，男孩输入 1，女孩输入 0：1
输入父亲身高：180
输入母亲身高：168
子女预测遗传身高为： 179.64 cm
```

在编写程序的过程中，除了正确性的基本要求之外，还应该保证程序的可读性和健壮性。Python 语言强制的缩进要求，使程序的书写结构和解题逻辑吻合，在一定程度上保证了程序的可读性。而健壮性则是要求程序能够对运行过程中出现的一些可能导致程序出错或中断的意外情况进行判断和处理，如在例 8-5 中，用户输入的年份是一个负数，或者在例 8-6 中，如果用户输入子女性别不是 1 或 0，而是其他值，那么程序就无法得到正确的结果。严谨起见，应该对用户输入数据的合法性进行详尽的检查，确保其在类型、取值范围等方面都符合题意的要求。出于节约篇幅和简化程序便于读者理解的目的，后续的程序示例中很多没有进行严格的合法性检查，请读者注意。如果希望程序具备更完善的容错性和健壮性，应该考虑使用 Python 提供的异常处理机制，感兴趣的读者可以进一步深入学习。

此外，在 Python 中，对于简单的 if…else…结构，还可以使用三元运算表达式实现，例如，以下代码实现求 x 的绝对值。

```
if x>=0:
    y=x
else:
    y=-x
```

可以简写成：

```
y=x if x>=0 else -x
```

### 8.3.3　多分支选择结构

如果需要在多种可能中选择其一则需要使用多分支选择结构。多分支选择结构的流程如图 8.2（c）所示，多分支 if…elif…else…语句的语法形式如下。

```
if 条件表达式 1:
    语句块 1
elif 条件表达式 2:
    语句块 2
        ⋮
elif 条件表达式 n:
    语句块 n
else:
    语句块 n+1
```

说明：多分支选择结构在执行时，从表达式 1 开始依次判断，当某个表达式的值为 True 或其他类型非空值时，执行其后的语句块，如果表达式 1 到表达式 n 的值均为 False 或其他空值，则执行 else 后面的语句块 n+1，结构中 elif 子句可以是一个或者多个，每个后面都有冒号。多分支结构中不管有几个分支，只有其中一个分支会被执行。

【例 8-7】编写将百分制成绩转换为五档等级的程序。假设输入成绩均为非负数，90 及 90 分以上为 A，80 ～ 89 分为 B，70 ～ 79 分为 C，60 ～ 69 分为 D，小于 60 分为 E。

```
#Example 8-7 百分制转五档等级
score=int(input("请输入成绩："))
if score>=90:
    grade='A'
elif score>=80:
    grade='B'
elif score>=70:
    grade='C'
elif score>=60:
    grade='D'
else:
    grade='E'
print('成绩等级为：%c' %grade)
```

运行程序，输入 85，输出结果如下。

```
请输入成绩：85
成绩等级为： B
```

选择结构中每个判断分支下缩进的语句块也可以写到条件表达式的冒号后面，如
例 8-7 的代码也可以写成如下形式。

```
#Example 8-7
score=int(input("请输入成绩："))
if score>=90: grade='A'
elif score>=80: grade='B'
elif score>=70: grade='C'
elif score>=60: grade='D'
else: grade='E'
print('成绩等级为：%c' %grade)
```

就这个例子而言，每个判断分支后面的语句块只包含一条语句，这样写对程序可读性
影响不大。如果分支下的语句块包含多条语句，也可以按照这种方式书写，不换行、不缩
进，但每条语句需要用分号隔开，不过通常不建议使用这种方法，应该尽量以缩进的形式
书写代码，提高代码的可读性。

【例 8-8】身体质量指数 BMI 是衡量成年人胖瘦程度的常用指标，通过用体重（kg）
除以身高（m）的平方计算得到。标准如下：BMI<18.5 为偏瘦；18.5 ≤ BMI ≤ 23.9 为正
常；24 ≤ BMI ≤ 26.9 为偏胖；27 ≤ BMI ≤ 29.9 为肥胖；BMI ≥ 30 为重度肥胖。编程从
键盘输入身高和体重，计算 BMI 指数并输出结果。

```
#Example 8-8 BMI 指数计算
h=float(input("请输入身高（米）："))
w=float(input("请输入体重（千克）："))
bmi=round(w/h**2,1)
if bmi<18.5:
```

```
        lev=" 偏瘦 "
elif 18.5<=bmi<=23.9:
        lev=" 正常 "
elif 24<=bmi<=26.9:
        lev=" 偏胖 "
elif 27<=bmi<=29.9:
        lev=" 肥胖 "
else:
        lev=" 重度肥胖 "
print("BMI=%4.1f,体型为:%s" % (bmi,lev))
```

运行程序,输入 1.75 和 80,输出结果如下。

```
请输入身高(米): 1.75
请输入体重(千克): 80
BMI= 26.1   体型为: 偏胖
```

### 8.3.4 选择结构嵌套

在选择结构中一个分支的语句块中包含另外一个选择结构,这种情况称为选择结构嵌套。选择结构嵌套非常灵活,前面介绍的三种结构都可以相互嵌套,而且可以多层嵌套,在使用过程中特别要注意相同层次语句块的一致性缩进要求。

【例 8-9】用选择结构嵌套实现闰年判断。

```
#Example 8-9
y=int(input("请输入年份:"))
if y%400==0:
    print("%d 年是闰年 " %y)
else:
    if y%4==0 and y%100!=0:
        print("%d 年是闰年 " %y)
    else:
        print("%d 年不是闰年 " %y)
```

## 8.4 循环结构

很多问题的求解过程中都会有重复性的计算或处理,例如,需要对一组数据进行相同的运算、需要反复从一次计算结果递推下一次计算结果、需要把相同操作重复执行多次等,这些情况都属于重复性计算,在这些情况下,不能把相同的计算或处理代码重复书写多次,而是需要用循环结构描述这些重复性的计算过程。在使用循环结构时,需要考虑一些问题,例如,为了完成重复性计算需要为循环引入哪些变量,这些变量在循环开始之前应该取什么值,在循环过程中这些变量需要以何种方式更新,循环结束的条件是什么等。

Python 语言中提供的循环控制语句有 for 和 while 两类。这两种循环语句的流程如图 8.3 所示。

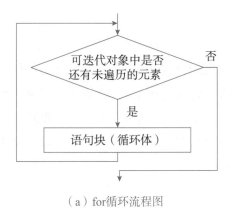
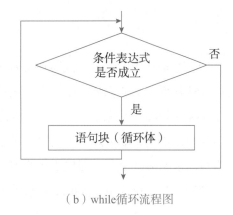

（a）for循环流程图　　　　　　　　　　（b）while循环流程图

图 8.3　两种循环结构的流程图

图 8.3 中两种循环结构看起来非常相似，差别主要体现在决定循环是否执行的判断方式上，接下来分别对这两种循环结构进行详细介绍。

### 8.4.1　for 循环

在介绍 for 循环之前，首先要理解"可迭代对象"的概念。Python 中的可迭代对象可以依次访问其中的元素，这种依次访问可称为迭代，每次迭代都会返回可迭代对象中的下一个元素，直到迭代了其中所有元素为止。Python 中常见的可迭代对象是列表（list）、元组（tuple）、字符串（str）等序列类型对象；此外，字典（dict）、迭代器（iterator）、生成器（generator）等也都是可迭代对象。本节先介绍最常用的 Python 内置可迭代对象 range。

在很多书籍中将 range 归类为 Python 内置函数，其使用方法从形式上的确和函数的使用方式完全一致，但实际从 Python 3 版本开始，range 成为一个迭代器对象，range 对象可生成指定范围的整数序列，其语法格式如下。

```
range([start,] stop [,step])
```

参数 start、stop 和 step 均要求为整数，range 生成从 start 到 stop（不包括 stop）范围内以 step 为步长的数字序列。其中，start 和 step 都可以省略，默认值分别为 0 和 1，step 不能为 0，但可以取负值。

for 语句用于遍历可迭代对象中的元素，每次遍历执行 for 语句之后的语句块，当遍历完成时，for 循环结束，for 循环的流程如图 8.3（a）所示，其语法形式如下。

```
for 变量 in 可迭代对象：
    语句块
```

**注意**：for 关键字后面的变量通常称为循环控制变量，其值依次为每次遍历可迭代对象所取得的元素值，for 语句最后要加冒号，for 后面的语句块称为循环体，可以是一条语句，也可以是多条语句（复合语句），应保持一致的缩进。类似于选择结构，for 语句的语法格式也可以写成如下形式。

297

```
for 变量 in 可迭代对象: 语句 1; 语句 2; …
```

即将循环体中的语句依次写在冒号之后，语句之间用分号隔开，但这种写法会使程序的可读性降低，除非循环体中只有一条语句，否则并不建议这种写法。下面的例子说明在 for 语句使用 range 对象的方法，这个例子在 IDLE 环境中以交互方式执行，每个循环体均只包含一条语句，故采用了上述第二种语法格式。在编写完整的程序代码时，依然建议按照换行缩进的方式书写，即便语句块中只有一条语句。

【例 8-10】for 语句和 range 对象示例。

```
>>> for i in range(10): print(i,end=' ')
输出: 0 1 2 3 4 5 6 7 8 9
>>> for i in range(1,10): print(i,end=' ')
输出: 1 2 3 4 5 6 7 8 9
>>> for i in range(0,30,5): print(i,end=' ')
输出: 0 5 10 15 20 25
>>> for i in range(30,0,5): print(i,end=' ')
输出: 无
>>> for i in range(30,0,-5): print(i,end=' ')
输出: 30 25 20 15 10 5
>>>for i in range(0,30,-5): print(i,end=' ')
输出: 无
```

从例 8-10 中可以很清楚地看到 for…in range 结构的使用方法，特别要注意两个无输出的语句，无输出是因为循环一次也没有执行，进一步讲是因为 range 对象根据给定的参数（start、stop 和 step）生成的整数序列为空。因此，在使用 for…in range 结构时，需要注意这三个参数的取值。

【例 8-11】输出 1 ～ 200 中所有能被 7 整除的偶数。

```
# Example 8-11 输出 1 ～ 200 中所有能被 7 整除的偶数
for i in range(1,200):
    if i%2==0 and i%7==0:
        print(i,end=' ')
输出结果为: 14 28 42 56 70 84 98 112 126 140 154 168 182 196
```

在例 8-11 中 for 语句的循环体是一个 if 单分支选择结构，也就是说，循环结构和选择结构也可以相互嵌套。for 语句中 in 关键字之后除了 range 对象，也可以是其他可迭代序列，如列表、元组等，相关内容将在第 9 章中介绍。

【例 8-12】有一类被称为"自幂数"的有趣数字，自幂数是指一个 $n$ 位整数，它的各位上的数字的 $n$ 次幂之和等于它本身。3 位自幂数称为水仙花数，例如，$1^3+5^3+3^3=153$，153 就是一个水仙花数。编程输出所有的水仙花数。

```
#Example 8-12 输出所有水仙花数
for i in range(100,1000):
    bit=i%10
    dec=i//10%10
    hun=i//100
    if bit**3+dec**3+hun**3==i:
        print(i')
```

运行程序，输出结果如下。

```
153
370
371
407
```

例 8-12 中，循环的区间是 100 ～ 999，即所有的三位整数。变量 bit、dec 和 hun 分别用来保存一个三位数 $i$ 的个位、十位和百位上的数字，再判断它们的立方和与 $i$ 是否相等。除了上述水仙花数之外，4 ～ 8 位的自幂数分别称为四叶玫瑰数、五角星数、六合数、北斗七星数、八仙数，感兴趣的读者可以自行练习编程找出这些自幂数，方法思路相近，即通过 /、// 和 % 等运算将这个整数各个数位上的数字提取出来再进行后续的计算和判断。

【例 8-13】计算并输出整数 $n$ 的阶乘 $n!$。$n!=1×2×3×\cdots×(n-1)×n$，当 $n$ 为 0 或 1 时，$n!$ 为 1。

```
#Example 8-13 计算 n 的阶乘
n=int(input("请输入 n: "))
fact=1
for i in range(1,n+1):
    fact=fact*i
print('%d 的阶乘是: %d' % (n,fact))
```

运行程序并输入 10，输出结果如下。

```
请输入 n: 10
10 的阶乘是: 3628800
```

在例 8-13 中变量 fact 用于保存连乘积，即阶乘结果，需要在循环之外赋初始值 1，以确保连乘结果正确。

【例 8-14】计算并输出整数 $1,2,\cdots,n$ 的阶乘之和 $1!+2!+\cdots+n!$。

看到这个题目要求，很容易会想到将例 8-13 求一个整数阶乘的操作重复做 $n$ 次，再将每次所得结果相加即可。但按照这种思路实现，则需要后面介绍的二重循环编程。实际上，这个问题可以用更为简洁的方式实现。对于一个整数 $i$，有 $i!=(i-1)!×i$，即计算 $i$ 的阶乘无须从 1 开始计算连乘结果，只需用上一步所得 $(i-1)$ 阶乘的结果乘以 $i$ 即可。

```
#Example 8-14 计算 n 个连续整数阶乘之和
n=int(input("请输入 n: "))
```

```
s=0
fact=1
for i in range(1,n+1):
    fact=fact*i
    s=s+fact
print(s)
```

运行程序并输入 10，输出结果如下。

```
请输入 n: 10
4037913
```

【例 8-15】输出斐波那契数列的前 $n$ 项，$n$ 由用户键盘输入。斐波那契数列的前两项是 1，从第三项开始每项均为其前两项之和，即 1，1，2，3，5，8，13，21，…。

```
#Example 8-15 计算输出斐波那契数列前 n 项
n=int(input("请输入n: "))
a,b=1,1
for i in range(1,n+1):
    print(a,end=' ')
    a,b=b,a+b
```

运行程序并输入 10，输出结果如下。

```
请输入 n: 10
1 1 2 3 5 8 13 21 34 55
```

在例 8-15 中，接收用户从键盘输入的 $n$ 值，变量 a 和 b 初始化为数列前两项的值，即两个 1，然后通过 for 循环计算数列的前 $n$ 项，注意语句 for i in range（1,n+1），表示计算从第 1 项到第 $n$ 项，此时必须要写成 $n+1$。循环体语句利用简单的递推方法，每输出一项 a 的值后，通过赋值语句 a,b=b,a+b，将其后一项 b 的值赋值给 a，同时计算 a 和 b 的后续项即 a+b 并将结果赋值给 b，这样就可以使 a 和 b 始终保存当前已经计算出的数列最后两项，直到第 $n$ 项为止。

综合以上例题可以看到，for 循环更适合于循环次数可以确定的情况，此外还适用于对可迭代对象（range 对象、列表、字符串等）的遍历。如果问题中循环次数事先不好确定，则使用 while 循环更为适合。

### 8.4.2　while 循环

while 循环的执行由条件表达式的值决定，其流程如图 8.3（b）所示，其语法结构如下。

```
while 条件表达式：
    语句块
```

while 循环的执行过程是：首先计算 while 后面的条件表达式，条件表达式可以是逻辑表达式、关系表达式、算术表达式等，若条件表达式值为 True（或其他非空、非零值），则执行语句块即循环体，循环体可以是一条或多条语句，执行完循环体返回 while 语句，重新计算条件表达式的值，若为 True，则继续循环；当条件表达式的值为 False（或零、空值）则退出 while 循环，继续执行循环体之后的语句。

使用 while 语句时需要注意：while 的条件表达式后要加冒号；循环体中包含多条语句时，要保持一致的缩进；通常情况下，循环体中要有能够改变循环条件的语句，使循环逐渐趋向于结束，以免出现死循环，死循环是指循环条件始终为 True，循环无限执行的情况，在编写循环结构程序时，特别要注意避免。

【例 8-16】输入一个非负整数，求这个数各个位上的数字之和，例如，输入 3654，则计算 3+6+5+4，输出结果为 18。

```
#Example 8-16 计算非负整数各个位上的数字之和
s=0
n=int(input("输入一个非负整数："))
while n!=0:
    s=s+n%10
    n=n//10
print("各数位之和为：%d" %s)
```

求解例 8-16 很容易会想到类似例 8-12 中求自幂数时所用的思路，即截取出给定数各位上的数字，但本例之不同是输入整数的位数不确定，此时可以通过运用整除和取余数运算从低位到高位依次取出这个数每位上的数字并求和。while 循环的条件是 n 值不为 0，循环体内使用 n%10 取得 n 的最低位数字并将其加到变量 s 中，之后通过 n=n//10 将 n 的最低位截掉，继续循环直到 n 等于 0 为止。

运行程序并输入 3654，输出结果如下。

```
输入一个非负整数：3654
各数位之和为：18
```

【例 8-17】一张纸的厚度约为 0.104mm，假设纸张可以无限对折，编程计算一张纸对折多少次之后其厚度超过 384 403.9m。

```
# Example 8-17 计算厚度 0.104mm 的纸张对折几次厚度超过 384403.9 米
t=1.04e-4
c=0
while t<384403.9:
    t*=2
    c+=1
print("对折次数为：%d" %c)
print("此时厚度为：%f 米" %t)
```

运行程序，输出结果如下。

```
对折次数为：32
此时厚度为：446676.598784 米
```

【例 8-18】计算并输出斐波那契数列的第 $n$ 项，$n$ 由用户从键盘输入。

```
#Example 8-18 计算并输出斐波那契数列的第 n 项
n=int(input("请输入n: "))
a,b=1,1
i=3
while i<=n:
    a,b=b,a+b
    i+=1
print("数列第 %d 项是: %d" % (n,b))
```

运行程序并输入数据 10，输出结果如下。

```
请输入n: 10
数列第 10 项是: 55
```

例 8-18 与例 8-15 稍有区别，只需要输出第 $n$ 项，从第 1 项到第 $n$-1 项仅作为计算过程的中间结果并不需要输出，变量 $i$ 在程序中表示项数，初始值为 3，循环控制条件是 $i<=n$，即当计算到第 $n$ 项时循环结束。循环体中每次递推计算出一个新项，就将 $i$ 值增 1，当 $i$ 值达到 $n$ 时，循环最后一次执行，计算出第 $n$ 项，同时 $i$ 值变为 $n$+1，while 循环的条件不再成立，循环终止。如果忽略了这条语句，就会出现死循环的情况。

求解斐波那契数列问题的方法称为"递推法"，通过前面一项或几项的计算结果推导出后一项。除递推法之外，程序设计中还有一种常用方法，称为"迭代法"，迭代法是一种不断用新值取代旧值的计算方法。

【例 8-19】利用牛顿迭代法求一个实数的平方根。

牛顿迭代法的计算步骤如下。

（1）假设要计算实数 $x$ 的平方根，首先任取某个实数 $y$，通常可取 $y=x/2$。

（2）如果 $y^2==x$，则 $y$ 即为 $x$ 的平方根，计算结束。

（3）否则，更新 $y$ 的值，令 $y=(y+x/y)/2$，转回步骤（2）。

通过以上步骤反复计算，可以得到一个 $y$ 值的序列，这个序列不断趋向于 $x$ 的平方根。这个方法在具体编程实现时有一点需要注意，由于浮点数的计算存在误差，可能导致步骤（2）中的等式无法成立，循环无法结束，故在具体实现时通常不使用"=="运算符判断两个浮点数是否相等，而是考虑当 $y^2$ 和 $x$ 之间误差的绝对值不超过预先给定的一个足够小的值（如 $10^{-8}$）即可。程序如下。

```
#Example 8-19 利用牛顿迭代法求平方根
x=float(input('输入一个实数: '))
y=x/2
n=0
while abs(y*y-x)>1e-8:
    y=(y+x/y)/2
    n=n+1
    print(n,y)
print('%f 的平方根为 %f' % (x,y))
```

例 8-19 中的 n 用来记录迭代次数，每次迭代都用语句 print（n,y）输出当前次数 n 和 y 的当前值，这样可以观察到迭代计算的趋近过程。运行程序，输入 1234，输出结果如下。

```
输入一个实数: 1234
1 309.5
2 156.7435379644588
3 82.30813540608735
4 48.650289029840586
5 37.0074946572093
6 35.17604589177702
7 35.128368495194096
8 35.128336140515486
1234.000000 的平方根为 35.128336
```

从以上结果中可以看到，牛顿迭代法的收敛速度很快，计算 1234 的平方根只需 8 次迭代就得到了结果。另外，程序中 n=n+1 和 print（n,y）两条语句并不是必需的，只是为了展示计算过程共进行了多少次迭代以及每次迭代的结果是多少。

【例 8-20】用辗转相除法求两个正整数 $m$ 和 $n$ 的最大公约数。

辗转相除法又称为欧几里得算法，首次出现于欧几里得的《几何原本》（第Ⅶ卷）中，是求最大公约数的一种简单方法。其计算过程是：用 $m$ 除以 $n$，如果余数 $r$ 为 0，则 $n$ 即为 $m$ 和 $n$ 的最大公约数；如果余数 $r$ 不为 0，则将 $n$ 赋值给 $m$，将 $r$ 赋值给 $n$，再继续用 $m$ 除以 $n$ 得到新的 $r$，直达 $r$ 等于 0 为止，此时 $n$ 即为所求。

```
#Example 8-20 用辗转相除求最大公约数
m,n=eval(input("请输入m和n: "))
r=m%n
while r!=0:
    m=n
    n=r
    r=m%n
print("最大公约数是: %d" %n)
```

运行程序并输入 48 和 36，输出结果如下。

```
请输入m和n: 48,36
最大公约数是: 12
```

例 8-20 中，首先计算 m 除以 n 的余数 r，以 r 值不为 0 作为 while 循环的条件，在循环体中重置 m、n 和 r 的值，直到 r 等于 0 为止。

【例 8-21】从键盘输入若干个数，输入 0 时程序终止，统计输入数据的个数及它们的平均值。

```
#Example 8-21 计算若干非零数的个数和均值
s=0
num=0
```

```
fn=float(input('请输入一个数: '))
while fn!=0:
    num+=1
    s+=fn
    fn=float(input('请输入下一个数: '))
if num==0:
    print('输入数据 0 个, 无平均值')
else:
    print('输入数据: %d 个' %num)
    print('平均值为: %f' % (s/num))
```

例 8-21 中变量 num 和 s 分别用于表示输入数据的个数和输入数据之和,初始值均为 0。变量 fn 被反复用来接收用户从键盘输入的数据,由于无法得知用户输入数据的个数,循环的次数也无法确定,故先接收用户输入的第一个数据并赋值给变量 fn,然后以 fn!=0 为循环控制条件,如果用户输入非 0,则计数、求和并提示用户输入下一个数;用户输入 0,则循环结束。计算平均值的时候需要先判断输入数据个数是否为 0,避免出现除零错误。

【例 8-22】利用近似公式 $e \approx 1 + \frac{1}{1!} + \frac{1}{2!} + \cdots + \frac{1}{n!}$,求自然对数的底数 e,直到最后一项的绝对值小于 $10^{-8}$ 为止。

```
#Example 8-22 计算 e 的近似值
i=1
e=1
fact=1
while(1/fact>=pow(10,-8)):
    fact*=i
    e+=1/fact
    i+=1
print("e=",e)
```

程序输出结果如下。

```
e= 2.71828182882861687
```

例 8-22 的要求看似复杂,但实际程序代码非常简单。程序中变量 e 表示要求的自然对数的底,初始值为 1,也就是已经包括公式中第一个 1,变量 i 表示计算项数,从分数项开始计数,第 1 项为 $\frac{1}{1!}$,变量 fact 用来存储 i 的阶乘,程序中同样用到例 8-13 的方法,即 i!=(i-1)!×i,避免了很多重复运算,也无须使用二重循环。

从上面几个例题可以看出,while 既可以用于循环次数确定的问题,也可以用于循环次数不确定的问题,还可以根据用户的交互决定循环是否继续。

### 8.4.3 循环的中途退出

在 for 或 while 循环进行过程中,如果某些条件满足则需要终止循环,此时可以使用 break 语句实现。

【例 8-23】判断用户输入的一个数是否为素数，素数是指除 1 和自身外没有其他因子的自然数。

判断一个自然数 $n$ 是否为素数最常用的方法是判断这个数是否可以被 $2 \sim \sqrt{n}$ 中的任何一个整数整除，只要能找到一个满足条件的数，就可以确定 $n$ 不是素数，如果 $n$ 不能被此区间内任何一个整数整除，则判定 $n$ 为素数。

```
#Example 8-23 判断素数
n=int(input("请输入一个自然数："))
k=int(n**0.5)
flag=True
for i in range(2,k+1):
    if n%i==0:
        flag=False
        break;
if flag==True:
    print('%d是素数' %n)
else:
    print('%d不是素数' %n)
```

例 8-23 中，k 是自然数 n 的平方根取整，在 for 循环中依次判断 n 是否能整除 $2 \sim \sqrt{n}$ 区间内的数，变量 flag 是个标志变量，初始为 True。循环中一旦出现一次能够整除的情况，则可确定 n 不是素数，将标志变量 flag 值改为 False，同时通过 break 语句退出循环。循环体外通过对 flag 值的判断输出相应的结果。

【例 8-24】求一个自然数除自身之外的最大因子。

一个自然数除自身之外的最大因子不会超过这个数整除 2 的结果，因此可以用这个整除 2 的结果作为循环控制的初始值，从这个值开始，以步长为 1 的递减顺序依次判断是否可以被这个自然数整除，当出现第一次能够整除的情况，即为所求因子，此时无须继续循环，可以中途退出了。例如，用户输入 15，整除 2 的结果为 7，则依次判断 15 能否整除 7、6、5，判断到 5 的时候结束循环，找到所求因子，退出循环。程序如下。

```
#Example 8-24 求自然数最大因子
n=int(input("请输入一个自然数："))
if n==1:
    print('1除自身外没有其他因子')
else:
    k=n//2
    while k>0:
        if n%k==0:
            break
        k=k-1
    print('%d除自身外的最大因子是：%d'%(n,k))
```

有些情况下，出于简化程序的目的或者循环的条件表达式不容易直接表达，while 语句后面可以直接写 True，称为无条件循环。在这种情况下，循环会无条件执行而且会不停反复执行下去，那么就必须在循环体中有 break 语句终止循环，否则会形成死循环。例如，例 8-21 循环体外和循环体内均有数据输入语句，程序不够简洁，可以使用无条件 while 循环，在循环体内判断用户输入的数据，一旦输入 0 则中途退出循环。

【例 8-25】用带 break 语句的 while 循环改写例 8-21。

```
#Example 8-25 计算若干非零数的个数和均值
s=0
num=0
while True:
    fn=float(input('请输入数据：'))
    if fn==0: break
    num+=1
    s+=fn
if num==0:
    print('输入数据 0 个，无平均值')
else:
    print('输入数据：%d 个' %num)
    print('平均值为：%f' % (s/num))
```

例 8-25 中，while 循环的条件是 True，循环会一直执行下去，直到用户输入 0，执行 break 语句，循环才会终止。这样的写法逻辑上更为清晰，但务必注意一定要有 break 语句使循环终止。

Python 中的循环终止语句除 break 外还有 continue 语句，二者的区别是，一旦执行 break 则退出整个循环，不管还剩多少次循环没有执行，而 continue 语句则是使程序结束本次循环，跳过循环体中 continue 语句之后还没有执行的语句，然后返回到循环开始点，根据循环条件判断是否继续执行下一次循环。

【例 8-26】生成若干不大于 1000 的随机正整数，将其中能够被 3 整除的数输出，但累计出现 10 个能被 3 整数的数就结束程序。

```
# Example 8-26 continue 退出循环示例
from random import *
n=0
while True:
    x=randint(1,1000)
    if x%3!=0:
        continue
    print(x)
    n=n+1
    if n==10:
        break;
```

　　程序中需要用到随机数生成函数 randint()，故应导入标准库模块 random。由于无法预知循环多少次才能够找到 10 个能被 3 整除的数，故使用无条件 while 循环。每生成一个随机正整数，判断它是否能被 3 整除，如不能则执行 continue 语句，退出本次循环，执行下一次循环生成一个新的随机数；如果能够整除，则输出这个数并通过 n=n+1 累计个数，当 n 达到 10 则用 break 退出整个循环。

　　当然，在例 8-26 中，如果将判断语句修改为 if x%3==0，就可以不必使用 continue 语句。这里主要是希望通过这个例程，清晰理解 continue 语句的作用以及它与 break 语句的区别。

### 8.4.4　带 else 子句的循环

　　Python 中的 for 循环和 while 循环后还可以带有 else 子句，其语法格式如下。

```
while 条件表达式：
    语句块 1
else：
    语句块 2
```

```
for 变量 in 可迭代对象：
    语句块 1
else：
    语句块 2
```

　　当 while 后的条件表达式为 True（包括非零值、非空串等）或 for 语句中可迭代对象或序列还有未被遍历的元素时，反复执行语句块 1，即循环体。当 while 后的条件表达式为 False（包括零、空串等）或 for 语句可迭代对象或序列中没有尚未遍历的元素时，循环终止，此时 else 子句后的语句块 2 执行一次。如果 while 循环或 for 循环是由于执行了循环体中的 break 语句而中途退出，则不执行 else 子句后的语句块 2。

【例 8-27】带 else 子句的判断素数程序

```
# Example 8-27
n=int(input("请输入一个大于或等于 2 的自然数："))
k=int(n**0.5)
for i in range(2,k+1):
    if n%i==0:
        print('%d 不是素数' %n)
        break;
else:                # 此处为 for 循环的 else 子句，不是 if 语句的 else 分支，注意对齐关系
    print('%d 是素数'%n)
```

　　例 8-27 中，如果 for 循环中的变量 i 从 2 遍历到 k 的过程中没有出现 n%i==0 的情况，循环正常结束，则执行 else 后面的语句，输出 n 是素数的结果；如果在某一次循环中n%i==0 成立，输出不是素数，执行 break 语句退出循环，此时 else 子句不会被执行。这

种写法，相比例 8-23 使用标志变量 flag 的实现方式更为清晰简洁。

### 8.4.5 循环嵌套

在一个循环结构的循环体内包含另外一个完整的循环结构，称为循环嵌套，也称为多重循环。循环嵌套层次过多会影响程序的可读性，通常不建议超过三层的循环嵌套。

对于二重循环，两个循环可以分别称为外循环和内循环，内循环要完全包含在外循环的循环体中，外循环每执行一次，内循环都会完整将所有循环次数执行完。for 循环和 while 循环可以相互嵌套。

【例 8-28】求 100 以内的所有素数。

分析：前文已经介绍过判断一个数是否为素数的方法，其中需要用到循环反复判断是否整除。对于本例，只需将同样的判断过程重复应用于 2 ～ 100 范围内的所有数，故可以使用二重循环来实现。再进一步思考，实际上除了 2 之外，其他所有的素数都是奇数，从提高效率的角度可以忽略对偶数的判断，这样外层循环次数可以减少将近一半。程序如下。

```python
# Example 8-28 求 100 以内的所有素数
print(2,end=' ')
for n in range(3,100,2):
    k=int(n**0.5)
    for i in range(2,k+1):
        if n%i==0:
            break;
    else:                    # 内层 for 循环的 else 子句，注意缩进及对齐关系
        print(n,end=' ')
```

输出结果如下。

```
2 3 5 7 11 13 17 19 23 29 31 37 41 43 47 53 59 61 67 71 73 79 83 89 97
```

例 8-28 中，首先输出唯一的偶素数 2，之后外层的 for 循环中，变量 n 从 3 遍历至 99，步长为 2，每次循环中判断 n 是否为素数的操作由内层循环完成。此外，从这个例子中还可以看到，在嵌套的循环结构中如果有 break 语句或 continue 语句，那么跳出的是其所在的那层循环，例 8-28 中当 n%i==0 成立时，确定了 n 不是素数，break 语句终止内层循环，程序会继续执行下一次外层循环，开始下一个数的判断。

【例 8-29】打印九九乘法表。

```python
# Example 8-29 打印九九乘法表
for i in range(1,10):
    for j in range(1,i+1):
        print('%d x%d=%-4d' % (j, i, i*j), end='')
    print()
```

在这个例子中，外循环中 i 的值从 1 到 9 变化，内循环中 j 的遍历区间会受当前外层循环中 i 值的影响，例如，当 i 值为 5 时，内循环 j 的值会从 1 遍历到 5。这样做的目的是为了输出的结果是三角形的九九表，以便符合通常的阅读习惯。程序中最后一行 print() 函数调用没有参数，其作用是换行。

输出结果如图 8.4 所示。

```
1×1=1
1×2=2    2×2=4
1×3=3    2×3=6    3×3=9
1×4=4    2×4=8    3×4=12   4×4=16
1×5=5    2×5=10   3×5=15   4×5=20   5×5=25
1×6=6    2×6=12   3×6=18   4×6=24   5×6=30   6×6=36
1×7=7    2×7=14   3×7=21   4×7=28   5×7=35   6×7=42   7×7=49
1×8=8    2×8=16   3×8=24   4×8=32   5×8=40   6×8=48   7×8=56   8×8=64
1×9=9    2×9=18   3×9=27   4×9=36   5×9=45   6×9=54   7×9=63   8×9=72   9×9=81
```

图 8.4 二重循环输出九九乘法表

【例 8-30】从键盘输入一个正整数 $n$，编程计算满足下面不等式的最小正整数 $m$。

$$\sqrt{m}+\sqrt{m+1}+\cdots+\sqrt{2m}>n$$

```
#Example 8-30 求满足不等式的最小正整数 m
m=1
n=int(input("请输入 n: "))
while True:
    s=0
    for i in range(m,2*m+1):
        s+=i**0.5
    if s>n:
        break
    m+=1
print("满足不等式的最小正整数 m 是: %d" %m)
```

根据题意，$m$ 是正整数，故从 1 开始，计算 $\sqrt{m}+\sqrt{m+1}+\cdots+\sqrt{2m}$ 的值，这个计算累加过程由内层 for 循环完成，如果计算结果不满足不等式要求，则 $m$ 加 1，重复上述计算，直到满足不等式为止，但无法确定计算到 $m$ 等于多少时结束，故外层 while 使用无条件循环，在循环过程中当不等式满足时使用 break 语句中途退出 while 循环。

运行程序，输入 10 000，输出结果如下。

```
请输入 n: 10 000
满足不等式的最小正整数 m 是: 407
```

【例 8-31】设 $A$、$B$ 和 $C$ 是三个不同的数字，编程求解满足算式 $ABC+BCC=n$ 的 $A$、$B$、$C$ 值，其中，$n$ 是一个三位正整数，从键盘输入。

　　分析题意可知，对于一个三位正整数，其个位和十位上的数字取值范围是 0～9，百位上数字的取值范围是 1～9，本题的求解就是在上述范围内寻找满足条件 $100 \times A + 10 \times B + C + 100 \times B + 10 \times C + C$ 等于 $n$ 的 $A$、$B$ 和 $C$，其中，$A$ 在百位上出现，$B$ 在百位和十位上出现，$C$ 在十位和个位上出现。根据输入的 $n$ 不同，满足条件的解可能有一组或多组，也可能不存在。

```
#Example 8-31 求满足等式 ABC+BCC=n 的 A、B 和 C 的值
n=int(input("请输入n："))
k=0
for a in range(1,10):
    for b in range(1,10):
        for c in range(10):
            if 100*a+10*b+c+100*b+10*c+c==n and a!=b and b!=c and c!=a:
                k+=1
                print(k,": ",a,b,c)
if k!=0:
    print("满足条件的解共有 %d 组 "%k)
else:
    print("没有找到满足条件的解 ")
```

运行程序并输入 980，输出结果如下。

```
请输入n：980
1 ： 1 8 0
2 ： 7 2 5
满足条件的解共有 2 组
```

输入 365 则运行结果为：

```
请输入n：365
没有找到满足条件的解
```

例 8-31 的解题方法称为枚举法，即列举出所有可能的取值。代码中使用了三重循环，分别用于枚举 $A$、$B$ 和 $C$ 的所有可能取值及组合，再通过条件判断出符合题意要求的解。

## 小结

　　本章首先介绍了用于描述程序控制结构的工具——流程图，对流程图符号的含义和画法进行了简要说明。然后分别介绍了三种流程控制结构：顺序结构、选择结构和循环结构，并结合大量典型例题重点讨论了选择结构（包括分支、双分支和多分支等形式）和循环结构（包括 for 循环、while 循环），详细阐述了每种结构的执行流程、语法规则及注意事项，还介绍了循环中途退出、循环的 else 子句以及各种结构的嵌套等内容。此外，在讲解程序控制结构的过程中简单介绍了递推、迭代以及枚举等常见的程序设计思路。

# 习题

一、填空题

1. Python 语句 "for i in range (1,25,6): print (i,end=' ')" 的输出结果是 (　　　　)。

2. 要使语句 "for i in range (x,-4,-2)" 循环执行 7 次，则 x 的值应该是 (　　　　)。

3. Python 中无条件循环 "while True：" 的循环体中应该使用 (　　　　) 语句退出循环。

4. 以下程序的输出结果是 (　　　　)。

```
sum=0
for i in range (1,10):
    if i%3:
        sum=sum+i
print (sum)
```

5. 执行下面 Python 语句后输出的结果是 (　　　　)，循环执行 (　　　　) 次。

```
i=35
while i>0:
    print (i%2,end="")
    i//=2
```

二、编程题

1. 随机生成两个 10 以内的整数，以这两个整数为坐标确定平面上的一个点，计算这个点和 (0,0) 点的距离。

2. 输入三角形的三条边长，判断是否可以构成三角形，如果可以，则根据海伦公式计算三角形的面积。海伦公式：$\sqrt{t \times (t-a) \times (t-b) \times (t-c)}$，其中，$a$、$b$ 和 $c$ 分别是三角形的三条边长，$t$ 是三角形的半周长。

3. 输入一元二次方程的 3 个系数 $a$、$b$ 和 $c$，求方程 $ax^2+bx+c=0$ 的解，注意考虑解的各种情况。

4. 编写程序，判断今天是今年的第几天。

5. 编程输出年份 2020—2100 中所有的闰年。

6. 编程用 while 循环实现判断一个数是否为素数的程序。

7. 从键盘输入一个正整数，输出这个数的位数及其各位数字的积。

8. 编写程序求 $S=n^1+(n-1)^2+(n-2)^3+\cdots+2^{n-1}+1^n$，其中，$n$ 是由用户从键盘输入的一个不大于 20 的正整数。

9. Hailstone 序列的生成是从一个自然数 $n$ 开始，如 $n$ 为奇数，则其下一项为 $3n+1$；如 $n$ 为偶数，则其下一项为 $n/2$，直到 1 为止。编写程序，接收用户从键盘输入的起始值，计算并输出相应的 Hailstone 序列。

10. 一个数列前三项分别为 1、4、9，从第四项开始，每项均为其相邻的前三项之和的一半，编写程序求该数列从第几项开始，其数值超过 2000。

11. "完数"是指一个整数的所有真因子之和恰好等于这个数本身，例如，6 的真因子有 1、2 和 3，且 6=1+2+3，则 6 就是一个完数。编写程序，输出 10 000 以内的所有完数。

12. 圆周率 π 是一个无理数，其准确值等于下列无穷数列之和：π=4/1-4/3+4/5-4/7+4/9-4/11…，编程逐项计算无穷数列的和，直到最后一项的绝对值小于 $10^{-6}$，求得 π 的近似值。

13. 求小于 10 000 的最大素数。

14. 从键盘输入一个正整数 $n$，计算并输出满足不等式 1!+2!+…+$m$!<$n$ 的最大正整数 $m$。

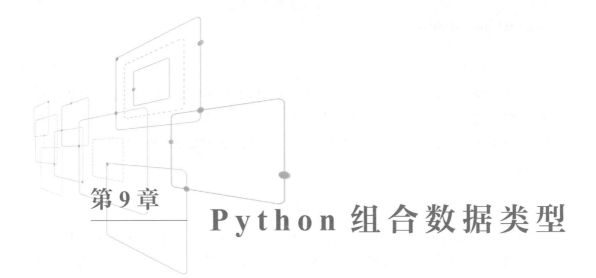

# 第9章 Python 组合数据类型

**本章学习目标**

☆ 理解序列类型的基本概念

☆ 熟练掌握列表的概念、操作、运算、方法及列表推导式

☆ 熟练掌握元组的概念、操作、运算和方法

☆ 掌握应用于可迭代对象的内置函数

☆ 掌握字符串构造、运算、常用方法及字符串格式化

☆ 掌握字典的构造、常用方法及函数

☆ 掌握集合的构造、运算及常用方法

☆ 掌握列表推导式、字典推导式和集合推导式的使用方法

程序中通常会处理各种各样的数据，数据可能是简单的整数或字符，也可能是包含一组元素的复杂结构，这些元素之间可能还会存在某些特定的关系，程序设计语言需要提供相应的语言机制来处理各种复杂的数据。第 7 章中介绍了 Python 中的基本数据类型，支持简单数据对象的创建和使用；Python 同时也提供丰富的组合数据类型支持复杂数据对象的构造和使用，Python 中组合数据类型大体上可以分为三类：序列类型（列表、元组、文本字符串、range 对象等）、映射类型（字典）以及集合类型。

## 9.1 序列类型概述

在 Python 中，序列类型用于表示一组有顺序的元素集合，序列数据对象中可以包含一个或多个元素，每个元素可以是基本数据类型的对象（如 int、float 等），也可以是复合数据类型的对象。序列对象可以为空，即一个元素也没有。Python 中序列类型通常都支持一组特定的操作，如索引、切片、成员访问等。Python 序列类型包括列表（类型名为 list）、元组（类型名为 tuple）和字符串（类型名为 str）。在第 8 章中学习的 range 对象实际上也是一个序列，可以根据给定的初值、终值和步长生成指定范围的整数序列，常用于 for 循环。

## 9.2　列表

列表（list）是 Python 中最常用的序列类型，包含一组数据元素。创建一个列表对象后，用户既可以将其作为一个整体使用，如赋值、输出、作为函数参数等；也可以单独对列表中的元素进行访问、修改以及增加或删除元素等操作。由于列表中的元素可以修改、增删，所以列表是一种可变对象。

1. 创建列表对象

创建列表对象的方法是用一对中括号将一组元素括起来，这些元素之间用逗号分隔，如果要创建空列表，使用一个空的中括号即可。列表中的元素可以是任意类型的数据对象，也可以是表达式，列表中的元素允许重复。

【例 9-1】列表的创建。

```
>>> lst0=[]
>>> lst1=[1,2,3,4]
>>> lst2=[15,True,'hello',3.14]
>>> lst3=[2**3+17%3,id(lst2)]
>>> print(lst1,lst2,lst3,sep='\n')
```

输出：

```
[1, 2, 3, 4]
[15, True, 'hello', 3.14]
[10, 2930062502400]
```

例 9-1 中，创建了 4 个列表对象，其中，lst0 是一个空列表；lst1 包含 4 个整数对象；lst2 包含 4 个不同数据类型的对象；lst3 中包含表达式 "2**3+17%3" 和函数调用 "id（lst2）"，解释器将对它们进行求值，再把结果值作为元素创建列表，从输出结果中可以看到这一点。此外，要理解列表为什么能包含不同数据类型的元素，可参考 7.2.2 节中所述 Python 变量的引用语义，可以将列表理解成包含若干变量，其中每个变量都引用一个数据对象，而这些数据对象可以是不同数据类型的。例如，例 9-1 中的 lst2，其元素引用对象的方式如图 9.1 所示。

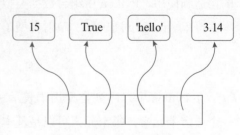

图 9.1　列表元素的对象引用

如果列表中的元素又是一个列表，则为二维列表，例如：

```
lst=[[1,2,3],['You','need','Python']]
```

lst 是一个二维列表，包含两个元素，分别为含有 3 个整数和 3 个字符串的列表。

此外，创建列表对象还可以使用以类型名的函数调用形式来完成，这种方法实际上可以视为一种类型转换，7.3.5 节中介绍过 Python 的类型转换函数。列表类型转换函数 list( s ) 的参数 s 可以省略，或是一个可迭代对象。

【例 9-2】使用类型转换函数 list() 创建列表对象。

```
>>> lst0=list()
>>> lst1=list(range(1,10))
>>> lst2=list('Python')
>>> print(lst1,lst2,sep='\n')
```

输出：

```
[1, 2, 3, 4, 5, 6, 7, 8, 9]
['P', 'y', 't', 'h', 'o', 'n']
```

例 9-2 中，使用无参数的类型转换函数 list() 创建了空列表 lst0；lst1 是转换 range 对象生成的整数序列 0，1，…，9 创建的；字符串可以视为由字符组成的序列，list() 函数可以对其进行转换，并创建包含若干字符元素的列表 lst2。

2. 列表访问

列表的访问既可以整体进行，如例 9-2 中使用 print() 函数输出整个列表，也可以单独访问列表中的元素。访问列表元素要通过索引进行，索引是列表中每个元素在表中的位置或序号。列表元素的索引从 0 开始，即列表中第一个元素索引为 0，第二个元素索引为 1，以此类推，从前向后逐渐增加。同时，Python 列表还提供了"负索引"，列表中最后一个元素的负索引为 -1，从后向前逐渐变小。因此，访问列表中的同一个元素可以通过正、负两种索引实现。通过索引访问元素的语法非常简单：列表名 [ 索引 ]。这种索引访问方式同样也适用于元组、字符串等序列类型。

如果列表中的元素个数为 n，则其正向索引的合法范围是 0 ～ n-1，其负索引的合法范围为 -n ～ -1。列表元素的索引如图 9.2 所示，假设列表名为 L。

图 9.2　列表元素的索引

【例 9-3】通过索引访问列表元素。

```
>>> plist=['Python','C','Java','C#','C++','Visual Basic','Perl','Go']
>>> plist[0]
输出: 'Python'
```

```
>>> plist[5]
输出: 'Visual Basic'
>>> plist[-1]
输出: 'Go'
>>> plist[-4]
输出: 'C++'
>>> plist[8]
Traceback (most recent call last):
  File "<pyshell#61>", line 1, in <module>
    plist[8]
IndexError: list index out of range
>>> plist[-9]
Traceback (most recent call last):
  File "<pyshell#62>", line 1, in <module>
    plist[-9]
IndexError: list index out of range
```

通过索引访问列表元素的时候，要保证索引在合法的范围内，例 9-3 中 plist[8] 和 plist[-9] 都超出了合法的范围，解释器会提示"list index out of range"，即索引越界错误。

3. 列表遍历

列表遍历即依次访问列表中的每个元素，在访问的过程中可以对列表元素进行需要的计算或处理。列表是一种可迭代对象，则可以使用 for 语句对其进行遍历，和用 for 语句对 range 对象生成的序列进行遍历的方式完全相同，仅需将关键字 in 之后的 range 对象换成列表即可。

【例 9-4】遍历列表元素。

```
>>> plist=['Python','C','Java','C#','C++','Visual Basic','Perl','Go']
>>> for x in plist: print(x,end=' ')
输出: Python C Java C# C++ Visual Basic Perl Go
```

例 9-4 中循环语句的执行过程是，变量 x 从 plist[0] 开始获取列表中的元素值并输出，之后就取下一个元素的值，直到列表中所有的元素均被访问，循环结束。

Python 中的内置函数 len() 功能是返回列表、元组、字符串等类型数据的元素个数，遍历操作也可以通过 len() 函数求得列表长度，然后用长度值控制循环，结合之前介绍的元素索引访问完成遍历。程序代码如下。

```
for i in range(len(plist)):
    print(plist[i])
或:
i=0
while (i<len(plist)):
    print(plist[i])
    i+=1
```

4. 修改和删除列表元素

列表中的元素可以通过赋值操作进行修改，同样是通过索引访问来完成，需要注意索引的合法范围。使用 del 命令可以删除列表中的元素，也可以删除整个列表。

【例 9-5】修改和删除列表元素。

```
>>> plist=['Python','C','Java','C#','C++','Visual Basic','Perl','Go']
>>> plist[3]='Ruby'
>>> plist[-2]='Kotlin'
>>> plist
输出: ['Python', 'C', 'Java', 'Ruby', 'C++', 'Visual Basic', 'Kotlin', 'Go']
>>> del plist[5]
>>> plist
输出: ['Python', 'C', 'Java', 'Ruby', 'C++', 'Kotlin', 'Go']
>>> del plist
>>> plist
Traceback (most recent call last):
  File "<pyshell#88>", line 1, in <module>
    plist
NameError: name 'plist' is not defined
```

当删除整个列表之后，再试图访问就会显示列表未定义的错误。

5. 列表运算

列表运算是将 7.4.1 节介绍的部分运算符应用于列表对象，包括加法、加法复合赋值、乘法及乘法复合赋值运算等。列表相加实际上是将两个列表的元素合并生成新的列表。列表乘法是用列表和一个整数 $n$ 相乘，得到一个新列表对象，其元素是原列表元素重复 $n$ 次。

【例 9-6】列表运算。

```
>>> plist_1=['Python','C','Java','C#']
>>> plist_2=['C++', 'Visual Basic', 'Perl', 'Go']
>>> plist=plist_1+plist_2
>>> plist
输出: ['Python', 'C', 'Java', 'C#', 'C++', 'Visual Basic', 'Perl', 'Go']
>>> plist+=['Ruby','Swift']
>>> plist
输出: ['Python', 'C', 'Java', 'C#', 'C++', 'Visual Basic', 'Perl', 'Go', 'Ruby', 'Swift']
>>> ['Ruby','Swift']*3
输出: ['Ruby', 'Swift', 'Ruby', 'Swift', 'Ruby', 'Swift']
>>> plist_1*=2
>>> plist_1
输出: ['Python', 'C', 'Java', 'C#', 'Python', 'C', 'Java', 'C#']
```

实际上，在做加法复合赋值运算时，除列表外，还可以将元组、字符串、range 对象等其他序列类型与原列表相加，实现扩展原列表，但加法运算只能将两个列表对象相加。

【例 9-7】列表与其他序列对象之间的运算。

```
>>> plist_1=['Python','C','Java','C#']
>>> tup=('C++','Ruby','Swift')
>>> plist_1+=tup
>>> plist_1
输出: ['Python', 'C', 'Java', 'C#', 'C++', 'Ruby', 'Swift']
>>> plist_1+=range(5)
>>> plist_1
输出: ['Python', 'C', 'Java', 'C#', 'C++', 'Ruby', 'Swift', 0, 1, 2, 3, 4]
>>> plist_1+="ABC"
>>> plist_1
输出: ['Python', 'C', 'Java', 'C#', 'C++', 'Ruby', 'Swift', 0, 1, 2, 3, 4,
'A', 'B', 'C']
>>> plist=plist_1+tup
Traceback (most recent call last):
  File "<pyshell#30>", line 1, in <module>
    plist=plist_1+tup
TypeError: can only concatenate list (not "tuple") to list
```

例 9-7 中，tup 是一个元组对象，是由一对小括号括起来的一组元素，元组将在 9.3 节中介绍。字符串对象被视为字符的序列，所以字符串语句 plist_1+="ABC" 执行后，plist_1 中增加了 'A'、'B' 和 'C' 三个字符。而用一个列表和一个非列表序列对象相加，则会引发异常。

此外，成员运算符 in 也常用于列表，用于判断列表中是否存在某个给定值，例如：

```
>>> 'Python' in plist
输出: True
>>> 'Swift' in plist
输出: False
>>> 'Swift' not in plist
输出: True
```

6. 列表切片

切片是列表使用过程中常用的一类操作，用来选取列表中指定区间内的元素生成新列表。设 s 为一列表对象，切片操作的基本形式为：s[start：stop：step]，start、stop 和 step 是三个整数，表示对列表 s 中索引在 [start，stop) 区间内的元素以 step 为步长的切片，注意 stop 是不包括在内的。

start、stop 和 step 均可以省略，step 省略时默认步长为 1，但 step 值不可以为 0。当 step 值省略或为正数时，start 省略则默认从 0 开始；stop 省略时则表示切片至列表中最后一个元素，此时切片结果可能包括最后一个元素；如果 start、stop 和 step 同时省略则切片结果和原列表一样。

【例 9-8】列表切片操作。

```
>>> lst=[0,1,2,3,4,5,6,7,8]
>>> lst[1: 6]
输出：[1, 2, 3, 4, 5]
>>> lst[1: 6: 2]
输出：[1, 3, 5]
>>> lst[: 6]
输出：[0, 1, 2, 3, 4, 5]
>>> lst[: 6: 2]
输出：[0, 2, 4]
>>> lst[: : 2]
输出：[0, 2, 4, 6, 8]
>>> lst[: ]
输出：[0, 1, 2, 3, 4, 5, 6, 7, 8]
```

切片操作也可以使用负索引，即 start 和 stop 可以是负值，例如：

```
>>> lst=[0,1,2,3,4,5,6,7,8]
>>> lst[-5: -1]
输出：[4, 5, 6, 7]
>>> lst[: -2]
输出：[0, 1, 2, 3, 4, 5, 6]
>>> lst[-3: ]
输出：[6, 7, 8]
```

步长 step 也可以是负值，表示切片的方向从后向前，此时，start 如果省略则默认为 -1，stop 省略表示切片至列表中第一个元素，切片结果可能包括第一个元素。如果 start 和 stop 均不省略，则 start 的值应该不小于 stop 的值，否则切片结果是空列表。此外，反向切片得到的结果列表中元素的顺序也是反向的，例如：

```
>>> lst=[0,1,2,3,4,5,6,7,8]
>>> lst[: : -1]
输出：[8, 7, 6, 5, 4, 3, 2, 1, 0]
>>> lst[-1: -9: -1]
输出：[8, 7, 6, 5, 4, 3, 2, 1]
>>> lst[-1: : -1]
输出：[8, 7, 6, 5, 4, 3, 2, 1, 0]
>>> lst[: -9: -1]
输出：[8, 7, 6, 5, 4, 3, 2, 1]
>>> lst[0: 9: -1]
输出：[]
```

此外，还可以利用切片修改元素以及删除元素。

【例 9-9】利用切片修改、删除列表元素。

```
>>> lst=[0,1,2,3,4,5,6,7,8]
>>> lst[3: 5]=['A','B']
```

```
>>> lst
输出: [0, 1, 2, 'A', 'B', 5, 6, 7, 8]
>>> lst[-7: : -1]= ['C','D','E']
>>> lst
输出: ['E', 'D', 'C', 'A', 'B', 5, 6, 7, 8]
>>> del lst[5: ]
>>> lst
输出: ['E', 'D', 'C', 'A', 'B']
```

通过以上这些例子可以看出，列表切片操作非常灵活，需要对其规则仔细归纳才能正确灵活运用。

7. 列表方法

列表方法可以看作应用于这一特定类型对象的预定义内置函数，但必须以"列表名 . 方法名（参数表）"的格式调用。

（1）s.index（x[,i[,j]]）方法。

index 方法用于在列表 s 中查找与 x 值相同的第一个元素的索引，查找区间为 [i,j)，i 省略则从索引为 0 的位置开始查找，j 省略则查找至最后一个元素。如果找不到匹配项，index() 方法会引发异常。

【例 9-10】index() 方法。

```
>>> plist=['Python','C','Java','C#','C++','Visual Basic','Perl','Go']
>>> plist.index ('Go')
输出: 7
plist.index ('Go',0,7)
Traceback (most recent call last):
  File "<pyshell#161>", line 1, in <module>
    plist.index ('Go',0,7)
ValueError: 'Go' is not in list
```

（2）s.count（x）方法。

count() 方法用于统计值 x 在列表 s 中出现的次数。

【例 9-11】count() 方法。

```
>>> plist=['Python','C','Go','C#','C++','Go','Perl','Go']
>>> plist.count ('Go')
输出: 3
>>> plist.count ('Swift')
输出: 0
```

（3）s.append（x）方法。

append() 方法将一个元素 x 追加到列表 s 的表尾，x 的类型任意。

【例 9-12】append() 方法。

```
>>> plist=['Python','C','Java','C#']
```

```
>>> pa=['C++','Visual Basic','Perl','Go']
>>> for x in pa: plist.append(x)
>>> plist
输出: ['Python', 'C', 'Java', 'C#', 'C++', 'Visual Basic', 'Perl', 'Go']
```

（4）s.extend（t）方法。

extend() 方法将序列 t 附加到列表 s 的表尾，其功能实际上与加法复合赋值（+=）相同。

【例 9-13】extend() 方法。

```
>>> plist=['Python','C','Java','C#']
>>> tup=('C++','Ruby','Swift')
>>> plist.extend(tup)
>>> plist
输出: ['Python', 'C', 'Java', 'C#', 'C++', 'Ruby', 'Swift']
>>> plist.extend(range(5))
>>> plist
输出: ['Python', 'C', 'Java', 'C#', 'C++', 'Ruby', 'Swift', 0, 1, 2, 3, 4]
>>> plist.extend("ABC")
>>> plist
输出: ['Python', 'C', 'Java', 'C#', 'C++', 'Ruby', 'Swift', 0, 1, 2, 3, 4,
'A', 'B', 'C']
```

（5）s.insert（i,x）方法。

insert() 方法将元素 x 插入列表 s 中索引为 i 的位置之前，如果 i 为正索引，则新插入元素的索引为 i；如果 i 为负索引，则新插入元素的索引为 i-1。如果 i 值大于 len（s）-1，则插入到表尾的位置；如果 i 值小于 -len（s），则插入到表头位置。

【例 9-14】insert() 方法。

```
>>> plist=['Python','C','Java','C#']
>>> plist.insert(0,'C++')
>>> plist
输出: ['C++', 'Python', 'C', 'Java', 'C#']
>>> plist.insert(5,'Go')
>>> plist
输出: ['C++', 'Python', 'C', 'Java', 'C#', 'Go']
>>> plist.insert(10,'Ruby')
>>> plist
输出: ['C++', 'Python', 'C', 'Java', 'C#', 'Go', 'Ruby']
>>> plist.insert(-4,'Swift')
>>> plist
输出: ['C++', 'Python', 'C', 'Swift', 'Java', 'C#', 'Go', 'Ruby']
>>> plist.insert(-10,'SQL')
>>> plist
输出: ['SQL', 'C++', 'Python', 'C', 'Swift', 'Java', 'C#', 'Go', 'Ruby']
```

（6）s.remove（x）方法。

remove() 方法用于删除列表 s 中第一个和给定值 x 相同的元素。如果没有找到相同的项，则会引发异常。

【例 9-15】remove() 方法。

```
>>> plist=['Python', 'C', 'Java', 'Python','C#']
>>> plist.remove（'Python'）
>>> plist
输出: ['C', 'Java', 'Python', 'C#']
>>> plist.remove（'Ruby'）
Traceback（most recent call last）:
  File "<pyshell#59>", line 1, in <module>
    plist.remove（'Ruby'）
```

（7）s.pop（[i]）方法。

pop() 方法用于删除列表 s 中索引为 i 的元素并返回该元素的值。当 i 不在合法的索引范围内或空列表使用此方法均会引发异常。i 省略时默认删除列表中最后一个元素。

【例 9-16】pop() 方法。

```
>>> plist=['C++', 'Python', 'C', 'Swift', 'Java', 'C#', 'Go', 'Ruby']
>>> s=plist.pop（2）
>>> t=plist.pop（-2）
>>> m=plist.pop()
>>> print（s,t,m）
输出: C Go Ruby
>>> plist.pop（10）
Traceback（most recent call last）:
  File "<pyshell#68>", line 1, in <module>
    plist.pop（10）
IndexError: pop index out of range
```

（8）s.clear() 方法。

clear() 方法删除列表中的所有元素，列表对象成为空列表，但依然存在。注意与用 del 命令删除列表对象的区别。

【例 9-17】clear() 方法。

```
>>> plist=['C++', 'Python', 'C', 'Swift', 'Java', 'C#', 'Go', 'Ruby']
>>> plist.clear()
>>> plist
```

（9）s.reverse() 方法。

reverse() 方法将列表反转，即将表中所有元素的位置反向存放。

【例 9-18】reverse() 方法。

```
>>> plist=['C++', 'Python', 'C', 'Swift', 'Java', 'C#', 'Go', 'Ruby']
```

```
>>> plist.reverse()
>>> plist
输出: ['Ruby', 'Go', 'C#', 'Java', 'Swift', 'C', 'Python', 'C++']
```

（10）s.sort（key=None, reverse=False）方法。

sort() 方法用于对列表元素排序，参数 reverse 指定排序方式，默认值 False 表示按升序排序，若为其指定 True 值，则表示按降序排序。

【例 9-19】sort() 方法。

```
>>> plist_1=['C++', 'Python', 'C', 'Swift', 'Java', 'C#', 'Go', 'Ruby']
>>> plist.sort()
>>> plist
输出: ['C', 'C#', 'C++', 'Go', 'Java', 'Python', 'Ruby', 'Swift']
>>> import random
>>> ilist=[]
>>> for i in range(10): ilist.append(random.randint(1,1000))
>>>ilist
输出: [627, 604, 548, 667, 156, 565, 858, 480, 238, 709]
>>> ilist.sort(reverse=True)
>>> ilist
输出: [858, 709, 667, 627, 604, 565, 548, 480, 238, 156]
```

例 9-19 中 plist_1 中的元素为字符串，对 plist_1 按升序排序即按照字母排列顺序进行排序。ilist 中包含 10 个 1 ～ 1000 的随机整数，指定 reverse 参数为 True，对 ilist 进行降序排序。

sort() 方法还有另外一个可选的参数 key，可以用这个参数指定一个函数，这个函数的操作对象就是排序中要比较的列表元素，函数的返回结果则被 sort() 方法用来作为排序的依据，要求这个函数返回结果应该是可比较的类型。

【例 9-20】sort() 方法中 key 参数的使用。

```
>>> plist=['C++', 'Python', 'C', 'Swift', 'Java', 'C#', 'Go', 'Ruby']
>>> plist.sort(key=len)
>>> plist
输出: ['C', 'C#', 'Go', 'C++', 'Java', 'Ruby', 'Swift', 'Python']
```

之前没有指定 key 参数，对字符串排序就是按照字母顺序，例 9-20 中 key 参数为 len，len 是一个 Python 内置函数，用于求序列长度。此时，排序的过程是先用 len() 函数依次求出列表 plist_1 中所有元素的长度，然后以各个元素的长度作为比较依据进行排序，如例 9-20 中结果所示，结果列表中是按照字符串长度递增的顺序排列的。为 key 参数指定的函数可以是内置函数，也可以是用户自定义函数（第 10 章介绍用户自定义函数），但都应该可应用于当前列表中的元素，且返回结果是可比较的，例如，len 函数的返回值长度是个整数，是可比较的类型。

sort() 函数中的两个参数比较特殊，如果不省略，就必须写成包含"key="及"reverse="字样的形式，这种形式的参数在 Python 中称为"仅关键字参数"，Python 中许多内置函数都有类似的关键字参数，在使用时需要加以注意。

8. 列表常用函数

Python 内置函数中有一些常用于包括列表在内的序列类型，包括 len()、max()、min()、sum()、reversed()、sorted() 等。7.5.1 节对这些函数的语法格式及功能做过简单介绍，不再重复。下面通过实例说明这些函数的具体使用和一些需要注意的细节。

【例 9-21】应用于列表的常见内置函数。

```
>>> import random
>>> ilist=[]
>>> for i in range(10):
        ilist.append(random.randint(1,1000))
>>> ilist
输出: [254, 482, 140, 366, 19, 832, 107, 587, 351, 892]
>>> max(ilist)
输出: 892
>>> sum(ilist)
输出: 4030
>>> len(ilist)
输出: 10
>>> lr=list(reversed(ilist))
>>> lr
输出: [892, 351, 587, 107, 832, 19, 366, 140, 482, 254]
>>> lt=sorted(ilist)
>>> lt
输出: [19, 107, 140, 254, 351, 366, 482, 587, 832, 892]
>>> plist=['C++', 'Python', 'C', 'Swift', 'Java', 'C#', 'Go', 'Ruby']
>>> max(plist)
输出: 'Swift'
>>> plr=list(reversed(plist))
>>> plr
输出: ['Ruby', 'Go', 'C#', 'Java', 'Swift', 'C', 'Python', 'C++']
>>> plt=sorted(plist)
>>> plt
输出: ['C', 'C#', 'C++', 'Go', 'Java', 'Python', 'Ruby', 'Swift']
>>> plt=sorted(plist,key=len,reverse=True)
>>> plt
输出: ['Python', 'Swift', 'Java', 'Ruby', 'C++', 'C#', 'Go', 'C']
>>> plist
输出: ['C++', 'Python', 'C', 'Swift', 'Java', 'C#', 'Go', 'Ruby']
```

通过例 9-21 可以总结出在列表上使用这些内置函数时的一些注意事项，如下。

（1）要注意这些函数和前文所述列表方法在调用形式上的区别，方法是通过列表对象调用，形式为"列表名.方法名（[参数表]）"，而例 9-21 中的内置函数则是通过函数名调用，并以列表作为函数的参数。

（2）max()、min() 函数除了可用于求序列类型对象中的最大、最小值外，也可以用于其他可比较的基本数据类型，如若干个数值、若干字符串以及一个字符串中各个字符的比较等。例如：

```
>>> max（34,6,2）
输出：34
>>>max（'someone','someday','somewhere'）
输出：'somewhere'
>>> min（"Python"）
输出：'P'
```

（3）sum() 函数不支持对多个基本数据类型对象求和，其参数必须是可迭代对象，例如：

```
>>> sum（34,6,2）
Traceback（most recent call last）:
  File "<pyshell#133>", line 1, in <module>
    sum（34,6,2）
TypeError: sum() takes at most 2 arguments（3 given）
```

（4）reversed() 函数的返回值并不是一个列表，而是根据参数生成一个反向迭代器，可以结合 list() 类型转换函数将其转为列表，如例 9-21 中语句"plr=list（reversed（plist））"所示。

（5）sorted() 函数返回的是一个对原列表按照指定规则排序后生成的新列表对象，sorted() 函数同样可以指定关键字参数 key 和 reverse，如例 9-21 中语句"plt=sorted（plist,key=len,reverse=True）"，其功能是返回将 plist 中元素按照字符串长度逆序排列后的结果列表，并赋值给 plt。

（6）reversed() 函数和 sorted() 函数对原列表不会做修改，从例 9-21 中最后两行中可以看出这一点；之前学习的列表方法 sort() 和 reverse() 都是对原列表自身的操作，对原列表做了修改，并不生成新对象，这也是函数和方法的一个显著区别。

9. 列表推导式

列表推导式是一项非常有用的编程技术，可以对序列中的元素进行遍历、筛选或计算，并生成新的结果列表。使用推导式可以简单、高效地处理可迭代对象。列表推导式的语法形式如下。

```
[表达式 for 迭代变量 1 in 序列 1 … for 迭代变量 n in 序列 n]
```

推导式根据表达式对迭代过程中取得的每个值进行计算生成一个新列表，推导式从逻辑上等价于循环语句，循环的重数取决于推导式中"for 迭代变量 in 序列"部分的个数。

【例 9-22】生成一个列表，其中包含 10 个 1 ～ 100 的随机整数，再构造一个新的列表，其中元素为第一个列表中元素的平方。

```
#Example 9-22
import random
lst=[random.randint(1,100) for i in range(10)]
print(lst)
lstr=[x**2 for x in lst]
print(lstr)
```

输出结果如下。

```
[2, 5, 33, 82, 27, 99, 20, 39, 53, 49]
[4, 25, 1089, 6724, 729, 9801, 400, 1521, 2809, 2401]
```

例 9-22 中，第一个列表推导式中，表达式是调用随机数函数 randint()，序列是 range 对象，生成包含 10 个随机整数的列表赋值给 lst；第二个推导式中，表达式是计算 x**2，序列是第一个列表 lst，生成包含 lst 中所有元素平方值的新列表赋值给 lstr。可以看出，推导式实际上实现了类似循环语句的功能，但形式上更为简洁。

推导式中还可以有条件语句，可以对所有迭代值进行筛选，语句格式为（以一层推导式为例）：

```
[表达式 for 迭代变量 in 序列 if 条件]
```

表示把序列中所有满足 if 条件的元素进行表达式计算并生成新的结果列表。

【例 9-23】生成一个列表，其中包含 10 个 1 ～ 100 的随机整数，再构造一个新的列表，其中元素为第一个列表中的偶数。

```
#Example 9-23
import random
lst=[random.randint(1,100) for i in range(10)]
print(lst)
lstr=[x for x in lst if x%2==0]
print(lstr)
```

输出结果如下。

```
[14, 80, 37, 60, 97, 24, 38, 10, 55, 39]
[14, 80, 60, 24, 38, 10]
```

推导式中也可以使用 if…else…语句，格式如下。

```
[表达式1  if 条件 else 表达式2  for 迭代变量 in 序列]
```

表示把序列中所有满足 if 条件的元素按表达式 1 计算，不满足 if 条件的元素按表达式 2 进行计算，并生成新的结果列表，注意 if…else…部分和 for 部分的顺序与只有 if 条件时的写法有所不同。例如，将例 9-23 中的要求改为原列表中元素按照偶数不变，奇数加 1 的规则构成新列表，则推导式如下。

```
lstr=[x if x%2==0 else x+1 for x in lst]
```

## 9.3 元组

元组（Tuple）也是由若干元素组成的序列，元素个数可以为零个或多个。元组中的每个元素的数据类型可以互不相同，原因和列表一样，是因为变量的引用语义。从形式上，元组由一对小括号括起若干元素，每个元素之间用逗号分隔。元组同样也是一种序列数据类型，其操作和列表有很多相似之处，但二者有一个非常重要的区别：列表是可变对象，而元组是不可变对象，因此元组在创建之后不能修改、增加或删除元素。

1. 创建元组对象

创建元组对象的方法是用一对小括号将一组元素括起来，这些元素之间用逗号分隔。元组中的元素可以是任意类型的数据对象，也可以是表达式；可以使用类型转换函数 tuple() 创建元组对象。

【例 9-24】创建元组对象。

```
>>> tp=(15,True,'hello',3.14)
>>> tp
输出：(15, True, 'hello', 3.14)
>>> tp1=(2**3+17%3,id(tp))
>>> tp1
输出：(10, 1368774635168)
>>> tp2=(4,)
>>> tp2
输出：(4,)
>>> tp3=(  )
>>> tp3
输出：(  )
>>> tp4=tuple("ABC")
>>> tp4
输出：('A', 'B', 'C')
>>> plist=['C++', 'Python', 'C', 'Swift', 'Java', 'C#', 'Go', 'Ruby']
>>> tp5=tuple(plist)
>>> tp5
输出：('C++', 'Python', 'C', 'Swift', 'Java', 'C#', 'Go', 'Ruby')
```

例 9-24 中元组对象 tp2 包含一个元素 4，创建这个元组时，元素 4 之后应该有一个逗号，否则解释器会把（4）解释为一个普通的整数 4，而不是一个元组。

2. 元组访问和遍历

类似于列表，元组可以整体访问，也可以通过索引和切片访问元素，同样可以通过

"for x in 元组"的形式遍历元组对象中的元素。

【例 9-25】元组可以进行索引访问和切片操作，但不能通过索引或切片的方式修改元组中的元素。

```
>>> tp=tuple(range(10))
>>> tp
输出: (0, 1, 2, 3, 4, 5, 6, 7, 8, 9)
>>> tp[2: 7]
输出: (2, 3, 4, 5, 6)
>>>tp[: : -3]
输出: (9, 6, 3, 0)
>>> tp[0]='A'
Traceback (most recent call last):
  File "<pyshell#9>", line 1, in <module>
    tp[0]='A'
TypeError: 'tuple' object does not support item assignment
```

3. 元组运算

元组和列表类似，也可以进行加法、乘法等运算。

【例 9-26】元组运算。

```
>>> tp1=(1,2,3)
>>> tp2=(4,5,6)
>>> tp3=tp1+tp2
>>> tp3
输出: (1, 2, 3, 4, 5, 6)
>>> tp4=tp3*2
>>> tp4
输出: (1, 2, 3, 4, 5, 6, 1, 2, 3, 4, 5, 6)
>>> tp1+=tp2
>>> tp1
输出: (1, 2, 3, 4, 5, 6)
>>> tp2*=3
>>> tp2
输出: (4, 5, 6, 4, 5, 6, 4, 5, 6)
```

从例 9-26 中可以看到一个有意思的现象，虽然不能对元组元素进行修改，而且元组类型也没有像列表那样提供类似 append() 或 extend() 这样的内置方法，但元组却可以通过加法复合赋值和乘法复合赋值实现元组的扩展。

4. 常用方法和函数

元组对象可以使用的方法只有 index() 和 count()。前面讨论过的内置函数 len()、sum()、max()、min()、sorted() 和 reversed() 均不会修改元组元素，因此都可以应用于元组。这些方法和函数的作用和使用方法与列表相似，此处不再重复。

5. 元组和列表的相互转换

元组中的元素不能修改，如果需要改变元组中的数据，可以通过 list() 函数将元组转换为列表，在列表中完成数据更新，再用 tuple() 函数将列表转换回元组即可。

## 9.4　字符串

字符串（str）由若干字符按一定顺序组成，即字符构成的序列，同样也是一类可迭代对象。第 7 章中已经简单介绍过字符串的一些基础知识，包括字符串的构造和表示、转义字符、字符串运算（加法运算、乘法运算、成员运算）以及字符串类型转换函数等。

1. 字符串访问

字符串通常作为一个整体使用，也可以访问其中的部分字符，方法类似于列表或元组，可以使用索引及切片操作进行，需要注意的是，str 也是一种不可变对象，不能通过索引或切片修改其中的字符。

【例 9-27】通过索引及切片访问字符串。

```
>>>s='Hello Python!'
>>> s[0: 5]
输出: 'Hello'
>>> s[-7: -1]
输出: 'Python'
>>> s[-1: -8: -1]
输出: '!nohtyP'
>>>s[0]='a'
Traceback (most recent call last):
  File "<pyshell#13>", line 1, in <module>
    s[0]='a'
TypeError: 'str' object does not support item assignment
```

2. 字符串常用内置函数

Python 内置函数 len()、max()、min()、sorted() 和 reversed() 等均可以应用于字符串。max() 和 min() 分别返回字符串中 Unicode 编码最大及最小的字符；sorted() 函数返回字符串中所有单个字符按照指定规则排序后生成的列表；reversed() 函数应用于字符串对象时，其返回值是一个方向迭代器对象，可以通过类型转换函数将其转换成为列表或元组等。

【例 9-28】内置函数应用于字符串对象。

```
>>> s='HelloPython'
>>> max(s)
输出: 'y'
>>> min(s)
输出: 'H'
>>> l=sorted(s)
>>> l
```

```
输出: ['H', 'P', 'e', 'h', 'l', 'l', 'n', 'o', 'o', 't', 'y']
>>> lr=list(reversed(s))
>>> lr
输出: ['n', 'o', 'h', 't', 'y', 'P', 'o', 'l', 'l', 'e', 'H']
```

3. 字符串常用内置方法

字符串类型提供丰富的内置方法，由于 str 是不可变对象，所以这些方法并不会改变原字符串对象的内容，均返回操作结果的新字符串对象，注意：方法的调用格式是"字符串对象 . 方法名"。部分常用字符串方法如表 9.1 所示。

表 9.1　Python 部分常用字符串方法

| 方　　法 | 功 能 描 述 |
| --- | --- |
| s.center（width[, fillchar]） | 返回长度为 width 的字符串，原字符串居中并使用指定的 fillchar 填充两边的空位 |
| s.rjust（width[, fillchar]） | 返回长度为 width 的字符串，原字符串靠右对齐并使用指定的 fillchar 填充空位 |
| s.ljust（width[, fillchar]） | 返回长度为 width 的字符串，原字符串靠左对齐并使用指定的 fillchar 填充空位 |
| s.lower() | 将大写字符转换为小写字符 |
| s.upper() | 将小写字符转换为大写字符 |
| s.capitalize() | 将字符串首字符转换为大写形式，其他字符转换为小写形式 |
| s.title() | 将每个单词的首字符转换为大写形式，其他部分的字符转换为小写形式 |
| s.swapcase() | 将字符大小写互换 |
| s.islower() | 判断字符串是否为小写 |
| s.isupper() | 判断字符串是否为大写 |
| s.isdigit() | 判断字符串是否为数字字符 |
| s.find（sub[,start[,end]]） | 在字符串中 [start,end) 区间内查找并返回子串 sub 首次出现位置的索引，找不到返回 -1，默认范围是整个字符串 |
| s.index（sub[,start[,end]]） | 功能与 find 类似，区别是找不到时引发异常 |
| s.count（sub[,start[,end]]） | 返回字符串中 [start,end) 区间中子串 sub 出现的次数，默认范围是整个字符串 |
| s.split（sep=None） | 以指定字符 sep 为分隔符，从左向右将字符串分割，分割后的结果以列表形式返回，sep 默认为空格 |
| s.join（iterable） | 连接序列中的元素，两个元素之间可插入指定字符，返回一个字符串，通常通过要插入的指定字符调用此方法 |
| s.replace（old,new） | 查找字符串中的子串 old 并用 new 替换 |
| s.strip（chars=None） | 移除字符串两侧的空白字符或指定字符，返回新字符串 |

## 【例 9-29】字符串方法示例。

```
>>> s="hello Python"
>>> s.center(20,'*')
输出: '****hello Python****'
>>> s.rjust(20,'*')
输出: '********hello Python'
>>> s.ljust(20)
输出: 'hello Python        '
>>> s.lower()
输出: 'hello python'
>>> s.upper()
输出: 'HELLO PYTHON'
>>> s.capitalize()
输出: 'Hello python'
>>> s.title()
输出: 'Hello Python'
>>> s.title().swapcase()
输出: 'hELLO pYTHON'  # 调用方法 s.title() 的结果是字符串对象, 用此对象再调用方法 swapcase()
>>>'python'.islower()
输出: True
'PYTHON'.isupper()
输出: True
>>>'2020'.isdigit()
输出: True
>>>s.find('thon')
输出: 8
>>>s.find('cc')
输出: -1
>>>s.index('cc')
输出: ValueError: substring not found
>>>s.count('o')
输出: 2
>>>s.split()       # 用空格作为分隔符, 对字符串进行拆分
输出: ['Hello', 'Python']
>>>s.split('o')                # 用字符 'o' 作为分隔符, 对字符串进行拆分
输出: ['hell', ' Pyth', 'n']
>>>lst=['Life','is','short']
>>>''.join(lst)          # 将列表 lst 中的元素连接成一个字符串, 元素之间插入空格
输出: 'Life is short'
>>>'^-^'.join(lst)
输出: 'Life ^-^ is ^-^ short'    # 功能同上, 元素之间插入字符串 '^-^'
>>>s.replace('o','**')
输出: 'Hell** Pyth**n'
>>>'   Python   '.strip()
```

```
输出: 'Python'
>>>'PPPytho'.strip('P')
输出: 'ytho'
```

【例 9-30】给定一个字符串，统计其中元音字母分别出现的次数，不区分大小写，再将字符串中所有的空格删除。

```
#Example 9-30
s='Python is an interpreted, interactive, object oriented programming language.\
It incorporates modules, exceptions, dynamic typing, very high level dynamic \
data types, and classes. Python combines remarkable power with very clear syntax.'
ch='aeiou'
for x in ch:
    n=s.lower().count(x)
    print('%c出现%d次'%(x,n))
print(s.replace(' ',''))
```

输出结果如下。

```
a出现16次
e出现24次
i出现15次
o出现11次
u出现2次
Pythonisaninterpreted,interactive,objectOrientedprogramminglanguage.Itinco
rporatesmodules,exceptions,dynamictyping,veryhighleveldynamicdatatypes,andclas
ses.Pythoncombinesremarkablepowerwithveryclearsyntax.
```

例 9-30 中比较长的字符串在书写时可以换行，换行的行尾加上一个反斜杠"\"即可。

4. 字符串格式化

通常很多程序都会产生输出，之前的程序都是直接使用 print() 函数完成屏幕输出，输出的对象均以其自然形式进行。这种自然形式可能无法满足应用程序对数据输出形式更复杂灵活的要求，此时，可以通过字符串格式化来实现这一点，字符串格式化除常用于输出外，也可以用于按照特定需要构造一定格式的字符串。

前面介绍过传统的 % 格式化字符串的方法，本节主要介绍 Python 中提供的其他用于字符串格式化的方法，包括内置函数 format()、str.format() 方法和 f- 字符串。

1）内置函数 format()

format() 函数的语法格式为

```
format(value[, format_spec])
```

其作用是将待输出的 value 转换为由格式说明符 format_spec 所规定的格式。格式说明符 format_spec 的基本形式如下。

```
[[fill]align][sign][#][0][width][grouping_option][.precision][type]
```

以上说明中各部分的含义如下。

● fill：指定填充字符，可以是除 "{}" 之外的其他字符，默认为空格。

● align：指定对齐方式，共有四种方式。'<' 强制字段在可用空间内左对齐；'>' 强制字段在可用空间内右对齐，这是数字的默认值；'=' 强制将填充放置在符号（如果有）之后、数字之前；'^' 强制字段在可用空间内居中。如果没有定义最小字段宽度，那么字段宽度将始终与填充它的数据大小相同，这种情况下对齐选项没有意义。

● sign：指定符号，仅对数字类型有效，'+' 表示标志应该用于正数和负数。'-' 表示标志应仅用于负数，此为默认行为；' '（空格）表示应在正数上使用前导空格，在负数上使用负号。

● #：此选项仅对整数、浮点、复数和 Decimal 类型有效，对于整数类型，当使用二进制、八进制或十六进制输出时，此选项会为输出值添加相应的 '0b','0o' 或 '0x' 前缀；对于浮点数、复数和 Decimal 类型，转换结果总是包含小数点符号。

● 0：指定空位用 '0' 填充。

● width：指定最小宽度。

● grouping_option：指定分组使用的符号，有两种选项 ',' 和 '_'，其中，',' 选项表示使用逗号作为千位分隔符；'_' 选项表示对浮点表示类型和整数表示类型 'd' 使用下画线作为千位分隔符，对于整数表示类型 'b','o','x' 和 'X'，将为每 4 个数位插入一个下画线。

● .precision：是一个十进制数字，表示对于以 'f' 或 'F' 格式化的浮点数值要在小数点后显示多少个数位，或者对于以 'g' 或 'G' 格式化的浮点数值要在小数点前后共显示多少个数位。对于非数字类型，该字段表示最大字段大小，即要使用多少个来自字段内容的字符。整数值则不允许使用 precision。

● type：格式化类型字符，用来指定数据应如何呈现，具体格式化类型字符如表 9.2 所示。

表 9.2　格式化类型字符

| 适用数据类型 | 格式化类型字符 | 意　义 |
| --- | --- | --- |
| 字符串类型 | 's' | 字符串格式，这是字符串的默认类型，可以省略 |
| 整数类型 | 'b' | 二进制格式，输出以 2 为基数的数字 |
| | 'c' | 字符，在打印之前将整数转换为相应的 Unicode 字符 |
| | 'd' | 十进制整数，输出以 10 为基数的数字 |
| | 'o' | 八进制格式，输出以 8 为基数的数字 |
| | 'x' | 十六进制格式，输出以 16 为基数的数字，使用小写字母表示 9 以上的数码 |

| 适用数据类型 | 格式化类型字符 | 意　义 |
|---|---|---|
| 整数类型 | 'X' | 十六进制格式，输出以 16 为基数的数字，使用大写字母表示 9 以上的数码 |
| | 'n' | 数字，与 'd' 相似，区别在于会使用当前区域设置来插入适当的数字分隔字符 |
| 浮点数类型 | 'e' | 指数表示，即科学记数法，使用字母 'e' 标示指数，默认的精度为 6 |
| | 'E' | 指数表示，与 'e' 相似，不同之处在于使用大写字母 'E' 标示指数 |
| | 'f' | 定点表示。将数字显示为一个定点数。默认的精确度为 6 |
| | 'F' | 定点表示。与 'f' 相似，但会将 nan 转为 NAN 并将 inf 转为 INF |
| | '%' | 百分比，将数字乘以 100 并显示为定点（'f'）格式，后面带一个百分号 |

例如：

```
>>> a=1234.5678
>>> format(a,'*^25,.7f')
输出: '*******1,234.5678000*******'
>>> format(a,'*=25E')
输出: '*************1.234568E+03'
>>> format(a,'025')
输出: '0000000000000000000123.456'
```

2）字符串 format() 方法

这种方法是更为常见的格式化方式，用字符串作为一种模板，值作为参数提供并插入到模板中，从而形成一个新字符串。其格式为：

```
模板字符串.format(值)
```

模板字符串中含有一系列槽，用来控制字符串中插入值出现的位置，槽用大括号表示，大括号中的内容控制插入到槽中的值、值的格式以及顺序。如果不做任何指定，则按值给出的顺序依次插入到模板字符串的槽中。例如：

```
>>> s='Python'
>>> r=0.1011
>>> "使用{}语言的开发者比例是{:.2%}".format(s,r)
输出: '使用 Python 语言的开发者比例是 10.11%'
```

可以看到，值 s 和 r 按照书写的先后顺序依次插入到模板字符串中对应的槽中。也可以通过在槽中标注序号来指定值插入的位置，序号从 0 开始，例如：

```
>>> s='Python'
>>> r=0.1011
```

```
>>> "使用 {1} 语言的开发者比例是 {0：.2%}".format（r,s）
输出：'使用 Python 语言的开发者比例是 10.11%'
```

可以看到，变量 r 的值插入到槽 {0} 的位置，变量 s 的值插入到槽 {1} 的位置，槽中除了可以指定值参数的序号外，还可以通过格式说明符指定值的输出形式，书写格式为：{序号：格式说明符}，如上例中的 {0：.2%}。格式说明符和内置函数 format() 中使用的一样。此时即使不需要指定序号，冒号也不能省略，例如：

```
>>> a=1234.5678
>>> "{0：*^25,.7f}".format（a）
输出：'******1,234.5678000******'
>>> "{：*=25E}".format（a）
输出：'*************1.234568E+03'
```

format() 方法在进行字符串格式化的过程中可以提供更多的灵活性，即使在不需要复杂的格式控制的时候，使用这种方法也能使代码的书写更为简洁清晰，如例 8-29 打印九九乘法表的程序，就可以用 format() 方法简化输出语句。

【例 9-31】使用字符串格式化方法 format() 打印九九乘法表。

```
#Example 9-31
for i in range（1, 10）:
    for j in range（1, i+1）:
        print（'{}x{}={}\t'.format（j, i, i*j）, end=''）
    print（）
```

3）f- 字符串

f- 字符串是从 Python 3.6 版本开始引入的一种格式化字符串的新方法，f-string 可以视为在 str.format() 方法基础之上的改进，在形式上和使用上更加简洁直观。

f- 字符串的基本格式是一个带有前缀字母 f 或 F 的字符串，其中的大括号类似于 str.format() 方法中的槽，{} 里面的标识符表示占位符，在进行格式化的时候，会使用之前定义过的同名变量的值对 {} 中的占位符进行替换。例如：

```
>>> name='Python'
>>> age=35
>>> s=f'My name is {name}, I am {age} years old.'
>>> print（s）
输出：My name is Python, I am 35 years old.
```

注意，格式化字符串 s 中 {} 内的标识符 name 和 age 在之前均有同名变量定义，如果没有，则会抛出异常。

f- 字符串中的 {} 内可以放置表达式或者函数，在运行时 Python 会将表达式或函数的值填充到字符串中。例如：

```
>>> a=4
>>> s=f'{a} squared is {a**2}'
```

```
>>> print(s)
输出: 4 squared is 16
>>> import math
>>> s=f'5!={math.factorial(5)}'
>>> print(s)
输出: 5!=120
```

限于篇幅，有关 f- 字符串的其他细节，如数字宽度、数字精度、对齐及空位填充等内容不再赘述。最后再使用 f- 字符串实现打印九九乘法表的例子，读者可以比较几种实现方式的异同。

【例 9-32】使用 f- 字符串打印九九乘法表。

```
for i in range(1, 10):
    for j in range(1, i+1):
        print(f'{j}x{i}={j*i: <4}', end='')
    print()
```

简单解释以上代码中的 {j*i: <4}，要格式化的对象是 j*i 的值，'<' 号表示左侧对齐，'4' 表示宽度。

## 9.5  字典

字典（Dict）是 Python 内置的一种映射（Mapping）类型，字典中的元素无序，每个元素由一对键（Key）和值（Value）构成，键和值之间存在映射关系，每个键对应一个值，可以通过键来访问与之相应的值。

Python 字典中的值可以存储各种类型的对象，但字典中的键必须是不可变对象，而且需要支持相等判断运算 "=="，如数值类型、字符串等都可以作为字典的键。

1. 创建字典对象

创建字典对象可以用一对大括号将若干个 "键：值" 对括起，键和值之间用冒号分隔，每组 "键：值" 对之间用逗号隔开。例如：

```
pl={'Java': 17.18,'c': 16.33,'Python': 10.11,'cpp': 6.79}
```

以上语句定义了一个字典对象 pl，在 p1 中共有 3 组 "键：值" 对，字符串 'Java'、'c'、'Python' 等是键，17.8、16.33、10.11 等浮点数为值，如果要创建一个空的字典对象，可以写成：pl={}。一个字典中的键通常是同一种数据类型，如上例中字典 pl 的键都是字符串，但实际上 Python 在语法上并没有这种要求，也就是说，一个字典中可以存在不同数据类型的键，只不过在实际应用中这种情况并不常见。字典中的键是不重复的，如果同一个键被赋值两次，则后一个值会覆盖之前出现的值，例如：

```
>>>pl={'Java': 17.18,'c': 16.33,'Python': 10.11,'cpp': 6.79,'cpp': 7}
>>> pl
输出: {'Java': 17.18, 'c': 16.33, 'Python': 10.11, 'cpp': 7}
```

此外，还可以用类型名（类型转换函数）从一个元素为二元组的列表或元组创建字典，例如：

```
pl=dict([('Java',17.18),('c',16.33),('Python',10.11),('cpp',6.79)])
```

这种方法实际上是一种类型转换，将一个列表转换为一个字典，这个列表中包含四个元素，每个元素都是一个二元组，如（'Python',10.11），需要注意括号的使用。用类型名创建空字典的方式是：pl=dict()。

当字典中的键为普通的字符串时，还可以用关键字参数的形式创建字典，例如：

```
>>> pl=dict(Java=17.18,c=16.33,Python=10.11,cpp=6.79)
```

**注意**：在这种方式下，虽然字典中的键都是字符串，但以关键字参数形式使用时不要加引号。

2. 字典访问、运算及内置函数

字典中的元素通过键来访问，形式为：字典名 [ 键 ]。例如，pl['Java']，结果显示对应的值 17.18。另外，字典中的值是可变对象，也可以通过这种方式修改，例如，pl['Java']=23。如果字典中不存在 [] 中指定的键，则会引发异常。

字典支持成员运算（in、not in）用于判断字典中是否存在给定的键，例如：

```
>>> 'Java' in pl
输出：True
>>> 'Ruby' not in pl
输出：True
```

字典对象还支持比较运算 == 和 !=，用于判断两个字典对象是否相等。

应用于字典对象的内置函数主要包括 len() 以及 list() 等类型转换函数。

【例 9-33】内置函数应用于字典对象。

```
>>>pl={'Java': 17.18,'c': 16.33,'Python': 10.11,'cpp': 6.79}
>>> len(pl)
输出：4
>>> list(pl)
输出：['Java', 'c', 'Python', 'cpp']
>>> tuple(pl)
输出：('Java', 'c', 'Python', 'cpp')
>>> str(pl)
输出："{'Java': 23, 'c': 16.33, 'Python': 10.11, 'cpp': 6.79}"
```

通过例 9-33 的输出结果，可以注意到几个类型转换函数应用于字典对象时的区别，list() 和 tuple() 分别返回由字典中所有键组成的列表和元组，值则被忽略了；str() 则是将字典定义式中所有的内容均转换成字符串。

3. 字典对象的常用方法

字典对象的主要方法如表 9.3 所示。

表 9.3  常用字典对象的方法

| 方法（d 为字典对象） | 功能描述 |
| --- | --- |
| d.clear() | 移除字典中的所有元素 |
| d.get（key,default=None） | 如果 key 存在于字典中则返回 key 的值，否则返回 default。 如果 default 未给出则默认为 None |
| d.pop（k[,default]） | 如果 key 存在于字典中将其移除并返回其值，否则返回 default。 如果 default 未给出且 key 不存在于字典中，则会引发异常 |
| popitem() | 从字典中移除并返回一个键值对。键值对会按后进先出的顺序被返回 |
| d.setdefault（key[, default]） | 如果字典存在键 key，返回它的值；如果不存在，插入值为 default 的键 key，并返回 default，default 默认为 None |
| d.update（[other]） | 使用来自 other 的键值对更新字典，覆盖原有的键 |
| d. items() | 返回由字典项键值对组成的一个新视图 |
| d.keys() | 返回由字典键组成的一个新视图 |
| d.values() | 返回由字典值组成的一个新视图 |

【例 9-34】字典的常用方法示例。

```
>>> pl={'Java': 23, 'c': 16.33, 'Python': 10.11, 'cpp': 6.79}
>>> pl.get（'c'）
输出: 16.33
>>> pl.get（'Ruby',0）
输出: 0
>>> pl.pop（'cpp'）
输出: 6.79
>>> pl
输出: {'Java': 23, 'c': 16.33, 'Python': 10.11}
>>> pl.popitem()
输出: ('Python', 10.11)
>>> pl
输出: {'Java': 23, 'c': 16.33}
>>> pt={'Java': 23, 'c': 17, 'Python': 10.11}
>>> pl.update（pt）
>>> pl
输出: {'Java': 23, 'c': 17, 'Python': 10.11}
```

4. 字典视图对象及字典遍历

表 9.3 中 d. items()、d.keys() 和 d.values() 三个方法所返回的对象称为"字典视图对象（Dictionary View Object）"。该对象提供字典的一个动态视图，视图会随着字典的改变而改变。字典对象和字典视图对象均为可迭代对象，可以用 for 循环进行遍历。

【例 9-35】字典视图对象和字典遍历示例。

```
>>> pl={'Java': 23, 'c': 16.33, 'Python': 10.11, 'cpp': 6.79}
```

```
>>> pl.items()
输出: dict_items([('Java', 23), ('c', 16.33), ('Python', 10.11), ('cpp', 6.79)])
>>> pl.keys()
输出: dict_keys(['Java', 'c', 'Python', 'cpp'])
>>> pl.values()
输出: dict_values([23, 16.33, 10.11, 6.79])
>>> for k in pl.keys(): print(k,end='')
输出: Java c Python cpp
>>> for v in pl.values(): print(v,end='')
输出: 23 16.33 10.11 6.79
>>> for item in pl.items(): print(item,end='')
输出: ('Java', 23) ('c', 16.33) ('Python', 10.11) ('cpp', 6.79)
```

5. 字典推导式

类似于列表对象，同样可以使用推导式简单、高效地处理一个序列并产生结果字典。字典推导式的基本形式如下（简单起见，以一层推导式为例）。

```
{ 键:值 for 迭代变量 in 序列 if 条件 }
```

字典推导式和列表推导式的直观区别在于：首先，推导式两端的中括号变成大括号；其次，字典推导式中的表达式部分必须是"键：值"对的形式。例如：

```
>>> {x: ord(x) for x in "ABCDE"}
输出: {'A': 65, 'B': 66, 'C': 67, 'D': 68, 'E': 69}
>>> {n: n**3 for n in range(10) if n%2!=0}
输出: {1: 1, 3: 27, 5: 125, 7: 343, 9: 729}
```

如果字典中的键和值之间有一定的计算规律，可以通过迭代和筛选的方式描述，则通常可以考虑使用推导式快速生成字典。

## 9.6　集合

集合（Set）的概念来源于数学，即一组无序无重复的元素的组合。可以判断某个元素是否属于某个集合，集合还可以进行交、并、差等运算。程序中经常会用到具有集合性质的数据，Python 中也提供了集合类型，分为可变集合 set 和不可变集合 frozenset。

1. 创建集合对象

集合对象可以通过类型名以类型转换函数的形式创建，形式如下。

set()：用于创建一个空的可变集合对象。

set（iterable）：创建一个可变集合对象，包含可迭代对象 iterable 中的元素。

frozenset()：用于创建一个空的不可变集合对象。

frozenset（iterable）：创建一个不可变集合对象，包含可迭代对象 iterable 中的元素。

可变集合对象也可以通过用大括号括起一组元素的方式创建，如：s={1,2,3,4,5}，这种方式与之前创建字典对象的方式有些类似，都是使用大括号，但字典中的元素是键值对，而集合中元素则是一般的值或表达式，由此可以区分二者。

空的可变集合只能使用 set() 的方式创建，因为空的大括号 {} 会被解释为空字典；同样，创建不可变集合对象只能使用 frozenset() 或 frozenset（iterable）的方式。

集合中的元素无重复，在创建时解释器会自动清除重复的元素。另外，有一点需要特别注意，集合中的元素类型应该都是不可变对象，原因涉及对象的 Hash 码以及集合元素的存储方式，这部分内容超出本书讨论的范围，不做过多介绍。

【例 9-36】集合对象的创建。

```
>>> s={1,3.14,True,"Python"}
>>> lst=["copyright", "credits" , "license"]
>>> sl=set（lst）
>>> sl
输出: {'license', 'copyright', 'credits'}
>>> fs=frozenset（range（10,21,2））
>>> fs
输出: frozenset（{10, 12, 14, 16, 18, 20}）
>>> set（"Python"）
输出: {'P', 'h', 'o', 't', 'y', 'n'}
>>> sd={2,2,'Hello','Hello'}
>>> sd
输出: {'Hello', 2}
>>> st={[1,2],[3,4]}
Traceback（most recent call last）:
  File "<pyshell#98>", line 1, in <module>
    st={[1,2],[3,4]}
TypeError: unhashable type: 'list'
```

例 9-36 中演示了创建集合对象的几种常见方式，最后一条语句 st={[1,2],[3,4]} 试图用列表对象作为元素创建集合，而列表对象是可变对象，所以引发异常。另外，实际应用中包括集合在内的复合数据结构中的元素通常类型一致，例中集合 s 包含几种不同数据类型的元素，在此只是为了说明集合中元素可以是各种不可变对象。

2. 集合运算

集合的运算主要包括成员运算、关系运算以及交、并等，如表 9.4 所示，假设表中 s、s1 和 s2 均为集合对象。

表 9.4　集合运算

| 运 算 符 | 用 　 法 | 说 　 　 明 |
| --- | --- | --- |
| in、not in | x in s、x not in s | 返回元素 x 在集合 s 中是否存在（不存在） |
| \| | s1 \| s2 | 返回集合 s1 和 s2 的并集 |

| 运 算 符 | 用 法 | 说 明 |
|---|---|---|
| & | s1 & s2 | 返回集合 s1 和 s2 的交集 |
| − | s1 − s2 | 返回集合 s1 和 s2 的差集 |
| ^ | s1 ^ s2 | 返回集合 s1 和 s2 的对称差集，该集合中包括所有属于 s1 但不属于 s2 的元素，以及所有属于 s2 但不属于 s1 的元素 |
| == | s1 == s2 | 判断两个集合是否相等，即两个集合中的元素都相同 |
| != | s1 != s2 | 判断两个集合是否不相等 |
| > | s1 > s2 | 判断 s1 是否为 s2 的真超集 |
| < | s1 < s2 | 判断 s1 是否为 s2 的真子集 |
| >= | s1 >= s2 | 判断 s1 是否为 s2 的超集 |
| <= | s1 <= s2 | 判断 s1 是否为 s2 的子集 |

3. 集合常用函数和方法

Python 中可以运用于集合对象的内置函数包括 len()、max()、min()、sum() 及 sorted() 等，这些函数的作用和语法格式前文都已经介绍过，不再重复。需要注意使用 max() 和 min() 函数求集合中元素的最大值和最小值时，需要确保集合中的元素相互之间是可以进行比较的；使用 sum() 函数求集合中元素之和时，需要确保元素是可加的；集合中的元素无序，如果有需要可以使用 sorted() 函数对其排序生成一个有序的表，排序同样要求集合中元素之间是可比较的。

【例 9-37】集合常用函数。

```
>>> s1={10, 12, 14, 16, 18, 20}
>>> s2={1,3.14,True,"Python"}
>>> s3={'license', 'copyright', 'credits'}
>>> sum(s1)
输出: 90
>>> max(s)
输出: 20
>>> min(s2)
Traceback (most recent call last):
  File "<pyshell#14>", line 1, in <module>
    min(s2)
TypeError: '<' not supported between instances of 'str' and 'int'
>>> list(sorted(s3))
输出: ['copyright', 'credits', 'license']
```

集合提供了很多内置方法，其中一部分不会改变集合对象本身，故可通用于可变集合 set 和不可变集合 frozenset，这些方法如表 9.5 所示；还有一部分方法会修改集合对象，只能应用于可变集合 set，这些方法如表 9.6 所示。

表 9.5　集合通用方法

| 方法（s 为一集合对象） | 功能描述 |
| --- | --- |
| s.isdisjoint（other） | 判断集合 s 和 other 是否不相交 |
| s.issubset（other） | 判断集合 s 是否为 other 的子集，同 >= |
| s.issuperset（other） | 判断集合 s 是否为 other 的超集，同 <= |
| s.intersection（others） | 返回集合 s 和 other 的交集 |
| s.union（others） | 返回集合 s 和 other 的并集 |
| s.difference（others） | 返回集合 s 和 other 的差集 |
| s.symmetric_difference（other） | 返回集合 s 和 other 的对称差集 |

表 9.5 中 s.intersection()、s.union()、s.difference() 和 s.symmetric_difference() 这几个方法和表 9.4 中的运算符 &、|、- 和 ^ 功能类似，区别在于这几个方法中的参数 other 不仅可以是集合对象，也可以是其他的可迭代对象，而运算符的运算数必须是集合对象。

【例 9-38】集合通用方法。

```
>>> s1={'Python','C','Java','C#'}
>>> s2={'Visual Basic','Perl','Python'}
>>> lst=['Java','C#','Swift','Perl','Go']
>>> s1.isdisjoint(s2)
输出: False
>>>s1.union(s2)
输出: {'Perl', 'C#', 'Visual Basic', 'Python', 'Java', 'C'}
>>> s1.intersection(lst)
输出: {'C#', 'Java'}
>>> s2.difference(lst)
输出: {'Visual Basic', 'Python'}
>>> s1 & lst
Traceback (most recent call last):
  File "<pyshell#29>", line 1, in <module>
    s1 & lst
TypeError: unsupported operand type(s) for &: 'set' and 'list'
```

表 9.6 中前四个更新集合的方法，也可以通过复合赋值运算符 |=、&=、-= 和 ^= 实现。

表 9.6　可变集合方法

| 方法（s 为一集合对象） | 功能描述 |
| --- | --- |
| s.update（others） | 更新集合 s，添加来自 others 中的所有元素 |
| s.intersection_update（others） | 更新集合 s，只保留其中所有 others 中也存在的元素 |
| s.difference_update（others） | 更新集合 s，移除其中也存在于 others 中的元素 |
| s.symmetric_difference_update（other） | 更新集合 s，只保留存在于集合的一方而非共同存在的元素 |
| s.add（elem） | 将元素 item 添加到集合 s 中 |

续表

| 方法（s 为一集合对象） | 功能描述 |
| --- | --- |
| s.remove（elem） | 从集合 s 中删除元素 item，如 item 不存在则会引发异常 |
| s.discard（elem） | 从集合 s 中删除元素 item，如 item 不存在则无操作 |
| s.pop() | 从集合 s 中删除任意一个元素并返回 |
| s.clear() | 移除集合 s 中的所有元素 |

【例 9-39】可变集合方法。

```
>>> s1={'Python','C','Java','C#'}
>>> s2={'Visual Basic','Perl','Python'}
>>> lst=['Java','C#','Swift','Perl','Go']
>>> s1.update（lst）
>>> s1
输出: {'Perl', 'Go', 'Swift', 'Python', 'Java', 'C#', 'C'}
>>> s1.intersection_update（s2）
>>> s1
输出: {'Perl', 'Python'}
>>> s1.difference_update（s2）
>>> s1
输出: set()    #空集合
>>> s2.add（'Pascal'）
>>> s2
输出: {'Perl', 'Pascal', 'Visual Basic', 'Python'}
>>> s2.pop()
输出: 'Perl'
>>> s2.remove（'Pascal'）
>>> s2
输出: {'Visual Basic', 'Python'}
>>> s2.clear()
>>> s2
输出: set()
```

4. 集合推导式

集合对象也可以通过推导式快速生成，与列表推导式的格式类似，只需将中括号换成大括号即可。集合推导式基本格式如下。

```
{表达式 for 迭代变量 in 序列 if 条件}
```

其中各部分含义与列表推导式相同，不再重复说明，下面看两个简单的例子。

```
>>> import random
>>> s={random.randint（1,100） for i in range（10）}
>>> s
```

```
输出: {96, 34, 2, 41, 77, 14, 81, 18, 22, 60}
>>> se={x for x in s if x%2==0}
>>> se
输出: {96, 34, 2, 14, 18, 22, 60}
```

上面的语句中，通过推导式生成集合 s，其中包含 10 个 1 ～ 100 的随机整数，集合 se 则是通过带有 if 条件的推导式筛选出集合 s 中的偶数生成的。

不可变集合也可以使用推导式生成，但需要用 frozenset（推导式）的形式，注意用的是小括号，实际上可以理解为用推导式生成一个序列对象，然后用 frozenset() 将其转换为不可变集合对象。例如：

```
>>> frozenset(n**2 for n in range(-5,5))
输出: frozenset({0, 1, 4, 9, 16, 25})
```

## 小结

Python 提供的各种复合数据类型，是对程序中的复杂数据进行组织和操作的有效手段。本章主要介绍 Python 内置的复合数据类型。首先，重点介绍序列数据类型，包括列表、元组和字符串，对这几种序列类型的概念、特点、操作、内置方法及函数进行详尽的阐述；接着介绍 Python 中的映射类型——字典；最后介绍了集合类型。

## 习题

一、单选题

1. Python 语句 "lst=（1,3.14,"abc",[ ],（ ）); print（len（lst））" 的输出结果是（　　　）。

　　A. 4　　　　　　B. 5　　　　　　C. 6　　　　　　D. 7

2. Python 语句 "s='HelloPython'; print（s[2：6]）" 的输出结果是（　　　）。

　　A. llo　　　　　B. Hello　　　　C. lloP　　　　　D. lloPy

3. 推导式 [i for i in range（5）if i%2!=0] 的结果是（　　　）。

　　A. [1,2]　　　　B. [1,3]　　　　C. [3,5]　　　　D. [1,3,5]

4. 设 s=['a','b']，语句 "s.append（[1,2]）" 执行后，s 的值为（　　　）。

　　A. ['a','b',1,2]　　　　　　　　　B. [1,2,'a','b']

　　C. ['a','b',[1,2]]　　　　　　　　D. [[1,2],'a','b']

5. 设 lst=['Java', 'c', 'Python', 'cpp']，Python 语句 print（lst[-2][-2]）的值是（　　　）。

　　A. 'v'　　　　　B. 'o'　　　　　C. 'p'　　　　　D. 引发异常

二、简答题

1. 什么是序列数据类型？其特点是什么？

2. 简述列表与元组的异同。

3. 用推导式生成列表，其中元素 $x$ 为 200 以内所有满足 $x$ 整除 13 的余数比 $x$ 整除 7 的余数大 3。

4. 在 Python 中有 s=[1,2,3,4,5,6,7,8,9]，写出下列切片操作的结果。

（1）s[：3]　（2）s[1：：2]　（3）s[：：-1]　（4）s[-5：-1]　（5）s[-1：-6：-2]

5. 在 Python 中有如下语句序列，s=[x for x in range（1,10）]; s.append（[10,20]）; s.extend（"ab"）; s.insert（-6,30）; s.pop(); s[3：6]=[]; s.reverse()。请写出每条语句执行后变量 s 的状态。

三、编程题

1. 编写程序，创建一个含有 10 个 [1,20] 范围内随机整数的列表，将其中的偶数变成它的平方，奇数保持不变。考虑两种实现方法：循环和列表推导式。

2. 从键盘输入一个包含若干单词的字符串，单词之间用空格分隔，编程统计串中单词的个数。

3. 编写程序，从键盘输入 10 个学生的成绩，按三档进行统计，80 ～ 100 为 A，60 ～ 79 为 B，60 以下为 C，再将各档等级为键、对应人数为值，将这些数据保存到一个字典中。

# 第10章

# 函数

**本章学习目标**

☆ 理解函数的概念、作用和分类

☆ 熟练掌握函数的定义和调用

☆ 深入理解各类参数，熟悉参数的传递过程

☆ 深入理解递归函数的定义和调用过程

☆ 掌握lambda表达式的概念和使用

☆ 了解函数式编程的概念及常用高阶函数

☆ 了解生成器函数的概念和使用

函数是程序设计语言中的一种重要机制，用于将一段实现特定功能的代码包装起来，进而实现程序的结构化和代码复用的目的。本章将介绍 Python 中函数的分类、函数的定义和调用方式、函数的递归调用以及函数式编程和高阶函数的基础知识。

## 10.1　函数概述

### 1. 理解函数概念

说到函数，读者可能会联想到数学中的函数概念，程序设计语言中的函数和数学中函数的概念的确有相似之处。先来看一个简单的数学函数：$y=2x^2-3x+4$，在这个大家都熟悉的二次函数中，$x$ 是自变量，通过计算 $2x^2-3x+4$ 得到 $y$ 的结果称为函数值。在这个函数中，自变量 $x$ 可以取定义域中任意合法的值，通过相同的计算得到对应的函数值 $y$，但不管 $x$ 的取值为多少以及对应的 $y$ 值是多少，它们之间的对应关系是不变的，即函数式 $y=2x^2-3x+4$，换句话说，函数关系一旦确定，便可以多次计算、反复使用。在这个计算过

程中，自变量可以视为计算的输入，函数值可以视为计算的输出。

　　程序设计语言中的函数概念与数学函数的概念有类似之处，都是定义好确定的计算规则或处理过程，接收合法的输入并根据规则得到相应的输出或执行设定的处理过程。只不过，程序设计语言中函数的计算或处理是通过程序语句完成，因此可以说函数是为实现某种特定功能而包装在一起的语句集合，其意义是对计算规则或处理过程进行抽象，使针对不同对象所进行的相同操作可以通过同一组语句集合实现并可以反复使用。

　　2. 函数的作用

　　在程序设计过程中使用函数机制的作用如下。

　　（1）对程序进行功能分解。一个完整的程序可能复杂程度较高，通过将其中相对独立的功能以函数的方式单独组织并实现，可以有效降低实现的难度。

　　（2）实现过程封装和代码复用。所谓封装就是隐藏细节，定义好的函数，只需掌握如何正确使用即可，不需要了解其内部的实现细节；复用则表现为只要是计算规则或处理过程相同，不论输入什么都可以重复利用已经定义好的函数完成相应的计算或处理。

　　（3）便于验证检测和程序维护。一个函数通常实现单一独立的功能，规模上相对可控，对函数的代码进行验证也相对容易，程序中每个函数都验证无误则程序整体出错的概率也会降低；如果应用程序中的某项功能需求发生变化，需要修改，则这种修改也可以局部化在一个或几个独立的函数内部，只要函数展现给外部的使用接口没有发生变化，则对函数的使用就不会产生任何影响。

　　（4）利于协作开发。对于一个大的程序，可以通过功能分解，由不同的人负责不同函数的开发实现和测试工作，有利于团队的分工协作，提高开发效率。

　　3. Python 中函数的分类

　　Python 中的函数可以简单分为以下几类。

　　（1）内置函数。Python 语言中可以直接使用的函数，7.5.1 节中简单介绍过 Python 中的常用内置函数，其中一些在前面的章节中也曾多次使用。

　　（2）标准库函数。Python 语言的标准库中提供了适用于不同计算领域的模块，每个模块中都定义了很多函数。标准库模块函数需要在使用时首先通过 import 语句导入，再调用其中定义的函数，具体方法在 7.5.2 节中介绍过。

　　（3）第三方库函数。Python 之所以能够形成世界范围内最大的单一语言编程社区，众多高质量的第三方库起到至关重要的作用，它们是构建 Python 完整计算生态的重要组成部分，例如，用于科学计算领域的 NumPy、用于机器学习领域的 sk-learn、用于数据分析领域的 Pandas 等都是使用非常广泛的第三方库。如 Anaconda 这样的增强型的 Python 发行版本已经包含大量常用的第三方库，如果要使用这些增强版本中没有的库，则需要下载安装后，通过 import 导入，便可使用其中定义的各种函数了。Python 中有专门用于下载安装第三方库的命令 pip，此外 Anaconda 也提供了非常实用的包管理工具 conda，可以帮助开发人员高效地下载、安装各种第三方包。

（4）自定义函数。用户根据实际问题需要自己定义的函数，这也是本章后续的学习重点。

## 10.2 函数的定义和调用

1. 函数定义

在 Python 中，可以将完成特定功能的一段代码定义为函数，函数定义的基本格式如下。

```
def 函数名（[形参表]）:
    函数体
```

说明：

（1）Python 中的函数使用关键字 def 定义，函数名为合法的标识符，建议尽量使用一些有实际意义的单词或单词组合；函数名后的小括号里是函数的形参表；最后的冒号不能省略。

（2）函数定义的参数即形式参数，简称形参，类似于数学函数中的自变量，形参个数可以是一个或多个，当有多个参数的时候用逗号分隔，参数的名称同样要求是合法的标识符。与数学函数不同的是，Python 中函数的形参表可以为空，需要注意即使没有形参，按照语法规定，函数名后面的小括号也不能省略。

（3）函数体可以包含任意数量的语句，这些语句从逻辑上是一个整体，是一个复合语句，因此从语法上要求整体缩进，类似于之前学习的分支和循环结构中的语句体。

（4）如果函数需要返回计算或处理的结果，可以在函数体中使用 return 语句完成，函数的返回值类似于数学函数中的函数值，Python 中的函数也可以没有返回值。

【例 10-1】定义一个函数，计算给定 $n$ 的阶乘 $n!$。

```
#Example 10-1
def fact(n):
    fa=1
    for i in range(2,n+1):
        fa=fa*i
    return fa
```

例 10-1 中，函数名为 fact，形式参数为 n，函数体的功能实现求 n 的阶乘，变量 fa 用来保存阶乘结果，初始值为 1，在 for 循环中 fa 反复乘 2 ～ n，循环结束，fa 的值即为 n!，最后函数返回值为 fa。

【例 10-2】定义函数，打印九九乘法表。

```
#Example 10-2
def print_multable():
    for i in range(1,10):
        for j in range(1,i+1):
            print('%d x%d=%-4d' % (j, i, i*j), end='')
            print()
```

例 10-2 中，函数 print_multable() 的参数表为空，即没有形式参数，函数体中使用循环嵌套完成九九乘法表的打印输出，并不需要返回特别的结果，所有函数体中没有 return 语句。

2. 函数调用

函数的定义确定了函数的功能以及如何使用函数的参数，但函数并没有被执行。函数的执行需要调用，而且可以在程序中任何需要的地方调用，即一次编写，多次使用。之前的章节中曾多次调用各类 Python 内置函数和标准库函数，自定义函数的调用方法也是一样的，通过函数名并根据需要传递必要的实际参数进行函数调用，如果函数有返回值，通常还会使用变量接收函数的返回值。例如，调用例 10-1 中定义的阶乘函数求 5 的阶乘，代码如下。

```
fn=fact(5)
print('5!=',fn)
```

输出结果如下。

```
5!= 120
```

上述语句调用函数 fact()，函数名后小括号中的整数 5 是函数调用的实际参数，简称实参，实参的个数应该和前述函数定义中形参的个数相同，变量 fn 用来接收函数的返回值。函数调用和返回的过程如图 10.1 所示。

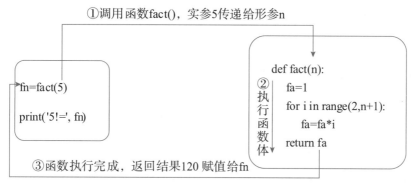

图 10.1　函数调用及返回的过程

注意，图中所标注"实参 5 传递给形参 n"的说法并不是非常严谨，参数传递实际上是引用的传递，这一点将在 10.3 节中详细讨论，后文中在不引起混淆的情况下，有时还会使用类似的说法。

对于没有返回值的函数，函数调用就直接单独使用。例如，例 10-2 定义的打印九九乘法表的函数没有返回值，调用此函数的语句是：print_multable()。此函数定义中形参表为空，则调用时实参表也相应为空，注意小括号不应省略。

## 10.3　函数的参数和返回值

### 1. 形式参数和实际参数

前面介绍函数定义和调用中提到形式参数和实际参数，函数定义中函数名后面小括号中的标识符称为形式参数，在函数定义中，形式参数只是一个名称，并没有具体确定的值，这个名称是为了能够在函数体内以通用的方式描述如何使用参数或对参数实施何种计算过程；在函数调用时，函数名后面小括号中提供的具体的值是实际参数，通过函数调用将函数中的计算或处理过程应用于这个具体的实际参数，每次调用实际参数的值都可能不同。类似于在数学函数中自变量和自变量的某个具体取值的关系，例如 $f(x)=x^2$，在这个数学函数中自变量 $x$ 到底为何值并不确定，能确定的只是要可以通过此函数计算 $x$ 的平方。如果使用此函数计算 5 的平方，这时便可以通过函数所规定的计算规则得到 25。这其中 $x$ 类似于程序设计语言函数中的形式参数，而 5 则是本次调用的实际参数，如果再次使用此函数计算 8 的平方，则 8 又成为当次调用的实际参数，而形式参数始终使用名称 $x$ 表示。通过和数学函数的类比，读者应能够更好地理解形式参数和实际参数的含义以及二者之间的关系。

在函数调用时，实际参数按照书写的顺序传递给对应位置上的形式参数，实参和形参的个数应该严格匹配，否则将会引发异常。

【例 10-3】形参和实参示例。

```
def my_func(a,b,c):
    avg=(a+b+c)/3
    return avg
f=my_func(5,10)
```

运行以上程序，会引发错误，提示缺少第三个形参 c 所对应的实参：

```
Traceback (most recent call last):
  File "D:\untitled1.py", line 12, in <module>
    f=my_func(5,10)
TypeError: my_func() missing 1 required positional argument: 'c'
```

在 Python 中这种按照顺序依次严格匹配的参数称为"位置参数"。

### 2. 参数传递

函数定义中的形式参数实际上可以视为在函数体内定义的变量，在第 7 章中介绍过，Python 中的变量实际上是某个对象的引用，在函数定义中尚无法明确形式参数引用的对象，当发生函数调用时，通常所说的将实际参数传递给形式参数实质上是将实际参数的对象引用传递给形式参数，这和第 7 章中介绍的 Python 中变量的引用语义是一致的。那么就需要探讨在函数体内形参发生变化时对实参的影响，这个问题可以分为两种情况讨论，一是修改形参和对象之间的引用关系，二是修改形参所引用对象的值。

【例 10-4】修改形参的引用关系。

```
def swap(a,b):
    if a<b:
        a,b=b,a
x=5
y=10
swap(x,y)
print('x={} y={}'.format(x,y))
```

输出结果如下。

```
x=5 y=10
```

例 10-4 中函数 swap() 期望的功能是接收两个参数，如果第一个参数值小于第二个，则将二者交换。但从函数调用结束后的输出来看，并没有达到预期的结果。作为实际参数的 x 和 y 在函数调用前后的值并没有发生变化。造成这种结果的原因可以通过图 10.2 来分析。

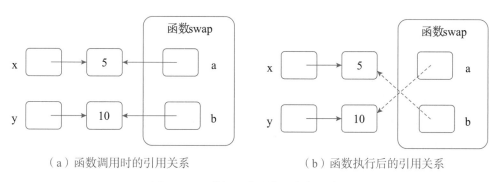

（a）函数调用时的引用关系　　　　　　　（b）函数执行后的引用关系

图 10.2　函数调用中形参和实参的关系

函数调用前，变量 x 和 y 分别引用整型对象 5 和 10，执行函数调用 swap（x,y）时，作为实参的 x 和 y 分别传递给形参 a 和 b，即将对象 5 和 10 的引用分别传递给了形式参数 a 和 b，如图 10.2（a）所示。接着执行函数体，a<b 成立，执行语句 a,b=b,a，交换了变量 a 和 b 的引用目标，a 引用对象 10，b 引用对象 5，如图 10.2（b）所示。但实参变量 x 和 y 的引用并没有发生任何变化，仍然是 x 引用 5，y 引用 10，所以才会出现之前看到的输出结果。

【例 10-5】修改形参引用对象的值。

```
def my_abs(n):
    if n<0:
        n=-n
```

```
x=-5
my_abs(x)
print(x)
```

输出结果如下。

```
-5
```

例 10-5 中函数 my_abs() 预期功能是将一个数变为其绝对值，但结果没有成功。分析原因如图 10.3 所示。

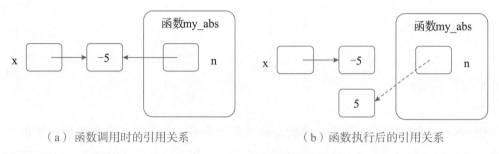

（a）函数调用时的引用关系　　　　　　　　　（b）函数执行后的引用关系

图 10.3　修改形参对实参的影响

例 10-5 中，调用函数 my_abs()，将对象 -5 的引用从实参变量 x 传递给形参对象 n，如图 10.3（a）所示。由于 -5 本身是一个整型数，属于不可变对象，其值不会发生变化，执行语句 n=-n 时实际上是通过计算 -n，创建了一个值为 5 的新对象，形参变量 n 引用了这个新对象，而实参变量 x 仍然引用原对象 -5，如图 10.3（b）所示。

所以，函数调用时如果参数传递的是不可变对象（如 int、float、str 和 bool 等）的引用，那么改变形参变量的引用目标并不会影响实参对象的引用目标；而试图修改形参所引用对象的值是不可能实现的，其结果是创建一个新对象，形参转而引用这个新对象。

如果参数传递的是可变对象（如 list）的引用，也分两种情况分别讨论。

【例 10-6】参数为可变对象时修改形参的引用关系。

```
def swapList(L1,L2):
    L1,L2=L2,L1
lst1=[1,2,3]
lst2=[4,5,6]
swapList(lst1,lst2)
print(lst1)
print(lst2)
```

输出结果如下。

```
[1, 2, 3]
[4, 5, 6]
```

从例 10-6 中可以看到参数传递的是可变对象 list 的引用时，形参的变化同样不会影响实参，这和例 10-4 中分析的结果相同。

【例 10-7】修改可变对象参数的值。

```
def changeList(L):
    for i in range(0,len(L)):
        if L[i]%2==0:
            L[i]*=2
lst=[1,2,3,4,5,6]
changeList(lst)
print(lst)
```

输出结果如下。

```
[1, 4, 3, 8, 5, 12]
```

从例 10-7 中可以看出，在函数体中通过形式参数修改其引用的可变对象的值是可以产生效果的。程序中实际参数变量 lst 和形式参数变量 L 实际上都引用列表对象 [1,2,3,4,5,6]，列表是可变对象，可以通过形参 L 修改列表中的元素值，实参 lst 所引用的是同一个列表对象，自然能够反映出其中元素值的变化。

3. 默认参数和关键字参数

Python 函数中的参数有多种灵活的定义和使用方式，之前提到过的位置参数，即按照参数的位置依次匹配实参和形参，到目前为止本章中所定义函数中的参数都是位置参数。除位置参数外，Python 中常用的还有默认参数、关键字参数和仅关键字参数。

1）默认参数

默认参数是指在函数定义时带有默认值的形式参数。在函数调用时，如果不为带有默认值的形式参数提供相应的实参，这些参数就会使用定义时指定的默认值；如果给默认参数传递了实参，则函数定义中的默认值将被忽略，而使用调用时传递的实参。带有默认参数的函数定义格式如下。

```
def 函数名(非默认参数, 默认参数名=默认值, …):
    函数体
```

在函数定义中，默认参数和非默认参数可以同时存在，但语法要求带有默认值的参数必须要放在非默认参数之后。

【例 10-8】函数默认参数示例。

```
def cal(a,b,n=2):
    result=a**n+b**n
    return result
print(cal(2,3))
print(cal(2,3,3))
```

输出结果如下。

```
13
35
```

函数 cal() 计算参数 a 和 b 的 n 次幂之和并返回，参数 n 带有默认值 2。第一次调用时，cal（2,3）中实参 2 和 3 分别传递给形参 a 和 b，没有给形参 n 传递实参，则 n 取默认值 2，函数计算 2\*\*2+3\*\*2，结果为 13。第二次调用时，cal（2,3,3）给出了 3 个实参 2、3 和 3，分别对应形参 a、b 和 n，此时 n 的默认值被忽略，取值为 3，函数计算 2\*\*3+3\*\*3，结果为 35。

2）关键字参数

关键字参数是指按名称指定传入的参数，也称为命名参数。使用关键字参数的优点是：指定名称使参数意义明确，而且按名称传递参数可以不考虑参数的位置问题。

【例 10-9】定义函数求圆柱体体积。

```
import math
def vol_cy(radius,height):
    v=round(math.pi*radius*radius*height, 2)
    return v
V=vol_cy(2,10)
print(V)
```

输出结果如下。

```
125.66
```

例 10-9 中，函数 vol_cy() 接收两个参数 radius 和 height，分别代表圆柱体底面半径和圆柱体的高，计算圆柱体的体积，保留两位小数，并返回结果。这种写法中，参数 radius 和 height 都是位置参数，使用者在调用函数 vol_cy() 时，必须明确函数参数的顺序，如果实参传递的顺序和函数定义中的意义不符，虽然不会出现语法错误，但会导致错误的计算结果。如例 10-9 中函数调用 vol_cy（2,10）表示求底面半径为 2、高为 10 的圆柱体体积，如果不小心把两个实参位置颠倒，写成 vol_cy（10,2），则变成求底面半径为 10、高为 2 的圆柱体体积了，输出结果为 628.32，与实际不符，但这种错误却容易被忽略。此时，可以考虑使用关键字参数避免这种问题。

关键字参数在函数定义中没有体现，也就是说，上述 vol_cy() 函数的定义部分无须做任何修改。关键字参数是在函数调用时，体现在实参上。用关键字参数调用 vol_cy() 函数的语句可以写成：

```
V=vol_cy(radius=2,height=10)
```

或

```
V=vol_cy(height=10,radius=2)
```

可以看出，使用关键字参数的情况下，参数的位置不再重要，解释器是依靠参数名称来完成形式参数和实际参数的匹配过程。这种写法，可以在很大程度上避免由于参数位置问题而导致的计算结果错误。

**3）仅关键字参数**

仅关键字参数要求函数调用时必须使用关键字参数的形式或者说强制命名的方式传递实参，在之前学习过的一些内置函数中，这类参数经常出现，例如：

```
print("Python","Ruby",sep='+',end=' ')
plist=['C++', 'Python', 'C', 'Swift', 'Java', 'C#', 'Go', 'Ruby']
plt=sorted(plist,key=len,reverse=True)
```

上面语句对内置函数的调用中，print() 函数的 sep 和 end 参数，以及 sorted() 函数的 key 和 reverse 参数就都是这种参数，在调用的时候必须是"参数名 = 参数值"这种形式。

在自定义函数中设置仅关键字参数的方法非常简单，只需在函数定义的形参表中加一个星号"*"。将例 10-9 中的函数 vol_cy() 的定义改成如下形式。

```
def vol_cy(*,radius,height):
```

表示 * 号后面的 radius 和 height 参数都是仅关键字参数，在调用时必须都以命名参数的形式给出实参，即 vol_cy（radius=2,height=10）这样的形式。

函数定义也可以写成：

```
def vol_cy(radius,*,height):
```

此时，表示 * 号后的 height 参数是仅关键字参数，而 radius 可按位置参数或关键字参数来处理，以下几种形式的调用语句都是正确的。

```
vol_cy(radius=2,height=10)
vol_cy(height=10,radius=2)
vol_cy(2,height=10)
```

**4. 参数类型检查**

Python 语言中定义函数时不需要指定函数参数的类型，这在一定程度上提高了函数的灵活性和通用性，如例 10-8 中的函数 cal()，既可以计算两个整数的 n 次幂之和，也可以计算两个浮点数的 n 次幂之和，还可以是一个整数、一个浮点数，同样指数 n 也不限定是整数还是浮点数。

但是，如果函数调用时传递的实参类型不支持函数体内所执行的某些操作或运算时，就会产生错误。例如，调用例 10-8 的 cal() 函数时，如果传递两个 str 类型的实参给形参 a 和 b，而 str 对象不支持 ** 运算，运行时就会引发 TypeError 异常。避免这个问题，一是使用者在调用函数时应该明确函数参数的要求并传递正确类型的实参；二是可以在函数内增加用于类型检查的代码。限于篇幅，本书中不再展开讨论，希望读者在使用函数过程中注意这个问题。

**5. 函数的返回值**

在函数体内可以使用 return 语句实现返回值，同时终止函数的执行，一个函数中可以有多条 return 语句，其中任何一条被执行都会导致跳出函数返回调用方。

【例 10-10】定义函数，判断一个整数 $n$ 是否为素数。

```
#Example 10-10
import math
def isprime(n):
    if n<2: return False
    k=int(math.sqrt(n))
    for i in range(2,k+1):
        if n%i==0:
            return False
    return True
```

例 10-10 中，当参数 n 小于 2 时，直接返回 False，函数剩余部分没有执行。如果 n 不小于 2，则按照第 8 章中介绍过的方法，使用 for 循环依次判断 n 是否能整除 [2,int(sqrt(n))] 区间的数，只要发现一次整除的情况，就可以得出 n 不是素数的结论，可以不必继续判断，函数返回 False。如果 for 循环正常结束，则说明 n 不能整除 [2,int(sqrt(n))] 区间的任何数，故 n 是素数，函数返回 True。

Python 中的函数可以使用一条 return 语句同时返回多个值，此时多个值是以元组的形式返回的。也可以使用相同个数的变量接收函数返回值。

【例 10-11】定义函数求圆柱体的表面积和体积。

```
#Example 10-11
import math
def sur_vol_cy(radius,,height):
    s=round(2*math.pi*radius*radius+2*math.pi*radius*height,2)
    v=round(math.pi*radius*radius*height,2)
    return s,v
S,V=sur_vol_cy(height=10,radius=2)
print(S)
print(V)
```

输出结果如下。

```
150.8
125.66
```

函数 sur_vol_cy() 中的 return 语句返回两个计算结果 s 和 v，返回值实际上是元组（150.8, 125.66），语句 S,V=sur_vol_cy（height=10,radius=2）将返回元组中的两个元素 150.8 和 125.66 分别赋值给对应的变量 S 和 V，这是 Python 语言中一个很实用的语言特性，称为"序列解包"，即将一个序列对象中的各个元素依次赋值给对应个数的变量。

如果函数只需完成某些操作，而不需要返回计算结果，则函数体中 return 语句就不是必需的了，如例 10-7，函数中修改参数列表中的元素值，但不需要返回一个新的列表对象。此外，函数中有时还会出现只有 return 语句而没有返回值的语句，此时其作用只是跳出函数，但并不返回值。

## 10.4 lambda 函数

lambda 函数，也称为 lambda 表达式，可用于定义比较简单的匿名函数，可以说一个 lambda 表达式的值就是一个直接写出来的没有名字的函数对象。lambda 函数可以接收任意个数参数并返回一个表达式值，其定义格式为：

```
lambda 参数表: 表达式
```

参数表中可以包含多个参数，用逗号隔开，表达式只有一个，表达式的值即为 lambda 函数的返回值。例如，lambda x,y : x**y，其中参数为 x 和 y，表达式计算 x 的 y 次幂，结果作为返回值。可以看出，lambda 函数的功能本质上就是一个没有命名的函数。

【例 10-12】lambda 函数示例。

```
>>> f=lambda x,y :  x**y
>>> type(f)
输出: <class 'function'>
>>> f(3,5)
输出: 243
```

例 10-12 中的 lambda 函数的功能相当于下面的函数。

```
def f(x,y):
    return x**y
```

lambda 函数可以直接作用于实参，如：

```
(lambda x,y :  x**y)(3,5)
```

但使用这种写法的时候需要将 lambda 表达式用括号括起，原因是 lambda 表达式的优先级仅高于赋值运算符。

## 10.5 递归函数

递归是算法及程序设计领域中一种非常重要的思维方法和编程技术，包括 Python 在内的很多程序设计语言都支持递归程序设计。递归的思想是把一个规模较大的复杂问题逐层转换为多个与原问题相似但规模较小的问题来求解。在程序设计中，递归策略只需少量的代码即可描述问题求解过程中需要的多次重复计算。程序设计语言对递归的支持是通过递归函数，所谓递归函数就是在函数体内含有对自身的调用。

能够使用递归方法解决的问题通常应满足以下条件。

● 原问题可以逐层分解为多个子问题，这些子问题的求解方法与原问题完全一致但规模逐渐变小。

● 递归的次数必须是有限的，即必须有结束递归的条件使之终止。

通常在两种情况下会用到递归的方法：一是有些数学公式、数列或概念的定义是递归的，例如，之前介绍的一个数的阶乘 $n!$、斐波那契数列、一个数的 $n$ 次幂等，这类问题可以直接将其数学上的递归定义转换成递归算法；二是问题的求解过程或求解方法本身是递归的，典型的例子如汉诺塔问题。

在第 8 章中曾讲解过通过循环语句计算一个数的阶乘，简单改造例 8-13 的程序即可得到求阶乘函数的非递归版本。

【例 10-13】定义非递归函数求一个数 $n$ 的阶乘 $n!$。

```
#Example 10-13
def fact_c(n):
    if n==0 or n==1:
        return 1
    f=1
    for i in range(2,n+1):
        f*=i
    return f
for n in range(0,6):
    print(fact(n),end=' ')
```

输出结果如下。

```
1  1  2  6  24  120
```

以上程序非常简单，读者可自行分析。考察阶乘的数学定义可知：

$$n!=\begin{cases} 1 & n=0 \text{ 或 } 1 \\ n\times(n-1)! & n>1 \end{cases}$$

也就是说，如果要计算 $n$ 的阶乘，根据定义，$n!=n\times(n-1)!$，$(n-1)!=(n-1)\times(n-2)!$，…，$2!=2\times1!$，$1!=1$，最后一次计算 1 的阶乘为已知，则可以依次回推计算出 $2!=2\times1=2$，$3!=3\times2=6$，…直至倒推计算出 $n!$。不难看出，这种计算过程和递归思想是吻合的，而且这个问题的求解也满足递归的条件，所以可以通过递归函数完成求解。

【例 10-14】求阶乘 $n!$ 的递归函数。

```
# Example 10-14
def fact(n):
    if n==0 or n==1:
        return 1
    else:
        return n*fact(n-1)
```

本例中，$n$ 的值等于 0 或 1 即为递归结束条件，直接返回确定的结果；当不满足递归结束条件时，函数发生递归调用，递归调用的参数是当前参数减 1，当某一层调用参数为 1 时，递归结束并开始逐层返回。比较例 10-13 和例 10-14 不难看出，递归的解法代码更为简洁，而且基本上是用程序设计语言对阶乘数学定义的直观描述。要真正透彻理解函数递归，弄清楚函数递归的调用和返回过程非常重要，下面以 4! 为例，分析一下这个过程。
求 4! 的调用和返回过程如图 10.4 所示。

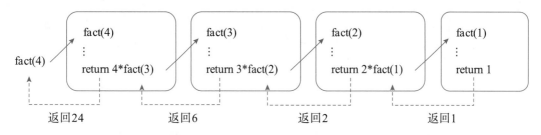

图 10.4　计算 4! 的递归调用和返回过程

从图 10.4 中可以看到，递归调用过程逐层进行，直至 $n$ 为 1 满足递归结束条件，递归终止，此时程序并没有结束，而是按照和调用顺序相反的顺序逐层返回计算结果。

下面再给出求斐波那契数列中第 $n$ 项的非递归函数和递归函数，读者可进行对比分析。

【例 10-15】定义非递归函数求斐波那契数列的第 $n$ 项。

```
# Example 10-15
def fib_c(n):
    if n==1 or n==2:
        return 1
    else:
        a,b=1,1
        for i in range(3,n+1):
            a,b=b,a+b
        return b
for i in range(1,11):
    print(fib_c(i),end=' ')
```

输出结果如下。

```
1 1 2 3 5 8 13 21 34 55
```

【例 10-16】定义递归函数求斐波那契数列的第 $n$ 项。

分析：斐波那契数列的递归定义为

$$\mathrm{fib}(n)=\begin{cases} 1 & n=1 \text{ 或 } 2 \\ \mathrm{fib}(n-1)+\mathrm{fib}(n-2) & n>2 \end{cases}$$

其中，$n$ 为项数；$\mathrm{fib}(n)$ 表示斐波那契数列的第 $n$ 项。程序如下。

```
# Example 10-16
def fib(n):
    if n==1 or n==2:
        return 1
    else:
        return fib(n-1)+fib(n-2)
```

斐波那契数列问题经常用于讲解递归函数设计，其递归定义直接对应于数学定义，简单直观。但是，这种实现方式实际上存在一个非常明显的缺陷，就是重复计算非常多。以求 fib（5）为例，其函数的递归调用过程如图 10.5 所示。

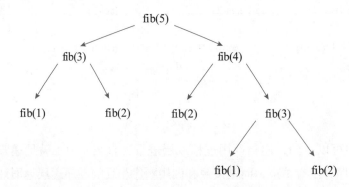

图 10.5　斐波那契数列 fib（5）的函数调用过程

从图 10.5 中可以看到，fib（1）和 fib（3）都重复计算了 2 次，fib（2）重复计算了 3 次，而且随着参数 $n$ 的增长，这种重复计算的项数以及次数都会以非常可观的速度增长，再加上函数调用及返回本身也需要一定的系统开销，参数 $n$ 越大，递归的层次相应也会越多，因此在设计递归函数时，一个不容忽视的问题就是计算代价。

可以编写一段简单测试程序，计算一下非递归斐波那契函数和递归斐波那契函数的运行耗时。

【例 10-17】简单测试程序，计算斐波那契函数运行耗时。

```
# Example 10-17
import time
def caltime(f,n):
    tstart=time.time()
    f(n)
    tend=time.time()
    print('Time consuming of Fib({}): {}seconds'.format(n,tend-tstart))

print('Non_Recursive: ')
caltime(fib_c, 100000)
print('Recursive: ')
for i in range(30,36):
    caltime(fib, i)
```

例 10-17 中定义了一个计时函数 caltime()，参数 f 用来接收一个函数，参数 n 接收计算项数。在 caltime() 函数中，分别在调用函数 f() 之前和之后记录当前系统时间，然后计算二者差值可计算出函数 f() 的运行耗时。之后分别用非递归的 fib_c() 函数和递归的 fib() 函数作为实参传递给形参 f，这种函数作参数的情况在程序设计中也是一种常见的技术。程序的输出结果如下。

```
Non_Recursive:
Time consuming of Fib(100000): 0.11701321601867676seconds
Recursive:
Time consuming of Fib(30): 0.225006103515625seconds
Time consuming of Fib(31): 0.3639793395996094seconds
Time consuming of Fib(32): 0.5920157432556152seconds
Time consuming of Fib(33): 0.9619839191436768seconds
Time consuming of Fib(34): 1.547999620437622seconds
Time consuming of Fib(35): 2.522001028060913seconds
```

非递归函数计算耗时非常少，实参太小的话，结果基本为 0，所以例 10-17 用 100000 进行测试，使用非递归方法计算斐波那契数列第 100000 项大概耗时不到 0.12s；之后用 30 ～ 35 为实参测试递归实现的斐波那契函数，从结果中可以看到，计算 fib（30）的时间就已经约为非递归算法计算 fib_c（100000）的两倍了，更关键的是，随着 $n$ 增长，递归算法所消耗时间的增长速度非常快，不用说 fib（100000），就算是 fib（100），其耗时也是无法想象的。所以在实际应用中，类似斐波那契数列、阶乘等这类可以用循环、递推等非递归方法解决的问题，完全可以不必使用递归的方法。

讲解这些内容，是希望读者能够认识到，程序设计不仅是满足处理逻辑正确、代码编写无误就可以了，同时还必须要考虑计算代价等实际问题，以确保算法及程序的可行性。

## 10.6  生成器函数

生成器函数从形式上和普通自定义函数非常相似，但其本质上是一个迭代器。迭代器是 Python 语言中一种非常有用的计算结构，限于篇幅，本书没有单独对迭代器展开详细讨论，可以简单地将迭代器理解成可以对一组对象按照一定的顺序依次访问的一类特殊对象。本节只对生成器函数简单介绍，有关迭代器的更进一步的内容，有兴趣的读者可以参阅相关资料。

生成器函数的定义形式和普通的函数基本一样，区别在于生成器的函数体内有一个或几个 yield 语句。一旦有 yield 语句，这样的定义就不会被视为普通函数，而是一个生成器函数，Python 解释器在处理这种定义时，会创建一个特殊的生成器对象，这个特殊的对象可以用于任何需要迭代器的上下文中，常见的如作为 for 循环变量的数据来源，也可以用于各种推导式。下面通过一个简单的例子来说明生成器函数的定义及使用。

【例 10-18】计算斐波那契数列的生成器函数。

```
def fib_genertor(n):
    a,b=1,1
    for i in range(n):
        yield a
        a,b=b,a+b
```

```
for x in fib_genertor(10):
    print(x)
```

以上程序的输出结果是输出了斐波那契数列的前 10 项。

yield 语句的基本格式是在关键字 yield 后加表达式，如果只有一个表达式，如例 10-18 中的 yield a，则执行中生成的就是这个表达式的值；如果 yield 后有多个表达式，则用逗号隔开，表示生成这些表达式值构成的元组。

对生成器函数的每次调用会得到一个生成器对象，每当向它要求一个值时，该对象就会执行函数体中的语句，一旦遇到 yield 语句，就对其后的表达式进行求值并将此值返回，然后生成器函数不再继续向下执行，也不会像普通函数遇到 return 语句时返回值或返回程序控制的同时立即跳出函数，而是暂停在 yield 语句的位置。当该对象被再次要求一个值的时候，生成器会从暂停的位置开始继续执行，直到再次遇到 yield 语句并返回下一个值。

例 10-18 中，生成器函数被放置于 for 语句中，当执行 for x in fib_genertor（10）时，for 语句向生成器要求一个值，fib_genertor 的函数体便开始执行，分别给变量 a 和 b 赋值，然后开始进入函数体内的 for 循环并遇到 yield 语句，此时返回 yield 之后的表达式，即 a 的值，然后生成器函数暂停。程序的执行控制又返回到了语句 for x in fib_genertor（10），随即向 fib_genertor 要求下一个值，fib_genertor 从刚才暂停的位置，即语句 a,b=b,a+b 处恢复执行，递推计算新的 a 和 b，再次进入 for 循环，遇到 yield 语句，返回当前 a 再暂停。for x in fib_genertor（10）语句执行 10 次，即先后向 fib_genertor 要求了 10 个值，相应地，生成器对象函数体中的循环也执行了 10 次，并依次返回了 10 个斐波那契数。

通过以上分析，简单了解了生成器函数的定义和执行逻辑，不难看出，对于一个生成器函数来说，最重要的是 yield 语句及其后的表达式，这是生成器计算结果的体现以及它与使用者之间的数据传递方式。

生成器函数定义之后，可以用在任何需要可迭代对象的场合，例如：

```
lst=list(fib_genertor(10))
```

表示创建了一个列表对象 lst，其中的元素来源于生成器对象 fib_genertor 产生并返回的斐波那契数列的前 10 项。

## 10.7　Python 高阶函数

Python 语言可以支持面向过程以及面向对象的程序设计，同时也提供了对函数式编程的支持。函数式编程是一种抽象程度较高的编程范式，有关编程范式的理论性内容超出了本书的范畴。函数式编程的一个特点是将函数本身作为其他函数的参数或返回值，而 Python 中的高阶函数就支持这种编程模式。

通常将带有函数参数，或者以函数作为返回值的函数称为高阶函数。Python 中的函数也是一类对象，可以将其赋值给变量，通过变量名同样可以使用函数的功能。

【例 10-19】将函数赋值给变量。

```
#Example 10-19
def fact(n):
    fa=1
    for i in range(2,n+1):
        fa=fa*i
    return fa
myfun=fact
print(myfun(10))
输出结果为: 3628800
```

既然函数能够赋值给变量，那么自然也可以作为实参传递给其他函数的形参。例 10-17 中函数 caltime() 实际上就是一个自定义的高阶函数，它接收计算斐波那契数列的函数作为参数，然后在内部进行调用。此外，在第 9 章中介绍过的 sorted() 函数也是高阶函数，这个函数中的命名参数 key 用来接收一个函数，再将这个函数应用于待排序的序列元素上并以结果作为比较依据。除 sorted() 之外，Python 中还有一些高阶函数比较常用，下面仅以 map() 和 filter() 为例简要说明，其他的高阶函数的使用，读者可以举一反三。

map() 函数的基本语法格式为: map(function,iterable)，参数中 function 用于接收函数参数，并将其应用于可迭代对象 iterable，map() 函数的返回结果也是可迭代对象。

【例 10-20】map() 函数示例。

```
# Example 10-20
import math
import random
def isprime(n):
    if n<2:
return False
    k=int(math.sqrt(n))
    for i in range(2,k+1):
        if n%i==0:
            return False
    return True

def odd(n):
    if n%2==0: return n+1
    else:  return n-1

lst=[random.randint(1,100) for i in range(10)]
print(lst)
lr1=list(map(isprime,lst))
```

```
print (lr1)
lr2=list (map (odd,lst))
print (lr2)
lr3=[round (x,2) for x in (map (math.sqrt,lst))]
print (lr3)
```

输出结果如下。

```
[45, 7, 45, 59, 18, 64, 6, 24, 24, 59]
[False, True, False, True, False, False, False, False, False, True]
[44, 6, 44, 58, 19, 65, 7, 25, 25, 58]
[6.71, 2.65, 6.71, 7.68, 4.24, 8.0, 2.45, 4.9, 4.9, 7.68]
```

例 10-20 中包含两个自定义函数：isprime() 和 odd()。程序中创建一个列表对象 lst，其中元素为 10 个 1～100 的随机整数。然后，以自定义函数 isprime() 和 odd() 作为参数调用 map() 函数，判断 lst 中的元素是否为素数并将所有返回结果组织为一个可迭代对象（此处为 map 对象），再通过类型转换生成 list 对象 lr1。第二次调用 map() 函数是以自定义函数 odd() 和列表 lst 为实参，将 lst 中的元素按其奇偶分别执行加 1 和减 1 的操作。第三次调用 map() 函数，传递的参数是内置函数 math.sqrt()，分别求 lst 中各个元素的平方根，再使用列表推导式实现保留两位小数及列表生成。

filter() 函数的基本语法格式为：filter（function,iterable），其功能是将函数 function 应用于可迭代对象 iterable 的各个元素，根据返回值是 True 还是 False 决定在结果可迭代对象中是否保留该元素，实际上是对一个可迭代对象的元素进行筛选过程，只不过筛选的依据是根据函数参数的结果。

【例 10-21】filter() 函数示例。

```
# Example 10-21
lst=[random.randint (1,100) for i in range (10)]
print (lst)
lr=list (filter (isprime,lst))
print (lr)
```

输出结果如下。

```
[36, 33, 37, 39, 83, 72, 32, 1, 35, 18]
[37, 83]
```

本节仅列举了最常用的两个高阶函数，掌握高阶函数并合理运用可以提升程序设计的灵活性。

# 小结

函数是程序设计过程中一种重要的过程抽象机制，通过函数可以将可重复使用的代码段命名并封装，进而实现程序的结构化和代码复用。本章首先介绍了 Python 中函数的概念和分类，接着重点对自定义函数进行阐述，包括定义、调用、参数和返回值；此外还介绍了 lambda 表达式实现匿名函数、函数的递归调用以及生成器函数等实用编程技术；最后简单介绍了函数式编程的概念和 Python 中常用的高阶函数。

## 习题

一、简答题

1. Python 函数中的参数有哪些类型？各种类型参数的特点是什么？

2. 什么是递归？编写递归函数时需要注意什么问题？

3. 简述 lambda 表达式的含义和作用。

4. 简述生成器函数的含义、定义方法以及执行过程。

二、编程题

1. 根据海伦公式，定义求三角形面积的函数，三角形三条边通过参数获取。

2. 编写函数，求两个正整数 $m$ 和 $n$ 的最大公约数。

3. 编写函数，判断一个字符串是否为回文，所谓回文就是一个字符串从左向右读和从右向左读是完全一样的，例如，level、madam、123321 等都是回文。

4. Ackermann 函数 Ack（$m,n$）定义如下：

$$\text{Ack}(m,n) = \begin{cases} n+1, & \text{n=0} \\ \text{Ack}(m-1,1), & \text{m} > 0 \text{ 且 n=0} \\ \text{Ack}(m-1,\text{Ack}(m,n-1)), & \text{其他} \end{cases}$$

请定义相应的递归函数。

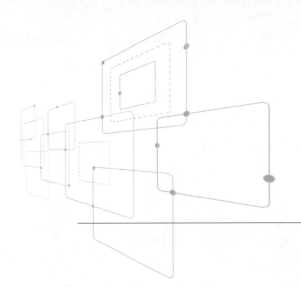

# 参考文献

[1] 曹义亲. 计算机组成与系统结构 [M]. 北京：中国水利电力出版社，2001.

[2] 张基温. 计算机组成原理教程 [M]. 北京：清华大学出版社，2007.

[3] 张基温. 计算机系统原理 [M]. 北京：电子工业出版社，2002.

[4] 唐朔飞. 计算机组成原理 [M]. 2 版. 北京：高等教育出版社，2008.

[5] 张钧良，林雪明. 计算机组成原理 [M]. 北京：电子工业出版社，2004.

[6] 张代远. 计算机组成原理教程 [M]. 北京：清华大学出版社，2005.

[7] 尹朝庆. 计算机系统结构教程 [M]. 北京：清华大学出版社，2005.

[8] 徐炜民. 计算机系统结构 [M]. 北京：电子工业出版社，2003.

[9] 张新荣，于瑞国. 计算机组成原理 [M]. 天津：天津大学出版社，2004.

[10] 马礼. 计算机组成原理与系统结构 [M]. 北京：人民邮电出版社，2004.

[11] 幸云辉，杨旭东. 计算机组成原理实用教程 [M]. 北京：清华大学出版社，2004.

[12] 白中英. 计算机组成原理 [M]. 5 版. 北京：科学出版社，2013.

[13] 李文兵. 计算机组成原理 [M]. 北京：清华大学出版社，2006.

[14] 王诚. 计算机组成原理 [M]. 北京：清华大学出版社，2004.

[15] 王万生. 计算机组成原理实用教程 [M]. 北京：清华大学出版社，2006.

[16] 程晓荣. 计算机组成与结构 [M]. 北京：中国电力出版社，2007.

[17] 石磊. 计算机组成原理 [M]. 北京：清华大学出版社，2006.

[18] 顾一禾，朱近，路一新. 计算机组成原理辅导与提高 [M]. 北京：清华大学出版社，2004.

[19] 屠祁，屠立德. 操作系统基础 [M]. 3 版. 北京：清华大学出版社，2000.

[20] 杨光煜，韩瀛. 计算机组成原理 [M]. 北京：机械工业出版社，2009.

[21] 包健，冯建文，章复嘉. 计算机组成原理与系统结构 [M]. 2 版. 北京：高等教育出版社，2015.

[22] 鲁宏伟，汪厚祥．多媒体计算机技术 [M]．4 版．北京：电子工业出版社，2011.

[23] 杨大全．多媒体计算机技术 [M]．北京：机械工业出版社，2007.

[24] 钟玉琢．多媒体技术基础及应用 [M]．3 版．北京：清华大学出版社，2012.

[25] 杨光煜，韩瀛．计算机组成原理 [M]．北京：清华大学出版社，2019.

[26] 徐红云．大学计算机基础教程 [M]．3 版．北京：清华大学出版社，2018.

[27] 甘勇，尚展垒，翟萍，等．大学计算机基础 [M]．北京：高等教育出版社，2018.

[28] 杨心强，陈国友．数据通信与计算机网络 [M]．北京：电子工业出版社，2018.

[29] 谢希仁．计算机网络 [M]．北京：电子工业出版社，2018.

[30] 詹姆斯·库罗斯，基思·罗斯．计算机网络：自顶向下方法 [M]．陈鸣，译．北京：机械工业出版社，2018.

[31] 特南鲍姆，韦瑟罗尔．计算机网络 [M]．严伟，潘爱民，译．北京：清华大学出版社，2012.

[32] 中国互联网络信息中心．第 51 次中国互联网络发展状况统计报告 [R/OL]．[2023-03-22]. https://www.cnnic.net.cn/NMediaFile/2023/0322/MAIN16794576367190GBA2HA1KQ.pdf.

[33] 汤羽，林迪，范爱华，等．大数据分析与计算 [M]．北京：清华大学出版社，2018.

[34] 张尧学，胡春明．大数据导论 [M]．北京：机械工业出版社，2019.

[35] 朝乐门．数据科学理论与实践 [M]．3 版 北京：清华大学出版社，2022.

[36] 林子雨．大数据技术原理与应用 [M]．北京：人民邮电出版社，2017.

[37] GINSBERG J, MOHEBBI M H, PATEL R S, et al. Detecting influenza epidemics using search engine query data[J]. Nature, 2009, 457：1012-1014.

[38] AVATI A, JUNG K, HARMAN S, et al. Improving palliative care with deep learning[EB/OL]. [2024-01-25]. https://arxiv.org/abs/1711.06402.

[39] MYERS K, WIEL S V. Discussion of 'Data science：an action plan for expanding the technical areas of the field of statistics' [J]. Statistical analysis and data mining, 2014, 7(6):420-422.

[40] 王珊，萨师煊．数据库系统概论 [M]．北京：高等教育出版社，2014.

[41] DEAN J, GHEMAWAT S. MapReduce：simplified data processing on large clusters[C]// Proceedings of the 6th conference on Symposium on Opearting Systems Design & Implementation, Volume 6, 2004.

[42] MITCHELL T. Machine Learning [M]. New York：McGraw Hill, 1997.

[43] TANG J, ZHANG J, YAO LM, et al. ArnetMiner：Extraction and mining of academic social networks[C]. Proceedings of the ACM SIGKDD International Conference on Knowledge Discovery and Data Mining, ACM, 2008.

[44] WILLETT F R, AVANSINO D T, HOCHBERG L R, et al. High-performance brain-to-

text communication via handwriting[J]. Nature, 2021, 593：249-254.

[45] 一文概览人工智能（AI）发展历程 [EB/OL][2023-06-23]. https://zhuanlan.zhihu. com/p/375549477.

[46] 北京科学智能研究院 . AI for Science 又一里程碑：原子间势函数预训练模型 DPA-1 重磅发布 [EB/OL][2023-06-23]. https://www.aisi.ac.cn/b4339a2762/.

[47] 周志华 . 机器学习 [M]. 北京：清华大学出版社 , 2016.

[48] 李航 . 统计学习方法 [M]. 2 版 . 北京：清华大学出版社 , 2019.

[49] 裘宗燕 . 从问题到程序用 Python 学编程和计算 [M]. 北京：机械工业出版社, 2017.

[50] 夏敏捷，田地，杨瑞敏，等 . Python 程序设计 从基础开发到数据分析 [M]. 2 版 . 北京：清华大学出版社，2022.

[51] 杨年华，柳青，郑戟明，等 . Python 程序设计教程 [M]. 2 版 . 北京：清华大学出版社，2019.

[52] 沙行勉 . 编程导论：以 Python 为舟 [M]. 2 版 . 北京：清华大学出版社，2022.

[53] 嵩天，礼欣，黄天宇 . Python 语言程序设计基础 [M]. 北京：高等教育出版社，2017.

[54] 约翰·策勒 . Python 程序设计 [M]. 王海鹏，译 . 3 版 . 北京：人民邮电出版社，2018.

[55] 于晓梅，李贞，郑向伟，等 . Python 数据分析案例教程（微课版）[M]. 北京：清华大学出版社，2022.

[56] 苏小红，孙承杰，李东，等 . 程序设计实践教程：Python 语言版 [M]. 北京：机械工业出版社，2022.

[57] 李辉，刘洋 . Python 程序设计：编程基础、Web 开发及数据分析 [M]. 北京：机械工业出版社，2023.

[58] Ramalho L. 流畅的 Python[M]. 安道，吴珂，译 . 北京：人民邮电出版社，2022.